AF828741

Sprache in der Wissenschaft

DUISBURGER ARBEITEN ZUR SPRACH- UND KULTURWISSENSCHAFT

DUISBURG PAPERS ON RESEARCH IN LANGUAGE AND CULTURE

Herausgegeben von /edited by
Ulrich Ammon, René Dirven und /and Martin Pütz

Band/Volume 111

Zu Qualitätssicherung und Peer Review der vorliegenden Publikation

Die Qualität der in dieser Reihe erscheinenden Arbeiten wird vor der Publikation durch einen Herausgeber der Reihe geprüft.

Notes on the quality assurance and peer review of this publication

Prior to publication, the quality of the work published in this series is reviewed by one of the editors of the series.

Eglė Kontutytė/Vaiva Žeimantienė (Hrsg.)

Sprache in der Wissenschaft

Germanistische Einblicke

PETER LANG
EDITION

Bibliografische Information der Deutschen Nationalbibliothek
Die Deutsche Nationalbibliothek verzeichnet diese Publikation in der Deutschen Nationalbibliografie; detaillierte bibliografische Daten sind im Internet über http://dnb.d-nb.de abrufbar.

Diese Publikation wurde vom Deutschen Akademischen Austauschdienst (DAAD) aus Mitteln des Auswärtigen Amtes gefördert.

ISSN 0934-3709
ISBN 978-3-631-66187-1 (Print)
E-ISBN 978-3-653-05843-7 (E-Book)
DOI 10.3726/978-3-653-05843-7

© Peter Lang GmbH
Internationaler Verlag der Wissenschaften
Frankfurt am Main 2016
Alle Rechte vorbehalten.
Peter Lang Edition ist ein Imprint der Peter Lang GmbH.

Peter Lang – Frankfurt am Main · Bern · Bruxelles · New York · Oxford · Warszawa · Wien

Das Werk einschließlich aller seiner Teile ist urheberrechtlich geschützt. Jede Verwertung außerhalb der engen Grenzen des Urheberrechtsgesetzes ist ohne Zustimmung des Verlages unzulässig und strafbar. Das gilt insbesondere für Vervielfältigungen, Übersetzungen, Mikroverfilmungen und die Einspeicherung und Verarbeitung in elektronischen Systemen.

Diese Publikation wurde begutachtet.

www.peterlang.com

Inhaltsverzeichnis

Mündliche und schriftliche Texte in der Wissenschaft

Sprachliche Besonderheiten der Wissenschaftssprache

Vorwort

Die Rolle der deutschen Sprache in der Wissenschaft ist in den letzten Jahren verstärkt in das Blickfeld von Wissenschaftler/inne/n und Sprachpolitiker/inne/n nicht nur in den deutschsprachigen Ländern, sondern auch im germanistischen Ausland gerückt.

Die deutsche Sprache in der Wissenschaft war auch das Thema der internationalen Tagung „Sprache in der Wissenschaft: Germanistische Einblicke", die vom 24. bis 27. September 2014 in Litauen an der Universität Vilnius stattfand. 30 Referent/innen aus acht Ländern (Dänemark, Deutschland, Estland, Finnland, Lettland, Litauen, Österreich, Slowenien) stellten ihre Forschungsergebnisse – unter anderem auch im Kontext anderer Nationalsprachen – zu den Merkmalen der deutschen Wissenschaftssprache, zur Beschaffenheit deutscher wissenschaftlicher Textsorten sowie zur universitären Vermittlung der deutschen Wissenschaftssprache vor. Die Tagung und der daraus erwachsene Tagungsband knüpfen an die Diskussion zur deutschen Wissenschaftssprache an, die Mitte der 1980er Jahre in Deutschland begann und 2011 vom Deutschen Akademischen Austauschdienst, dem Goethe-Institut und dem Institut für Deutsche Sprache wiederbelebt wurde und bis heute aktuell ist.

Die Beiträge des vorliegenden Bandes basieren auf ausgewählten Vorträgen der Tagung und wurden in einem anonymen Peer-Review-Verfahren begutachtet. In dieser Publikation werden die wichtigsten sowohl die Inlands- als auch die Auslandsgermanist/innen bewegenden Themenbereiche zur deutschen Wissenschaftssprache aufgegriffen: von den Denkstilen und der Rolle der deutschen Sprache im heutigen wissenschaftlichen Diskurs, über mündliche und schriftliche Texte in der Wissenschaft sowie sprachliche Besonderheiten der Wissenschaftssprache bis zur Vermittlung der deutschen Wissenschaftssprache im Studium. Somit ergänzt der vorliegende Band die früheren Publikationen zur Wissenschaftssprache. Darüber hinaus versucht er, die bisherige Lücke von Beiträgen litauischer Germanist/innen zur Beschreibung der Rolle der deutschen Wissenschaftssprache zu schließen.

Die Herausgeberinnen danken den Autor/innen und den Gutacher/innen für die konstruktive und fruchtbare Zusammenarbeit bei der Erstellung der Publikation. Unser Dank gilt dem Deutschen Akademischen Austauschdienst in Bonn für die großzügige finanzielle Unterstützung sowohl der Tagung in Vilnius als auch der Veröffentlichung des Sammelbandes. Bei Ulrike Haß, Leiterin der Germanistischen Institutspartnerschaft zwischen den Universitäten Duisburg-Essen und Vilnius, bedanken wir uns für das Engagement und die wissenschaftlichen Diskussionen, aus denen auch das Thema der Tagung und somit das des vorliegenden Sammelbandes hervorgegangen sind. Markus Roduner und Francis Whyte danken wir für das Lektorat der Texte. Ulrich Ammon, René Dirven und Martin Pütz möchten wir unseren Dank für die Aufnahme dieses Bandes in die Reihe *Duisburger Arbeiten zur Sprach- und Kulturwissenschaft* aussprechen. Dem Peter Lang Verlag danken wir für die freundliche Unterstützung und Begleitung des Veröffentlichungsprojekts.

Die Herausgeberinnen
Vilnius, im Herbst 2015

Von der Sprache zur Wissenschaft

Ulrike Haß

Wissenschaftssprache in der Vermittlung von Wissen durch Enzyklopädien

Abstract This article asserts that knowledge documentation and knowledge transfer within lexicons like Wikipedia and the German Brockhaus encyclopedia are based on academic language, as well as any journal article. It argues that research on academic language should not only aim at typical text types like journal articles, but also has to pay attention to the wide range of teaching texts and texts for knowledge transfer. This article starts from the needs of teaching academic writing and from the standard range of academic text forms which are to be taught. In its main part, it examines one special kind of these academic text forms, i. e. dealing with words, terms, and notions, and shows how this is practiced by lexicon authors in Germany. Therefore methods of corpus linguistics are applied, including collocations. Finally, the findings are compared by the usage of metalanguage within the Encyclopedia Britannica. The main conclusions are that lexicons take part in distributing typical constructions to express the notion that terms and the things they mean are separated from each other, that one term is 'good' and another is not. Thus, a central element of academic discourse, which is the pluralism of perspectives, is put into language by writing about and comparing different terms and notions. Furthermore, German and English lexicons, respectively, put considerable emphasis on the etymological 'roots' of terms, suggesting that the older notion is more adequate than the younger. Thus, academic writing should include knowhow about defining terms and about reflecting language aspects of knowledge in general.

Keywords: lexicons, knowledge transfer, metalanguage

Schlüsselwörter: Lexika, Wissensvermittlung, Sprachreflexion

Ich befasse mich mit der Vermittlung von Wissen in Enzyklopädien und will daher zunächst begründen, warum ich Enzyklopädien für eine wissenschaftssprachlich relevante Textsorte halte. Ich setze bei der Frage nach Sinn und Zweck der Wissenschaftssprach-Vermittlung an und untersuche im Hauptteil am Beispiel von Enzyklopädien eine besondere wissenschaftliche Sprachhandlung, das Reflektieren über Sprache, genauer: über Wörter. Wir sehen uns an, wie und mit welchen Funktionen die Ausdrücke *Begriff* und *Bezeichnung* in Enzyklopädien verwendet werden. Dann überprüfe ich kurz, ob meine Ergebnisse auch auf andere als deutschsprachige Enzyklopädien zutreffen. Den Schluss bilden sprachkritische Überlegungen, die auf die Eingangsfrage zur Lehre der Wissenschaftssprache zurückführen.

1 Wozu lehren wir Wissenschaftssprache?

Allen Akademikern, gleich welcher Disziplin sie angehören, ist gemeinsam, dass sie den Umgang mit der Wissenschaftssprache unterrichten oder lernen. Dies ist wichtig, obwohl die Bachelor-Studierenden und sogar die Master-Studierenden nur im Ausnahmefall selbst in die Forschung gehen. Die meisten ergreifen Berufe, in denen sie keine wissenschaftlichen Aufsätze schreiben werden, sondern Berichte, Projektplanungen, Beschreibungen, Memoranden, Gutachten, Anleitungen, Erläuterungen und Sachtexte der unterschiedlichsten Art.

Wenn man sich die verschiedenen wissenschaftlichen Handlungen vor Augen führt, an denen die Lehrbücher wissenschaftlichen Schreibens, z. B. Graefen und Moll (2011), oder andere Autoren, z. B. Weinrich (1995), sich orientieren,

> Referieren, Zitieren, Paraphrasieren, Argumentieren, Dokumentieren, Vergleichen, Gegenüberstellen, Konzedieren, Kritisieren, Resümieren usw. usw.,

dann sieht man rasch, dass die meisten dieser Sprachhandlungen auch für Berufe außerhalb der Universität wichtig sind. Ich möchte dafür plädieren, dass man sich in der universitären Lehre nicht auf den wissenschaftlichen Artikel oder die Monografie beschränkt, sondern Texte und Textsorten im großen Überschneidungsbereich von Wissenschafts- und Bildungssprache betrachtet, die für sämtliche akademischen Berufe relevant sind.

Die Wissenschafts- und Bildungssprache haben nach Morek und Heller (2012) drei Funktionen. Zunächst natürlich die

- epistemische bzw. kognitive oder Erkenntnis-Funktion. Sprache formt und strukturiert Wissen und schafft damit die kognitiven Voraussetzungen für die Wahrnehmung natürlicher und sozialer Phänomene;
- die kommunikative Funktion des Wissenstransfers an bestimmte Adressatengruppen; man denke an das große Feld der Wissensvermittlung in Lehrbüchern, Seminaren, Vorlesungen usw.;
- die sozialsymbolische Funktion; Wissenschafts- und Bildungssprache sind die Eintrittskarte ins akademische Milieu; ihr korrekter Gebrauch schafft Zugehörigkeit zur Gruppe der Gebildeten bzw. Wissenschaftler. Sie führt manchmal auch zu Angeberei und Prahlerei, wenn es einem Sprecher gar nicht um Wissen, sondern um seine eigene Person geht.

Bei den prototypischen Textsorten Aufsatz und Monographie steht sicherlich die Erkenntnisfunktion im Zentrum. Dabei haben es die Studierenden und auch die Lehrenden wohl viel häufiger mit wissensvermittelnden Textsorten zu tun, mit Lehrbüchern, Handbüchern, Einführungen, Überblicksartikeln usw. Für wissensvermittelnde Texte steht die kommunikative Funktion im Vordergrund. Ihre

Autoren müssen es schaffen, gesicherte Erkenntnisse und die sie begründenden Argumentationsweisen und Methoden für zwar allgemein vorgebildete, aber nicht mit der Disziplin vertraute Adressaten verständlich zu machen. D. h. die Erkenntnisfunktion ist hier auf eine gekonnte Umsetzung der kommunikativen Funktion angewiesen. Sozialsymbolische Exklusivität durch Wissenschaftsjargonismen darf in Vermittlungstexten aber gerade nicht produziert werden; im Gegenteil muss wissensvermittelnde Sprache einladend und inklusiv ausgerichtet sein.

1.1 Das Beispiel der Enzyklopädien

Das Kunststück, das die Autoren wissensvermittelnder Texte vollbringen müssen, ist umso größer, je heterogener die Adressatenschaft ist. Besonders groß ist die Heterogenität der Adressaten bei allgemeinen Nachschlagewerken, d. h. bei Enzyklopädien und Sachlexika. Sie dienen der Gesellschaft als Dokumentation und Archiv allen Wissens und sind oft die erste Anlaufstelle für Wissensfragen aus „fremden" Gebieten – d. h. aus Gebieten, die man gerade nicht von Grund auf gelernt oder studiert hat. Ob sie ihre Aufgaben gut erfüllen, ist entscheidend für den weiteren selbständigen Wissenserwerb und für Vernetzung des Wissens.

Auf die kultur- und medienwissenschaftlichen Umstände der Enzyklopädik kann hier nicht näher eingegangen werden. Nur so viel: In der Textsorte Enzyklopädie wird das Allgemeinwissen sprachlich durch Mittel realisiert, die in den Überschneidungsbereich von fachübergreifender allgemeiner Wissenschaftssprache und Bildungssprache (nach Morek, Heller 2012) fallen.

Im deutschsprachigen Raum war die Textsortenbezeichnung Enzyklopädie lange Zeit synonym mit dem Markennamen Brockhaus. Brockhaus und die Wörterbuchmarke Duden gehörten lange Zeit zum selben Verlag, der BIFAB AG mit Sitz in Mannheim und Leipzig. Doch das ist mittlerweile Geschichte, denn das Internet, so kann man sagen, hat den Wörterbuch- und Lexikonverlagen die Geschäftsgrundlage entzogen.

Im Jahr 2008 wurde der Brockhaus an den Medienkonzern Bertelsmann verkauft, und im Sommer 2013 wurde von dort mitgeteilt, dass die Bearbeitung und der Verkauf der 20-bändigen Brockhaus-Enzyklopädie eingestellt werde. Lediglich die Online-Version, für die man bezahlen muss und die folglich am ehesten über Bibliothekslizenzen genutzt wird, soll noch sechs Jahre weitergeführt werden (Graff 2013).

Gewinner dieser Entwicklung ist die deutschsprachige Wikipedia, die schon jetzt eine Monopolstellung für die Dokumentation und Vermittlung des Allgemeinwissens besitzt. Universitäten müssen sich damit auseinandersetzen, dass Studierende dazu tendieren, sich bei Seminararbeiten und Referaten aus der

Wikipedia zu bedienen, und dies ohne Bewusstsein eines möglichen Plagiats. In anderen Ländern mag dies noch anders sein; anders kann hierbei aber auch heißen, dass die englischsprachige Wikipedia genutzt wird, die mit Abstand die umfangreichste enzyklopädische Wissenssammlung der Welt darstellt.

Diese Hinweise mögen genügen um zu begründen, dass sich die Linguistik mit den sprachlichen und grundsätzlich auch mit den visuellen Formen der enzyklopädischen Wissensdokumentation und Wissensvermittlung auseinandersetzen muss. Es gilt, die Möglichkeiten, aber auch die Grenzen dieser Art der wissensvermittelnden Sprache herauszuarbeiten.

2 Wissenschaftliche Sprachhandlungen in Enzyklopädien

Als Ausgangspunkt dient mir eine Liste wissenschaftskommunikativer Handlungen nach dem Lehr- und Arbeitsbuch „Wissenschaftssprache Deutsch" von Graefen und Moll (2011). Recht viele dieser Handlungen kommen offensichtlich auch in Enzyklopädien vor, nämlich:

- Wissen auswählen, beschreiben, fokussieren, erklären, am Beispiel veranschaulichen;
- Wissensbestandteile aufzählen, vergleichen, gegenüberstellen;
- Komplexität von Sachverhalten reduzieren, zusammenfassen, vereinfachen;
- zeitliche Ereignisse strukturieren, räumliche Konstellationen präsentieren;
- verschiedene Perspektiven und Einordnungen präsentieren, argumentieren;
- fehlendes, unsicheres, dissentisches Wissen benennen;
- Begriffe und Bezeichnungen reflektieren, definieren, herleiten.

Aus der Liste habe ich eine, die zuletzt genannte Handlung ausgewählt, um an zwei aktuellen deutschsprachigen Enzyklopädien zu untersuchen, ob und wenn ja wie über wissenschaftliche Begriffe und Bezeichnungen für fachliches Wissen geschrieben wird und wie die wissenschaftskommunikative Funktion sprachlich realisiert wird.

Ich konzentriere mich auf die wissenschaftskommunikative Handlung des Reflektierens, Definierens und Herleitens von Begriffen und Bezeichnungen. Es gibt zwar grundsätzlich eine unübersehbar große Menge an Ausdrücken und Sätzen, mit denen diese Handlungen realisiert werden können, doch bieten sich die Nomina *Begriff* und *Bezeichnung* aus lexikostatistischen Gründen als Ausgangspunkt an.

Ich habe eine korpusbasierte Untersuchung durchgeführt an der Brockhaus Enzyklopädie online und der deutschsprachigen Wikipedia. Die Wikipedia auf dem Stand von Oktober 2011 ist komplett in das Deutsche Referenzkorpus

(DeReKo) des IDS Mannheim integriert, so dass sie korpuslinguistisch hervorragend analysierbar ist.

Die Online-Version der Brockhaus-Enzyklopädie verfügt über die Möglichkeit einer Volltextsuche, die es zudem erlaubt, den Gebrauch von Lexemen und Wortkombinationen in verschiedenen Sachfeldern zu betrachten. Darüber hinaus sind leider keine korpuslinguistischen Analysen möglich.

Die sprachlichen Muster dieser beiden digitalen Enzyklopädien vergleiche ich mit einem Korpus, das die „normale" geschriebene Standardsprache repräsentiert; dies ist das DeReKo insgesamt. Es enthält viele überregionale Zeitungen, Sachbücher und Belletristik. Es geht mir darum festzustellen, ob die sprachlichen Muster, die die Enzyklopädien benutzen, um über Begriffe und Bezeichnungen zu reflektieren, spezifisch für diese Textsorte der Wissensvermittlung sind oder nicht. Meine Korpusuntersuchung geht von einer Handvoll Lexeme aus und analysiert dann ihre typischen Kontexte und Kollokationen.

Tabelle 1: Gebrauchsfrequenzen begriffsreflektierender Ausdrücke in Enzyklopädien und im Vergleichskorpus

begriffsreflektierende Ausdrücke	**Wikipedia-Artikel (Stand 29.10.2011)**	**Brockhaus online (Stand 09/2014; absolute Treffer)**	**DeReKo-Gesamt (2013-II)**
Begriff	**181,3 pMW**	**3037 Treffer**	97,1 pMW
bezeichnen	**169,03 pMW**	**>10.000 (*bezeichn**)**	**156,6 pMW**
Bezeichnung	**162,0 pMW**	**10.428 Treffer**	40,7 pMW
Idee	70,54 pMW	652 Treffer	**143,3 pMW**
Konzept	59,63 pMW	687 Treffer	**102,0 pMW**
Vorstellung	43,81 pMW	777 Treffer	88,2 pMW
Definition	39,05 pMW	698 Treffer	21,6 pMW
Wort, Wörter (ohne Pl. *Worte*)	36,35 pMW (mit Pl. *Worte*: 47,7 pMW)	966 Treffer	**176,9 pMW** (mit Pl. *Worte* 281,6 pMW)
Auffassung	23,65 pMW	762 Treffer	38,6 pMW
definieren	20,27 pMW	1350 (*definier**) Treffer	**123,64 pMW**

(pMW = ‚pro 1 Million Wörter', gibt die relative Häufigkeit an. Auf die fett markierten Elemente wird in der folgenden Argumentation besonders eingegangen.)

Die Tabelle zeigt die Häufigkeiten sprachreflexiver Lexeme in Wikipedia, Brockhaus und im Vergleichskorpus. Die Zugrundelegung der relativen Häufigkeit ist wichtig, wenn die Korpora unterschiedlich groß sind; dies ist bei Brockhaus leider nicht möglich, sodass absolute Trefferzahlen interpretiert werden müssen. Bei allen Lexemen wurden sämtliche Flexionsformen berücksichtigt. Beim Lexem *Wort* interessiert in diesem Zusammenhang v. a. der Plural *Wörter*, also die zählbare Einheit.

Man braucht nur auf die Häufigkeiten über 100 pMW bzw. beim Brockhaus über 2000 Treffer zu blicken (fett markiert), um zu erkennen, dass im Vergleichskorpus zwar auch viele sprachreflexive Bezeichnungen auftreten, dass *Begriff* und *Bezeichnung* aber zum spezifischen Vokabular der Enzyklopädie gehören, wohingegen im allgemeinsprachlichen Vergleichskorpus mehr über Ideen und Konzepte, d. h. über Inhalte und Sachverhalte, gesprochen wird. Ansonsten spielen im Vergleichskorpus auch gebräuchliche Phraseologismen (z. B. *sein Wort geben, schwer von Begriff sein, keinen Begriff von etwas haben, etwas auf den Begriff bringen*) und Bedeutungsvarianten eine Rolle, die hier nicht interessieren.

Die Häufigkeitsanalyse führt zur Identifizierung derjenigen drei fett markierten Lexeme (*Begriff, Bezeichnung* und *bezeichnen*), deren spezifische usuelle Muster und Kollokationen im Hinblick auf Semantik und Pragmatik eingehend untersucht werden sollen.

2.1 Gebrauch von *Begriff*: Form/Inhalt

Begriff wird in Enzyklopädien nicht so wie in der Sprachwissenschaft üblich für die Inhaltsseite des Wortzeichens, für die Semantik verwendet, sondern so, wie in der allgemeinen Standardsprache auch, nämlich eher schwankend mal für die Wortform und mal für den Wortinhalt (vgl. Vater 2000). Dabei deutet sich ein leichter Unterschied zwischen Brockhaus und Wikipedia an: Der Brockhaus verwendet *Begriff* tendenziell eher sprachwissenschaftlich, d. h. als Bezeichnung für den semantischen Gehalt, wohingegen die Wikipedia *Begriff* durchwegs für die Wortform gebraucht. Ein Beispiel:

(1) (Wikipedia:) *Der romantisierende **Begriff** Naturvolk wird im Deutschen oft synonym mit „Indigene Völker" verwandt.* [Hervorhebungen in Beispielen uh]

Wo *Begriff* für eine Wortform gebraucht wird, werden weitere Ausdrücke zur Bezeichnung der Inhaltsseite benötigt; dies ist v. a. das Lexem *Bedeutung*, wie folgende Beispiele zeigen:

(2) (Brockhaus, s. v. Propaganda:) *Eine polemische **Bedeutung** erlangte der **Begriff** im Streit der christlichen Konfessionen.*

(3) (Wikipedia:) *In der Umgangssprache und in den Medien werden die **Begriffe** Ausweisung und Abschiebung oft synonym verwendet. Diese haben jedoch unterschiedliche **Bedeutungen**.*

Mag dies linguistisch unbefriedigend, weil uneindeutig sein, so wird den Lesern in jedem Fall auf verschiedene Weise verdeutlicht, von welcher Form-Inhalts-Beziehung die Rede ist, und allein darauf kommt es an. Entweder es wird geschrieben *der Begriff XY* … oder die Wortformen werden in Anführungszeichen gesetzt oder anstelle von *Begriff* wird *Bezeichnung* synonym gebraucht oder man greift zu einem Verb wie *bezeichnen*, und zusätzlich wird das semantische Äquivalent mit einem anderen Ausdruck wie *Bedeutung* oder dergl. markiert.

Es wird offensichtlich als enzyklopädische Kernaufgabe verstanden, die wechselnden Relationen zwischen einem lexikalischen Ausdruck und der ihm zugeschriebenen Semantik zu dokumentieren, und solche Form-Inhalts-Paare anzusprechen gelingt auch ohne linguistische Terminologie.

2.2 Gebrauch von *Begriff*: Bewertungen, Pluralismen, Polysemien

Beim reinen Dokumentieren bleibt es aber nicht, wie schon die Beispiele zeigen. Es geht auch um Auswahl, Vergleich und Gegenüberstellung bestimmter Lexeme, wie häufig kollozierende Adjektive zeigen: *gebräuchlich, häufig, geläufig, umgangssprachlich, synonym, gleichbedeutend.* Nicht selten werden sie in Abgrenzung zu Disziplinen anzeigenden Adjektiven und Nomina gebraucht wie *philosophisch, topologisch, soziologisch, algebraisch, Ontologie, Informatik, Hegel, Kant* usw. Eine weitere Gruppe von Kollokatoren findet sich fast ausschließlich in der Wikipedia: *unscharf, veraltet, abwertend, pejorativ, negativ konnotiert, pseudo-*. Damit machen die Autoren deutlich, dass sie bestimmte Form-Inhalts-Paare ablehnen und zu einer solchen Ablehnung aufrufen; damit maßen sie sich eine autoritative Rolle als Sprachrichter an.

Die Redakteure des Brockhaus (und einige Wikipedia-Autoren) formulieren differenzierter und machen klar, dass die Abwertung bestimmter Form-Inhalts-Paare von relevanten Experten selbst getroffen wird bzw. dass sie Gegenstand einer Expertendiskussion sind, z. B.:

(4) (Brockhaus s. v. Hacker:) *Je nach Kontext* ***kann*** *die Verwendung des Begriffs eine negative oder anerkennende Wertung* ***zum Ausdruck bringen****.*

(5) (Brockhaus, s. v. Amateur:) *Der Begriff ist* ***umstritten****, v. a. weil eine Abgrenzung zum Berufssportler in vielen Sportarten* ***fließend*** *ist…*

Bewertungen finden sich auch, wenn der semantische Gehalt sich gewandelt hat. Die Wikipedia-Autoren neigen gelegentlich dazu, die aktuelle Semantik als richtige und gültige darzustellen, wohingegen im Brockhaus die gegenwärtige Semantik eines Ausdrucks eher als in den historischen Wandel einbezogen dargestellt wird. In jedem Falle, ob synchron oder diachron, geht es im heutigen enzyklopädischen

Wissen auffallend oft um einen semantischen Pluralismus bzw. um eine Polysemie aufgrund von Perspektiven, Interpretationen und Meinungen.

Eine Variante dessen ist, dass fachsprachliche Termini neben allgemein- und umgangssprachlichen Ausdrücken verzeichnet und eingeordnet werden. Man kann darin einen Versuch sehen, die Kluft zwischen Expertensprache und Laiensprache zu überbrücken und zwischen beiden Sphären zu vermitteln, denn genau dazu sind Enzyklopädien gedacht.

2.3 Gebrauch von *Begriff*: Extension (Begriffsumfang)

Der Gebrauch des Lexems *Begriff* hat auch die Funktion anzugeben, auf welche Gegenstände oder Sachverhalte man mit einem bestimmten Ausdruck Bezug nehmen kann, m. a. W. was unter den jeweiligen Begriff fällt und was nicht. Diese Funktion wird realisiert mit Kollokatoren wie *unter, zusammenfassen, umfassen, subsumieren, Deckung, überschneiden*. Hiermit können enzyklopädische Autoren eine nicht abgeschlossene Diskussion um die „Ausdehnung" einer Bedeutungsvariante verdeutlichen oder die mitunter unterschiedlichen Grenzziehungen in Fachsprachen und Gemeinsprache oder auch einen historischer Wandel des Begriffsumfangs benennen, wie folgende Beispiele zeigen:

(6) (Brockhaus:) *Der **Begriff** »deutsche Literatur« **umfasst** im weitesten Sinne alles in deutscher Sprache Geschriebene;* [...]. *Mit der Zunahme der literarischen Zeugnisse **wird die Bedeutung des Begriffes mehr und mehr eingeschränkt auf** die drei klassischen Gattungen schöngeistiger Literatur (Lyrik, Epik, Dramatik) und auf Sprachkunstwerke der nicht fiktionalen Literatur.*

(7) (Wikipedia:) ***Unter dem Begriff** Altgriechisch **werden** Sprachformen und Dialekte **zusammengefasst**, die zwischen der Einführung der griechischen Schrift (etwa 800 v. Chr.) und dem Beginn der hellenistischen Ära (etwa 300 v. Chr.)* [...] *verwendet wurden.*

Besonders in der Rechtswissenschaft spielt die Frage der Subsumtion des einzelnen Falles unter eine Rechtsregel eine traditionell große Rolle. Folglich findet sich diese Funktion des Lexems *Begriff* bei Rechtsausdrücken besonders häufig, z. B.:

(8) (Brockhaus, s. v. Minderheit:) *Es ist in der Forschung umstritten, ob sich sämtliche Bedeutungsfelder **unter einem Begriff subsumieren** lassen, da z. B. »Anderssein« einer Bevölkerungsgruppe nicht mit zahlenmäßiger Unterlegenheit einhergehen muss.*

2.4 Gebrauch von *Begriff*: implizite Sprachtheorie

Bei alledem halten sich in den Enzyklopädien zwei (unbewusste) sprachtheoretische Grundauffassungen etwa die Waage: zum einen die Auffassung von Begriffen als Instrumenten menschlicher Sprecher – hier wird oft im Passiv formuliert (*ein Begriff wird verwendet, gebraucht, etabliert; lässt sich abgrenzen, definieren* usw.). Zum anderen ist auch die entgegengesetzte Auffassung präsent, nämlich eine personalisierende bzw. anthropomorphisierende, der gemäß *Begriffe* (wie nur Menschen es können) *sich (selbst) einbürgern, durchsetzen, etwas implizieren* oder *umschreiben, bezeichnen* oder *meinen*, z. B.:

(9) (Brockhaus:) *Der **Begriff** Farce **setzte sich** erst im 18. Jahrhundert **durch**, vielfach für spöttisch-polemische Literatursatiren auf einen Autor oder ein Werk.*

Beide Sprachauffassungen finden sich zwar auch in wissenschaftlichen Texten, aber dort ist die Personalisierung von Wörtern im besten Falle lediglich eine Metapher, mit der sich oft ökonomischer formulieren lässt. In der Wissensvermittlung sind solche Vermenschlichungen von Lexemen jedoch problematisch, weil die für den Wortgebrauch verantwortlichen Sprecher in dieser Auffassung gar nicht vorkommen und weil damit auch der diskursive Charakter von Wissenschaft negiert wird.

Zusammenfassend kann man dem Ausdruck *Begriff* in Enzyklopädien eine besondere und wichtige wissensvermittelnde Sprachhandlung zuordnen, die sich etwas umständlich zusammenfassen ließe als „den semantischen Gehalt eines lexikalischen Ausdrucks und seine Bedeutungspluralität erläutern".

2.5 Gebrauch von *Bezeichnung*

Das zweithäufigste Lexem der untersuchten Lexemgruppe war *Bezeichnung* mit seinem verbalen Äquivalent *bezeichnen*. *Begriff* und *Bezeichnung* werden häufig mit identischer Semantik und nur syntaktisch anders verwendet; sie haben daneben aber ein paar Besonderheiten:

Bezeichnung ist mehr als *Begriff* auf die Wort**form** bezogen und wird in der Regel als monosem behandelt (bei schwierigen Polysemien greifen die Autoren eher zu *Begriff*), aber Bezeichnungen sind immer etwas, das eine komplexere Umschreibung benötigt. Bei Begriffen genügen schon Synonyme, um sie zu erklären, bei Bezeichnungen hingegen nicht. Die stärkere Formbezogenheit des Lexems *Bezeichnung* führt dazu, dass es typischerweise und oft in technischen Domänen vorkommt, etwa für Akronyme, Typbezeichnungen und Eigennamen technischer Produkte, aber auch für Naturphänomene, die der Standardsprache fremd sind. *Bezeichnung* ist in den Lexika generell ein Lexem naturwissenschaftlich-technischer Artikel, während *Begriff* in den Geistes- und Kulturwissenschaften einschließlich Wirtschaft und Recht bevorzugt wird.

Die Analyse der Kollokatoren zeigt eine weitere Besonderheit auf: Das Lexem *Bezeichnung* wird in beiden untersuchten Enzyklopädien meist mit einem komplexen nachgestellten präpositionalen Attribut verwendet; die Präposition hier ist *für*, wie folgende Beispiele zeigen:

(10) (Wikipedia:) *Vasa aberrantia Halleri:* ***Bezeichnung für*** *Ductuli efferentes, die als Urnierengänge persistieren aber keinen Anschluss an den Wolff-Gang (Urnierenkanal, später Nebenhodengang) finden.*

(11) (Brockhaus:) ***Europagedanke, Bezeichnung für*** *eine Vielzahl von auf den europäischen Lebens- und Kulturraum bezogenen Leitideen und politischen Ordnungsmodellen.*

(12) (Brockhaus:) ***Gender*** *[ˈdʒendə; englisch, von lateinisch genus »Geschlecht«] das, -s,* ***Bezeichnung für*** *Geschlecht als gesellschaftlich bedingter Sachverhalt.*

Analysiert man die Nominalphrase des Präpositionalattributs (hier jeweils unterstrichen) zeigt sich, dass damit ein auch semantisch komplexerer Gegenstand oder Sachverhalt bezeichnet wird – etwas, für das es kein einzelnes Lexem gibt, zumindest nicht in der Standardsprache. Der Ausdruck *Bezeichnung* referiert also typischerweise auf den semantischen Gehalt eines Fachausdrucks, der in der Präpositionalphrase verständlich umschrieben wird. Auch *Begriff* hat diese Funktion, aber viel seltener:

(13) (Brockhaus:) ***Wald|sterben,*** *schlagwortartiger* ***Begriff für*** *das großflächige Absterben von Nadel- und Laubbäumen, heute meist als »neuartige Waldschäden« bezeichnet.*

Auch die syntaktische Variante mit Genitivattribut ist belegt; es gibt ebenfalls das Denotat/Bezugsobjekt an:

(14) (Wikipedia:) *Arzawa ist die hethitische* ***Bezeichnung eines*** *Reichs und einer Region in West-Kleinasien.*

Die Konstruktion *Bezeichnung* gefolgt von Genitivattribut kann jedoch missverständlich sein, weswegen sie in der von Laien geschriebenen Wikipedia eher auftritt als im Brockhaus. Ein Beispiel:

(15) (Wikipedia:) … *erfolgte eine „Zusammenlegung von Arbeitslosenhilfe und Sozialhilfe" (Bezeichnung der damaligen Regierung).*

Hier ist die „damalige Regierung" nicht Denotat, sondern der die Bezeichnung vergebende Sprecher, während hier:

(16) (Wikipedia:) … *man identifiziert das Wort „Rus" als Bezeichnung der Skandinavier in Russland.*

unklar bleibt, ob die „Skandinavier in Russland" Bezugsobjekt der Bezeichnung oder Bezeichnungsverwender sind.

Das Nomen *Bezeichnung* wird wie das Nomen *Begriff* oft durch Adjektivattribute ergänzt, die die Eignung und Angemessenheit der Bezeichnung für das Denotat bewerten:

mehrdeutige, umgangssprachlich, offiziell, amtliche, übliche, geläufige, volkstümliche, mundartliche, gängige, scherzhafte, pejorative, euphemistische, korrekte, ungenaue, irreführende usw.

Dabei zeichnen sich die Wikipedia-Autoren durch geringere Hemmungen im Bewerten aus als die Autoren des Brockhaus. Aber warum werden für unangemessen gehaltene Bezeichnungen in einer Enzyklopädie überhaupt erwähnt? Offensichtlich deshalb, weil nur durch eine solche explizite Abgrenzung die bevorzugten Bezeichnungen herausgestellt werden können. Genau das Gleiche kennt man aus der Terminologienormung, wo eine eigene Kategorie „abgelehnte Benennung" existiert (vgl. Arntz, Picht, Mayer 2002, 160).

Das Verb *bezeichnen* war, wie in der Tabelle oben gezeigt, im Brockhaus das häufigste sprachreflexive Lexem überhaupt und in der Wikipedia kam es gleich an zweiter Stelle. Ein typisches Beispiel hierfür ist:

(17) (Brockhaus:) *Stellen maximaler positiver beziehungsweise negativer Auslenkung einer Welle (Amplitude) werden als* ***Wellenberge*** *beziehungsweise* ***Wellentäler*** *bezeichnet.*

Die Funktion des Verbs ist dieselbe wie die des Nomens *Bezeichnung*, aber der Unterschied zwischen Nomen und Verb liegt in der größeren syntaktischen Flexibilität des Verbs. Man kann mithilfe des Verbs auch sagen, wer, welche Gruppe oder Sichtweise etwas mit einer Bezeichnung „belegt", denn es ist passiv wie aktiv verwendbar. Das Passiv sowie elliptische Partizipialkonstruktionen sind hier aber sehr viel häufiger und stellen die typische Realisierungsform des Verbs dar. Aktiver Gebrauch kommt kaum vor und wenn, dann mit dem Indefinitpronomen *man* als Subjekt. Anstelle der Präpositionalphrase (*Bezeichnung für*) steht beim Verb das Subjekt des Passivsatzes: *X wird bezeichnet*; hinzu kommt regelhaft eine Adjunktorphrase mit *als*: *X wird als Y bezeichnet*, z. B.:

(18) (Brockhaus:) ***Als*** *Redaktion* ***werden*** *ferner sowohl die Tätigkeit eines Redakteurs (das Redigieren) als auch die Gesamtheit der Arbeitsräume der Redaktion* ***bezeichnet****.*

Eine dem Lexempaar *Bezeichnung/bezeichnen* analoge Funktionsgleichheit bei *Begriff* und *begreifen* besteht gerade nicht. Zwar gibt es die Konstruktion *X wird als Y begriffen* in den untersuchten Enzyklopädien, jedoch wird mit dieser Konstruktion eine Interpretation zum Ausdruck gebracht, und es wird keine sprachreflexiv-definitorische Handlung vollzogen wie mit *X wird als Y bezeichnet*.

Die Konstruktion *X wird als Y bezeichnet* ist erweiterbar und sehr produktiv. Was beim Nomen das einordnende und bewertende Adjektivattribut ist, steht beim Verb adverbial; mit dem Adverbial werden entweder konnotativ-wertende Aspekte oder die Gebräuchlichkeit einer Bezeichnung thematisiert:

etwas	*wird*	*fälschlich(erweise)*	*als X*	*bezeichnet*
etwas	*wird*	*abwertend*	*als X*	*bezeichnet*
etwas	*wird*	*abschätzig*	*als X*	*bezeichnet*
etwas	*wird*	*spöttisch*	*als X*	*bezeichnet*
etwas	*wird*	*euphemistisch*	*als X*	*bezeichnet*

(ferner *unscharf, umgangssprachlich, inoffiziell, herablassend, falsch, …*)

etwas	*wird*	*gelegentlich auch*	*als X*	*bezeichnet*
etwas	*wird*	*gemeinhin*	*als X*	*bezeichnet*
etwas	*wird*	*im allgemeinen Sprachgebrauch*	*als X*	*bezeichnet*
etwas	*wird*	*häufig*	*als X*	*bezeichnet*
etwas	*wird*	*oftmals*	*als X*	*bezeichnet*

2.6 Begriff und Bezeichnung in historischen Argumentationen

Begriff und *Bezeichnung* erfüllen in den Enzyklopädien also durchaus unterschiedliche Aufgaben. Es gibt insofern gewisse Unterschiede, als die Wikipedia-Autoren *Begriff* bevorzugen, wohingegen die Brockhaus-Redakteure dem Lexem *Bezeichnung* deutlich den Vorzug geben, wenn es um die ankündigende Einleitung semantischer Paraphrasen geht. Eine Gemeinsamkeit ist aber so auffällig, dass sie eigens behandelt werden muss, denn offensichtlich haben Enzyklopädien ein ausgeprägtes worthistorisches bzw. etymologisches Interesse.

Dies klingt zunächst ungewöhnlich, denn wir halten worthistorische oder etymologische Bemerkungen für etwas, das in Wörterbüchern steht, d. h. in sprachbezogenen Nachschlagewerken. Die Analyse aller oben behandelten Lexeme – *Begriff, Bezeichnung* und *bezeichnen* – hat jedoch eine bemerkenswerte Gruppe gemeinsamer Kollokatoren deutlich werden lassen, die ich wie folgt zusammenfasse:

> *ursprünglich, historisch, früher, etymologisch, Etymologie, eigentlich, entstammen, ableiten von/aus, Herkunft, eindeutschen, übersetzt; urspr. (ursprünglich) bezeichnen; entlehnt, hergeleitet, sich herleiten, sich einbürgern, veraltet, alt, älter, damalig, zeitgenössisch* usw.

Man findet in Enzyklopädien sogar etymologische bzw. worthistorische Artikelköpfe nach Art historischer Wörterbücher. Ein paar ganz typische Beispiele, in denen das Historische von mir durch Unterstreichung markiert wurde.

> (19) (Wikipedia:) *Der eigentliche* ***Begriff*** *„Anarchie“ entstand erst im 19. Jahrhundert als Gegenbewegung und politisches Gegenkonzept zur Monarchie und zur Demokratie. Ursprünglich bedeutete Anarchie in der griechischen Antike die Abwesenheit des Alleinherrschers, abgeleitet vom Archonten, der nach dem Königreich eingeführt wurde.*

Sogar Angaben zu Aussprache und Flexion sind bei entlehnten Lexemen die Regel. Die Brockhaus-Redakteure verfahren hierbei wesentlich konsequenter und man kann das Vorbild Wörterbuch geradezu mit Händen greifen:

(20) (Brockhaus:) *Operator [englisch ˈɔpəreɪtə; lateinisch »Arbeiter«, »Verrichter«] der, -s/... ˈtoren, Informatik: 1) allgemein* ***Bezeichnung*** *der Funktionszeichen einer Programmiersprache, insbesondere derer für arithmetische und logische Operationen.*

(21) (Wikipedia:) *Der* ***Begriff*** Altvordere *(abgeleitet von: altfordero, später ouldvorderen) stammt aus dem Mittelhochdeutschen und umschreibt allgemein die Vorfahren, also diejenigen, die zeitlich „vor den (noch lebenden) Alten" existierten. Im Niederländischen hat sich der ursprüngliche mittelhochdeutsche* ***Begriff*** *bis heute sprachlich noch exakter erhalten. Dort spricht man von den „oudtvoirdern".*

Im Grunde ebenfalls historisch motiviert sind Bezeichnungen für andere Sprachen, insofern die fremdsprachliche Herkunft eines Fachworts herausgestellt werden soll; die letzten drei Beispiele haben Angaben zu englischen, lateinischen, mittelhochdeutschen, niederländischen und griechischen Lexemen. Oft werden Sprachenbezeichnungen adverbial auch mit dem Verb *bezeichnen* verbunden, z. B.:

(im) Engl., Jap., Frz., Griech., ... bezeichnet X etwas
der lat., engl., russ. usw. Begriff bezeichnet X
die ital., span., portug. Bezeichnung für X

In Haß (2015) habe ich das Lexem *eigentlich* im Sprachgebrauch von Enzyklopädien seit dem 18. Jahrhundert untersucht und festgestellt: Das Sachwissen wird uns in Enzyklopädien so präsentiert, als ob das Frühe, Ursprüngliche und Alte von Lexemen und von Sachverhalten das Höherwertige und die Norm sind. Lexikon-Autoren nutzen sprachreflexive bzw. Informationen über Lexeme in der stillen Überzeugung, dass die (vermeintlich) ursprüngliche Semantik einen besonders geeigneten Zugang zum Verstehen eines Sachverhalts darstellt. Man kann sogar sagen, dass die Textsorte Enzyklopädie über die Jahrhunderte hin aktiv und erfolgreich an der Gleichsetzung von Sache und ursprünglicher Bedeutung arbeitet. Wir stellen also nicht nur fest, dass Enzyklopädien der Reflexion über Lexik große Aufmerksamkeit schenken, sondern dass sie sich dabei an der vermeintlichen Vergangenheit der Wörter orientieren. Woran liegt das? Ist es einfach die deutsche Tradition, in der seit dem 19. Jahrhundert Sprache und Geschichte aufs Engste verknüpft sind und zur wechselseitigen Erklärung herangezogen werden? Oder geht es um eine morphologische Motivierung der vielen fach- und wissenschaftssprachlichen Ausdrücke in einer Enzyklopädie? Oder handelt es sich um eine universale, weltweit verbreitete Strategie der Wissensvermittlung? Der folgende Abschnitt versucht, eine mögliche Kulturspezifik anhand eines punktuellen Vergleichs zu ermitteln.

2.7 Sprachreflexion in Enzyklopädien und Sprachkultur

Um die Frage zu erhellen, ob der Rückgriff auf historische bzw. eigentliche Lexembedeutungen spezifisch deutsch ist oder eher unabhängig von nationaler Kultur und Sprache gilt, will ich einen knappen Blick auf die größte und bekannteste englischsprachige Enzyklopädie werfen, die Encyclopaedia Britannica online, in der ich ebenfalls eine Reihe sprachreflexiver Bezeichnungen untersucht habe, auch wenn dies methodisch noch viel gründlicher gemacht werden müsste. Die Online-Version wurde nach folgenden Lexemen durchsucht:

term, word, name, connotation, to designate, to refer to, to use (first), to coin, to derive, …

Ein Formulierungsbeispiel wie:

(22) *Although the **name** Hinduism is relatively new, having been **coined** by British writers in the first decades of the 19th century, it **refers to** a rich cumulative tradition of texts and practices, some of which date to the 2nd millennium bce or possibly earlier.*

veranschaulicht den generellen Befund: Ganz parallel zu *Begriff*, *Bezeichnung* und *bezeichnen* verwenden die Lexikon-Autoren der Britannica die Lexeme *term*, *word*, *connotation* und *to designate*, *to refer to*, *to use (first)* und *to coin*. Und auch hier finden sich wortgeschichtliche Informationen mithilfe der Lexeme *to derive*, vielleicht nicht ganz so oft wie in den deutschen Enzyklopädien. Die kurze Analyse gibt Anlass zu der Hypothese, dass die für die deutschsprachigen Enzyklopädien festgestellte Ausprägung der Sprachreflexion ganz ähnlich auch im angelsächsischen Raum zu finden ist. Auch in der Britannica werden Form-Inhalts-Paare diskutiert und auch hier wird oft auf die vermeintliche Ursprungsbedeutung zurückgegriffen, um etwas zu erklären.

2.8 Fazit

Enzyklopädisches Wissen wird in einer Art und Weise versprachlicht, die großes Gewicht auf die lexikalischen Mittel legt, es gibt erstaunlich viel Metasprache in Enzyklopädien. Wie sonst nur aus Sprachwörterbüchern bekannt wird Semantik in diverse Aspekte differenziert: Es werden Polysemien, Homonymien, intensionale und extensionale Bedeutungsaspekte sowie Konnotationen angegeben und mitunter auch diskutiert. Dies geschieht im Wesentlichen synchron, aber oft zusätzlich diachron, weil historisches Alter eines Lexems oder einer Bedeutungsvariante als Qualitätsmerkmal behandelt wird – solche Lexeme oder Bedeutungsvarianten werden als wertvoller behandelt als andere jüngere.

Die eingehende Reflexion lexikalischer Mittel einschließlich ihrer historischen Entwicklung stellt ein ganz zentrales Element der enzyklopädischen Wissensvermittlung, nicht nur der deutschsprachigen, dar. Und insofern Enzyklopädien eine wissensvermittelnde Textsorte sind, lässt sich schlussfolgern, dass die eingehende Reflexion und Diskussion von Bezeichnungen und Bedeutungen wissenschaftlicher

Ausdrücke zentral für Wissenschaftssprache sind und dass hierunter weit mehr fällt als die Angabe von Definitionen.

Wissenschaftssprache beherrschen heißt damit auch, über Gebrauch und Bedeutung der Lexeme in Geschichte und Gegenwart durch unterschiedliche Sprechergruppen und in unterschiedlichen Situationen kompetent schreiben zu können. Die abschließende Frage soll daher lauten: Sind die Lexikon-Autoren dafür kompetent genug? Und was geschieht, wenn ihre sprachreflexive Kompetenz nicht ausreicht?

3 Sprachkritische Schlussbemerkung

Die Lektüre der obigen Beispiele hat ganz allgemein deutlich werden lassen, dass nicht alle Formulierungen der enzyklopädischen Autoren den Standards einer guten wissenschaftlichen Ausdrucksweise genügen. Und offensichtlich ist die Ausdrucksqualität in der Wikipedia insgesamt eher schlechter zu beurteilen als die der Brockhaus-Redakteure.

Nicht zu kritisieren haben wir, so meine ich, dass Brockhaus und Wikipedia sich nicht an die linguistisch-semantische Terminologie halten. Im Gegenteil, ein enzyklopädischer Text muss in der allgemeinen Standardsprache geschrieben sein, nicht in linguistischer Fachsprache. Es ist also zu akzeptieren, dass die Lexeme *Begriff* und *Bezeichnung* partiell synonym verwendet werden und dass sie selbst relativ vage sind, zumindest solange die beiden Seiten des Wortzeichens, Form und Inhalt, auf andere Art klar unterschieden werden.

Problematisch wird es jedoch, wenn wie in der Wikipedia zu viele ambige, d. h. missverständliche und unklare Formulierungen das Verständnis der Sache vernebeln und verunklaren. Dies habe ich am Beispiel des nominalen Genitiv-Attributs (*Bezeichnung der Skandinavier in Russland* oder *Bezeichnung für die Skandinavier in Russland*; ähnlich *Bezeichnung der Inuit* und *Bezeichnung für die Inuit*) gezeigt und ist z. B. auch an Kongruenzfehlern sichtbar geworden. Andere Formulierungsschwächen finden sich bei der Informationsstrukturierung durch die Reihenfolge der Satzglieder im Mittelfeld der deutschen Satzklammer. Sie finden sich oft bei der Formulierung der Definition, die stets zu Beginn des oft sehr viel längeren Artikeltextes steht. Die Wahl von *genus proximum* und v. a. der zentralen *differentiae specificae* wird offensichtlich „nach Gefühl" vorgenommen. Wissenschaftssprachliche Kompetenz heißt auch: Wissen, wie Definitionen formuliert werden.

Der generelle Bedarf an Sprach- und Schreibkompetenz wird auch bei den Machern der Wikipedia gesehen. Man kann in den Autorenrichtlinien der Wikipedia[1]

1 https://de.wikipedia.org/wiki/Wikipedia:Wie_schreibe_ich_gute_Artikel#Literatur (Stand: 06.04.2015).

nachlesen, dass zur sprachlichen Orientierung die wirklich uralte Stilfibel von Ludwig Reiners und die ärgerlich simplifizierenden Lehrbücher des Journalisten Wolf Schneider empfohlen werden, der z. B. gegen das Passiv und gegen Nebensätze polemisiert. Leider ist die Wikipedia dabei, professionell geschriebene Enzyklopädien zu verdrängen und das Internet als Ganzes ist dabei, zu „dem" Medium des relevanten Wissens zu werden.

Glücklicherweise haben die Schreiberinnen und Schreiber wissensvermittelnder Internet-Texte meistens eine Universität besucht und so haben die Lehrenden die Chance, sie darin zu unterrichten, wie wissensvermittelnde Sprache sein sollte. Dazu sollte die Erforschung von Wissenschaftssprache in Zukunft mehr beitragen, anstatt sich allein auf die Kompetenzen des wissenschaftlichen Forschungsnachwuchses zu beschränken. Wäre es nicht sinnvoll, unsere Bachelor-Studierenden in Analyse und Kritik wissensvermittelnder Sprache zu unterrichten, d. h. auch Lehrbücher, Lexika und Sachtexte einzubeziehen?

Quellenverzeichnis

DeReKo: http://www1.ids-mannheim.de/kl/projekte/korpora/ (Stand: 06.04.2015).

Die Brockhaus Enzyklopädie Online (2014): F. A. Brockhaus / wissenmedia in der inmediaONE] GmbH, Gütersloh/München. [Entspricht 30 Bänden] http://www.brockhaus.de. Lizenzierter Zugriff über die Universitätsbibliothek Duisburg-Essen (Stand: 04.04.2015).

Encyclopaedia Britannica online: http://www.britannica.com/. Lizenzierter Zugriff über die Universitätsbibliothek Duisburg-Essen (Stand: 04.04.2015).

Wikipedia: https://www.wikipedia.de/ (Stand: 04.04.2015).

Literaturverzeichnis

Arntz, Reiner, Heribert Picht, Felix Mayer (2002): *Einführung in die Terminologiearbeit*. 4. Aufl. Hildesheim u. a.: Olms.

Graefen, Gabriele, Melanie Moll (2011): *Wissenschaftssprache Deutsch: lesen – verstehen – schreiben. Ein Lehr- und Arbeitsbuch*. Frankfurt a. M. u. a.: Lang.

Graff, Bernd (2013): Brockhaus am Ende. *Süddeutsche Zeitung online* 12.06.2013 Zugang: http://www.sueddeutsche.de/kultur/brockhaus-am-ende-wissen-das-nie-am-rechten-ort-ist-1.1695116 (Stand: 06.04.2015).

Haß, Ulrike (2015): Das ‚Eigentliche' als Prinzip der Wissenskonstitution. Deutschsprachige Enzyklopädien des 18. bis 20. Jahrhunderts. *Eigentlichkeit. Zum Verhältnis von Sprache, Sprechern und Welt*. Claudia Brinker-von der Heyde, Nina Kalwa, Nina-Maria Klug, Paul Reszke (Hg.). Berlin, Boston: de Gruyter. 11–33.

Morek, Miriam, Vivien Heller (2012): Bildungssprache: Kommunikative, epistemische, soziale und interaktive Aspekte ihres Gebrauchs. *Zeitschrift für angewandte Linguistik* 57(1), 67–101.

Weinrich, Harald (1995): Wissenschaftssprache, Sprachkultur und die Einheit der Wissenschaft. *Linguistik der Wissenschaftssprache*. Heinz L. Kretzenbacher, Harald Weinrich (Hg.). Berlin, New York: de Gruyter. 155–174.

Vater, Heinz (2000): Begriff statt Wort – ein terminologischer Wirrwarr. *Sprachreport* 4, 10–13. Zugang: http://pub.ids-mannheim.de/laufend/sprachreport/pdf/sr00-4.pdf (Stand: 06.04.2015).

Jürgen Schiewe

Sprache – Wissen – Wissenschaft. Denkstile und Diskurse in der Linguistik des 20. Jahrhunderts

Abstract What role does language play in scientific knowledge? Is it a tool detached from knowledge or does it play a part in shaping knowledge, and the very process of perception itself? Drawing on the contributions of Ludwik Fleck and Michel Foucault in the field of the theory of science, this paper represents the view that science cannot produce an "objective piece of knowledge", but that every act of perception and piece of knowledge rests on "styles of thinking", which are produced in "thought collectives" and manifest themselves in "discourses". Styles of thinking stand in a relationship of correspondence with linguistic styles, in which those terms above all, which designate or construct the object of knowledge, have a significant meaning. Taking the recent history of linguistic science as an example, this approach is illustrated with reference to the terms "structure", "act" and "performance". The paper concludes with theses on the connection between thought collectives in science and scientific registers.

Keywords: style of thinking, thought collective, discourse, history of linguistic science, structure, act, performance

Schlüsselwörter: Denkstil, Denkkollektiv, Diskurs, Geschichte der Sprachwissenschaft, Struktur, Handlung, Performanz

1 Einleitung

In einem Aufsatz mit dem Titel „Stil in der Wissenschaft?" aus dem Jahre 1995 nimmt der romanistische Sprachwissenschaftler Hans-Martin Gauger einen Satz des Philosophen Martin Heidegger auf und interpretiert ihn hinsichtlich der Fragen, welche Rolle Sprache in den Wissenschaften spielt, spielen solle, und wie es sich mit dem Phänomen des „Stils" in den Wissenschaften verhalte. Heidegger (2007, 27) hatte in seiner Freiburger Antrittsvorlesung „Was ist Metaphysik?" 1929 gesagt: „Die Wissenschaft hat […] ihre Auszeichnung darin, daß sie in einer ihr eigenen Weise ausdrücklich und einzig der Sache selbst das erste und letzte Wort gibt." Gauger (1995, 247) versteht diesen Satz zustimmend so, dass in der „Haltung der Wissenschaftler" alles zurücktreten müsse „gegenüber dem Bemühen um Erkenntnis der jeweiligen Sache". „Insofern", schreibt er weiter, „kommt dann im Sprechen der Wissenschaft quasi die Sache selbst – und nur diese – zu Wort."

Neben der „Erkenntnis des jeweiligen Gegenstandes“ hat die Sprache in der Wissenschaft nach Gauger noch die zweite Funktion der „Mitteilung des Erkannten“. In beiden Fällen, im Erkennen wie im Mitteilen des Erkannten, gilt für Gauger (1995, 250f.):

> Der sachliche Gehalt und der sprachliche Ausdruck sind hier, *müssen* hier jederzeit trennbar sein. [...] Der sachliche Gehalt darf im Wissenschaftlichen nicht am sprachlichen Wie der Äußerung liegen. Das hier Gesagte muss immer auch anders – und also auch in einer anderen Sprache – gesagt werden können.

Wir können aus diesen Anmerkungen schließen, dass für Heidegger – und mehr noch für Gauger – die Sprache der Wissenschaft und die Sprache in der Wissenschaft etwas Sekundäres sind. Sie hat nach deren Auffassung lediglich eine dienende Funktion, nämlich die sprachunabhängig gewonnene Erkenntnis einer Sache – Gauger (1995, 249) nennt das die „Sachlichkeit der Wissenschaft“ – zu benennen, ihr ein sprachliches, austauschbares Etikett zu geben und mit Hilfe dieses Etiketts zu kommunizieren. Sprache ist folglich nur ein Mittel zum Zweck, ein Werkzeug zur Darstellung von Gegenständen und Sachverhalten (vgl. dazu das Organon-Modell von Karl Bühler 1982, 28–30). Sie ist nach dieser Auffassung weder an der erkennenden Konstruktion noch an der sozialen Konstitution einer wissenschaftlichen Erkenntnis beteiligt.

1935, also nur wenige Jahre nach Heideggers Antrittsvorlesung, hat der polnische Jude Ludwik Fleck, von Beruf Bakteriologe, in einer erkenntnistheoretischen Schrift mit dem Titel „Entstehung und Entwicklung einer wissenschaftlichen Tatsache“, die später ganz maßgeblich auch Thomas S. Kuhn für sein bekanntes Werk „Die Struktur wissenschaftlicher Revolutionen“ rezipiert hat, eine ganz andere Auffassung vertreten. Für Fleck ist Wissenschaft eine soziale Tätigkeit, die innerhalb eines „Denkkollektivs“ ausgeübt wird, und Erkennen ist ein gerichteter Prozess, bedingt durch die Existenz und Zugehörigkeit des Erkennenden zu einem in dem Denkkollektiv verankerten „Denkstil“ (vgl. Fleck 1980, 53–70).

Nach Fleck besitzt eine wissenschaftliche Erkenntnis – er spricht von „wissenschaftlicher Tatsache“ – keinen objektiven Status, mit ihr und in ihr kann eine „objektive Wirklichkeit“ nicht erfasst und abgebildet werden. Das Erkennen als Denkprozess hin auf die Entstehung und Entwicklung einer wissenschaftlichen Tatsache ist, wie Fleck in dem 1929 erschienenen Aufsatz „Zur Krise der ‚Wirklichkeit‘“ schreibt, „*weder passive Kontemplation noch Erwerb einzig möglicher Einsicht im fertig Gegebenen. Es ist ein tätiges, lebendiges Beziehungseingehen, ein Umformen und Umgeformtwerden, kurz ein Schaffen.* Weder dem ‚Subjekt‘ noch dem ‚Objekt‘ kommt selbständige Realität zu; jede Existenz beruht auf Wechselwirkung und ist relativ“ (Fleck 1983, 48). Das erkennende Subjekt ist folglich nicht autonom hinsichtlich des zu erkennenden Gegenstandes und der Form seines Erkennens, sondern es erkennt etwas „,auf Grund des bestimmten Erkenntnisbestandes' oder besser ,als Mitglied eines bestimmten Kulturmilieus' oder am besten ,in einem bestimmten Denkstil, einem bestimmten Denkkollektiv'" (Fleck 1980, 54). Seine beiden zentralen Begriffe „Denkkollektiv" und „Denkstil" fasst Fleck (1980, 54f. und 130) folgendermaßen:

> Definieren wir „Denkkollektiv" als *Gemeinschaft der Menschen, die im Gedankenaustausch oder in gedanklicher Wechselwirkung stehen, so besitzen wir in ihm den Träger geschichtlicher Entwicklung eines Denkgebietes, eines bestimmten Wissensbestandes und Kulturstandes, also eines besonderen Denkstiles.*
>
> Wir können [...] *Denkstil als gerichtetes Wahrnehmen, mit entsprechendem gedanklichen und sachlichen Verarbeiten des Wahrgenommenen, definieren.*

Wenn zwei oder mehr Menschen in einen gedanklichen Austausch treten, man könnte auch sagen: wenn sie miteinander kommunizieren, bilden sie ein Denkkollektiv. Denkkollektive können temporär sein, sich aber auch verstetigen. Stets bilden sich in Denkkollektiven Denkstile heraus, die die Wahrnehmung steuern und, wenn sie lange genug existieren, auch bestimmte Ordnungen des Kommunizierens erzeugen. Denkstile müssen also mit Sprachstilen korrespondieren, müssen sich auf der sprachlichen Ebene manifestieren.

Fleck selbst führt den Zusammenhang zwischen Denkstil und Sprachstil, insbesondere zwischen wissenschaftlichem Denkstil und Wissenschaftssprache, nicht explizit aus, aber er deutet ihn zumindest an, wenn er schreibt, dass sich Denkstile insbesondere in Begriffen ausdrücken, die eine Beharrungstendenz aufweisen, irgendwann als Selbstverständlichkeiten nicht mehr infrage gestellt werden oder sogar geeignet sind, eine „Harmonie der Täuschung" (Fleck 1980, 41) zu produzieren, um ihre Gültigkeit auch gegen Widersprüche weiterhin behaupten zu können.

An dieser Stelle gibt es eine Verbindung zu dem, was Michel Foucault „Diskurs" genannt hat und was seit einigen Jahren methodisch in eine Diskursanalyse und Diskurslinguistik überführt worden ist. Ein Diskurs ist für Foucault „ein Formationssystem von Aussagen, das auf kollektives, handlungsleitendes und sozial stratifiziertes Wissen verweist". Dieses Wissen wird „vermittels der Durchsetzung von sprachlichen, begrifflichen Fixierungen von Erkenntnis hervorgebracht" (Spitzmüller, Warnke 2011, 9 und 43). Die diskursanalytischen Grundannahmen korrespondieren deutlich mit den Fleckschen Denkkollektiven und Denkstilen. In Denkkollektiven wird, ebenso wie in Diskursen, auf der Grundlage bestimmter Denkstile eine wissenschaftliche Erkenntnis – oder allgemeiner: Wissen – konstituiert, von Akteuren begründet und mit einem Anspruch auf Wahrheit gestreut, distribuiert.

Ich schließe aus diesen Überlegungen, dass Denkstile vieles mit Diskursen gemeinsam haben (vgl. hierzu bereits Knobloch 1992, nun auch Czachur 2013). Die in Denkkollektiven entstehenden Denkstile prägen Wissensordnungen aus, vergleichbar damit, dass Wissensordnungen auch Diskursen zugrunde liegen. Wieder wird die Verbindung zur Sprache evident: Wissensordnungen manifestieren sich auf der sprachlichen Ebene, werden in Begriffen, Metaphern, Topoi, Argumentationsformen greifbar (vgl. hierzu ausführlich Spitzmüller, Warnke 2011, 40–64).

Am deutlichsten dürften sich Denkstile und Wissensordnungen dort zeigen, wo ein wissenschaftliches Fach seinen Gegenstand der Erkenntnis konstruiert und konstituiert. Um diesen Umstand zu illustrieren, wende ich mich nun der neueren Sprachwissenschaft zu. Ich gehe von der These aus, dass die Sprachwissenschaft in den vergangenen rund fünfzig Jahren ihren Gegenstand, die Sprache, unterschiedlich konstruiert hat und im Moment dabei ist, ihn wiederum neu zu bestimmen. Diese Konstruktionen lassen sich grob charakterisierend mit den Begriffen „Struktur", „Handlung" und „Performanz" pointieren. Sie sollen im Folgenden näher betrachtet werden, ohne dabei den Anspruch zu erheben, auch die Details und Nuancierungen zu erfassen.[1]

2 Sprache als System und Struktur

Nur selten wird die Frage nach dem Gegenstand einer Wissenschaft explizit gestellt, und noch seltener wird sie, wenn sie gestellt worden ist, anschließend auch präzise beantwortet. Ferdinand de Saussure, der aus sprachwissenschaftsgeschichtlicher Sicht als Begründer der modernen Sprachwissenschaft gelten kann, hat zu Beginn des 20. Jahrhunderts beides getan und damit einen Wandel des Denkstils in der Sprachwissenschaft eingeleitet. In seinem ab den 1960er Jahren auch in Deutschland die neu konzipierte „Germanistische Linguistik" bestimmenden Werk „Grundfragen der allgemeinen Sprachwissenschaft" formuliert de Saussure (2001, 9) tatsächlich zunächst die Grundfrage des Faches: „Was ist der Gegenstand der Sprachwissenschaft" – und er fügt hinzu: „wenn wir ihn vollständig und konkret bestimmen wollen?" Die mit dieser Frage verbundenen Schwierigkeiten deutet er mit dem Hinweis darauf an, dass die Sprachwissenschaft ihren Gegenstand überhaupt erst „erschaffen", also konstituieren, und anschließend theoretisch-methodisch konstruieren müsse. An der genannten Stelle heißt es dann weiter:

1 Die folgenden Ausführungen korrespondieren mit Überlegungen in Schiewe 2015.

> Andere Wissenschaften befassen sich mit Gegenständen, die von vornherein gegeben sind und die man nacheinander unter verschiedenen Gesichtspunkten betrachten kann. Ganz anders auf unserem Gebiet. Es spricht jemand das französische Wort *nu* aus: ein oberflächlicher Betrachter wäre versucht, darin ein konkretes Objekt der Sprachwissenschaft zu erblicken; aber eine aufmerksame Prüfung läßt darin nacheinander drei oder vier verschiedene Dinge erkennen, je nach der Art, wie man es betrachtet: als Laut, als Ausdruck einer Vorstellung, als Entsprechung des lateinischen *nudum* usw. Man kann nicht einmal sagen, daß der Gegenstand früher vorhanden sei als der Gesichtspunkt, aus dem man ihn betrachtet; vielmehr ist es der Gesichtspunkt, der das Objekt erschafft; und außerdem wissen wir nicht von vornherein, ob eine dieser Betrachtungsweisen den andern vorausgeht und übergeordnet ist.

In seiner typisch dichotomischen Sichtweise konkretisiert de Saussure (2001, 9f.) anschließend die verschiedenen „Seiten", die das „sprachliche Phänomen" stets zeige: Es ist (1) als Laut ein akustischer Eindruck, etwas *Physikalisches*, zugleich aber auch etwas *Physisches*, denn der Laut würde ohne Bewegung der Stimmorgane nicht entstehen können; (2) verweist diese akustisch-stimmliche, diese physikalisch-physische Einheit, der Laut bzw. die Silbe oder das Wort, immer auf eine Vorstellung; der Laut ist somit „ein Werkzeug des Gedankens", also etwas *Psychisches*; (3) ist das sprachliche Phänomen stets etwas *Individuelles* und *Soziales* zugleich. Das individuelle Sprechen oder Schreiben resultiert aus sozialen Zusammenhängen und reflektiert auf soziale Zusammenhänge, die sich ihrerseits aus individuellem Sprachgebrauch speisen; (4) und letztens ist das sprachliche Phänomen zum einen ein *„feststehendes System"*, eine „in jedem Augenblick gegenwärtige Institution". Zugleich ist dieses System, diese Institution, aber stets ein „Produkt der Vergangenheit", somit etwas *geschichtlich Gewordenes*.

Der Gegenstand der Sprachwissenschaft erscheint – so de Saussure (2001, 10) – somit als „wirrer Haufe verschiedenartiger Dinge, die unter sich durch kein Band verknüpft sind". Alle möglichen Wissenschaften seien für ihn zuständig, die Psychologie, die Anthropologie, die normative Grammatik, die Philologie. Diese Wissenschaften könnten die Sprache als einen ihrer Gegenstände beanspruchen, allerdings „vermöge unkorrekter Methoden". Der Gefahr einer solchen Vereinnahmung will de Saussure jedoch begegnen, und zwar durch die Begründung einer Wissenschaft von der Sprache, die von sich sagen kann, dass sie in und mit dem von ihr formulierten Begriff von Sprache einen Erkenntnisgegenstand besitzt, für den allein sie zuständig ist. Ohne es ausdrücklich zu sagen, erfindet de Saussure einer Wissenschaft nicht nur ihren Gegenstand, er erfindet mit und durch den Gegenstand auch die Wissenschaft selbst samt ihrem charakteristischen Denkstil, indem er einen Weg aufzeigt, wie aus jenem „wirren Haufen" verschiedener Aspekte des sprachlichen Phänomens herauszufinden ist.

De Saussures Weg besteht bekanntlich in der folgenreichen, den Denkstil prägenden begrifflichen Unterscheidung zwischen *langage*, *langue* und *parole* (vgl. de Saussure 2001, 11–18), die, als sie in den 1960er Jahren in Deutschland umfassend rezipiert wurde, zwar nicht völlig neu war,[2] aber doch in der Interpretation eine Neugewichtung erfuhr. *Langage*, in den „Grundfragen" übersetzt mit „menschliche Rede", meint Sprache in einem ganz allgemeinen Sinn, das menschliche Sprachvermögen überhaupt, noch nicht spezifiziert in Einzelsprachen wie das Deutsche oder Französische. *Langue* dagegen, in den „Grundfragen" unglücklicherweise mit „Sprache" übersetzt, meint eine solche Einzelsprache, das Deutsche oder Französische beispielsweise, und zwar in einem ganz bestimmten, gleich noch näher zu erläuterndem Sinn. Dem Begriff *langue* gegenüber stellt de Saussure den Begriff *parole*, mit dem der konkrete individuelle Sprachgebrauch bezeichnet wird, das – so auch in den „Grundfragen" übersetzt –„Sprechen" also, und natürlich auch das Schreiben.

Als Gegenstand der Sprachwissenschaft bestimmt de Saussure die *langue*, der er – und das war durchaus innovativ – einen sozialen Charakter und die Eigenschaften eines Systems zuschreibt. Damit wurde die Sprachwissenschaft zu einer Wissenschaft von der Sprache (*langue*) im Sinne eines potentiellen und sozialen einzelsprachlichen Systems von Zeichen und den Regeln der Verknüpfung dieser Zeichen. De Saussure (2001, 17) selbst hat die *langue* folgendermaßen näher bestimmt:

> Sie ist der soziale Teil der menschlichen Rede und ist unabhängig vom Einzelnen, welcher für sich allein sie weder schaffen noch umgestalten kann; sie besteht nur kraft einer Art Kontrakt zwischen den Gliedern der Sprachgemeinschaft." Und weiter: „Die Sprache [*langue*], von Sprechen [*parole*] unterschieden, ist ein Objekt, das man gesondert erforschen kann. Wir sprechen die toten Sprachen nicht mehr, aber wir können uns sehr wohl ihren sprachlichen Organismus aneignen. [...] Während die menschliche Rede [*langage*] in sich verschiedenartig ist, ist die Sprache [*langue*], wenn man sie so abgrenzt, ihrer Natur nach in sich gleichartig: sie bildet ein System von Zeichen, in dem einzig die Verbindung von Sinn und Lautzeichen wesentlich ist und in dem die beiden Seiten des Zeichens gleichermaßen psychisch sind.

Indem de Saussure in dem „wirren Haufen" der verschiedenen Aspekte des sprachlichen Phänomens einen Aspekt, nämlich **Sprache als ein soziales System**

---

2 Zu verweisen wäre hier v. a. auf Wilhelm von Humboldts Unterscheidung zwischen der Sprache als „Werk (*Ergon*)" und „Tätigkeit (*Energeia*)" (Humboldt 1979, 418). Explizit hat dann Karl Bühler 1934 die Verbindung zwischen diesen Begriffen Humboldts und de Saussures Begriffen *langue* und *parole* hergestellt (vgl. Bühler 1982, 48).

von Zeichen, fokussiert, begründet er die Sprachwissenschaft als einen Teil der Semiotik, der „Semeologie", wie es in den „Grundfragen" heißt. Zugleich hebt er das System sprachlicher Zeichen als das wichtigste neben anderen Zeichensystemen heraus und stellt der Sprachwissenschaft als Wissenschaft die Aufgabe „zu bestimmen, wodurch die Sprache ein besonderes System in der Gesamtheit der semeologischen Erscheinungen ist" (de Saussure 2001, 19).

Systeme bestehen, ganz allgemein gesagt, in ihrer einfachsten Form aus Elementen und den Beziehungen, die diese Elemente miteinander eingehen. Systeme besitzen somit eine **Struktur**. Die Sprache im Sinne von *langue* ist also eine Menge von sprachlichen Zeichen, die – im weitesten Sinne – nach grammatischen Regeln miteinander verknüpft werden. Folglich besteht die konkrete Arbeitsaufgabe der Sprachwissenschaft darin, das System durch eine Rekonstruktion seiner Struktur zu beschreiben.

De Saussure hat mit der Sprachstruktur nicht nur den Gegenstand der Sprachwissenschaft neu bestimmt, er – und seit den 1960er Jahren nahezu die gesamte deutsche Sprachwissenschaft – haben zugleich auch den neuen sprachwissenschaftlichen Denkstil nach einem einfachen, bestechend klaren Strukturschema eingerichtet. Grundlegend dafür war das Denken in Dichotomien: „langue – parole", „signifiant – signifié", „Synchronie – Diachronie", „syntagmatisch – assoziativ bzw. paradigmatisch" sind einige der leitenden Begrifflichkeiten, die sich methodisch in prototypischer Weise in der „Minimalpaaranalyse" und der Analyse vermeintlich binärer Strukturen im Satz niedergeschlagen haben. Wie nachdrücklich und nachhaltig genau dieser Denkstil eingeprägt werden musste und als einziger Wissenschaftlichkeit beanspruchender Denkstil von dem sich Ende der 1960er Jahre etablierenden strukturalistischen Denkkollektiv festgesetzt wurde, ist daran ablesbar, dass Studierende der Germanistik in den 1970er Jahren zumeist drei linguistische Einführungskurse besuchen und zum Fortkommen die entsprechenden Klausuren bestehen mussten: Eine „Einführung in die strukturalistische Linguistik", eine „Einführung in die Phonologie und Morphologie" und eine „Einführung in die strukturalistische Syntax", schwerpunktmäßig in die Konstituentenstrukturgrammatik. Damals, seit den 1960er Jahren in der Bundesrepublik und teilweise auch in der DDR, hatte sich, um mit Fleck zu sprechen, in der Sprachwissenschaft ein „Denkkollektiv" formiert, das den strukturalistischen Denkstil nicht nur verbreitete, sondern mit der als Ausschlusskriterium fungierenden Behauptung „strukturalistisch = wissenschaftlich" und „nicht-strukturalistisch = unwissenschaftlich" das Fach in diesem Sinne auch dominierte.

Erkauft wurde dieser Status von Wissenschaftlichkeit durch eine enorme Reduzierung des Erkenntnisgegenstandes „Sprache" und einen bewusst gewollten großen Abstand sprachwissenschaftlicher Begrifflichkeiten von der Alltags- und Bildungssprache. Gerade diesen letzten Aspekt hat Manfred Bierwisch (1966, 247f.) in seinem programmatischen Aufsatz „Strukturalismus. Geschichte, Probleme und Methoden“ explizit hervorgehoben und damit eine Verbindung zwischen Denkstil und wissenschaftlicher Begrifflichkeit hergestellt (vgl. auch Schiewe 2000):

> Eine Reihe methodologischer Prinzipien, die sich in den exakten Wissenschaften durchgesetzt haben, sind auch für die Linguistik unentbehrlich geworden. Vor allem zeigt sich, daß die naiven, zumeist auf unmittelbare Anschauung gegründeten Begriffe und Vorstellungen, die in den Geisteswissenschaften oft dominieren, unzulänglich, ja irreführend sind. *Tiefenstruktur, Transformationsregel, semantisches Merkmal* sind ebenso abstrakte und theoriegebundene Begriffe wie etwa der *Massenpunkt*, das *Elektron* oder das *Gravitationsfeld* der Physik, das *Gen*, die *Mutation*, und die *Synapse* der Biologie. Das verlangt gegenüber der traditionellen Denkweise zwei entscheidende Änderungen. Erstens können linguistische Begriffe und Aussagen nicht länger direkt mit den Mitteln der Alltagssprache formuliert oder gar definiert werden. Sie erlangen ihren präzisen Sinn erst innerhalb der gesamten Theorie, die als Ganzes den Gegenstandsbereich erfassen soll. Nur im Rahmen der Grammatiktheorie können Termini wie *Morphem, syntaktische Regel, Bedeutung, Wort* oder *Satz* genügend scharf gefaßt werden. Sie haben zwar in der Alltagssprache einen genau bestimmbaren Sinn, den zu beschreiben Aufgabe der Semantik ist, für den Aufbau der Sprachtheorie sind sie jedoch ungeprüft nicht zu gebrauchen. […]
>
> Zweitens können theoretische Begriffe nicht mehr einfach und unmittelbar auf konkrete Beobachtungen angewendet werden. Vielmehr entsprechen ihnen mitunter abstrakte Beziehungen und theoretische Einheiten, die keiner direkten Beobachtung zugänglich sind. Ihre Zulässigkeit ergibt sich allein daraus, daß nur mit ihrer Hilfe eine Theorie aufgebaut werden kann, die komplexe Zusammenhänge und Erscheinungen der Wirklichkeit erklärt.

Die Wissenschaft von der Sprache in dieser wissenschaftssprachlichen Gestalt des Strukturalismus war von Beginn an gesellschaftlich nahezu bedeutungslos und richtete im Deutschunterricht, ihrem wohl einzigen und recht kurzlebigen Anwendungsgebiet, ähnlich wie die Mengenlehre, ein mittleres Chaos an. Diese Linguistik, wie sie sich in Abgrenzung zur (älteren) Sprachwissenschaft nun zumeist nannte, reduzierte sich auf eine „Wissenschaft im Elfenbeinturm“, wurde zur Spielwiese für Experten. Außerhalb ihres eingespielten Denkkollektivs interessierte sich kaum jemand dafür, was die Linguistik über die Sprache zu sagen hatte. Daran hat sich – bedauerlicherweise – bis heute kaum etwas Grundlegendes geändert: Auch wenn die Sprachwissenschaft inzwischen sehr viel realitätsbezogener ausgerichtet ist, besteht dieses Urteil in der Öffentlichkeit ganz überwiegend noch immer (vgl. Stickel 1999, Bär, Niehr 2012).

3 Sprache und Sprechen als Handlung

Jene „Verwissenschaftlichung der Sprachwissenschaft" hat Noam Chomsky mit seiner Verlagerung des Gegenstandes der Sprachwissenschaft aus der Gesamtheit der virtuell gedachten Köpfe einer Sprachgemeinschaft in den einzelnen Kopf eines ebenfalls virtuellen, nun aber idealen Sprechers sogar noch befördert (vgl. Chomsky 1965, 13f.). Seine Blickwendung weg von der Rekonstruktion des Sprachsystems hin zur Beschreibung der Erzeugung wohlgeformter Sätze führte darüber hinaus zur Mathematisierung der Sprachwissenschaft in einer formelgeleiteten Ausdrucksweise.

Bereits in der theoretischen Grundlegung der strukturbezogenen Linguistik, mehr noch in der Praxis der zahlreichen Systemanalysen, wurde deutlich, dass das, worin Sprache greifbar ist, worin ihre individuellen und sozialen Funktionen bestehen, mit diesem Ansatz nicht in den Blick geraten konnte. Das Sprechen und Schreiben, der Sprachgebrauch, letztlich die sprachliche Interaktion zwischen Menschen, blieben aus systemlinguistischer Sicht weitgehend unbeachtet. Daran änderte grundsätzlich auch die in den 1970er Jahren aufkommende Soziolinguistik zunächst nichts, denn sie fokussierte zu Beginn ebenfalls das Sprachsystem, wenn auch nicht mehr als ein homogenes, wie noch bei de Saussure, sondern als ein sich in Subsysteme, Varietäten, gegliedertes System (vgl. Klein, Wunderlich, Dittmar 1971, Löffler 1985).

Eine grundlegende Veränderung der sprachwissenschaftlichen Gegenstandskonstitution vollzog sich erst mit der „pragmatischen Wende", die in den 1960er und dann vor allem in den 1970er Jahren von der Sprachphilosophie ausgehend auch die Linguistik erfasste. Eine pragmatische Zugangsweise zur Sprache wurde in der Bundesrepublik zunächst in Gestalt der Sprechakttheorie etabliert, basierend auf einer Rezeption der Vorlesungen John L. Austins mit dem Titel „How To Do Things With Words" und vor allem der Dissertation „Speech Acts" von John R. Searle. Den Ausgangspunkt seiner sprachphilosophisch basierten Sprechakttheorie beschreibt Searle (1983, 11f.) folgendermaßen:

> […] wir wissen, daß Menschen sich verständigen, daß sie Dinge sagen und manchmal meinen, was sie sagen, daß sie, zumindest gelegentlich, verstanden werden, daß sie Fragen stellen, Befehle erteilen, Versprechungen machen und sich rechtfertigen, daß ihre Äußerungen sich in verschiedener Weise auf die Welt beziehen, wobei wir die verschiedenen Arten der Beziehungen dadurch beschreiben können, daß wir die Äußerungen als wahr oder falsch oder bedeutungslos, oder als dumm, übertrieben oder was sonst charakterisieren. Und wenn das alles geschieht, so muß es auch möglich sein, daß es geschieht, und wenn es möglich ist, daß es geschieht, so muß es auch möglich sein, die Fragen zu stellen und zu beantworten, die mit der Untersuchung jener Möglichkeit zu tun haben.

Eine solche Untersuchung stellt den Sprechakt in den Mittelpunkt, denn er ist dasjenige Faktum, das Aufschluss über die zentrale Frage der Sprachphilosophie geben kann, worin die „Beziehung von Wörtern zur Welt" (Searle 1983, 11) besteht. Das Sprechen einer Sprache ist, so Searles (1983, 29f.) basale Hypothese, „eine regelgeleitete Form des Verhaltens" – und: „eine Sprache sprechen bedeutet, Sprechakte auszuführen – Akte wie z. B. Behauptungen aufstellen, Befehle erteilen, Fragen stellen, Versprechungen machen usw., und auf abstrakterer Ebene Akte wie z. B. Hinweisen und Prädizieren". Hieraus ergibt sich denn auch sogleich der wesentliche Unterschied zwischen der (strukturalistischen) Linguistik und der (pragmatischen) Sprachphilosophie: Die Linguistik habe, so Searle (1983, 12), „die jeweiligen Strukturen – phonologischer, syntaktischer und semantischer Art – der natürlichen menschlichen Sprachen zu beschreiben", Gegenstand der Sprachphilosophie sei jedoch die sprachliche Kommunikation, also eine bestimmten Form von Handeln. Folglich ist die „Grundeinheit der sprachlichen Kommunikation [...] nicht, wie allgemein angenommen wurde, das Symbol, das Wort oder der Satz, oder auch das Symbol-, Wort- oder Satzzeichen, sondern die Produktion oder Hervorbringungen des Symbols oder Wortes oder Satzes im Vollzug des Sprechaktes". Damit kann Searle (1983, 30) Sprechakte als „die grundlegenden oder kleinsten Einheiten der sprachlichen Kommunikation" bestimmen.

Searle selbst hat sich an dieser Stelle noch nicht von dem strukturalistischen Diktum gelöst, dass die *langue* der eigentliche Untersuchungsgegenstand der Linguistik und auch der Sprachphilosophie sei. Bereits seine Rede von den „kleinsten Einheiten" greift auf das systemlinguistische Vokabular zurück und nimmt ein Element des strukturalistischen Denkstils auf. Searle (1983, 32) drückt die Verbindung der Sprechakttheorie zum *langue*-bezogenen Strukturalismus auch ganz explizit aus:

> Nun könnte es immer noch scheinen, als ob der Gegenstand meiner Untersuchung einfach – in Saussures Terminologie – „parole" im Gegensatz zu „langue" wäre. Ich behaupte jedoch, daß es sich bei der adäquaten Untersuchung von Sprechakten um eine Untersuchung der *langue* handelt. Für die Richtigkeit dieser Ansicht gibt es einen wichtigen Grund, der mehr umfaßt als nur die Behauptung, daß Kommunikation notwendigerweise Sprechakte einschließt. Ich halte es für eine analytisch wahre Aussage in Bezug auf die Sprache, dass man alles, was man meinen kann, auch sagen kann. Eine bestimmte Sprache hat vielleicht nicht die Syntax oder das Vokabular, die ausreichten, um das zu sagen, was ich meine, aber prinzipiell gibt es keine Schranken, die es unmöglich machten, eine unzureichende Sprache zu erweitern oder das Gemeinte in einer reicheren auszudrücken.

In der Bundesrepublik ist die Sprechakttheorie ganz überwiegend als eine Handlungstheorie begriffen und zunächst in Gestalt der „Konversationsanalyse", später

Gesprächsanalyse genannt, betrieben worden (vgl. Dittmann 1979). Deren Ansatz läuft gerade nicht darauf hinaus, das in Äußerungen Gemeinte zu einem in Sätzen Gesagten umzuformen, sondern die grundsätzliche Diskrepanz zwischen Gemeintem und Gesagtem im Sprechakt zu akzeptieren, ja sogar als basale Eigenschaft sprachlicher Kommunikation überhaupt zu deklarieren. Damit wurde es nötig, Sprechen stets als ein Handeln in Situationen, in Kontexten, zu betrachten. Der Handlungswert eines Sprechaktes, seine Illokution, ist somit kontextuell gebunden, folglich nur eingebettet in den außersprachlichen und sprachlichen Handlungskontext bestimmbar.

Die Verlagerung der Gegenstandsbestimmung der Sprachwissenschaft von „Sprache als System" (*langue*) auf den Sprachgebrauch mit der Betonung, dass jeder Gebrauch von Sprache eine **Handlung**, ein „Sprechakt", ist, brachte es also mit sich, über das rein Verbale, die sprachlichen Zeichen, hinaus auch den Äußerungsrahmen, den Kontext, mit in den Gegenstandsbereich der Sprachwissenschaft einzubeziehen.

Mit dem in einen Kontext eingebundenen und ihn zugleich erzeugenden Sprechakt als Grundeinheit der Kommunikation, des Sprachgebrauchs, konstituierte die Linguistik ihren Gegenstand neu. Für de Saussures strukturalistische Sprachwissenschaft hatte das als zweiseitig, dyadisch konstruierte sprachliche Zeichen, das eine durch reziproke Evokation gekennzeichnete Verbindung aus Lautbild und Vorstellung, aus Signifikant und Signifikat, darstellt, im Mittelpunkt des Erkenntnisinteresses gestanden. Den Zeichencharakter der Sprache auf der Ebene der Phonologie, Morphologie und Syntax zu untersuchen, war prinzipiell möglich, weil de Saussure das Zeichen als eine Einheit der *langue*, des abstrakten, virtuellen, gleichwohl sozialen, psychisch repräsentierten Sprachsystems bestimmt hatte. Die Wendung der pragmatischen Sprachwissenschaft hin zum Sprachgebrauch, zum sprachlichen Zeichen im Kontext und zur Unterscheidung zwischen Sagen und Meinen, brachte es mit sich, jene reziproke Verbindung von Signifikant und Signifikat nicht nur zu lockern, sondern noch weitere semiotische Ebenen mit zu berücksichtigen, um die Bedeutung und Handlungsfunktionen sprachlicher Äußerungen verstehen und erklären zu können.

Zu diesen weiteren semiotischen Ebenen gehörten zunächst die deiktischen Zeichen, die im strukturalistischen Systembegriff gar keinen Platz gefunden hatten, dann die para- und nonverbalen Zeichen. Heute gehen zumindest Text- und Medienlinguistik davon aus, dass Sprache und Kommunikation multimodal ist, dass verschiedene Zeichensysteme miteinander interagieren und kooperieren (vgl. z. B. Wienen 2011). Dabei drängt sich bereits die Frage auf, ob Sprache – was de Saussure so ausdrücklich betont hatte – tatsächlich noch das wichtigste Zeichensystem unter all den anderen ist.

4 Performanz – die sprachliche Oberflächen

Den Weg hin zu der Einsicht, dass sprachliche Kommunikation semiotisch komplex ist, ebnete vor allem die in den 1970er Jahren begründete Textlinguistik. Sie fungierte zunächst als ein wichtiges Bindeglied zwischen dem strukturalistischen Systembegriff und dem pragmatischen Handlungsbegriff. Basierend auf der Erkenntnis, dass der Satz bzw. die Äußerung oder der Sprechakt nicht die größte Einheit des Sprachsystems bzw. der kommunikativen Handlung ist, wurden Texte zunächst als eine syntaktisch verknüpfte Abfolge von Sätzen aufgefasst. Bald kamen Ansätze hinzu, die die semantische Kohärenz der Aussagen eines Textes betonten. Als drittes wurde die kommunikative Funktion von Texten fokussiert, so dass damit eine Verbindung zur Pragmatik geschaffen war. Heute herrscht innerhalb der Textlinguistik ein integratives Modell vor, das alle drei Ansätze – Syntax, Semantik, Pragmatik – miteinander verknüpft (vgl. die Zusammenfassung der Entwicklung in Bilut-Homplewicz 2013, 19–62).

Im Rahmen textlinguistischer Theoriebildung und konkreter Analysen wurde jedoch zunehmend deutlich, dass die syntaktisch-semantisch-pragmatisch aufgefasste verbale Ebene lediglich einen Teil eines Textes ausmacht. So führte die Erkenntnis, dass in vielen Textsorten Sprache und Bilder, also Verbales und Piktorales, miteinander interagieren, zu einer Erweiterung textlinguistischer Analysen und der sprachwissenschaftlichen Arbeitsgebiete (vgl. Schmitz 2005), bis hin zu einem eigenen Zweig der „Bildlinguistik" (vgl. Diekmannshenke, Klemm, Stöckl 2011).

Die Wahrnehmung und Sichtbarmachung immer größerer Zusammenhänge innerhalb eines Textes und zwischen Texten ließ letztlich nur den Schluss zu, dass auch Texte nicht die größte Einheit von Sprache und Kommunikation sind (vgl. Warnke 2002). Texte sind vielmehr eingebettet in „Diskurse", die einerseits in Texten greifbar werden und die andererseits die Funktionen von Texten bestimmen. Sehr folgerichtig wurde daraufhin eine Diskurslinguistik begründet, die in der „Transtextualität" (vgl. Spitzmüller, Warnke 2011, 17–25) nach textübergreifenden, eben „diskursiven" Mustern (und vor allem nach Brüchen in diesen Mustern) sucht, die als Phänomen der sprachlichen Oberfläche bestimmte Effekte hervorrufen.

Bereits an diesen beiden Aspekten neuerer Theorie- und Methodenbildung wird deutlich, dass der Gegenstand sprachwissenschaftlicher Beschäftigung nicht mehr durch Komplexitätsreduktion, sondern zunehmend durch Komplexitätsanreicherung gekennzeichnet ist. Im Zuge dieser Erhöhung der Komplexität konzentriert sich der sprachwissenschaftliche Blick nicht mehr in erster Linie darauf, dasjenige an der Sprache aufzufinden und als Gegenstand wissenschaftlicher

Erforschung auszuweisen, was die Existenz einer *Sprach*wissenschaft als Wissenschaft rechtfertigen könnte. In den Blick genommen wird nun vielmehr die Oberfläche von Texten, die in ihrer medialen und materialen Beschaffenheit selbst auch als Bedeutungsträger fungiert, also eine eigene semiotische Dimension aufweist. Was nun, auch im Rahmen der Diskurslinguistik (vgl. Spitzmüller, Warnke 2011, 166–72), verstärkt als wesentlicher Teil der Bedeutungsstruktur eines Textes zum Gegenstand sprachwissenschaftlicher Analyse und Reflexion gemacht wird, ist – über das (sprachlich) Strukturelle und (pragmatisch) Kommunikative hinaus – die **Performanz**, also die ihrerseits eine Verweisstruktur besitzende **Oberfläche sprachlicher Produkte**.

Der neue, andere Weg der heutigen sprachwissenschaftlichen Gegenstandskonstitution wird an folgender Beobachtung recht deutlich: 2001 hatte Sybille Krämer in ihrer Studie „Sprache, Sprechakt, Kommunikation" noch gefragt, ob es eine Sprache (als System) hinter dem Sprechen, der Kommunikation als Sprechhandeln, gibt und sie hatte ihre Sympathie für jene sprachtheoretischen Auffassungen bekundet, die diese Frage verneinen. Zugleich hielt sie aber fest an der Auffassung, dass es in der Kommunikation stets um das „hinter" der Materialität des Zeichens Liegende gehe: z. B. um den „Klang der Glocke", um eine „Geschichte", um „Meinungen und Überzeugungen" (vgl. Krämer 1998, 74). „Medien", so schreibt sie weiter, „wirken wie Fensterscheiben. Sie werden ihrer Aufgabe umso besser gerecht, je durchsichtiger sie bleiben, je unauffälliger sie unterhalb der Schwelle unserer Aufmerksamkeit verharren".

Genau diese Auffassung bezweifelt heute Jürgen Spitzmüller (2013), wenn er eine „soziolinguistische Theorie skripturaler ‚Sichtbarkeit'" vorlegt, in der Typographie (vgl. auch Spitzmüller 2012) als soziale Praxis gekennzeichnet wird, die ihrerseits ein hohes semiotisches Potential besitzt. Seiner Ansicht nach hinterlassen die Medialität und Materialität sprachlicher Zeichen im Prozess der Kommunikation nicht einfach nur eine „Spur" (vgl. Krämer 1998), sondern sie „schaffen" soziale Beziehungen und soziale Wirklichkeiten (Spitzmüller 2013, 1):

> Weil wir sprachliche Variation haben, weil es verschiedene Möglichkeiten gibt, etwas (wiederum nur im Sinne einer semiotischen *Referenz*) zu *zeigen*, können wir durch Sprache zugleich auch *uns selber* zeigen.

Medialität und Materialität sind Elemente der sprachlichen Oberfläche. Sie sind ein Teil dessen, was der Ethnolinguistik Dell Hymes (1971; 1975) bereits vor vierzig Jahren als „Performanz" bezeichnet hat (vgl. auch Auer 2013, 193–203): Beim Sprechen und Schreiben, beim Sprachgebrauch als Form sozialer Interaktion, kommt es nicht nur darauf an, *was* gesagt wird, sondern auch ganz wesentlich, *wie* es gesagt wird. Performanz betrachtet Hymes als ein kulturell verankertes

Phänomen, das unser Handeln und Verstehen über die strukturell verankerte Bedeutung sprachlicher Zeichen im Text hinaus wesentlich steuert. Sie ist die Fähigkeit, eine sprachliche Handlung so zu gestalten, dass ihre Oberfläche als Bedeutungsträger erkennbar und als Bedeutungsressource nutzbar wird.

Mit dem Begriff der „Performanz" im Sinne Hymes', mit dem diskurslinguistischen Ansatz und den Überlegungen zur Relevanz materialer und medialer Ressourcen für die Kommunikation als „sozialer Praxis" ist eine neue Ebene der Sprachbetrachtung erreicht worden. Wenn man vor diesem Hintergrund die Frage stellen würde, was denn der **heutige Gegenstand der Sprachwissenschaft** sei, so müsste man vermutlich sagen: *Texte als strukturierte Gebilde, mit denen Handlungen ausgeführt werden können und die im Rahmen diskursiver Ordnungen soziale Identitäten und Beziehungen sichtbar und unterscheidbar machen.*

5 Schlussbemerkungen

Die vorangegangenen Ausführungen waren der Versuch aufzuzeigen, dass der Gegenstand der Sprachwissenschaft von einem engen, reduzierten Begriff der *langue* als System ausgeweitet wurde zu einem Handlungsbegriff, der die Berücksichtigung von Kontexten und Verweisstrukturen der Sprache nötig gemacht hat. Heute blickt die Sprachwissenschaft vornehmlich auf die sprachlichen Oberflächen, denen selbst eine Bedeutungsdimension zugesprochen wird und die in Interaktion zu anderen semiotischen Zeichensystemen stehen.

Sprache wird somit nicht mehr als ein isoliertes Zeichensystem betrachtet, sondern als ein Komplex semiotischer Ressourcen, aus denen sich Bedeutungen in unterschiedlichen Verweiszusammenhängen konstituieren. Die Entwicklung der Sprachwissenschaft in den letzten fünfzig Jahren kann als eine Entwicklung von Reduktion hin zur (Wieder)Gewinnung von Komplexität betrachtet werden. Die früheren Konstruktionen des Gegenstands der Sprachwissenschaft sind dabei allerdings nicht negiert, wohl aber relativiert worden – die Geschichte ist, im Sinne Flecks (1980, 31f.), also heute noch präsent.

Die gewonnene Komplexität erfordert einen Methodenpluralismus und eine Bereitschaft zur Interdisziplinarität. Beides kann und wird die Sprachwissenschaft im Kanon der Fächer eher stärken denn schwächen. Und wenn das sprachwissenschaftliche Denkkollektiv es will, wird die Sprachwissenschaft sogar den Elfenbeinturm verlassen und als eine gesellschaftlich relevante Wissenschaft gestaltet werden können.

Ich schließe mit sechs Thesen, in denen die Überlegungen zur Geschichte der Sprachwissenschaft mit der Relevanz wissenschaftssprachlicher Merkmale für Denkstile und Denkkollektive verbunden werden. Vielleicht regen sie weitere

Forschungen zum Zusammenhang von Sprache, Wissen und Wissenschaft auf der Grundlage der Wissenschaftstheorie Ludwik Flecks und der Diskursanalyse nach Michel Foucault an.

1. Je stabiler ein wissenschaftliches Denkkollektiv ist, desto spezifischer, normierter und esoterischer muss seine Fachsprache in lexikalischer, syntaktischer und textstilistischer Hinsicht sein.
2. Umgekehrt gilt: Je spezifischer, normierter und esoterischer eine Fachsprache ist, desto mehr Stabilität gewinnt das Denkkollektiv.
3. Die Fachsprache besitzt somit (auch) eine das Denkkollektiv nach Innen wie nach Außen stabilisierende, legitimierende und repräsentierende Funktion, was auch daran ersichtlich wird, dass die Beherrschung der Fachsprache Voraussetzung für die „Aufnahme" in ein Denkkollektiv ist (vgl. die „Initiationsriten" in Prüfungen, Promotionen, Habilitationen).
4. Je stabiler ein Denkkollektiv und je „fester" eine Fachsprache, desto größer die Beharrungstendenz des Denkkollektivs, der „Denkzwang", die „Harmonie der Täuschungen" (vgl. Fleck 1980, 40ff.), die „Monopolisierung" des eigenen – stabilen – Denkkollektivs, also die „Abwehr" anderer, alternativer Denkkollektive.
5. Die Gefahr der „Monopolisierung eines Denkkollektivs" kann man in den Wissenschaften nicht ausschließen, höchstens mindern, und zwar durch
   - Akzeptanz der Zuständigkeit mehrerer Denkkollektive für einen Gegenstandsbereich,
   - Zulassung mehrerer Methoden innerhalb eines Denkkollektiv,
   - Etablierung einer Metaebene, auf der die fachsprachlichen Begriffe und sprachlichen Muster eines Denkkollektivs einer stetigen Kritik unterzogen werden (Sprachkritik).
6. Denkkollektive sind – ebenso wie Diskurse – prinzipiell unhintergehbar. Man kann nicht nicht in einem Denkkollektiv denken und erkennen. Aber man kann Denkkollektive miteinander vergleichen (kontrastieren) und auf diese Weise „Beharrungstendenzen", „Monopolisierungen" und „Rhetoriken der Selbsttäuschung" (vgl. Antos, Fix, Radeiski 2014) versuchen zu identifizieren.

Literaturverzeichnis

Antos, Gerd, Ulla Fix, Bettina Radeiski (Hg.) (2014): *Rhetorik der Selbsttäuschung.* Berlin: Frank & Timme.

Auer, Peter (2013): *Sprachliche Interaktion. Eine Einführung anhand von 22 Klassikern.* 2. Aufl. Berlin, New York: de Gruyter.

Austin, John L. (1972): *Zur Theorie der Sprechakte.* Deutsche Bearbeitung von Eike von Savigny. Stuttgart: Reclam (engl. Erstausgabe 1962).

Bär, Jochen A., Thomas Niehr (2012): Alternativen zum Elfenbeinturm. Die Linguistik will stärker in die Öffentlichkeit hineinwirken. *Aptum. Zeitschrift für Sprachkritik und Sprachwissenschaft* 8, 281–287.

Bierwisch, Manfred (1966): Strukturalismus. Geschichte, Probleme und Methoden. *Kursbuch* 5, 77–152.

Bilut-Homplewicz, Zofia (2013): *Prinzip Perspektivierung. Germanistische und polonistische Textlinguistik – Entwicklungen, Probleme, Desiderata*. Teil 1: Germanistische Textlinguistik. Frankfurt a. M. u. a.: Lang.

Bühler, Karl (1982): *Sprachtheorie. Die Darstellungsfunktion der Sprache*. Mit einem Geleitwort von Friedrich Kainz. Ungekürzter Neudruck der Ausgabe Jena 1934. Stuttgart, New York: Fischer.

Chomsky, Noam (1965): *Aspekte der Syntax-Theorie*. Frankfurt a. M.: Suhrkamp.

Czachur, Waldemar (2013): Ludwik Flecks Denkstilansatz als Inspiration für die Diskurslinguistik. *Zeitschrift des Verbandes Polnischer Germanisten* 2, 141–150.

Diekmannshenke, Hajo, Michael Klemm, Hartmut Stöckl (Hg.) (2011): *Bildlinguistik. Theorien – Methoden – Fallbeispiele*. Berlin: Erich Schmidt.

Dittmann, Jürgen (Hg.) (1979): *Arbeiten zur Konversationsanalyse*. Tübingen: Niemeyer.

Fleck, Ludwik (1980): *Entstehung und Entwicklung einer wissenschaftlichen Tatsache. Einführung in die Lehre vom Denkstil und Denkkollektiv*. Mit einer Einleitung hg. von Lothar Schäfer und Thomas Schnelle. Frankfurt a. M.: Suhrkamp (Erstausgabe 1935).

Fleck, Ludwik (1983): *Erfahrung und Tatsache. Gesammelte Aufsätze*. Mit einer Einleitung hg. von Lothar Schäfer und Thomas Schnelle. Frankfurt a. M.: Suhrkamp.

Gauger, Hans-Martin (1995): Stil in der Wissenschaft? *Über Sprache und Stil*. Hans-Martin Gauger. München: Beck. 247–254.

Heidegger, Martin (2007): *Was ist Metaphysik?* 16. Aufl. Frankfurt a. M.: Vittorio Klostermann.

Humboldt, Wilhelm von (1979): Ueber die Verschiedenheit des menschlichen Sprachbaues und ihren Einfluss auf die geistige Entwicklung des Menschengeschlechts (1830–1835). *Schriften in fünf Bänden. Band III: Schriften zur Sprachphilosophie*. Andreas Flitner, Klaus Giel (Hg.). 5. Aufl. Darmstadt: Wissenschaftliche Buchgesellschaft. 368–756.

Hymes, Dell (1971): Competence and performance in linguistic theory. *Language Acquisition: Models an Methods*. Renira Hyxley, Elisabeth Ingram (Hg.). London: Academic Press. 3–28.

Hymes, Dell (1975): Breakthrough into performance. *Folklore, Performance and Communication*. Dan Ben-Amos, Kenneth S. Goldstein (Hg.). The Hague: Mouton. 11–74.

Klein, Wolfgang, Dieter Wunderlich, Norbert Dittmar (Hg.) (1971): *Aspekte der Soziolinguistik*. Frankfurt a. M.: Athenäum.

Knobloch, Clemens (1992): Überlegungen zur Theorie der Begriffsgeschichte aus sprach- und kommunikationswissenschaftlicher Sicht. *Archiv für Begriffsgeschichte* 35, 7–24.

Krämer, Sybille (1998): Das Medium als Spur und als Apparat. *Medien – Computer – Realität. Wirklichkeitsvorstellungen und neue Medien*. Sybille Krämer. Frankfurt a. M.: Suhrkamp. 73–94.

Krämer, Sybille (2001): *Sprache, Sprechakt, Kommunikation. Sprachtheoretische Positionen des 20. Jahrhunderts*. Frankfurt a. M.: Suhrkamp.

Kuhn, Thomas S. (1967): *Die Struktur wissenschaftlicher Revolutionen*. Frankfurt a. M.: Suhrkamp (engl. Erstausgabe 1962).

Löffler, Heinrich (1985): *Germanistische Soziolinguistik*. Berlin: Erich Schmidt.

Saussure, Ferdinand de (2001): *Grundfragen der allgemeinen Sprachwissenschaft*. Hg. von Charles Bally und Albert Sechehaye unter Mitwirkung von Albert Riedlinger, übers. von Herman Lommel, mit einem Nachwort von Peter Ernst. Berlin, New York: de Gruyter.

Schiewe, Jürgen (2000): Sprache zwischen Sprachwissenschaft und Sprachkritik. *Welche Wirklichkeit wollen wir? Beiträge zur Kritik herrschender Denkformen*. Jürgen Schiewe (Hg.). Schliengen: Edition Argus. 137–154.

Schiewe, Jürgen (2015): Struktur, Handlung, Performanz. Tendenzen der Sprachwissenschaft. *Besondere Kommunikationen und Linguistik*. Gerhard Blanken, Claudia Schmidt (Hg.). Mainz, Aachen: HochschulVerlag. 121–147.

Schmitz, Ulrich (2005): Blind für Bilder. Warum sogar Sprachwissenschaftler auch Bilder betrachten müssen. *Osnabrücker Beiträge zur Sprachtheorie* 69, 189–227.

Searle, John R. (1983): *Sprechakte. Ein sprachphilosophischer Essay*. Übersetzt von Renate und Rolf Wiggershaus. Frankfurt a. M.: Suhrkamp (engl. Erstausgabe 1969).

Spitzmüller, Jürgen (2012): Typographie. Christa Dürscheid. *Einführung in die Schriftlinguistik*. 4. Aufl. Göttingen: Vandenhoeck & Ruprecht. 207–238.

Spitzmüller, Jürgen (2013): *Graphische Variation als soziale Praxis. Eine soziolinguistische Theorie skripturaler ‚Sichtbarkeit'*. Berlin, New York: de Gruyter.

Spitzmüller, Jürgen, Ingo H. Warnke (2011): *Diskurslinguistik. Eine Einführung in Theorien und Methoden der transtextuellen Sprachanalyse*. Berlin, Boston: de Gruyter.

Stickel, Gerhard (Hg.) (1999): *Sprache – Sprachwissenschaft – Öffentlichkeit*. Berlin, New York: de Gruyter.

Warnke, Ingo H. (2002): Adieu Text/bienvenue Diskurs? *Brauchen wir einen neuen Textbegriff? Antworten auf eine Preisfrage*. Ulla Fix, Kirsten Adamzik, Gerd Antos, Michael Klemm (Hg.). Frankfurt a. M. u. a.: Lang. 125–141.

Wienen, Markus (2011): *Lesart und Rezipienten-Text. Zur materialen Unsicherheit multimodaler und semiotisch komplexer Kommunikation*. Frankfurt a. M. u. a.: Lang.

Rolle der deutschen Wissenschaftssprache

Agnese Dubova

Deutschsprachige sekundäre wissenschaftliche Texte in lettischen sprachwissenschaftlichen Sammelbänden

Abstract Secondary texts are important in written scientific communication. Such texts summarize the content of the article in the original or foreign languages, and they mainly precede or follow the article. In the published volumes of linguistics – proceedings following the articles in the Latvian and Lithuanian languages, summaries are provided in English, German, as well as in Russian. The aim of the study is to analyze the secondary texts in German included in the proceedings on Latvian linguistics according to the criteria of macrostructure, and to identify the characteristic features of such texts by contrasting them with secondary texts in German articles. The corpus of the texts studied consists of 105 secondary texts in German published between 1999 and 2013.

The summary texts in German have been analyzed according to formal criteria, i. e. the layout, existing or non-existing translations, and length of the title, as well as according to the parameters of the macrostructure, the description of applied research methods, the exposition of results and conclusions. The results obtained have been contrasted with the regulations of DIN 1426, the research on writing summaries provided by German linguists, and the results from the selective check. The study shows that the secondary texts in German published in the proceedings on Latvian linguistics follow the articles and mainly contain the title translated into German; the volume is very different – 40 to 550 words. In these secondary texts, the aim of the study is principally mentioned, and they are characterized by a detailed outline of data and examples, and the conclusions.

Keywords: secondary scientific texts, intercultural contrast, German, Latvia

Schlüsselwörter: sekundäre wissenschaftliche Texte, interkultureller Vergleich, Deutsch, Lettland

1 Einleitung

Für die schriftliche wissenschaftliche Fachkommunikation sind sowohl primäre als auch sekundäre Texte unentbehrlich. Unter primären wissenschaftlichen Texten werden hauptsächlich theoriebezogene und wissensermittelnde Originaltexte verstanden, die sekundären Texte hingegen erfüllen eine informierende wissensvermittelnde Funktion. Meistens rekapitulieren sie den Inhalt des schriftlich verfassten Originaltextes in kürzerer Fassung. Die sekundären Texte dienen der Verbreitung der in Originaltexten präsentierten wissenschaftlichen Erkenntnisse, deswegen werden sie in der Sprache der Originaltexte oder in einer Fremdsprache verfasst. Aufgrund der sekundären Texte entscheidet sich der potentielle Leser für das detaillierte Lesen des Originaltextes. Damit können auch ausländische Interessenten Einblicke in die Forschung eines Landes gewinnen. Beispielsweise können die lettischen sprachwissenschaftlichen Untersuchungen durch die fremdsprachlichen sekundären Texte im Ausland bekannt gemacht werden. Schon seit der ersten Hälfte des 20. Jahrhunderts wird die Tradition in Lettland gepflegt, dass den Originaltext im Lettischen ein zusammenfassender Text in einer Fremdsprache begleiten soll. So fasste die Universität Lettland 1929 den Beschluss zur Herausgabe der Sammelbände, in dem auf die Publikation der wissenschaftlichen Beiträge im Lettischen mit einer Zusammenfassung in einer Fremdsprache verwiesen wurde. Auch heute wird diese Tradition fortgesetzt. Die rekapitulierenden Texte werden vorwiegend auf Englisch, Deutsch, Russisch oder Französisch verfasst.

In diesem Beitrag werden deutschsprachige Zusammenfassungen in sprachwissenschaftlichen Sammelbänden in Lettland untersucht. Es wird das Ziel verfolgt, die auf Deutsch verfassten sekundären wissenschaftlichen Texte in lettischen sprachwissenschaftlichen Sammelbänden hinsichtlich ihres Textaufbaus zu analysieren und deren Spezifik im Unterschied zu deutschen sekundären Texten festzustellen. Es wird angenommen, dass die Spezifik dieser sekundären Texte höchstwahrscheinlich von der einzelkulturellen Prägung abhängt und in der interkulturellen wissenschaftlichen Kommunikation zu Problemen führen kann, die durch eine bewusste Herangehensweise gelöst werden können.

2 Sekundäre wissenschaftliche Texte zur Inhaltsangabe

Die vorliegende Studie befasst sich mit sekundären wissenschaftlichen Texten, die den Inhalt des Primärtextes zusammenfassen und wiedergeben, wofür die Rekapitulation eines Primärtextes ausschlaggebend ist. Kretzenbacher (1990, 11) definiert sie folgendermaßen:

> Rekapitulation ist die Reproduktion eines Primärtextes T in der Form eines Sekundärtextes t, wobei für den Umfang der beiden Texte im allgemeinen gilt: t<T. Der Sekundärtext t kann, muss aber nicht den gleichen Sender und den gleichen Empfänger wie T haben. t kann als Teiltext von T, genauso gut aber auch als isolierter, eigenständiger Text auftreten. Von der Seite der Textproduktion her gesehen ist die Rekapitulation immer Nachtext (anaphorisch).

Im Weiteren führt Kretzenbacher (1990) auch die Bezeichnungen der rekapitulierenden Texte in der wissenschaftlichen Kommunikation für Deutsch, Englisch, Französisch, Russisch, Schwedisch und Spanisch an. Im Deutschen werden folgende sekundäre Textsorten unterschieden: Abriss, Abstrakt, Annotation,

Auszug, Besprechung, Exzerpt, gekürztes Dokument, Inhaltsangabe, Inhaltshinweis, Inhaltsweiser, Konspekt, Kurzfassung, Referat bzw. Kurzreferat, Resümee, Rezension, thematische Überschrift, Überblick, Vorspann und Zusammenfassung (Kretzenbacher 1990, 17–22). Meistens werden wissenschaftliche Artikel mit Abstracts bzw. Kurzreferaten veröffentlicht. Nach der Auffassung von Kretzenbacher (1990, 21) wird die Zusammenfassung als „Überbegriff zu Abstrakt“ verstanden. Dahingegen werden Abstract und Kurzreferat in der DIN 1426 (1997, 214) über die Inhaltsangabe von Dokumenten als Synonyme gebraucht und wie folgt definiert: „Das Kurzreferat gibt kurz und klar den Inhalt des Dokuments wieder. Das Kurzreferat soll informativ ohne Interpretation und Wertung [...] und auch ohne die Originalvorlage verständlich sein [...].“ Vom Abstract als rekapitulierender Textsorte wird die Zusammenfassung in der DIN 1426 (1997, 214) definitorisch folgendermaßen unterschieden:

> Eine Zusammenfassung ist die Darstellung der wesentlichen Ergebnisse und Schlussfolgerungen eines Dokuments oder von Teilen eines Dokuments. Sie [...] steht meist am Ende eines Textes, den sie im allgemeinen zu ihrem Verständnis voraussetzt. Dadurch unterscheidet sie sich vom Kurzreferat; die Benennungen „Zusammenfassung“ und „Kurzreferat“ sollten daher nicht synonym benutzt werden.

Es lässt sich schlussfolgern, dass eine Zusammenfassung nur die Ergebnisse und Schlussfolgerungen eines Primärtextes darlegt und den gesamten Inhalt eines Primärtextes nicht unbedingt wiedergibt. Ein Abstract setzt voraus, dass der Text auch ohne Originaltext bzw. Primärtext verständlich sein soll. Dahingegen kann die Zusammenfassung nur als Teiltext aufgefasst werden (Oldenburg 1992, 77). In der Tabelle Nr. 1 werden die Merkmale der Textsorten Abstract und Zusammenfassung nach Oldenburg (1992, 78–79) einander gegenübergestellt.

Tabelle 1: Gegenüberstellung: Abstract und Zusammenfassung nach Oldenburg (1992, 78–79)

Abstract	**Zusammenfassung**
Selbständiger Text	Bestandteil des Textes
Abstracts werden vom Originaltext abgeleitet und können keine neue Information enthalten.	Zusammenfassungen können sich auf den Originaltext beziehen und neue Informationen einführen.
Abstracts werden am Ende des Textproduktionsprozesses verfasst.	Zusammenfassungen können während der Abfassung des Textes als Bestandteil des Textes verfasst werden.

Hinsichtlich des Umfangs der Textsorte Abstract schließt Busch-Lauer (2012) aus der Analyse der Definitionen Folgendes: Sie sind „wertneutrale, inhaltlich und formal abgegrenzte, meist von einem Ausgangstext abgeleitete Kurztexte im Umfang von bis zu 250 Wörtern". In ihrer Untersuchung ermittelt sie auf der Basis ihres Abstract-Korpus eine durchschnittliche Länge von 155 Wörtern (Busch-Lauer 2012). In der DIN 1426 (1997, 214–215) weist die Textsorte Abstract folgende Merkmale auf:

> a) Vollständigkeit. [...] Alle wesentlichen Sachverhalte sollen [...] im Kurzreferat explizit enthalten sein. Hierzu gehören: Hypothese, Zielsetzung, Gegenstand, Verfahren und Methode, Ergebnis, Schlussfolgerung, Anwendung, Zeitraum, geographischer Raum. Der Titel soll jedoch im Kurzreferat nicht wiederholt werden;
> b) Genauigkeit. Das Kurzreferat soll genau die Inhalte und die Meinung der Originalarbeit wiedergeben [...];
> c) Objektivität. Das Kurzreferat soll sich jeder Wertung enthalten [...];
> d) Kürze. Das Kurzreferat soll so kurz wie möglich sein [...];
> e) Verständlichkeit [...].

Damit lässt sich festhalten, dass die rekapitulierenden Textsorten wie Zusammenfassungen und Abstracts sich anhand der DIN 1426 und der oben angeführten Untersuchungsergebnisse voneinander unterscheiden lassen. Die Zusammenfassung wird als Bestandteil des Originaltextes aufgefasst mit der Möglichkeit, neue Informationen einzuführen, während das Abstract als eine selbständige informierende Textsorte mit dem durchschnittlichen Umfang von ca. 155 Wörtern gilt, die den Inhalt des Primärtextes vollständig, genau, objektiv, kurz und verständlich wiedergibt.

3 Beschreibung des Korpus

Für die vorliegende Studie werden deutschsprachige sekundäre rekapitulierende Texte ausgewählt, die im jährlich veröffentlichten sprachwissenschaftlichen Tagungsband „Vārds un tā pētīšanas aspekti" 'Das Wort – Aspekte der Forschung' die Beiträge in lettischer und litauischer Sprache aus dem Zeitraum von 1999 bis 2013 begleiten. Der Umfang des Textkorpus beträgt 105 Texte. Die Beiträge mit sekundären Texten in deutscher Sprache befassen sich mit folgenden sprachwissenschaftlichen Teilgebieten:

1) lettischer/litauischer Sprachgeschichte (43 Texte);
2) lettischer/litauischer Dialektforschung (26 Texte);
3) lettischer/litauischer Gegenwartssprache (20 Texte);
4) kontrastiver Linguistik (Deutsch-Lettisch; Deutsch-Litauisch) (13 Texte);
5) didaktischen Ansätzen (3 Texte).

Die zur Untersuchung herangezogenen sekundären Texte werden nach einem Primärtext in lettischer oder litauischer Sprache platziert und vorwiegend als

Zusammenfassung sowie in vereinzelten Fällen als Abstract oder Annotation betitelt. Den Richtlinien des Tagungsbandes kann entnommen werden, dass jeder Beitrag eine Zusammenfassung in einer anderen Sprache enthalten soll. Diese Zusammenfassung soll nach dem Beitrag als Nachtext platziert werden, und der Autor selbst ist für deren Inhalt verantwortlich. Sie können nicht als Bestandteile des Originaltextes (siehe Zusammenfassung) angesehen werden, da sie den Inhalt des Originaltextes in deutscher Sprache wertneutral wiedergeben und eine bestimmte Kürze aufweisen, die hinsichtlich des Umfangs sehr unterschiedlich ist. Die Länge reicht von 40 bis 550 Wörtern. Für die vorliegenden inhaltswiedergebenden Texte ist die Anführung des Beitragstitels in deutscher Fassung charakteristisch, so zum Beispiel:

(1) *Komposita in der Mundart Dundaga (Dondangen)* (Bušmane 2008, 58)
(2) *Anfänge der kulinarischen Terminologie in den Schriftdenkmälern des 17. und 18. Jahrhunderts* (Bernota 2011, 58)
(3) *Sprachgebrauch im Lettischen Rundfunk* (Liepa 2012, 200)

Neben dem Kernkorpus der deutschen sekundären Texte aus dem oben angegebenen lettischen sprachwissenschaftlichen Sammelband werden 12 deutschsprachige Abstracts aus der sprachwissenschaftlichen Zeitschrift „Linguistik online", erschienen im Zeitraum von 2002 bis 2013, zur Studie als Stichprobe herangezogen. Die Auswahl dieser Texte bestimmte deren Thematik, d. h. die untersuchten Abstracts widmen sich der deutschen Dialektforschung, der Gegenwartssprache, den kontrastiven Untersuchungen und dem DaF-Unterricht. Im Unterschied zum lettischen Tagungsband werden diese Abstracts als Paratexte (im Primärtext zwischen Titel und Volltext) platziert (vgl. Busch-Lauer 2012). Hinsichtlich des Umfangs kann festgestellt werden, dass die deutschen Abstracts eine Länge von 52 bis 267 Wörtern aufweisen. Im Vergleich mit den sekundären Texten aus dem Kernkorpus zeichnet sich hier also keine so große Schwankungsbreite ab. Weiterhin ist als ein Unterschied zu vermerken, dass der Primärtext in derselben Sprache wie der Abstract, d. h. auf Deutsch, verfasst ist. Deswegen entfällt auch die Notwendigkeit zur wiederholten Angabe des Titels, die auch in der DIN 1426 (1997, 214) festgelegt wird. Trotz der Unterschiede bei der Platzierung, der Betitelung und dem Sprachverhältnis können die sekundären Texte aus dem lettischen Tagungsband und der „Linguistik online" wegen ihres rekapitulierenden Charakters als retrospektive inhaltswiedergebende Texte aufgefasst werden.

4 Textaufbau der sekundären Texte

Zur Analyse der sekundären Texte wird das Modell der Teiltextsegmente (TTS) von Busch-Lauer (2012) herangezogen. Das vorliegende Modell stützt sich auf die TTS in den Abstract-Untersuchungen von Oldenburg (1991, 70–75), Hutz (1997, 107f.) und Ad-Hoc Working Group (1987). Eine Übersicht über die TTS von Busch-Lauer (2012) erfolgt in der Tabelle Nr. 2.

Tabelle 2: Übersicht über die Teiltextsegmente in verschiedenen Fachgebieten nach Busch-Lauer (2012)

Autor	Fachgebiet/Sprachen	Teiltextsegmente
Oldenburg (1991, 70–75)	Pädagogik Maschinenbau Deutsch Englisch	1) Globale Charakterisierung des Forschungsfeldes und/oder der Forschungssituation 2) Hauptziel/Hauptuntersuchungsgegenstand der Arbeit 3) Darstellung der Untersuchungsergebnisse 4) Methode/Modelle/Experimente/ Verfahrensschritte 5) Konsequenzen für die Forschung und Praxis
Hutz (1997, 107f.)	Sozialpsychologie Deutsch Englisch	1) Einführung in das Forschungsgebiet und Zielsetzung der Studie 2) Angaben zu experimentellen und methodischen Grundlagen 3) Darlegung der wichtigsten Untersuchungsergebnisse 4) Diskussion der Ergebnisse
Ad-Hoc Working Group (1987)	Medizin Englisch	Original article: Objective, Design, Setting, Patients or Participants, Interventions, Main Outcome Measures, Results & Conclusions

Für die vorliegende Studie sind folgende TTS von Bedeutung:

1) Einführung in das Forschungsgebiet;
2) Hauptziel/Hauptuntersuchungsgegenstand der Arbeit;
3) Methoden/Verfahrensschritte;
4) Darstellung der Untersuchungsergebnisse;
5) Schlussfolgerungen/Konsequenzen für Forschung.

Darüber hinaus ist noch ein zusätzliches TTS für die Untersuchung wichtig: die Beschreibung der Quelle(n)/des Untersuchungsmaterials.

5 Forschungsergebnisse

Die folgende Tabelle veranschaulicht die Ergebnisse der TTS der deutschsprachigen Texte in absoluten Zahlen und Prozentzahlen, die im Weiteren dargestellt werden.

Tabelle 3: Übersicht über die Analyseergebnisse der TTS der deutschen sekundären Texte im lettischen Tagungsband

TTS	Absolute Zahl	Prozentzahl
Hauptziel/Hauptuntersuchungsgegenstand der Arbeit	103	98%
Darstellung der Untersuchungsergebnisse	76	72%
Schlussfolgerungen/Konsequenzen für Forschung	47	45%
Einführung in das Forschungsgebiet	19	18%
Beschreibung der Quelle(n)/des Untersuchungsmaterials	10	10%
Methoden/Verfahrensschritte	2	2%

Die Analyse der TTS der deutschsprachigen sekundären Texte im lettischen Tagungsband hat ergeben, dass das TTS Hauptziel und/oder Hauptuntersuchungsgegenstand in fast allen Texten (103 Fälle, d. h. 98%) festzustellen ist. Zum Beispiel kann eine Zusammenfassung mit folgendem Satz anfangen:

(4) *Im vorliegenden Beitrag werden die so genannten unikalen Komponenten, die auch phraseologisch gebundene oder phraseologisch isolierte Komponenten bezeichnet werden, betrachtet.* (Smiltena 2006, 367)

Als das zweithäufigste verwendete TTS gilt die Darstellung der Untersuchungsergebnisse, die insgesamt 76-mal (72%) im Korpus bestimmt werden konnte. So wird ein Forschungsergebnis zum Beispiel folgendermaßen dargestellt:

(5) *Die größte Zahl der Phraseologismen mit der Komponente Baum u. ä. ist erst in den Wörterbüchern des 18. Jh. fixiert. Einige Phraseologismen sind nur im 18. Jh. bis Anfang des 20. Jh. mit diesen Komponenten bekannt.* (Migla 2011, 231)

Es ist aber zu vermerken, dass weniger als die Hälfte der sekundären Texte (47 Texte, 45%) im lettischen Korpus durch die Anführung von Beispielen, sprachlichen Daten und Fakten über eine vergleichsweise genaue Darlegung der Ergebnisse verfügt. Eine solche Art der Darstellung der Ergebnisse ist für die Beiträge charakteristisch, die thematisch mit der lettischen/litauischen Sprachgeschichte, der Mundartforschung und der Gegenwartssprache zusammenhängen. So werden z. B. die ältesten Siedlungsnamen im Gut Sawnese ermittelt:

(6) *In der Revision sind zehn Siedlungsnamen belegt: Kripan, Miße, Mißan, Nainitz, Schnapſt, Spage, Augulerlandt, Wagell landt, Schlackter landt, Stagar landt.* (Siliņa-Piņķe 2012, 259)

In der Zusammenfassung eines Beitrags über Partikeln in einer lettischen Mundart werden die Ergebnisse, ergänzt durch Belege und deren deutsche Entsprechungen, so angeführt:

(7) *Die Partikeln in der Mundart von Sventāja als Entlehnungen aus dem Litauischen haben unterschiedliches Alter. Einige von ihnen sind für das Grenzgebiet Lejaskurzeme charakteristisch, z. B. ben ‚etwas, wenigstens' (...ka drusku paliks dienas* ***ben*** *kādu stundu gaŗākas) (dass die Tage* ***wenigstens*** *länger werden), nārs ‚wenigstens' (atruoni* ***nārs*** *vienai dienai laika un atbrauc) (finde* ***wenigstens*** *einen Tag Zeit und komme zu uns).* (Ozola 2005, 164; Hervorhebung im Original)

Das dritthäufigste TTS ist Schlussfolgerungen/Konsequenzen für Forschung, es konnte in 47 Texten (45%) ermittelt werden. Zum Beispiel wird über den Gebrauch der Attribute in der Mundart von Rucava Folgendes festgehalten:

(8) *Die Attribute der subjektiven Bewertung, ihre lexikalischen Komponenten und ihre Häufigkeit hängen vom persönlichen Stil des Redners ab.* (Ozola 2010, 229)

Nach der Stichprobenanalyse der deutschsprachigen Abstracts aus der Zeitschrift „Linguistik online" kann festgestellt werden, dass auch in diesen Abstracts die oben genannten TTS am häufigsten vorkommen, aber eine ausführliche Darstellung des Belegmaterials in keinem Text zu finden ist. Die Ergebnisse werden vorwiegend kurz umrissen oder nur angedeutet. Zum Beispiel wird ein DaF-Konzept als Resultat folgendermaßen vorgestellt:

(9) *Aus der Diskussion dieser Fragen resultiert ein Konzept für einen erweiterten Erwerb des Deutschen als Fremdsprache, zu dem an erster Stelle eine breitere Wahrnehmungstoleranz gegenüber Standardvarietäten des Deutschen gehört und der sich dann auch, im Bereich der soziokulturellen und rezeptiven Kompetenzen, auf Dialekte erstreckt.* (Studer 2002)

Bei der Untersuchung der weiteren TTS wie die Einführung in das Forschungsgebiet, die Beschreibung des Untersuchungsmaterials und Methoden/Verfahrensschritte kann für den lettischen Korpus festgestellt werden, dass das TTS Einführung in das Forschungsgebiet in nur 19 (18%) sekundären Texten vorkommt. So lässt sich in folgendem Beispiel das Forschungsgebiet bzw. das Verhältnis zwischen der Fachsprache und der Gemeinsprache aus den einleitenden Worten herleiten:

(10) *Bei der Arbeit an einem rechtswissenschaftlichen Fachtext taucht immer wieder die Frage auf, wo berührt* [sic!] *sich unsere alltägliche Sprache mit der Sprache der Fachleute.* (Cīrule 2009, 57)

Noch seltener kommt die Beschreibung der Quelle/des Untersuchungsmaterials vor, die nur in zehn Texten (10%) zu bestimmen ist. So wird beispielsweise das untersuchte Material erwähnt:

(11) *Das Material stammt aus der Umgebung von Karklė, verwendet wurden Einwohnerlisten aus dem 16. und 18. Jh. und aus dem Jahre 1942.* (Kiseliūnaitė 2004, 136)

Die Erwähnung der Methode/Verfahrensschritte kann eher als eine Rarität bezeichnet werden, die nur in zwei Texten (2%) anzutreffen ist.

Auch die stichprobeartige Analyse der deutschen Abstracts aus „Linguistik online" zeigt, dass das TTS Einführung in das Forschungsgebiet nur zweimal, die Beschreibung der Quelle/des Untersuchungsmaterials und der Methode/ Verfahrensschritte nur einmal erwähnt werden. So wird die Methode z. B. folgendermaßen angeführt:

(12) *Er* [der Beitrag] [...] *zeigt mit quantitativen Methoden auf, dass dialektal bedingte Akzentunterschiede von native speakers durchaus wahrgenommen und lokalisiert werden können.* (Kolly 2013)

Nach der Analyse des Textaufbaus lässt sich zusammenfassen, dass die sowohl in den sekundären Texten des lettischen Korpus als auch in den stichprobenweise untersuchten deutschen Abstracts am meisten verwendeten TTS Hauptziel/ Hauptuntersuchungsgegenstand der Arbeit, Darstellung der Untersuchungsergebnisse und Schlussfolgerung/Konsequenzen für die Forschung umfassen. Die Spezifik der deutschen sekundären Texte im lettischen Tagungsband zeichnet sich durch die Anführung eines reichhaltigeren Faktenmaterials zur Darlegung der Untersuchungsergebnisse aus, welche in den deutschen Abstracts nur kurz zusammengefasst erwähnt werden.

6 Schluss

Sekundäre Texte informieren den Leser über den Inhalt des Primärtextes in Kurzfassung sowohl in der Sprache des Originaltextes als auch in einer Fremdsprache. In der DIN 1426 und in der einschlägigen Forschung zu wissenschaftlichen Texten geht man davon aus, dass Abstracts und Zusammenfassungen als sekundäre Textsorten getrennt werden müssen und nur Abstracts als selbständige inhaltswiedergebende Texte betrachtet werden können.

Wenn man die sekundären deutschsprachigen Texte im lettischen Tagungsband näher betrachtet, werden sie meistens als Zusammenfassungen benannt. Nach deren Merkmalen lässt sich feststellen, dass sie den Inhalt des Primärtextes in kürzerer Fassung angeben, dabei sind sie auch genau, objektiv und verständlich.

Der Umfang der sekundären Texte beträgt Untersuchungen zufolge bis zu 250 Wörter bei einer durchschnittlichen Länge von 155 Wörtern (vgl. Busch-Lauer 2012). In der vorliegenden Studie wird belegt, dass die deutschen sekundären Texte der Stichprobeuntersuchung eine Schwankungsbreite von 52–267 Wörtern, die in lettischen Tagungsbänden vorkommenden deutschen Texte hingegen eine von 40–550 Wörtern aufweisen. Der Umfang der deutschen sekundären Texte im lettischen Tagungsband zeugt damit von einer ungleichmäßigeren Länge.

Die untersuchten deutschen Abstracts aus „Linguistik online" erscheinen meistens als Paratext zwischen dem Titel und dem Originaltext, dagegen werden die Zusammenfassungen in einer anderen Sprache, darunter auch die in der deutschen Sprache, im lettischen Tagungsband mit der Übersetzung des Primärtexttitels als Nachtext gesetzt.

Nach dem Textaufbau werden sowohl in den deutschen Abstracts der „Linguistik online" als auch in den auf Deutsch verfassten Zusammenfassungen von lettischen Sprachwissenschaftlern meistens die Teiltextsegmente Hauptziel/Hauptuntersuchungsgegenstand der Arbeit, Darstellung der Untersuchungsergebnisse und Schlussfolgerungen/Konsequenzen für die Forschung verwendet. Der Unterschied liegt darin, dass die deutschsprachigen sekundären Texte im lettischen Tagungsband auch bei der Darstellung der Ergebnisse unter Anführung eines detaillierteren Belegmaterials veröffentlicht werden. Als seltener verwendete Teiltextsegmente gelten sowohl im Kernkorpus als auch in der Stichprobe folgende: Einführung in das Forschungsgebiet, Beschreibung der Quelle/des Untersuchungsmaterials und Methoden/Verfahrensschritte.

Abschließend kann bemerkt werden, dass diese einzelkulturell geprägte Spezifik beim interkulturell wissenschaftlichen Verkehr zu Problemfällen führen kann. Aus diesem Grunde betont Şenöz-Ayata (2012), dass „die Anzahl der textlinguistischen und interkulturell-vergleichenden Untersuchungen vermehrt werden sollte, damit die kulturell geprägten Unterschiede von Wissenschaftstexten sichtbarer werden". Vergleichende Studien im deutschen und lettischen Sprachraum bezüglich der interkulturellen Wissenschaftskommunikation stellen noch ein weites Forschungsfeld dar. Arbeiten auf diesem Gebiet können bei der Überwindung eventueller Missverständnisse behilflich sein.

Quellenverzeichnis

Bernota, Ineta (2011): Kulinārijas terminu pirmsākumi 17. un 18. gadsimta latviešu rakstu pieminekļos. *Vārds un tā pētīšanas aspekti* 15(2), 45–58.

Bušmane, Brigita (2008): Salikteņi Dundagas izloksnē. *Vārds un tā pētīšanas aspekti* 12(1), 47–58.

Cīrule, Ilze (2009): Valodas nozīme Valsts policijas struktūrvienību darbinieku veidotajos tekstos komunikācijai un saziņai ar sabiedrību. *Vārds un tā pētīšanas aspekti* 13(2), 48–57.

Kiseliūnaitė, Dalia (2004): Retesni Lietuvos pajūrio asmenvardžiai. Karklės gyventojų pavardės. *Vārds un tā pētīšanas aspekti* 8, 128–136.

Kolly, Marie-José (2013): Akzent auf die Standardsprachen: Regionale Spuren in „Français fédéral" und „Schweizerhochdeutsch". *Linguistik online* 58(1).

Zugang: https://bop.unibe.ch/linguistik-online/article/view/239 (Stand: 25.04.2015).

Liepa, Dite (2012): Valodas lietojums Latvijas Radio. *Vārds un tā pētīšanas aspekti* 16(2), 189–200.

Migla, Ilga (2011): Koks un daži tā komponenti latviešu frazeoloģijā. *Vārds un tā pētīšanas aspekti* 15(1), 224–231.

Ozola, Ieva (2005): Sventājas izloksnes partikulas. *Vārds un tā pētīšanas aspekti* 9, 158–165.

Ozola, Ieva (2010): Atributīvie adjektīvi un divdabja teicieni Rucavas izloksnē. *Vārds un tā pētīšanas aspekti* 14(1), 223–229.

Siliņa-Piņķe, Renāte (2012): Senākie mājvārdi Sāvienas muižā (17. gadsimts). *Vārds un tā pētīšanas aspekti* 16(1), 250–260.

Smiltena, Mudīte (2006): Unikāli komponenti vācu un latviešu frazeoloģismos. *Vārds un tā pētīšanas aspekti* 10, 361–367.

Studer, Thomas (2002): Dialekte im DaF-Unterricht? Ja, aber... Konturen eines Konzepts für den Aufbau einer rezeptiven Varietätenkompetenz. *Linguistik online* 10(2). Zugang: https://bop.unibe.ch/linguistik-online/article/view/927 (Stand: 25.04.2015).

Literaturverzeichnis

Ad hoc working group for the critical appraisal of the medical literature (1987): A Proposal for more informative abstracts of clinical articles. *Annals of Internal Medicine* 106, 598–604.

Busch-Lauer, Ines (2012): Abstracts – eine facettenreiche Textsorte in der Wissenschaft. *Linguistik online* 52(2). Zugang: http://www.linguistik-online.de/52_12/busch-lauer.html (Stand: 25.04.2015).

DIN 1426 1997 = Deutsches Institut für Normung (1997): *Präsentationstechnik für Dissertationen und wissenschaftliche Arbeiten: DIN – Normen*. Berlin, Wien, Zürich: Beuth.

Hutz, Matthias (1997): *Kontrastive Fachtextlinguistik für den fachbezogenen Fremdsprachenunterricht. Fachzeitschriftenartikel der Psychologie im interlingualen Vergleich*. Trier: Universitätsverlag.

Kretzenbacher, Heinz Leonhard (1990): *Rekapitulation. Textstrategien der Zusammenfassung von wissenschaftlichen Fachtexten*. Tübingen: Gunter Narr Verlag. (= Forum für Fachsprachen-Forschung 11).

Oldenburg, Antje (1991): *Abstracts deutscher und englischer wissenschaftlicher Zeitschriftenaufsätze der Kommunikationsbereiche Maschinenbau und Pädagogik. Ein inter- und intralingualer Vergleich*. Magisterarbeit, Hannover.

Oldenburg, Hermann (1992): *Angewandte Fachtextlinguistik: „conclusions" und Zusammenfassungen*. Tübingen: Gunter Narr Verlag. (= Forum für Fachsprachen-Forschung 17).

Şenöz-Ayata, Canan (2012): Interkulturelle Wissenschaftskommunikation – dargestellt an Abstracts in deutschen und türkischen Germanistikzeitschriften. *Linguistik online* 52(2). Zugang: https://bop.unibe.ch/linguistik-online/article/view/294/421 (Stand: 25.04.2015).

Virginija Masiulionytė, Vaiva Žeimantienė

Deutsch als Wissenschaftssprache in Litauen: Zur Sprachverwendung in den wissenschaftlichen Zeitschriften der Universität Vilnius im Zeitraum von 2004 bis 2013

Abstract The aim of this paper is to examine the current role of German as a language of research in Lithuania and the use of other languages in different research areas. The investigation focusses on 24 periodical research journals published at Vilnius University (partly in cooperation with other institutions) in the period from 2004 to 2013. The specific concerns are language(s) of publication, languages of summaries/abstracts and languages of works used for reference. 8 journals cover the area of humanities, 11 the area of social sciences and 5 the area of natural and formal sciences. In order to examine the languages used in these journals, the articles, summaries/abstracts and reference works were counted; the results are expressed in absolute numbers and as percentage values. On the basis of these results, it is concluded that the journals examined can be divided into 3 major groups: English-language journals, journals mainly using the national language (Lithuanian) and polyglot journals. English as the language of publication is dominant in economics, natural and formal sciences and Oriental studies (9 journals in total). Areas such as history, religion studies, philosophy, psychology, sociology, law, educational sciences, communication and information and geography prefer to publish articles in a national language (11 journals in total). The area of politics is covered by 2 journals, one of which is in English, the other publishes mostly in Lithuanian. In addition, 3 journals on linguistics and literature and 1 on archeology belong to the polyglot journals. The German language as a language of publication is relevant basically only in humanities, as a language of summaries/abstracts and as a language of works used for reference in humanities and social sciences.

Keywords: German, language of research, multilingualism, research journals, Vilnius University, language of publication

Schlüsselwörter: Wissenschaftssprache, Sprachverwendung, Mehrsprachigkeit, wissenschaftliche Zeitschriften, Universität Vilnius, Beitragssprache

1 Einleitung

Das Ziel der Untersuchung ist es zu zeigen, welche Rolle Deutsch als Wissenschaftssprache aktuell in Litauen spielt und wie die Situation der Sprachverwendung in unterschiedlichen Fachbereichen ist. Für die Bestandsaufnahme wurden die wissenschaftlichen Zeitschriften der Universität Vilnius (VU) aus der Zeit zwischen 2004–2013 analysiert. Die erhobenen Daten beziehen sich auf geistes-, sozial- und naturwissenschaftliche Publikationen und sollen Aufschluss über die deutsche Sprache als Publikationssprache, über ihre Verwendung als Sprache der Zusammenfassung wissenschaftlicher Beiträge und über die Anzahl deutschsprachiger Titel in den Literaturverzeichnissen geben. Die durchgeführte Analyse zeigt auch, welche anderen Sprachen in den Veröffentlichungen dominieren.

Im vorliegenden Beitrag wird einleitend ein kurzer Überblick über die einschlägige Forschung zur Rolle von Sprachen in der Wissenschaft allgemein und des Deutschen im Besonderen gegeben. Danach werden die zu analysierenden wissenschaftlichen Zeitschriften der VU im relevanten Zeitraum charakterisiert und die wichtigsten Tendenzen hinsichtlich der Sprachverwendung in den Veröffentlichungen einzelner Fachbereiche beleuchtet. Anschließend werden die Ergebnisse der Analyse zur Sprachverwendung im ersten Jahrzehnt des 21. Jh. vorgestellt und zum Schluss die Ergebnisse zusammengefasst.

2 Begründung des Themas und Forschungsstand

Als Anregung für die Wahl der Forschungsfrage diente der Sammelband „Deutsch als Wissenschaftssprache im Ostseeraum" (Prinz, Korhonen 2011), der von den Herausgebern wie folgt eingeführt wurde: „Ziel war eine erste Bestandsaufnahme der Geschichte des Deutschen als Sprache der Wissenschaften in den Ostsee-Anrainerstaaten. Der thematische Schwerpunkt lag bei den meisten Beiträgen erwartungsgemäß auf der Verwendung des Deutschen als Publikationssprache." (Prinz, Korhonen 2011, 12) Der zitierte Band enthält Beiträge zu fast allen Anrainerstaaten der Ostsee, jedoch keinen Beitrag zu den Verhältnissen in Litauen. In der vorliegenden Untersuchung wird versucht, diese Lücke zu füllen und einige Daten über die Situation in Litauen vorzulegen.

Die in Deutschland in den 80er Jahren begonnene und bis heute dauernde Diskussion zu Deutsch als Wissenschaftssprache wurde inzwischen in zahlreichen themenbezogenen Sammelbänden wie Kalverkämper, Weinrich (1986), Debus, Kollmann, Pörksen (2000), Neuland, Ehlich, Roggausch (2005), Ehlich, Heller (2006), Neck, Schmidinger, Weigelin-Schwiedrzik (2012) dokumentiert, um nur die wichtigsten zu nennen. Die Stellung der deutschen Sprache in der Welt wird in der umfassenden Forschung von Ammon (2014) untersucht. Von den einzelnen Beiträgen zur Erforschung der Verwendung der Wissenschaftssprachen in Deutschland sind die Arbeiten von Schiewe (1991) und Stickel (2005) für unsere Untersuchung interessant. Schiewe stellt eine aufschlussreiche Studie über die Wissenschaftssprachen an der Albert-Ludwigs-Universität Freiburg vor, und im Beitrag von Stickel werden Daten über die Wissenschaftssprachen an außeruniversitären

Forschungsinstituten in Deutschland erhoben. Beide Beiträge stützen sich auf umfangreiche Umfragen. So enthält der Aufsatz von Schiewe die Ergebnisse eines durch Freiburger Biologen und Germanisten 1989/90 erarbeiteten Fragebogens, dessen Schwerpunkte auf den Themen „Englisch" und „mathematisch-formalisierte Darstellungsweisen" liegen und der an ausgewählte Hochschullehrer aller vierzehn Fakultäten der Universität versandt wurde (Schiewe 1991, 19). Laut Freiburger Umfrage hatte sich zur Zeit der Untersuchung Englisch in den Naturwissenschaften (Physik, Chemie, Biologie, Geologie) sowie in der Medizin, der Mathematik und den Wirtschaftswissenschaften schon weitgehend durchgesetzt. Die Fächer der Philosophischen Fakultäten, mit Ausnahme der Psychologie, waren noch überwiegend deutschsprachig, aber mit einer deutlichen Tendenz zum Englischen. Lediglich in der Rechtswissenschaftlichen Fakultät herrschte „Deutsch als Wissenschaftssprache eindeutig vor, was durchgehend mit dem Gegenstand des Faches – dem nationalen Recht – begründet wird" (Schiewe 1991, 40).

Stickel (2005, 326) geht der Frage nach, welche Sprache Wissenschaftler an den Einrichtungen der Leibnitz-Gemeinschaft, einer der vier großen deutschen Forschungsinstitutionen, sprechen und schreiben, wenn sie sich professionell äußern, mit besonderem Augenmerk auf die Verwendung des Deutschen. In der um 2000 von Stickel durchgeführten Erhebung wurde u. a. nach den Sprachen gefragt, in denen die Probanden in den letzten 5 Jahren publiziert hatten (ebd., 329). Nach Stickel (2005, 341) sind „zwei Trends in der praktizierten oder erstrebten Mehrsprachigkeit, nämlich zwischen bloßer Zweisprachigkeit und echtem Plurilinguismus, die mit drei Sprachen beginnt (M+2, Muttersprache plus zwei Fremdsprachen)" zu unterscheiden[1]. Die Umfrage hat gezeigt, dass für die meisten Naturwissenschaftler, Mediziner und einen Teil der Sozialwissenschaftler allenfalls Zweisprachigkeit, d. h. Englisch und Deutsch, in Frage kommt. „Dass Fremdsprachen außer Englisch für die wissenschaftliche Kommunikation wichtig

1 Stickel weist auf die Unterscheidung von Skudlik (1990) hin, die die Fächer nach dem Grad der sprachlichen Anglisierung in drei Gruppen einteilt: „a) die „anglophonen Wissenschaften", in denen nicht nur in internationalen Bezügen, sondern auch im nationalen Kontext ausschließlich oder überwiegend auf Englisch kommuniziert wird, b) die „anglophon geprägten Wissenschaften", in denen je nach Bezug und Medium deutsch oder englisch kommuniziert wird, mit steigender Tendenz des Englischen, und schließlich c) die „nationalsprachlich geprägten und polyglott orientierten Wissenschaften", bei denen in Deutschland weiterhin Deutsch vorherrscht, je nach Fach aber auch in anderen Sprachen publiziert wird. Zur dritten Gruppe gehören u. a. die Rechtswissenschaft, die Philologien, die Theologie, Archäologie und Geschichte." (Stickel 2005, 327)

sein können, wird zumeist nur von Geisteswissenschaftlern und einigen Soziologen und Psychologen erwähnt." (Stickel 2005, 341)

Die Studien von Schiewe (1991) und Stickel (2005) erheben Daten über die Verwendung der Nationalsprache Deutsch als Wissenschaftssprache. Im Mittelpunkt des vorliegenden Beitrags steht die Verwendung der deutschen Sprache als Fremdsprache neben der Landessprache Litauisch. Die Resultate der Untersuchung zeigen in erster Linie die Tendenzen bei der Verwendung der englischen Sprache bei in Litauen veröffentlichten wissenschaftlichen Zeitschriften, sie liefern aber auch Daten über die Mehrsprachigkeit einzelner Fachbereiche. Die Erhebung von Daten zur Sprachverwendung innerhalb eines konkreten Zeitraums im Umfeld einer klassischen Universität, an der die wichtigsten traditionellen Fachbereiche vertreten sind, kann als relevante Bestandsaufnahme zur Dokumentation und Erkennung der Entwicklungstendenzen dienen.

Die Sprachverwendung an der Universität Vilnius ist eng mit der Geschichte der Universität und auch mit der des Landes verbunden. Die Möglichkeit, verschiedene Fremdsprachen in der Wissenschaft zu verwenden, hängt unter anderem auch mit dem Fremdsprachenunterricht zusammen. Über den Fremdsprachenunterricht an der VU berichten Vengrienė (1964) und Karosienė (2001) und liefern Daten für die Zeit von 1579 bis 1940. Eine Reihe von Beiträgen widmet sich speziell der Entwicklung der Germanistik an der Universität Vilnius als Wissenschaft (Heidbreder 2008) und der Situation der Germanistik und des Deutschunterrichts in Litauen (Heidbreder, Meiksinaitė 1995, Pilipaitytė 2009, Johanning-Radžienė 2012). Im folgenden Abschnitt werden exemplarisch einige Perioden aus der Geschichte der VU mit dem Ziel besprochen, die Tendenzen bei der Verwendung der deutschen Sprache in der Wissenschaft in Litauen kurz zu beleuchten.

3 Zur Verwendung des Deutschen an der VU aus der historischen Perspektive

Die Universität Vilnius wurde 1579 gegründet und ist heute in Litauen eine wichtige Einrichtung für Wissenschaft und Lehre. Die Verwendung der Wissenschaftssprachen an der VU, darunter auch die Verwendung der deutschen Sprache, hängt mit den allgemeinen Entwicklungstendenzen bei der Verwendung von konkreten Sprachen in der Wissenschaft weltweit, aber auch mit der geopolitischen Situation in Litauen in der jeweiligen Epoche zusammen.

1579 wurde in Vilnius die alte Jesuitenakademie gegründet (*Academia et Universitas Vilnensis Societatis Iesu*). Es wird vermutet, dass Deutsch zur Zeit der Gründung gelehrt wurde, denn das Ziel der Akademie sei der Kampf gegen die Reformation gewesen, die nach Litauen aus Deutschland kam (Vengrienė 1964,

237). Über die Sprachverwendung gibt unter anderem die Veröffentlichungsstatistik Auskunft. So wurden im 16. Jh. von der Druckerei der Akademie 87 Veröffentlichungen auf Latein, 40 auf Polnisch, 2 auf Litauisch und 1 auf Deutsch[2] publiziert (Karosienė 2011, 5). Die ersten Belege über den Unterricht moderner Sprachen an der Universität stammen aus der Zeit des frühen 19. Jh. So war von 1798 bis 1804 Peter Albricht für den Unterricht der deutschen Sprache und Literatur an der Universität Vilnius, der *Universitas Princeps Vilnensis*, zuständig (Heidbreder 2008, 109). Die ersten Dokumentationen über den Deutsch- und Französischunterricht sind in den Stundenplänen aus dem Schuljahr 1801–1802 belegt; 1808–1809 wird mit Italienisch- und 1810–1811 mit Englischunterricht angefangen (Vengrienė 1964, 238).

Am Ende des 18. Jh. kam es unter der Leitung von Martinus Poczobutt, Universitätsrektor von 1780 bis 1799, zur Stärkung der Universität. Zur Sprachverwendung sei Poczobutt der Meinung gewesen, dass in der Welt der Wissenschaft nur eine Sprache, die lateinische, verwendet werden soll. Seiner Meinung nach würden die nationalen Sprachen nur zur Schwächung und Zersplitterung der Wissenschaft beitragen. Eine solche eindeutige Position des Rektors der *Schola Princeps Vilnensis* trug dazu bei, dass beinahe bis zur Schließung der Universität 1832 die meisten Vorlesungen in Latein gehalten wurden und die polnische Sprache nicht zur wichtigsten Unterrichtssprache werden konnte. Der litauischen Sprache wurde deshalb auch keine größere Aufmerksamkeit geschenkt (Bumblauskas *et al.* 2012, 413–414). Da der Betrieb der Universität erst 1919–1922 wieder aufgenommen wurde, kann über den Übergang zur Verwendung der Nationalsprache an der Universität in Litauen erst ab dieser Zeit gesprochen werden[3].

In der ersten Hälfte des 20. Jh. wurden als Nachfolgerinnen der alten Universität zwei Universitäten eröffnet: die polnische Stefan-Batory-Universität in Vilnius

2 Bei der deutschsprachigen Veröffentlichung handelt es sich um ein Edikt vom 30. September 1581 *Stephanus von Gottes gnaden König in Polen, Grosfürst in Littawen…* [Edykt w sprawie rozruchów w Wilnie dan z obozu pod Pskowem d. 30 wrześ. 1581 r.] in Form eines Plakatblatts, das parallel auch auf Polnisch veröffentlicht wurde (Čepienė, Petrauskienė 1979, 25).

3 Der Übergang vom Latein zu den neuen Volkssprachen fand nach Schiewe (1991, 17) für manche Wissenschaften und Wissenschaftler schon im 17., für andere erst im 18. Jahrhundert zugunsten der Volkssprachen statt. „Im Laufe des 19. Jahrhunderts konnte Deutsch sich schließlich zu einer Sprache entwickeln, besser vielleicht: entwickelt werden, in der sich wissenschaftlich nach dem jeweiligen Kenntnisstand alles sagen und schreiben lässt." (Stickel 2005, 325)

(1919–1939) und die Litauische Universität in Kaunas (1922). An der litauischen Universität gab es unter den 16 Lehrstühlen auch einen Lehrstuhl für germanische Sprachen und Literaturen (Heidbreder 2008, 112). Die Zahl der Sprachstudenten zeigt uns die Rolle der jeweiligen Fremdsprachen im Sprachunterricht an der litauischen Landesuniversität in Kaunas 1933: Deutsch lernten 2649 Studierende, Russisch 2337, Polnisch 1127, Englisch 691 und Französisch 581 Studierende (Karosienė 2011, 19). Wie sich die Situation des Fremdsprachenlernens inzwischen geändert hat, illustrieren die Daten über die gelernten Fremdsprachen in litauischen Schulen 2010/2011: Als erste Fremdsprache kamen Englisch (96%) und Deutsch (2,9%) vor, als zweite Fremdsprache entsprechend Russisch (80,9%), Deutsch (12,6%) und Französisch (3,5%) (Johanning-Radžienė 2012, 67).

Welche Sprachen als Wissenschaftssprachen an der seit 1990 unabhängigen litauischen Universität Vilnius verwendet werden, zeigt die exemplarisch durchgeführte Bestandsaufnahme der Sprachverwendung in den wissenschaftlichen Zeitschriften der VU, die im Folgenden vorgestellt wird.

4 Korpusbeschreibung und Methode der Untersuchung

Im vorliegenden Beitrag wird die Sprachverwendung in den periodischen wissenschaftlichen Zeitschriften der VU analysiert, die teilweise in Kooperation mit anderen Institutionen herausgegeben wurden bzw. werden. Die Geschichte einiger dieser Zeitschriften beginnt in den 1950er Jahren. So wurde 1955 mit der Veröffentlichung der Zeitschrift *Biologija, geografija, geologija* 'Biologie, Geografie, Geologie' begonnen, die ab 1961 als *Biologija* und 1962 als *Geografija ir geologija* und letztere dann ab 1980 als zwei selbstständige Zeitschriften *Geografija* und *Geologija* weitergeführt wurde. 1957 erschien der erste Band von *Teisė* 'Recht', 1958 wurden entsprechend die ersten Nummern von *Kalbotyra* 'Sprachwissenschaft' und *Literatūra* 'Literatur' herausgegeben. In den 60er Jahren folgten die Zeitschriften *Knygotyra* 'Buchwissenschaft' (1961), *Ekonomika* 'Wirtschaft' (1960), *Psichologija* 'Psychologie' (1962), *Baltistica* (1965) und *Problemos* 'Probleme' (1968). Die zweite Welle der Gründung neuer wissenschaftlicher Zeitschriften lässt sich um die Zeit der Wiederherstellung der Unabhängigkeit Litauens 1990 feststellen. Zu den neueren untersuchten Zeitschriften gehören *Politologija* 'Politologie' (Gründungsjahr 1989), *Informatica* (1990), *Acta Paedagogica Vilnensia* (1991), *Lietuvos istorijos studijos* 'Studien zur Geschichte Litauens' (1992), *Informacijos mokslai* 'Informationswissenschaften' (1994), *Sociologija. Mintis ir veiksmas* 'Soziologie. Gedanke und Handlung' (1997), *Nonlinear Analysis: Modelling and Control* (1997), *Lithuanian Foreign Policy Review* (1998), *Transformations in Business and Economics* (1999), *Archeologia Lituana* (1999), *Acta Orientalia*

Vilnensia (2000), *Religija ir kultūra* 'Religion und Kultur' (2004), wie auch die erst 2010 gegründete Zeitschrift *Organizations and Markets in Emerging Economies.*

Bei der Auswahl der periodischen wissenschaftlichen Zeitschriften wurden für die vorliegende Erhebung folgende Kriterien berücksichtigt: Der Verleger der Zeitschrift ist der Verlag der Universität Vilnius (auch in Kooperation mit anderen Institutionen), für den Zeitraum von 2004 bis 2013 liegen sowohl Print- als auch online-Ausgaben vor und die Zeitschrift wurde bei der Evaluierung der wissenschaftlichen Zeitschriften der VU, die 2014 von der Wissenschaftsabteilung der VU durchgeführt wurde, als eine Zeitschrift anerkannt, die den Anforderungen an eine wissenschaftliche Zeitschrift voll entspricht. Von den zurzeit 44 an der VU (teilweise zusammen mit anderen Institutionen) veröffentlichten wissenschaftlichen Zeitschriften entsprachen den genannten Kriterien 24 Titel. 8 davon konnten den Geisteswissenschaften, 11 den Sozialwissenschaften und 5 den Naturwissenschaften/Mathematik/Informatik zugeordnet werden.

Die vorliegende Untersuchung umfasst eine Bestandsaufnahme, in welchen Sprachen in den analysierten Zeitschriften die Beiträge und die Zusammenfassungen veröffentlicht werden und in welchen Sprachen die im jeweiligen Beitrag zitierten und im Literaturverzeichnis aufgeführten Arbeiten verfasst sind. Zu diesem Zweck wurden Publikationen sowie Titel in den Literaturverzeichnissen gezählt. Es wurde dabei auch notiert, welche institutionelle Zugehörigkeit die Autoren der Beiträge angegeben haben. Die erfassten Informationen über die Zeitschriften enthalten darüber hinaus Daten zu Sprachvorgaben in den Guidelines der Zeitschriften.

5 Sprachverwendung im Bereich der Geisteswissenschaften

Der Bereich der Geisteswissenschaften ist mit insgesamt 8 Zeitschriften vertreten: *Acta Orientalia Vilnensia*, *Religija ir kultūra* (beide sind interdisziplinär und umfassen Kultur, Sprache, Geschichte, Philosophie usw.), *Baltistica*, *Kalbotyra*, *Literatūra* (alle drei sind philologisch; *Kalbotyra* führte von 1971 bis 2012 den Zusatz „Germanische und romanische Studien"), *Lietuvos istorijos studijos* und *Archeologia Lituana* (Geschichte) sowie *Problemos* (Philosophie).

5.1 Sprache(n) der Beiträge

Was die Sprachvorgaben in den Guidelines angeht, so verstehen sich als mehrsprachige Zeitschriften im Bereich der Geisteswissenschaften: *Baltistica* (es wird explizit erklärt, dass Beiträge auf Litauisch, Lettisch, Englisch, Deutsch, Französisch und Russisch akzeptiert werden), *Kalbotyra*, *Archaeologia Lituana*, *Literatūra* (entsprechend Litauisch, Englisch, Deutsch, Französisch, die zwei letzteren auch

Russisch) und *Lietuvos istorijos studijos* (wo allerdings keine konkreten Sprachen genannt werden, aber angegeben wird, dass Beiträge auch in einer Fremdsprache verfasst sein können). Als zweisprachig (Litauisch und Englisch) präsentieren sich *Problemos* und *Religija ir kultūra*. Einsprachig ist gemäß den Guidelines *Acta Orientalia Vilnensia*: Ab 2011 müssen Beiträge auf Englisch verfasst sein, bis 2010 waren allerdings diesbezügliche Formulierungen nicht so strikt: Beiträge mussten „preferably" auf Englisch verfasst sein, es wurden aber auch „those in other widely read languages" akzeptiert.

Die tatsächliche Situation der Sprachen der Beiträge entspricht nicht in allen analysierten Zeitschriften den Guidelines: 97% der Beiträge in *Acta Orientalia Vilnensia* sind in englischer Sprache, in *Religija ir kultūra* aber, die sich als zweisprachig versteht, sind rund 99% der Beiträge auf Litauisch – der Grund dafür könnte aber auch sein, dass 78 von 80 der Autoren den litauischen Bildungsinstitutionen angehören. Eine ähnliche Situation ist auch in *Problemos* zu beobachten, in der 85,3% der Beiträge auf Litauisch verfasst sind, wobei die Beiträge ausländischer Autoren tendenziell ins Litauische übersetzt werden. Alle drei philologischen Zeitschriften *Baltistica*, *Kalbotyra* und *Literatūra* sind hingegen mehrsprachig[4], genauso wie *Archeologia Lituana* (s. Tabelle 1). In *Lietuvos istorijos studijos* dominiert Litauisch (knapp 93% der Beiträge), die restlichen Beiträge sind vereinzelt in unterschiedlichen Sprachen verfasst, im analysierten Zeitraum z. B. 6 auf Russisch, 2 auf Englisch, 1 auf Deutsch.

Wie aus Tabelle 1 ersichtlich, ist Deutsch als Beitragssprache laut Prozentangaben in *Kalbotyra* und *Archeologia Lituana* relevant, weniger in *Baltistica* und *Literatūra*. Dabei ist zu beachten, dass die germanistischen Beiträge vorwiegend in *Kalbotyra* und *Literatūra* publiziert werden. Bezüglich der markanten Verwendung der deutschen Sprache in *Archeologia Lituana* lässt sich feststellen, dass in dieser Zeitschrift auch Publikationen litauischer, lettischer, polnischer und russischer Autoren auf Deutsch erscheinen – entweder von den Autoren selbst so verfasst oder übersetzt.

---

4 Unter mehrsprachig wird die Verwendung von mindestens drei Sprachen, Muttersprache plus zwei weitere Fremdsprachen, verstanden.

Tabelle 1: Sprachen der Beiträge in den Geisteswissenschaften

Zeitschrift	Beiträge						
	Gesamtzahl	DE	LT	EN	FR	RU	andere
Acta Orientalia Vilnensia	100 100,0%			97 97,0%	1 1,0%	1 1,0%	1 1,0%
Archeologia Lituana	105 100,0%	18 17,1%	43 41,0%	38 36,2%		6 5,7%	
Baltistica	233 100,0%	13 5,6%	143 61,4%	66 28,3%	1 0,4%	1 0,4%	9 3,9%
Kalbotyra	157 100,0%	61 38,9%	46 29,3%	42 26,7%	7 4,5%	1 0,6%	
Lietuvos istorijos studijos	152 100,0%	1 0,7%	141 92,8%	2 1,3%		6 3,9%	2 1,3%
Literatūra	375 100,0%	17 4,5%	210 56,0%	49 13,1%	9 2,4%	87 23,2%	3 0,8%
Problemos	285 100,0%	1 0,4%	243 85,2%	41 14,4%			
Religija ir kultūra	80 100,0%		79 98,7%	1 1,3%			

5.2 Sprache(n) der Zusammenfassungen

Die Sprachvorgaben bezüglich der Zusammenfassungen variieren von Zeitschrift zu Zeitschrift: In den mehrsprachigen Zeitschriften (*Baltistica, Kalbotyra, Literatūra, Archaeologia Lituana, Lietuvos istorijos studijos*) wird explizit darauf hingewiesen, dass dem Beitrag eine Zusammenfassung in einer anderen Sprache folgen muss, wobei dieselben Sprachen wie die Beitragssprachen akzeptiert werden. Die zweisprachigen Zeitschriften *Problemos* und *Religija ir kultūra* verlangen Zusammenfassungen je nach Beitragssprache entweder auf Litauisch oder auf Englisch. *Acta Orientalia Vilnensia* enthält diesbezüglich keine Vorgaben, aber die 2004 bis 2005 publizierten Beiträge haben je nach der Beitragssprache eine Zusammenfassung auf Litauisch bzw. auf Englisch, ab dem Jahr 2006 gibt es allerdings keine Zusammenfassungen mehr.

Im Hinblick auf die tatsächliche Verwendung von Sprachen fällt zuerst auf, dass vor allem im Teilbereich der Philologie verschiedene Sprachen bei den Zusammenfassungen vorkommen (vgl. *Baltistica, Kalbotyra* und *Literatūra* in der Tabelle 2). Eine ähnliche Situation ist auch in *Archeologia Lituana* zu beobachten, in der ebenfalls die Beiträge in unterschiedlichen Sprachen verfasst sind (vgl. Tabellen 1 und 2). In *Lietuvos istorijos studijos* hingegen sind beinahe 89% der Zusammenfassungen auf Englisch und 7% auf Deutsch – vor dem Hintergrund, dass 92,8% der Beiträge in litauischer Sprache verfasst sind. Die zweisprachigen Zeitschriften *Religija ir kultūra* und *Problemos* sind in dieser Hinsicht sehr konsequent: 98,8% der Zusammenfassungen in *Religija ir kultūra* sind auf Englisch und folgen den 98,7% auf Litauisch verfassten Beiträgen; in *Problemos* sind es entsprechend 85,3% und 85,1%.

Tabelle 2: Sprachen der Zusammenfassungen in den Geisteswissenschaften

Zeitschrift	**Zusammenfassungen**						
	Gesamtzahl	**DE**	**LT**	**EN**	**FR**	**RU**	**andere**
Acta Orientalia Vilnensia	17 100,0%		15 88,2%	2 11,8%			
Archeologia Lituana	105 100,0%	15 14,3%	62 59,0%	28 26,7%			
Baltistica	215 100,0%	31 14,4%	66 30,7%	105 48,8%		13 6,1%	
Kalbotyra	157 100,0%	9 5,7%	96 61,1%	34 21,7%	15 9,6%	2 1,3%	1 0,6%
Lietuvos istorijos studijos	157 100,0%	11 7,0%	7 4,5%	139 88,5%			
Literatūra	375 100,0%	29 7,7%	135 36,0%	157 41,9%	33 8,8%	18 4,8%	3 0,8%
Problemos	282 100,0%		42 14,9%	240 85,1%			
Religija ir kultūra	80 100,0%		1 1,2%	79 98,8%			

Bemerkenswert ist auch, dass zwei der untersuchten Zeitschriften – *Lietuvos istorijos studijos* und *Literatūra* – nicht ganz auf die präzise Einhaltung ihrer diesbezüglichen Vorgaben achten: So enthalten manche Beiträge zwei bis sogar drei Zusammenfassungen in unterschiedlichen Sprachen (5 Beiträge in *Lietuvos istorijos studijos*, 18 in *Literatūra*), die anderen Beiträge haben gar keine (24 Beiträge in *Literatūra*). Bei der Ermittlung der obigen Prozentzahlen wurden die tatsächlich vorhandenen Zusammenfassungen gezählt – waren es drei bei einem Beitrag, so wurden alle drei miteinbezogen, sodass die Zahl der Beiträge und die Zahl der Zusammenfassungen nicht unbedingt übereinstimmen müssen.

Die deutsche Sprache als Sprache von Zusammenfassungen ist vor allem in den Teilbereichen Philologie (vgl. *Baltistica* 14,4%, *Kalbotyra* 5,7%, *Literatūra* 7,7%) und Geschichte (vgl. *Archeologia Lituana* 14,3% und *Lietuvos istorijos studijos* 7%) relevant – also wiederum in den Zeitschriften, die sich als mehrsprachig verstehen.

5.3 Sprachen in Literaturangaben

Bei Literaturangaben lässt sich in allen Zeitschriften eine große Sprachenvielfalt feststellen. Das Litauische scheint dabei eine größere Rolle im Teilbereich Geschichte zu spielen (vgl. *Lietuvos istorijos studijos* mit 51,3%), aber auch generell ist die litauische Sprache in allen Zeitschriften (mit Ausnahme der *Acta Orientalia Vilnensia*) bei Literaturangaben stark vertreten: in *Baltistica* mit 39,4%, *Religija ir kultūra* mit 34%, *Literatūra* und *Archeologia Lituana* mit jeweils rund 28%, *Problemos* mit 26,7% und *Kalbotyra* mit 15,8% (s. Tabelle 3).

Das Englische dominiert vor allem in *Acta Orientalia Vilnensia* (beinahe 60%) und *Problemos* (52,2%), aber auch in anderen Zeitschriften spielt diese Sprache eine wichtige Rolle: vgl. *Kalbotyra* mit fast 38%, *Religija ir kultūra* mit 27,5% und *Literatūra* mit knapp 26%.

Das Polnische ist wichtig vor allem im Bereich Geschichte (vgl. *Archeologia Lituana* mit 13,2% und *Lietuvos istorijos studijos* mit 10,6%); das gleiche gilt in Bezug auf das Russische (vgl. Tabelle 3). Unter den anderen Sprachen ist das Lettische erwähnenswert, das sich als eine bedeutende Sprache bei Literaturangaben in *Baltistica* und *Archeologia Lituana* (jeweils etwa 6%) findet. In *Religija ir kultūra* ist das Italienische relativ stark vertreten (rund 10% von den 11,9%, die auf andere Sprachen entfallen).

Was das Deutsche als Zitiersprache betrifft, kann man feststellen, dass die deutsche Sprache eigentlich in allen Zeitschriften eine gewisse Rolle spielt: In den Teilbereichen Philologie und Geschichte ist diese Rolle größer (33,7% in *Kalbotyra*, 17,6% in *Baltistica*, 10% in *Literatūra*, 21,3% in *Archeologia Lituana*), aber auch in anderen Zeitschriften sind die Prozentzahlen nicht so klein: 12% in *Religija ir kultūra*, 10,9% in *Problemos*, 9,6% in *Acta Orientalia Vilnensia* und 7,8% in *Lietuvos istorijos studijos*.

Tabelle 3: Sprachen bei Literaturangaben in den Geisteswissenschaften

Zeitschrift	**Literaturangaben**							
	Gesamtzahl	**DE**	**LT**	**EN**	**FR**	**RU**	**PL**	**andere**
Acta Orientalia Vilnensia	3412 100,0%	9,6%	3,1%	59,7%	6,3%	6,0%	3,1%	12,2%
Archeologia Lituana	3860 100,0%	21,3%	28,2%	16,4%	1,0%	8,9%	13,2%	11,0%
Baltistica	6162 100,0%	17,6%	39,4%	19,6%	3,2%	8,5%	2,9%	8,8%
Kalbotyra	2775 100,0%	33,7%	15,8%	37,8%	6,0%	3,6%	1,9%	1,2%

Zeitschrift	Literaturangaben							
	Gesamtzahl	DE	LT	EN	FR	RU	PL	andere
Lietuvos istorijos studijos	6118 100,0%	7,8%	51,3%	13,6%	1,3%	11,8%	10,6%	3,6%
Literatūra	7665 100,0%	10,0%	28,4%	25,7%	5,5%	20,8%	5,1%	4,5%
Problemos	4874 100,0%	10,9%	26,7%	52,2%	2,7%	3,8%	0,9%	2,8%
Religija ir kultūra	1503 100,0%	12,0%	34,0%	27,5%	7,3%	7,0%	0,3%	11,9%

6 Sprachverwendung im Bereich der Sozialwissenschaften

Im Bereich der Sozialwissenschaften wurden 11 Zeitschriften untersucht: *Acta Paedagogica Vilnensia* (Bildungswissenschaften), *Knygotyra* und *Informacijos mokslai* (beide Kommunikations- und Informationswissenschaften), *Lithuanian Foreign Policy Review* und *Politologija* (beide Politikwissenschaften), *Psichologija* (Psychologie), *Teisė* (Rechtswissenschaften), *Sociologija. Mintis ir veiksmas* (Soziologie) sowie *Ekonomika*, *Organizations and Markets in Emerging Economies* (ab 2010) und *Transformations in Business and Economics* (alle drei Wirtschaftswissenschaften).

6.1 Sprachvorgaben

In den Guidelines werden als Sprachvorgaben entweder nur Englisch und Litauisch explizit genannt oder es gibt gar keine Vorgaben bezüglich der akzeptierten Sprachen. Der erstere Fall ist z. B. bei *Knygotyra*, *Psichologija* und *Sociologija. Mintis ir veiksmas* zu beobachten: Ist die Sprache des Beitrags Litauisch, muss die Zusammenfassung auf Englisch verfasst sein und umgekehrt. *Informacijos mokslai* verfolgt ab 2008 die gleiche Sprachpolitik: Bis dahin verstand sich diese Zeitschrift als mehrsprachig.

In *Ekonomika* lässt sich eine Art Evolution in Richtung des Englischen beobachten: 2004 präsentierte sich diese Zeitschrift noch als mehrsprachig, ab 2005 wird in den Guidelines – in litauischer und englischer Sprache – explizit Englisch als Beitragssprache verlangt, und ab 2009 gibt es Guidelines nur auf Englisch – ohne Sprachvorgaben zwar, die zugelassene Sprache kann aber implizit aus der Sprache der Guidelines erschlossen werden. Auch die neueren Zeitschriften im Teilbereich Wirtschaftswissenschaften – *Transformations in Business and Economics* (die im gegenwärtigen Format seit 2002 erscheint) und *Organizations and*

Markets in Emerging Economies (erscheint seit 2010) – sind explizit (die erstere) bzw. implizit (die letztere) englischsprachig.

Im Teilbereich der Politikwissenschaften hat *Lithuanian Foreign Policy Review* die Guidelines – in englischer Sprache – erst ab 2009, aber darin gibt es keine Sprachvorgaben. *Politologija* verlangt nur eine Zusammenfassung in englischer Sprache, was die Vermutung nahelegt, dass die Beitragssprache Litauisch sein sollte.

Als mehrsprachig präsentieren sich im Bereich Sozialwissenschaften nur 2 Zeitschriften: *Acta Paedagogica Vilnensia* und *Teisė*, wobei Litauisch, Englisch, Deutsch, Französisch und Russisch als Sprachen der Beiträge bzw. der Zusammenfassungen genannt werden.

6.2 Sprache(n) der Beiträge

Die Sprachen der Beiträge in diesem Bereich entsprechen den jeweiligen Vorgaben. Dominant sind das Litauische und das Englische, und bis auf 2 oben erwähnte mehrsprachige Zeitschriften sind dies die einzigen Sprachen, in welchen Beiträge im Bereich der Sozialwissenschaften verfasst werden (s. Tabelle 4).

Im Teilbereich der Politikwissenschaften, der von 2 untersuchten Zeitschriften abgedeckt wird, lässt sich eine eigenartige Sprachverteilung beobachten: In *Lithuanian Foreign Policy Review* sind alle Beiträge auf Englisch, in *Politologija* 98,8% auf Litauisch, wobei in beiden Zeitschriften die meisten Autoren bei der institutionellen Zugehörigkeit litauische Institutionen angegeben haben (63,8% und 97,1%).

Englisch ist absolut vorherrschend im Teilbereich Wirtschaftswissenschaften: *Transformations in Business and Economics* und *Organizations and Markets in Emerging Economies* sind 100% englischsprachig – und auch der institutionellen Zugehörigkeit gemäß sehr international –, *Ekonomika* ist zu 80,4% englischsprachig (s. Tabelle 4), aber die Mehrheit der Autoren in *Ekonomika* – 72,3% – gehört zu litauischen Institutionen.

Litauisch dominiert in *Acta Paedagogica Vilnensia* (89,6%), im Teilbereich Kommunikations- und Informationswissenschaften (*Informacijos mokslai* 83,4% und *Knygotyra* 71%), *Psichologija* (85,7%), *Sociologija. Mintis ir veiksmas* (rund 77%) und *Teisė* (87,5%), aber auch die Autoren in diesen Zeitschriften gehören größtenteils zu litauischen Institutionen.

Was Deutsch als Beitragssprache betrifft, so ist es im Bereich der Sozialwissenschaften, wie in Tabelle 4 ersichtlich ist, nur in *Teisė* mit 2% vertreten, allerdings sind alle Autoren dieser Beiträge aus dem deutschsprachigen Ausland.

Tabelle 4: Sprachen der Beiträge in den Sozialwissenschaften

Zeitschrift		Beiträge						
		Gesamtzahl	DE	LT	EN	FR	RU	PL
	Acta Paedagogica Vilnensia	299 100,0%		268 89,6%	31 10,4%			
Kommunikation	*Informacijos mokslai*	427 100,0%		356 83,4%	71 16,6%			
Kommunikation	*Knygotyra*	272 100,0%		193 71,0%	39 14,3%		40 14,7%	
Politik	*Lithuanian Foreign Policy Review*	80 100,0%			80 100,0%			
Politik	*Politologija*	173 100,0%		171 98,8%	2 1,2%			
Wirtschaft	*Ekonomika*	379 100,0%		73 19,3%	305 80,4%		1 0,3%	
Wirtschaft	*Organizations and Markets in Emerging Economies*	53 100,0%			53 100,0%			
Wirtschaft	*Transformations in Business and Economics*	185 100,0%			185 100,0%			
	Psichologija	147 100,0%		126 85,7%	21 14,3%			
	Sociologija. Mintis ir veiksmas	182 100,0%		140 76,9%	42 23,1%			
	Teisė	505 100,0%	10 2,0%	442 87,5%	34 6,7%	2 0,4%	14 2,8%	3 0,6%

6.3 Sprache(n) der Zusammenfassungen

In den Zeitschriften, in denen Beiträge hauptsächlich auf Litauisch verfasst werden, ist die Sprache der Zusammenfassungen vor allem Englisch: *Acta Paedagogica Vilnensia* (89,6% der Beiträge auf Litauisch und 87% der Zusammenfassungen auf Englisch), *Informacijos mokslai* (entsprechend 83,4% und 83,9%), *Knygotyra* (71% und 67,6%), *Psichologija* (85,7% und 86,3%), *Sociologija. Mintis ir veiksmas* (rund 77% und 88,3%) und *Teisė* (87,5% und 80,4%).

Im Teilbereich Wirtschaftswissenschaften enthalten alle englischsprachigen Beiträge in *Transformations in Business and Economics* konsequent Zusammenfassungen in litauischer Sprache, in *Organizations and Markets in Emerging*

Economies gibt es keine Zusammenfassungen. In *Ekonomika*, in der auch das Englische als Sprache der Zusammenfassungen dominiert (65,6%), übersteigt die Zahl der Zusammenfassungen deutlich die Zahl der Beiträge (450 vs. 379), weil darunter sogar 71 Kombinationen Englisch/Litauisch zu finden sind. Bemerkenswert ist aber, dass seit 2008 die Beiträge in *Ekonomika* ausschließlich in englischer Sprache verfasst werden und auf die Zusammenfassungen in einer anderen Sprache verzichtet wird.

Deutsch als Sprache der Zusammenfassungen ist in *Teisė* mit 10,3%, in *Acta Paedadogica Vilnensia* mit 2,7% und in *Sociologija. Mintis ir veiksmas* mit 1,2% vertreten – eher geringe Zahlen im Vergleich zu den der Geisteswissenschaften.

Tabelle 5: Sprachen der Zusammenfassungen in den Sozialwissenschaften

Zeitschrift		**Zusammenfassungen**					
		Gesamtzahl	**DE**	**LT**	**EN**	**FR**	**RU**
	Acta Paedagogica Vilnensia	299 100,0%	8 2,7%	31 10,3%	260 87,0%		
Kommunikation	*Informacijos mokslai*	423 100,0%		66 15,7%	355 83,9%	1 0,2%	1 0,2%
Kommunikation	*Knygotyra*	370 100,0%	2 0,5%	117 31,6%	250 67,6%	1 0,3%	
Politik	*Lithuanian Foreign Policy Review*	keine					
Politik	*Politologija*	173 100,0%		2 1,2%	171 98,8%		
Wirtschaft	*Ekonomika*	450 100,0%		155 34,4%	295 65,6%		
Wirtschaft	*Organizations and Markets in Emerging Economies*	keine					
Wirtschaft	*Transformations in Business and Economics*	185 100,0%		185 100,0%			
	Psichologija	146 100,0%		20 13,7%	126 86,3%		
	Sociologija. Mintis ir veiksmas	162 100,0%	2 1,2%	17 10,5%	143 88,3%		
	Teisė	474 100,0%	49 10,3%	37 7,8%	381 80,4%	5 1,1%	2 0,4%

6.4 Sprachen in Literaturangaben

Auch bei Literaturangaben dominieren im Bereich der Sozialwissenschaften grundsätzlich das Englische und das Litauische (vgl. Tabelle 6), wobei Englisch überwiegt. Als tatsächlich mehrsprachig kann man angesichts der Prozentzahlen nur *Knygotyra* und *Teisė* bezeichnen.

Deutschsprachige Werke werden in allen Zeitschriften bis auf eine zitiert, aber ihr Anteil ist eher klein: Nur in *Teisė* sind es 9,3%, bei den anderen liegen die Prozentzahlen zwischen 3,3% und 0,7%.

Tabelle 6: Sprachen bei Literaturangaben in den Sozialwissenschaften

Zeitschrift		**Literaturangaben**							
		Gesamtzahl	**DE**	**LT**	**EN**	**FR**	**RU**	**PL**	**andere**
	Acta Paedagogica Vilnensia	6726 100,0%	3,3%	51,5%	40,3%		2,9%		2,0%
Kommunikation	*Informacijos mokslai*	8726 100,0%	0,7%	22,2%	71,9%	2,8%	1,8%		0,6%
	Knygotyra	8608 100,0%	5,2%	47,0%	15,8%	1,7%	12,8%	7,4%	10,1%
Politik	*Lithuanian Foreign Policy Review*	2487 100,0%	2,0%	10,9%	71,3%		10,6%	3,3%	1,9%
	Politologija	5707 100,0%	0,9%	26,5%	65,6%	1,2%	4,1%		1,7%
Wirtschaft	*Ekonomika*	8991 100,0%	1,3%	18,6%	73,1%		3,1%	2,5%	1,4%
	Organizations and Markets in Emerging Economies	2658 100,0%			98,8%				1,2%
	Transformations in Business and Economics	6896 100,0%	1,2%	3,1%	89,2%	0,6%		3,6%	2,3%
	Psichologija	4886 100,0%	0,7%	9,5%	87,6%		1,7%		0,5%
	Sociologija. Mintis ir veiksmas	6175 100,0%	3,1%	23,2%	68,4%		3,4%	0,4%	1,5%
	Teisė	9630 100,0%	9,3%	42,0%	35,6%	1,0%	8,8%	2,0%	1,3%

7 Sprachverwendung im Bereich der Naturwissenschaften und Mathematik

Aus dem Bereich Naturwissenschaften/Mathematik/Informatik wurden 5 Zeitschriften untersucht: *Biologija* (Biologie), *Geografija* (Geografie), *Geologija* (Geologie), *Informatica* und *Nonlinear Analysis: Modelling and Control* (beide interdisziplinär, decken Teilbereiche wie Mathematik, Informatik, Informationssysteme, Technik, Technologien o. ä. ab und werden in der Datenbank WoS referiert).

7.1 Sprachen der Beiträge

In den Guidelines präsentieren sich alle Zeitschriften dieses Bereichs als englischsprachig: *Biologija* und *Informatica* akzeptieren Beiträge explizit nur in englischer Sprache, *Nonlinear Analysis: Modelling and Control* hat die Guidelines nur in englischer Sprache. In *Geografija*, die Litauisch und Englisch als Beitragssprachen nennt, wird Beiträgen auf Englisch Priorität eingeräumt. In *Geologija* wurden bis 2010 laut den Guidelines Beiträge auf Litauisch, Englisch und Russisch sowie in anderen Sprachen akzeptiert, seit 2010 gibt es die Guidelines nur auf Englisch.

Was die tatsächliche Situation angeht, so sind die beiden interdisziplinären Zeitschriften und *Biologija* zu 100% und *Geologija* zu 85,8% englischsprachig; in *Geografija* hingegen überwiegen trotz der Priorität des Englischen die auf Litauisch verfassten Beiträge (s. Tabelle 7). Das Deutsche als Beitragssprache ist in diesem Bereich nicht präsent.

Tabelle 7: Sprachen der Beiträge im Bereich Naturwissenschaften/Mathematik/Informatik

Zeitschrift	Beiträge		
	Gesamtzahl	LT	EN
Biologija	438 100,0%		438 100,0%
Geografija	117 100,0%	95 81,2%	22 18,8%
Geologija	212 100,0%	30 14,2%	182 85,8%
Informatica	374 100,0%		374 100,0%
Nonlinear Analysis: Modelling and Control	334 100,0%		334 100,0%

7.2 Sprachen der Zusammenfassungen

Auch bei den Zusammenfassungen existieren in diesem Bereich grundsätzlich nur zwei Sprachen: Litauisch und Englisch. *Biologija* verlangt explizit eine Zusammenfassung auf Litauisch, und die meisten Beiträge enthalten diese auch (s. Tabelle 8). In *Informatica* gibt es keine diesbezüglichen Vorgaben, aber alle Beiträge enthalten ausnahmslos eine Zusammenfassung auf Litauisch. *Geografija* gibt für die auf Litauisch verfassten Beiträge eine Zusammenfassung auf Englisch vor und umgekehrt; und tatsächlich enthalten auch alle litauischsprachigen Beiträge eine Zusammenfassung auf Englisch und alle englischsprachigen – bis auf einen – eine Zusammenfassung auf Litauisch.

Anders ist in dieser Hinsicht die Situation in *Geologija*: Bis 2010 wurden für englischsprachige Beiträge eine Zusammenfassung auf Litauisch und eine auf Russisch verlangt, sodass dies sich auch bei den Prozentzahlen widerspiegelt. Ab 2010 werden nur englischsprachige Beiträge akzeptiert mit einer Zusammenfassung auf Litauisch, ausländische Autoren sind allerdings von dieser Pflicht ausgenommen. Das Deutsche ist auch hier nicht präsent.

Tabelle 8: Sprachen der Zusammenfassungen im Bereich Naturwissenschaften/ Mathematik/Informatik

Zeitschrift	Zusammenfassungen			
	Gesamtzahl	LT	EN	RU
Biologija	427 100,0%	427 100,0%		
Geografija	116 100,0%	21 18,1%	95 81,9%	
Geologija	378 100,0%	182 48,2%	30 7,9%	166 43,9%
Informatica	374 100,0%	374 100,0%		
Nonlinear Analysis: Modelling and Control	keine			

7.3 Sprachen in Literaturangaben

Bei Literaturangaben dominieren in fast allen Zeitschriften – mit Ausnahme von *Geografija* – die englischsprachigen Werke (s. Tabelle 9). *Geografija* und *Geologija* scheinen in dieser Hinsicht vielfältiger zu sein als *Biologija* oder die beiden interdisziplinären Zeitschriften.

Das Deutsche ist mit 3,4% in *Geologija* und mit 1,8% in *Geografija* vertreten; in den restlichen Zeitschriften werden deutschsprachige Werke zwar auch zitiert, aber in geringer Anzahl.

Tabelle 9: Sprachen bei Literaturangaben im Bereich Naturwissenschaften/Mathematik/Informatik

Zeitschrift	**Literaturangaben**							
	Gesamtzahl	**DE**	**LT**	**EN**	**FR**	**RU**	**PL**	**andere**
Biologija	9615 100,0%	0,3%	1,8%	95,0%		2,4%		0,5%
Geografija	2112 100,0%	1,8%	47,2%	36,7%	1,7%	9,8%	2,0%	0,8%
Geologija	4922 100,0%	3,4%	14,0%	56,7%	0,7%	15,7%	8,4%	1,1%
Informatica	9297 100,0%	0,5%		97,8%				1,7%
Nonlinear Analysis: Modelling and Control	6739 100,0%	0,2%		97,3%		1,6%		0,9%

Der Bereich Naturwissenschaften/Mathematik/Informatik, wie er sich in den untersuchten Zeitschriften darstellt, ist grundsätzlich englischsprachig: Es wird überwiegend in dieser Sprache publiziert und knapp 87% der zitierten Werke sind auch auf Englisch verfasst; lediglich bei den Zusammenfassungen steht das Litauische – aus erklärlichen Gründen – im Vordergrund. Dieser Bereich ist auch im Hinblick auf die institutionelle Zugehörigkeit am „internationalsten“: Der Anteil der ausländischen Autoren beträgt 34,4% und der Anteil der in Kooperation geschriebenen Beiträge (Litauen/Ausland) 6,9%, verglichen mit 21,8% und entsprechend 0,6% im Bereich Geisteswissenschaften sowie 18,4% und 1,7% im Bereich Sozialwissenschaften.

8 Zusammenfassung der Ergebnisse

Zusammenfassend lässt sich festhalten, dass das Deutsche als Beitragssprache grundsätzlich nur in den Geisteswissenschaften relevant ist, vor allem in den Teilbereichen Philologie und Geschichte. In den Sozialwissenschaften dominieren Litauisch und Englisch, andere Sprachen spielen eine untergeordnete Rolle (s. Tabelle 10). Die 0,4%, die auf Deutsch als Beitragssprache im Bereich Sozialwissenschaften entfallen, machen die 10 Publikationen in *Teisė* aus (Teilgebiet Recht), wobei, wie bereits erwähnt, diese Publikationen von Autoren aus dem deutschsprachigen Ausland verfasst sind. Im Bereich Naturwissenschaften/Mathematik/Informatik ist das Englische absolut vorherrschend.

Tabelle 10: Sprachen der Beiträge nach den Bereichen

Bereich	Beiträge						
	Insgesamt	DE	LT	EN	FR	RU	andere
Geisteswissenschaften	100%	7,4%	60,9%	22,6%	1,2%	6,9%	1,0%
Sozialwissenschaften	100%	0,4%	65,5%	31,9%	0,1%	2,0%	0,1%
Naturwiss./Mathematik/ Informatik	100%		8,5%	91,5%			

Als Sprache der Zusammenfassungen ist Deutsch in den Geisteswissenschaften (Teilbereiche Philologie und Geschichte) und in den Sozialwissenschaften (Teilbereiche Recht, Bildungswissenschaften und Soziologie) zu finden, die Prozentzahlen sind aber eher gering. Dominant sind Englisch bzw. Litauisch (s. Tabelle 11).

Tabelle 11: Sprachen der Zusammenfassungen

Bereich	Zusammenfassungen						
	Insgesamt	DE	LT	EN	FR	RU	andere
Geisteswissenschaften	100%	6,8%	30,5%	56,5%	3,5%	2,4%	0,3%
Sozialwissenschaften	100%	2,3%	23,5%	73,8%	0,3%	0,1%	
Naturwiss./Mathematik/ Informatik	100%		77,5%	9,7%		12,8%	

Was das Deutsche als Zitiersprache betrifft, so werden deutschsprachige Werke auch vor allem im Bereich der Geisteswissenschaften herangezogen und zitiert, in den Sozialwissenschaften ebenfalls, aber deutlich weniger (vgl. 14,1% vs. 3,0%, Tabelle 12). Im Bereich Naturwissenschaften/Mathematik/Informatik bestätigen die Prozentzahlen die Aussage, dass in diesem Bereich Englisch nahezu die einzige Wissenschaftssprache ist.

Tabelle 12: Sprachen bei Literaturangaben

Bereich	Literaturangaben							
	Insgesamt	DE	LT	EN	FR	RU	PL	andere
Geisteswissenschaften	100%	14,1%	30,7%	29,4%	3,8%	10,4%	5,3%	6,3%
Sozialwissenschaften	100%	3,0%	26,7%	60,4%	0,9%	4,8%	2,0%	2,2%
Naturwiss./Math./ Informatik	100%	0,9%	5,9%	86,7%	0,2%	4,2%	1,4%	0,7%

9 Status quo und Tendenzen

Die durchgeführte Erhebung zur Sprachverwendung in ausgewählten 24 wissenschaftlichen Zeitschriften der VU lässt englischsprachige, nationalsprachlich geprägte und mehrsprachig orientierte Zeitschriften erkennen. Englisch als Beitragssprache dominiert in 9 der untersuchten wissenschaftlichen Zeitschriften und umfasst Wirtschaftswissenschaften, Naturwissenschaften/Mathematik/Informatik sowie Orientalistik. In 11 der analysierten Zeitschriften überwiegen eindeutig Beiträge in litauischer Sprache. Zu dieser Gruppe gehören die Zeitschriften zu Geschichte, Religion, Philosophie, Psychologie, Soziologie, Recht, Bildungs-, Kommunikations- und Informationswissenschaften und Geographie, also auch ein Titel aus dem Bereich der Naturwissenschaften. Von zwei analysierten Zeitschriften im Teilbereich Politik enthält eine Zeitschrift nur englische und die andere nur litauische Beiträge. Zu den mehrsprachigen Zeitschriften gehören die Zeitschrift für Archäologie und 3 untersuchte Zeitschriften zur Sprach- und Literaturwissenschaft, in denen je nach Fach in unterschiedlichen Sprachen, darunter auch auf Deutsch, publiziert wird. Verallgemeinernd kann festgestellt werden, dass in Bezug auf die Beitragssprache unter den analysierten Zeitschriften aus dem Zeitraum 2004–2013 die nationalsprachlich, d. h. litauisch orientierten Zeitschriften am stärksten vertreten sind.

Die deutsche Sprache als Beitragssprache wird in erster Linie in den germanistischen Beiträgen zur Sprache und Literatur verwendet. Über die germanistischen Beiträge hinaus ist Deutsch als Beitragssprache in der Zeitschrift *Archeologia Lituana* relevant. Über die Verwendung der deutschen Sprache können unter anderem die Daten zur Sprache der Zusammenfassung bzw. zur Sprache in Literaturangaben Auskunft geben. So konnte beobachtet werden, dass die Zusammenfassungen in deutscher Sprache von Baltisten, Archäologen, Historikern, Literaten und Juristen stammen. Deutsch als Rezeptionssprache scheint laut den Literaturangaben in den analysierten Zeitschriften für die Teilgebiete Archäologie, Religion, Philosophie, Orientalistik, Recht, Geschichte wie auch für alle Philologien relevant zu sein.

Quellenverzeichnis

Acta Orientalia Vilnensia 2004–2011, Bd. 5–12.

Acta Paedagogica Vilnensia 2004–2013, Nr. 12–31.

Archeologia Lituana 2004–2013, Nr. 5–14.

Baltistica 2004–2013, Bd. 39–48.

Biologija 2004–2013, Bd. 51–59.

Ekonomika 2004–2013, Bd. 65–92.

Geografija 2004–2013, Bd. 40–49.
Geologija 2004–2013, Nr. 45–55.
Informacijos mokslai 2004–2013, Nr. 28–66.
Informatica 2004–2013, Bd. 15–24.
Kalbotyra 2004–2013, Bd. 54–65.
Knygotyra 2004–2013, Nr. 42–61.
Lietuvos istorijos studijos 2004–2013, Nr. 13–32.
Literatūra 2004–2013, Bd. 46–55.
Lithuanian Foreign Policy Review 2004–2013, Nr. 13–30.
Nonlinear Analysis: Modelling and Control 2004–2013, Bd. 9–18.
Organizations and Markets in Emerging Economies 2010–2013, Bd. 1–4.
Politologija 2004–2013, Bd. 33–72.
Problemos 2004–2013, Nr. 66–84.
Psichologija 2004–2013, Nr. 29–48.
Religija ir kultūra 2005–2013, Nr. 2–12.
Sociologija. Mintis ir veiksmas 2004–2013, Bd. 12–33.
Teisė 2004–2013, Nr. 50–89.
Transformations in Business and Economics 2004–2012, Bd. 3–11.

Literaturverzeichnis

Ammon, Ulrich (2014): *Die Stellung der deutschen Sprache in der Welt.* Berlin, München, Boston: de Gruyter Mouton.

Bumblauskas, Alfredas *et al.* (2012): *Alma Mater Vilnensis. Vilniaus universiteto istorijos bruožai* [Umriss der Geschichte der Universität Vilnius]. Vilnius: Vilniaus universiteto leidykla.

Čepienė, Kostė, Irena Petrauskienė (1979): *Vilniaus akademijos spaustuvės leidiniai 1576–1805* [Veröffentlichungen der Druckerei der Akademie Vilnius 1576–1805]. Vilnius: LTSR MA Centrinė biblioteka.

Debus, Friedhelm, Franz Gustav Kollmann, Uwe Pörksen (Hg.) (2000): *Deutsch als Wissenschaftssprache im 20. Jahrhundert: Vorträge des Internationalen Symposions vom 18./19. Januar 2000.* Stuttgart: Steiner.

Ehlich, Konrad, Dorothee Heller (Hg.) (2006): *Die Wissenschaft und ihre Sprachen.* Bern: Peter Lang.

Heidbreder, Michael (2008): Germanistik an der Universität Vilnius. Wissenschaftsgeschichte eines Faches bis 1941. *Kalbotyra* 59(3), 109–118.

Heidbreder, Michael, Ina Meiksinaitė (1995): Zur Situation der Germanistik in Litauen. *Germanistik in Mittel- und Osteuropa 1945–1992*. Christoph König (Hg.). Berlin, New York: de Gruyter. 128–136.

Johanning-Radžienė, Antje (2012): Die Germanistik in Litauen – eine Germanistik im Umbruch. Eine Bestandsaufnahme unter besonderer Berücksichtigung der Auswirkungen der litauischen Studienreform 2009. *Convivium. Germanistisches Jahrbuch Polen*, 51–79.

Kalverkämper, Hartwig, Harald Weinrich (Hg.) (1986): *Deutsch als Wissenschaftssprache. 25. Konstanzer Literaturgespräch des Buchhandels*. Tübingen: Narr. (= Forum für Fachsprachen-Forschung 3).

Karosienė, Vida Zita (2001): *Užsienio kalbos Vilniaus universitete 1579–1940 metais* [Fremdsprachen an der Universität Vilnius 1579–1940]. Vilnius: Vilniaus universiteto leidykla.

Neck, Reinhard, Heinrich Schmidinger, Susanne Weigelin-Schwiedrzik (Hg.) (2013): *Kommunikation – Objekt und Agens von Wissenschaft*. Wien, Köln, Weimar: Böhlau Verlag.

Neuland, Eva, Konrad Ehlich, Werner Roggausch (Hg.) (2005): *Perspektiven der Germanistik in Europa. Tagungsbeiträge*. München: iudicium.

Pilypaitytė, Lina (2009): Deutschunterricht und Germanistik im litauischen Bildungssystem. Eine Bestandsaufnahme. *Annaberger Annalen* 17, 306–322.

Prinz, Michael, Jarmo Korhonen (Hg.) (2011): *Deutsch als Wissenschaftssprache im Ostseeraum. Geschichte und Gegenwart*. Akten zum Humboldt-Kolleg an der Universität Helsinki, 27. bis 29. Mai 2010. Frankfurt am Main: Peter Lang.

Schiewe, Jürgen (1991): Wissenschaftssprachen an der Albert-Ludwigs-Universität Freiburg. Ergebnisse einer Umfrage von Freiburger Biologen und Germanisten. *Freiburger Universitätsblätter* 113, 17–51.

Skudlik, Sabine (1990): *Sprachen in den Wissenschaften. Deutsch und Englisch in der internationalen Kommunikation*. Tübingen: Narr.

Stickel, Gerhard (2005): Wissenschaftssprachen am IDS und an anderen Forschungseinrichtungen. *Perspektiven der Germanistik in Europa. Tagungsbeiträge*. Eva Neuland, Konrad Ehlich, Werner Roggausch (Hg.). München: iudicium. 325–344.

Vengrienė, Eugenija (1964): Apie kalbų dėstymą senajame Vilniaus universitete (1579–1831) [Über den Sprachunterricht an der alten Universität Vilnius (1579–1831)]. *Kalbotyra* 10, 237–242.

Lina Plaušinaitytė

Zweisprachige Fachwörterbücher für das Sprachenpaar Deutsch und Litauisch: Bestandsaufnahme, Strukturen und Probleme

Abstract The past twenty-five years have seen considerable growth in the field of bilingual German and Lithuanian LSP lexicography. However, almost no scientific attention has been paid to the questions of the concept, scope, structure and usefulness of the LSP dictionaries. This paper aims at providing an overview of the existing German and Lithuanian LSP dictionaries with special attention to the dictionary structure. The analysis is based on 20 German-Lithuanian and Lithuanian-German LSP dictionaries and covers the following topics: dictionary titles, prefaces, several problems of dictionary macrostructure (such as the selection of headwords, presentation of multi-word-units) and microstructure (different information categories presented in the dictionary article). The critical examination of dictionary structure revealed several weaknesses. Among the shortcomings are the incorporation of words from every-day language into the small-sized specialized dictionaries, the vagueness of user information, which corresponds in many cases with confusion and lack of uniformity in the dictionary structures, and the failure to provide more and better linguistic information in the dictionary article. Only a few German and Lithuanian LSP dictionaries can claim to be something more than simple bilingual lists of special terms.

Keywords: lexicography, dictionary research, LSP dictionaries, German-Lithuanian LSP dictionaries

Schlüsselwörter: Lexikographie, Wörterbuchforschung, sprachliche Fachlexikographie, Deutsch-Litauische Fachwörterbücher

1 Einleitung

Für eine kleine Sprachgemeinschaft ist die internationale wissenschaftliche Kommunikation nur unter der Voraussetzung möglich, dass man über ausreichende Kenntnisse fremder Sprachen verfügt und in der Lage ist, fremde fachsprachliche Texte zu verstehen und eigene Gedanken in der Fremdsprache zu formulieren. Zweisprachige Fachwörterbücher stellen hier ein wichtiges Instrument dar. Im Mittelpunkt des vorliegenden Aufsatzes steht die Frage, inwieweit zweisprachige fachbezogene Wörterbücher mit Deutsch und Litauisch aufgrund ihrer Lemmaauswahl und Artikelstruktur den Bedürfnissen der Fachkommunikation entsprechen. Die Beschäftigung mit zweisprachigen Fachwörterbüchern ist aus mindestens zwei Gründen sinnvoll: Zum einen machen sie in der letzten Zeit den

Großteil der gesamten Wörterbuchproduktion aus (Haensch 1991, 2939) und sind es allein aufgrund dieser Tatsache wert, reflektiert zu werden.[1] Zum anderen bildet die deutsch-litauische Lexikographie, und zwar sowohl fachbezogene als auch allgemeinsprachliche, einen Bereich, in welchem bisher kaum geforscht wurde.[2] Dieser Beitrag gibt den ersten allgemeinen Überblick über die Struktur vorhandener fachbezogener deutsch-litauischer und litauisch-deutscher Wörterbücher.

2 Fachsprachliche Lexikographie für das Sprachenpaar Deutsch und Litauisch

Im Einklang mit der Klassifizierung der Fachwörterbücher von Schaeder (1994a, 23–25) kann man zwei Gruppen fachlexikographischer Nachschlagewerke mit Deutsch und Litauisch unterscheiden. Die erste Gruppe bilden grundsätzlich einsprachige enzyklopädische bzw. Definitionswörterbücher (auf Litauisch *enciklopediniai žodynai* und *aiškinamieji žodynai* genannt[3]) mit litauischer Begriffserklärung und meistens einigen fremdsprachlichen (darunter auch deutschen) Äquivalenten. Der zweiten gehören s. g. sprachliche Fachwörterbücher an, „in denen allein ausgangsprachliche Fachausdrücke (mit oder ohne Angabe zur Sprache) und zielsprachliche Äquivalente (mit oder ohne Angabe zur Sprache) gebucht sind" (Schaeder 1994a, 23; vgl. auch Schaeder 1994b, 73). Die Wörterbücher der ersten Gruppe nennt man auch Allwörterbücher (ebd.), weil sie sowohl als einsprachige (in diesem Fall litauische) terminologische Wörterbücher als auch als fachliche Äquivalentenwörterbücher funktionieren. Die relativ große Anzahl der Wörterbücher dieses Typs lässt sich wirtschaftlich erklären: Für eine kleine Sprachgemeinschaft wie die litauische ist die Anfertigung eines rein enzyklopädischen und rein sprachlichen Fachwörterbuches für jedes Fachgebiet zu aufwendig.

---

1 Zum Forschungsstand auf dem Gebiet der Fachlexikographie in Deutschland bis 1994 vgl. Bergenholtz, Schaeder 1994.

2 Die einzige etwas ausführlichere Studie zur zweisprachigen Lexikographie in Litauen (Melnikienė 2009) analysiert in erster Linie allgemeine zweisprachige Wörterbücher mit Französisch, Englisch, Spanisch und Italienisch und erfasst nur am Rande die Fachlexikographie. Wörterbücher mit Deutsch und Litauisch werden lediglich in die statistische Auswertung aufgenommen und nicht weiter analysiert. Einen knappen Überblick über sämtliche Fachwörterbücher mit Litauisch zwischen 1998 und 2008 gibt Gaivenytė-Butler (2009).

3 Der Unterschied zwischen den beiden Wörterbuchtypen besteht im Umfang der fachlichen Information, die einem Lemma zugeordnet ist. Bei Definitionswörterbüchern wird der Fachbegriff kurz in einem Satz erklärt. Die enzyklopädischen Wörterbücher enthalten einen längeren Erklärungsteil.

In manchen Fachgebieten gibt es dennoch rein sprachlich orientierte Fachwörterbücher, die keine enzyklopädische Komponente enthalten, sondern lediglich Fachbegriffe in litauischer und deutscher Sprache bieten. Sie können entweder polylingual sein[4] oder sich nur auf das Sprachenpaar Deutsch und Litauisch beziehen. Dieser letzten Gruppe zweisprachiger fachbezogener Wörterbücher gilt das Hauptinteresse dieser Arbeit.

3 Untersuchungsmaterial

Für die Untersuchung werden DE–LT und LT–DE fachbezogene Wörterbücher herangezogen, die nach der Wiedererlangung der Unabhängigkeit Litauens 1990 erschienen sind. Das Untersuchungskorpus enthält 20 Einträge. Das DE–LT und LT–DE Wörterbuch rechtlicher Termini (DE–LT/LT–DERechtsTerm) ist in der Liste mit zwei Auflagen vertreten (1995 und 1998), deren zweite unwesentlich ergänzt und korrigiert, im lexikographischen Sinne aber nicht abgeändert wurde.[5] Die unveränderten Zweitpublikationen der Printwörterbücher im Internet als pdf-Dateien wurden nicht berücksichtigt. Nicht in die Analyse aufgenommen wurden kleine fachbezogene Glossare, die als Ergänzung eines Fachlehrbuchs o. ä. aufgestellt wurden.[6] Auch das DE–LT Definitionswörterbuch der Markttermini (1992)[7] wurde nicht miteinbezogen.

Sämtliche Wörterbücher bezeichnen sich als Erstauflagen, die auf keine Vorgängerwörterbücher der sowjetischen Zeit zurückgehen. Allerdings scheint das DE–LT Wörterbuch der medizinischen Termini (DE–LTMed) nur eine polygraphisch ausgebesserte und inhaltlich nur unwesentlich abgeänderte Variante eines älteren Lernerwörterbuchs medizinischer Termini (1988) zu sein. Da beide Wörterbücher von derselben Hand stammen, ist dies urheberrechtlich unproblematisch, trotzdem vermisst man im Vorwort des jüngeren Wörterbuches einen Hinweis auf seinen Vorgänger.

---

4 Zum Beispiel das dreisprachige englisch-deutsch-litauische Wörterbuch des Tourismus (Civilkienė 2009), das dreisprachige englisch-litauisch-deutsche Wirtschaftswörterbuch (Maskaliūnienė 2009).

5 Da die beiden Auflagen im Hinblick auf die lexikographische Aufbereitung identisch sind, wird stets nur ein Kürzel für beide Auflagen benutzt. Die Bemerkungen gelten immer für beide Auflagen.

6 Zum Beispiel das *Deutsch-litauische Fachwörterbuch* im Lehrbuch der Fahrzeugelektrik (Mieliauskienė, Štyps, Kačergienė 2007). Das Glossar umfasst an die 200 alphabetisch angeordnete deutsche Termini, denen jeweils ein litauisches Äquivalent zugeordnet ist.

7 *Vokiečių-lietuvių rinkos terminų aiškinamasis žodynas. Deutsch-litauisches Wörterbuch der marktwirtschaftlichen Termini* (1992): Vilnius: Balticon.

Die zweisprachigen fachbezogenen Wörterbücher für Deutsch und Litauisch existieren fast ausnahmslos in Buchform. Einige Wörterbücher (LT–DE Wörterbuch der Militärtermini LT–DEMilit und DE–LT Wörterbuch der Militärtermini DE–LTMilit) sind zusätzlich als pdf-Dateien im Internet zugänglich. Das DE–LT Wörterbuch der Gaswirtschaft (DE–LTGas) ist in Form einer pdf-Datei nur auf CD erschienen. Ein interaktives elektronisches fachbezogenes zweisprachiges Wörterbuch für Deutsch und Litauisch gibt es meines Wissens bislang noch nicht.[8]

Von 20 Wörterbüchern sind 11 nur DE–LT und 3 nur LT–DE ausgerichtet. Weitere 6 (darunter zwei Auflagen desselben Wörterbuchs) haben sowohl einen DE–LT als auch einen LT–DE Teil. Die beiden Wörterbuchteile sind nicht unbedingt lexikographisch gleichwertig. Der LT–DE Teil des DE–LT/LT–DERechtsTerm stellt lediglich ein durch Umkehrung des DE–LT Wörterbuchs entstandenes alphabetisches Register litauischer Äquivalente mit deutschen Entsprechungen ohne Angaben dar. Die überwiegend deutsch–litauische Ausrichtung der Wörterbücher ist ein Hinweis darauf, dass die Wörterbücher hauptsächlich für die passive Beschäftigung mit deutschsprachigen Texten verfasst werden.

Die untersuchten DE–LT und LT–DE Wörterbücher umfassen thematisch folgende Bereiche: Recht, Wirtschaft, Kriegswesen, allgemeine Medizin, Zahnmedizin, Autoindustrie, Mathematik, Computerwesen, Gaswirtschaft, Landwirtschaft, Tourismus/Erholungsindustrie, Ernährungswirtschaft. Im Bereich des Rechtswesens liegen drei von jeweils verschiedenen Autoren verfasste DE–LT Wörterbücher (das Wörterbuch der Terminologie der Rechtsordnung DE–LTRechtsordnung, das Wörterbuch für Juristen DE–LTJuristen und das bereits genannte DE–LT/LT–DERechtsTerm) sowie zwei unabhängige LT–DE Wörterbücher (das Wörterbuch für Juristen LT–DEJuristen und der LT–DE

8 Die wohl einzige elektronische Quelle für Fachterminologie ist die litauische terminologische Datenbank der Staatlichen Kommission der litauischen Sprache (Zugang: http://terminai.vlkk.lt/pls/tb/tb.search?p_sid=1558382 (Stand: 10.08.2015)). Hier sind die Fachtermini aus den enzyklopädischen und Definitionswörterbüchern samt ihren fremdsprachlichen Äquivalenten erfasst. Die Sucheinstellungen erlauben es, sowohl nach litauischen Termini, als auch nach fremdsprachlichen Äquivalenten zu suchen, wobei sämtliche Wörterbuchartikel aufgeführt werden, in welchen das gesuchte Wort allein oder als Teil einer Zusammensetzung vorkommt. Die Datenbank ist auf die Naturwissenschaften ausgerichtet, die Bereiche Wirtschaft, Medizin, Sozialwissenschaften u. a. sind nur geringfügig erfasst, der Bereich Recht ist nicht vertreten (vgl. das Verzeichnis der Datenbankquellen, Zugang: http://www.vlkk.lt/aktualiausios-temos/terminija/terminu-banke-skelbiamu-terminu-zodynu-sarasas (Stand: 10.08.2015)). Das Material wurde aus verschiedenen gedruckten Quellen relativ unkritisch übernommen, deswegen kommen gelegentlich uneinheitliche und irreführende Darstellungsweisen vor.

Teil des DE–LT/LT–DERechtsTerm) vor. Zwei weitere DE–LT Wörterbücher (das Wörterbuch für Wirtschaftswissenschaftler, Juristen und Geschäftsleute DE–LTWirtschJurGesch und das Wörterbuch der rechtlichen und wirtschaftlichen Termini DE–LTRechtWirtschTerm) und ein LT–DE Wörterbuch der rechtlichen und wirtschaftlichen Termini (LT–DERechtWirtschTerm) behandeln die Themen Recht und Wirtschaft gemeinsam.[9] Die Wirtschaftsterminologie ist außerdem im Wörterbuch der Fachbegriffe der landwirtschaftlichen Betriebs- und Marktlehre (DE–LTLandwirt) erfasst, welches auch landwirtschaftliche Begriffe enthält. Darüber hinaus gibt es ein separates DE–LT Lernwörterbuch der Wirtschaftsterminologie (DE–LTLernWirtsch). Im Bereich Militärwesen gibt es die zwei bereits genannten Wörterbücher von derselben Verfasserin (LT–DEMilit, DE–LTMilit). Die Medizin verfügt über ein allgemeines DE–LT Wörterbuch medizinischer Termini (DE–LTMed) und ein enger spezialisiertes DE–LT Wörterbuch für Odontologen (DE–LTOdont). Die Automobilbranche ist mit einem DE–LT und LT–DE Wörterbuch (DE–LT/LT–DEAuto) repräsentiert. Die deutschen mathematischen Termini und ihre litauischen Entsprechungen sind im Wörterbuch der mathematischen Termini verzeichnet (DE–LTMathe). Drei kleinere DE–LT und LT–DE Wörterbücher behandeln jeweils die Bereiche Computerwesen (DE–LT/LT–DEComp), Tourismus/Erholungsindustrie (DE–LT/LT–DETourism) und Ernährungswirtschaft (DE–LT/LT–DEErnähr).

Der Wörterbuchumfang ist sehr unterschiedlich und reicht von ca. 1500 Lemmata im DE–LT/LT–DEComp bis 15000 Lemmata im DE–LTWirtschJurGesch. Das Kriterium der Quantität korreliert teilweise mit dem der Wörterbuchqualität: Die kleineren Wörterbücher haben häufig unregelmäßige Makrostruktur und wenig ausgebaute Wörterbuchartikel, allerdings bedeutet die größere Lemmaanzahl auch nicht automatisch eine schlüssige Wörterbuchstruktur, wofür DE–LTRechtWirtschTerm und LT–DERechtWirtschTerm ein Beispiel sind. Die sprachliche Qualität der Wörterbücher im Hinblick auf die Äquivalenz kann hier nicht kompetent beurteilt werden, allerdings sei angemerkt, dass einige ältere und kleinere Wörterbücher Schreibfehler und lexikalische Mängel enthalten.

---

9 Die Praxis, Lexeme einiger Fachbereiche in einem Wörterbuch zusammenzufassen, geht am ehesten auf die marktwirtschaftlichen Überlegungen zurück: Ein Wörterbuch, das mehrere Fachgebiete (oder potenzielle Nutzergruppen) im Titel nennt, könnte für den Durchschnittsbenutzer attraktiver sein. Allerdings sind damit auch einige Nachteile verbunden. Anstatt sich auf ein bestimmtes Gebiet zu konzentrieren und es wirklich umfassend darzustellen, erfasst man mehrere Fachgebiete nur oberflächlich (vgl. dazu auch Bergenholtz 1994, 50–51).

4 Zur Gesamtstruktur der Wörterbücher

Elemente eines Wörterbuchs wie der Wörterbuchtitel, das Impressum, die Einleitung, Benutzerhinweise, Abkürzungs- und Quellenverzeichnisse sowie zusätzliche Materialien (Namenslisten, Grammatiktabellen u. a.) gehören zu s. g. Wörterbuchumtexten.[10] Manche davon, wie das Erscheinungsjahr oder das Impressum, sind unabdingbarer Natur (Dressler 1994, 306), andere dagegen unterliegen der Gestaltungsfreiheit der Autoren und sind daher für den Forscher von größerem Interesse. Bei der Bewertung der Wörterbuchumtexte zählen besonders ihre Informativität und Nützlichkeit (Dressler 1994, 305).

4.1 Wörterbuchtitel

Die Titel der meisten untersuchten Wörterbücher benennen die Sprachkombination und den erfassten Fachbereich. Einzig im DE–LT/LT–DETourism ist das betreffende Fachgebiet nicht auf dem äußeren Buchdeckel, sondern erst auf dem inneren Titelblatt angegeben. Im DE–LT/LT–DEErnähr entspricht der Titel formal nicht ganz dem Wörterbuchinhalt: Im Titel wird ein DE–LT und LT–DE Wörterbuch genannt, aber die Anordnung der Wörterbuchteile ist tatsächlich umgekehrt.

Das DE–LTLernWirtsch enthält im Titel das Wort *mokomasis* (de. Lerner- oder Lern-), was man als einen Hinweis auf die spezifisch für die Bedürfnisse des Lerners gestaltete Wörterbuchstruktur versteht. Allerdings ist die Wörterbuchstruktur in keinerlei Weise auf die Bedürfnisse des Lerners ausgerichtet. Auf das Problem der unbegründeten Verwendung des Wortes *Lernerwörterbuch* weist auch Schaeder hin (1994b, 73) und meint, dass nur diejenigen Wörterbücher sich als Lernerwörterbücher präsentieren sollten, die speziellen sprach- und fachdidaktischen Forderungen entsprechen, was bei DE–LTLernWirtsch nicht der Fall ist. Genauso unmotiviert erscheint auch der Untertitel „mokomoji knyga" (de. Lernbuch, Buch für Lernende) im DE–LT/LT–DETourism, denn auch hier fehlen jegliche für das Lernen besonders förderliche Elemente.

Die beiden militärischen Wörterbücher DE–LTMilit und LT–DEMilit tragen den Untertitel „eksperimentinis leidinys" (de. Probeausgabe, experimentelle Ausgabe), was eine gewisse Unsicherheit der Verfasserin im Hinblick auf die Wörterbuchstruktur verrät. Dabei handelt es sich gerade bei diesen Wörterbüchern trotz

10 Als Umtext werden in den Wörterbüchern (sowohl fachlichen als auch allgemeinen) „all die Texte oder textlichen Informationen definiert […], die nicht Stichwörter oder Einträge des jeweiligen Wörterbuchs sind" (Dressler 1994, 305).

einiger methodischer Unzulänglichkeiten (und relativ zahlreicher sprachlicher Fehler) um Arbeiten, die etwas mehr als einfache Verzeichnisse der Termini mit Äquivalenten sind.

Sämtliche Wörterbuchtitel sind auf Litauisch abgefasst, was auf ihre primäre Ausrichtung auf litauische Benutzer hinweist. Nur einige Wörterbücher haben einen deutschen Zweittitel, der unter dem litauischen Titel angegeben wird (DE–LT/LT–DERechtsTerm, DE–LTWirtschJurGesch, DE–LTLandwirt, LT–DEJuristen, DE–LTJuristen, DE–LT/LT–DEComp).

4.2 Vorworte und Benutzerhinweise

Die meisten Wörterbücher haben keine deutschsprachigen Umtexte und präsentieren sich als nur für das litauischsprachige Publikum konzipierte Werke. Einige der Wörterbücher mit einem zweisprachigen Titel haben auch ein knappes Vorwort in beiden Sprachen (DE–LTWirtschJurGesch, DE–LTLandwirt, LT–DEJuristen, DE–LTJuristen). Deutsche Umtexte weisen darauf hin, dass die Wörterbücher eventuell auch dem deutschen Benutzer zugänglich sein wollen, obwohl die Wörterbuchausrichtung eindeutig monodirektional ist. Ähnlich kann man auch die Anführung des litauischen Alphabets im LT–DEMilit deuten.

Die Benutzerhinweise sind bei einem Teil der Wörterbücher in die Vorworte eingebaut. Sie beschränken sich auf einige Sätze zur allgemeinen Anordnung der Stichwörter und den wichtigsten Bestandteilen des Wörterbuchartikels. Einerseits entspricht diese Knappheit der relativ unkomplizierten Struktur der meisten analysierten Wörterbücher, andererseits aber vermisst man hier ausführlichere Informationen sowohl zu den Prinzipien der Lemmaauswahl als auch zum Wörterbuchaufbau, z. B. Angaben darüber, wie viele und welche Wortverbindungen man im Wörterbuchartikel erwarten kann oder nach welchen Prinzipien die Mehr-Wort-Einheiten (freie und feste Wortverbindungen, Kollokationen, formelhafte Sprüche u. Ä.[11]) ins Lemmaverzeichnis eingeordnet sind. Folglich muss der Benutzer zuerst selbst ermitteln, wo man Äquivalente für die aus mehreren Wörtern bestehenden Termini oder sonstigen Mehr-Wort-Einheiten sucht. Zum Beispiel werden im DE–LTRechtsordnung die Adjektiv-Substantiv-Verbindungen teils unter dem Substantiv, teils auch unter dem Adjektiv angeführt: *vorläufige Festnahme* und *vorläufige Entziehung der Fahrerlaubnis* findet man unter *vorläufig*, aber *vorläufiges Abkommen* unter *Abkommen*. Ähnliche Beispiele gibt es auch im DE–LT/LT–DETourism, DE–LTRechtWirtschTerm. Vor diesem Hintergrund scheint das

11 Zum Begriff der Mehr-Wort-Einheiten vgl. Hausmann, Werner 1991, 2731.

Fehlen einleitender Hinweise über die Suchmöglichkeiten im Wörterbuch nicht nur eine Informationslücke zu sein, sondern auch ein Zeichen dafür, dass die Wörterbuchverfasser in dieser Hinsicht keiner einheitlichen Strategie gefolgt sind.

In einigen wenigen Wörterbüchern (DE–LTLandwirt, DE–LTLernWirtsch, DE–LT/LT–DEComp, DE–LT/LT–DEAuto) werden das Vorwort und die Benutzerhinweise als getrennte Textsorten betrachtet. Trotzdem fällt die Beschreibung der Wörterbuchstruktur nur in zwei davon (DE–LTLandwirt, DE–LT/LT–DEAuto) etwas ausführlicher aus. DE–LT/LT–DEAuto ist außerdem das einzige Wörterbuch, welches in den Benutzerhinweisen eindeutige und korrekte Angaben zur Auffindung von Mehr-Wort-Einheiten enthält.

4.3 Abkürzungsverzeichnisse und weitere Umtexte

Einige Wörterbücher enthalten vor oder nach dem Wörterbuchtext Abkürzungsverzeichnisse (Kürzel der grammatischen Termini, gängige Abkürzungen eines bestimmten Fachbereichs u. Ä.). Für ein fachspezifisches Wörterbuch ist besonders die Information zu fachüblichen Abkürzungen wichtig, deswegen kann man sagen, dass die Wörterbücher, die keine Verzeichnisse dieser Art umfassen (DE–LTRechtWirtschTerm, LT–DERechtWirtschTerm, DE–LT/LT–DETourism, DE–LT/LT–DEErnähr), wichtige Informationen entbehren. Dagegen gibt es einige Wörterbücher, darunter auch kleineren Umfangs (DE–LT/LT–DEComp), die wichtige Abkürzungen übermitteln: DE–LTJuristen und DE–LTWirtschJurGesch stellen das Verzeichnis der Kürzel der Gesetze, Institutionen und Rechtsbereiche mit deutschen Auflösungen und litauischen Übersetzungen zur Verfügung. DE–LTJuristen enthält außerdem das Verzeichnis oft gebrauchter lateinischer Rechtsformeln mit litauischen Entsprechungen. DE–LTMilit bietet ein Verzeichnis der im Militärbereich üblichen Kürzel mit deutschsprachigen Auflösungen, leider ohne litauische Entsprechungen. Ein positives Beispiel lexikographischer Praxis bietet DE–LTMathe: Hier gibt es neben dem Verzeichnis fachüblicher Abkürzungen das Namensverzeichnis berühmter Mathematiker (in Original- und in litauischer Schreibung) sowie Hinweise zum Lesen mathematischer Formeln auf Deutsch.

Nicht alle Wörterbücher haben ein Quellenverzeichnis. Es wird entweder im Vorfeld (DE–LT/LT–DERechtsTerm, DE–LTLandwirt, DE–LTMed, DE–LT/LT–DEComp) oder im Nachfeld des Wörterbuchs (DE–LT/LT–DETourism, DE–LTJuristen, DE–LTMilit, LT–DEMilit) angeführt. Das Quellenverzeichnis fehlt oft bei den Wörterbüchern, deren Umtexte insgesamt knapp bzw. nicht vorhanden sind. Allerdings hat nur eines der untersuchten Wörterbücher (LT–DERechtWirtschTerm) außer Titel und Impressum keine weiteren Umtexte. Aus diesem Grund wirkt es trotz seines relativ großen Umfangs unseriös.

5 Makrostrukturen der untersuchten Wörterbücher

5.1 Auswahl der Lemmata

Die Frage der Lemmaauswahl betrifft die Entscheidung darüber, ob das Wörterbuch nur Fachbegriffe oder auch fachübergreifende Termini, Wörter der Alltagssprache und Konstruktionen umfassen soll, die in den Texten eines bestimmten Fachgebiets häufig anzutreffen sind (vgl. Haensch 1991, 2939–2941). Der Anteil der fachübergreifenden oder allgemeinsprachlichen Elemente sollte sich in erster Linie nach dem Wörterbuchumfang richten, so dass ausführlichere Fachwörterbücher auch den halbfachlichen Wortschatz registrieren können. Die meisten hier behandelten Wörterbücher bieten ebenfalls Wortschatz verwandter Fachgebiete oder der Allgemeinsprache an, und zwar unabhängig von dem Wörterbuchumfang. Dies wird in den Wörterbucheinleitungen dadurch gerechtfertigt, dass bestimmte Alltagswörter in den fremdsprachlichen Texten relativ häufig vorkommen (DE–LTMed, DE–LT/LT–DETourism, DE–LTMathe). Es ist schon fraglich, ob z. B. das Verb *nebeneinanderbestehen* im DE–LTLernWirtsch oder das Substantiv *dabartis* 'Gegenwart' im rechts- und wirschaftsterminologischen LT–DERechtWirtschTerm wirklich notwendig sind. Wenn aber ein kleines, auf ein spezifisches Gebiet fokussierendes Wörterbuch allgemeinsprachliche Wörter anführt, hat man es eindeutig mit einer unnötigen Erweiterung des Lemmaverzeichnisses zu tun. Wörter wie *bereits*, *Erfahrung machen*, *fern liegen*, *gleichfalls*, *zuliebe* und insbesondere solche Seltenheiten wie *Fracksausen* sind im kleinen DE–LTOdont überflüssig. Wie Haensch (1991, 2940) bemerkt, ist die Überfrachtung der Makrostruktur der Fachwörterbücher durch die Wörter der Allgemeinsprache ein allzu häufiges Problem dieser Wörterbücher, das auch im untersuchten Wörterbuchkorpus bemerkbar ist.

5.2 Formale Aspekte der Lemmatisierung

Die untersuchten Wörterbücher führen größtenteils nur Substantive auf. Gelegentlich kommen auch Verben und Adjektive in den Lemmaverzeichnissen vor, allerdings scheint ihr Vorhandensein nicht auf einer systematischen Strategie zu beruhen. In den meisten Wörterbüchern sind häufig Verbalsubstantivierungen anzutreffen, die entsprechenden Verben aber werden nicht angeführt. So gibt es z. B. im DE–LT/LT–DEAuto *Dämpfung*, aber kein *dämpfen*, *Ersetzung*, *Ersatz*, aber kein *ersetzen*; im DE–LTWirtschJurGesch gibt es *Anbahnung*, aber kein *anbahnen*, *Befehl*, aber kein *befehlen* usw. Adjektive bzw. und Partizipien kommen in den Wörterbüchern auch nur sporadisch vor. Die insgesamt deutlich substantivische Ausrichtung der Wörterbücher deutet darauf hin, dass man die Fachwörterbücher in erster Linie als zweisprachige Begriffssammlungen konzipiert.

Zu weiteren Fragen der Form der Lemmata (und Sublemmata) gehört die Lemmatisierung der Einzelwörter und Mehr-Wort-Einheiten. In der üblichen lexikographischen Praxis bilden die Mehr-Wort-Einheiten meist keine selbstständigen Artikel, sondern sind als „infralemmatische Adressen“ in den Artikel des Hauptlemmas eingebaut (Hausmann, Werner 1991, 2731). Dies entspricht nur zum Teil dem Befund in den hier untersuchten Wörterbüchern. Einige DE–LT Wörterbücher (DE–LTLernWirtsch und DE–LT/LT–DETourism, teilweise auch DE–LTWirtschJurGesch und DE–LT/LT–DEErnähr) sowie LT–DE Wörterbücher (LT–DEJuristen) setzen Mehr-Wort-Einheiten als selbstständige Lemmata an. Im DE–LTWirtschJurGesch werden aus mehreren Wörtern bestehende Bezeichnungen internationaler Organisationen (*Europäische Atomgemeinschaft* bis *Europäische Zentralbank*, *Internationaler Gerichtshof* u. a.) und vereinzelt auch Mehr-Wort-Termini (*materieller Schaden*, *natürliche Person*) als Lemmata angesetzt. DE–LTMilit wendet diese Methode systematischer an und führt zahlreiche Mehr-Wort-Einheiten in der Lemmaposition an: *Bauen von Straßen*, *Beenden einer Mission*, *Beherrschung verlieren*, *bewaffnete Auseinandersetzung*, *bewegliche Befehlsstelle* usw. Allerdings wird auch hier dieses Prinzip nicht lückenlos angewendet: Ausdrücke *Frieden durchsetzen*, *Frieden wahren*, *Frieden wiederherstellen* werden als Lemmata angesetzt, gleichwertige Wendungen *Frieden schließen* und *Frieden stören* befinden sich im Artikel des Substantivs *Frieden*. Die Mehr-Wort-Einheiten im DE–LT/LT–DETourism werden durchgehend alphabetisch angeordnet, allerdings ist das Schlüsselwort der Anordnung jeweils ein anderes: Einmal wird nach dem Substantiv, ein anderes Mal nach dem adjektivischen Bestimmungswort angeordnet: *Holz, darrtrockenes*, *Holz, angekohltes*, *Holz, frisches* aber *grobe Textur*, *großer brauner Rüsselkäfer*, *echter Pfifferling* u. a.

Zur Form der als Mehr-Wort-Lemmata oder -Sublemmata angesetzten Einheiten sei lediglich anzumerken, dass die meisten Wörterbücher die typische natürliche Zitierform eines Mehr-Wort-Ausdrucks wählen. Nur das DE–LT-Rechtsordnung sowie vereinzelt auch DE–LT/LT–DETourism klammert bei attributiven Mehr-Wort-Termini das Attribut aus (z. B. *Selbstmord, vorgetäuschter*). Bei längeren Wendungen aus mehr als zwei Wörtern entstehen deswegen ziemlich ungelenke Sequenzen wie *Seite einer Sache, rechtliche* (DE–LTRechtsordnung).

Unter den LT–DE Wörterbüchern fallen ebenfalls einige grundsätzliche Differenzen im Hinblick auf die Form der Lemmata auf. In zwei LT–DE Wörterbuchhälften (DE–LT/LT–DEComp, DE–LT/LT–DEAuto) werden ausschließlich Einzelwörter lemmatisiert. Zahlreiche litauische Begriffe, die aus mehreren

Wörtern bestehen[12] sind dem Hauptlemma untergeordnet. Dagegen setzen zwei LT–DE Wörterbücher (LT–DEJuristen und LT–DERechtWirtschTerm) Mehr-Wort-Einheiten durchgehend in der Lemmaposition an, z. B.:

(1)

LT–DEJuristen	LT–DERechtWirtschTerm
karo prievolė *Wehrpflicht f* ***Karo prievolės įstatymas*** *Wehrdienstgesetz n* ***karo prievolininkas*** *Wehrpflichtiger m* ***karo tarnyba*** *Wehrdienst m* ***karo teisė*** *Kriegsrecht n*	***karo prievolė*** *Wehrdienstpflicht f* ***karo prievolininkas*** *Wehrdienstpflichtige m, f* ***karo tarnyba*** *Kriegsdienst m, Militärdienst m*

Der LT–DE Teil des DE–LT/LT–DEErnähr kann im Hinblick auf die formalen Lemmatisierungsprinzipien als wenig systematisch bezeichnet werden. Die gleichwertigen Mehr-Wort-Einheiten können hier sowohl lemmatisch, als auch sublemmatisch auftreten.

Zwei Wörterbücher (LT–DERechtWirtschTerm und der DE–LT Teil des DE–LT/LT–DEComp) führen zahlreiche Lemmata mit Synonymen auf. Der Sinn einer solchen Praxis ist jeweils fragwürdig. Möchte man im passiven DE–LT Teil des DE–LT/LT–DEComp die Bedeutung des Wortes *Flagge* nachschlagen, so findet nicht nur die Äquivalente *vyksmaženklis*, sondern auch zwei Synonyme des Lemmas *Kennzeichen* und *Flag*. Für den Lerner sind sie eventuell nützlich, für den Suchenden nach der Bedeutung eher nichtssagend. Hinzu kommt, dass die Synonyme des Lemmawortes sich in den meisten Fällen nicht im alphabetischen Register wiederfinden, so dass man vergebens nach der Bedeutung von *Flag* oder *Kennzeichen* sucht.

Auffällig und kaum begründet ist die Anführung zahlreicher Synonyme zum litauischen Lemmawort im LT–DERechtWirtschTerm, z. B.:

---

12 Aufgrund der morphosyntaktischen Struktur der litauischen Sprache sind zahlreiche litauische Termini aus mehr als einem Wort gebildet. Begriffe, die im Deutschen mit einer Zusammensetzung ausgedrückt werden, haben im Litauischen oft die Form eines Substantivs mit einem vorangestellten Adjektivattribut oder substantivischen Genitivattribut, z. B. *Garantiefonds – garantinis fondas, Immunitätsverletzung – imuniteto pažeidimas, Naturschutz – gamtos apsauga, Nennbetrag – nominali vertė, Umweltschutz – aplinkos apsauga, Vermögensvorteil – turtinė nauda* etc. Somit stellt sich jedem Wörterbuchverfasser grundsätzlich die Frage, ob diese zahlreichen Mehr-Wort-Einheiten als untergeordnete Adressen in der Mikrostruktur des Wörterbuchartikels zum Ein-Wort-Lemma oder aufgrund ihres selbstständigen begrifflichen Charakters als einzelne Lemmata anzubringen sind.

(2) ***kompetencija, pareigos, žinyba*** *Ressort n*
kompetentingumas, teismingumas, žinybingumas *Zuständigkeit f*
laidavimas, užtikrinimas; garantija *Gewähr f*
laidavimas, garantavimas, garantija *Verbürgung f*

Dieser Befund legt nahe, dass das betreffende Wörterbuch durch das Umkehrverfahren eines anderen Wörterbuchs entstanden ist, und litauische Wörter, die als Äquivalente deutscher Lemmata angegeben wurden, hier zu Lemmata mit Synonymen geworden sind.[13] Die Anführung der Synonyme zur Präzisierung der Lemmabedeutung wäre eine durchaus sinnvolle Praxis, allerdings ist es hier offensichtlich nicht der Fall, daher ist der Sinn einer solchen Synonymie zweifelhaft.

5.3 Lemmaanordnung in DE–LT Wörterbüchern (Wörterbuchteilen)

Bei den hier untersuchten Fachwörterbüchern handelt es sich bis auf eine Ausnahme (s. u.) grundsätzlich um alphabetische Wörterbücher, die allerdings unterschiedlich strukturiert sind. In den meisten DE–LT Wörterbüchern sind die Lemmata glattalphabetisch[14], ohne morphologische Gruppierungen angeordnet, so dass die Zusammensetzungen mit dem gleichen Bestimmungswort nicht unbedingt in einer ununterbrochenen Reihenfolge erscheinen (zum Beispiel schiebt sich im DE–LT-Rechtsordnung *Gewaltenteilung* zwischen *Gewaltdelikt* und *Gewalthandlung*; im DE–LTLernWirtsch kommt zwischen *Lademaß* und *Ladeort* das Verb *laden*, das Substantiv *Laden* und dessen Zusammensetzungen). Eine solche Anordnung ist in einem passiven Äquivalentenwörterbuch bequem und am wenigsten problematisch.

Das DE–LTJuristen ist als einziges Wörterbuch nischenalphabetisch aufgebaut: Rechtskomposita mit dem gleichen Bestimmungswort werden nebeneinandergereiht und graphisch in einem Wörterbuchartikel zusammengefasst. Die morphologische Struktur des Nischeneingangslemmas wird durch zwei vertikale Striche angedeutet und der sich wiederholende Teil der Zusammensetzung durch Tilde ersetzt[15]. Die striktalphabetische Ordnung wird bei der Anordnung nicht

---

13 Fehlende Wörterbuchumtexte, darunter auch Quellenverzeichnis, bekräftigen nur diese Vermutung. Allerdings würde der Versuch, die Quellen dieses Wörterbuches festzustellen, den Rahmen dieses Aufsatzes sprengen.

14 Zu den Bezeichnungen glattalphabetisch, nischenalphabetisch, nestalphabetisch vgl. Hausmann, Wiegand 1989, 336, auch Hausmann, Werner 1991, 2746–2747.

15 Im untersuchten Wörterbuchkorpus ist es das einzige DE–LT Wörterbuch, das morphologische Information dieser Art angibt. Eine ähnliche Praxis wird im LT–DEMilit angewendet, in welchem die flektierbare Endung des litauischen Lemmawortes auf diese Weise getrennt wird: *delegacij||a Delegation f; sutikti [delegacij]||ą eine Delegation empfangen.*

durchbrochen: ***Buch||ersitzung** ...; **[Buch]führung** ...; **[Buch]geld** ...; **[Buch] haltung** ...; **[Buch]prüfung** ..., **Buchung** ..., **Buch||versitzung** ...; **[Buch]wert*** usw.

Der DE–LT Teil des DE–LT/LT–DEErnähr weist auch Züge nischenalphabetischer Anordnung auf. Die Anordnung der Lemmata ist aber unregelmäßig: Zusammensetzungen mit *Butter-*, *Koch-*, *Salz-* sind striktalphabetisch lemmatisiert, dagegen bildet die *Kohlsuppe* das Sublemma im Artikel von *Kohl*. Die Ungereimtheiten dieser Art verstärken die Vermutung, dass einige Wörterbüber ohne ein stringentes Konzept angefertigt wurden.

Das artikel- und nestalphabetisch aufgebaute DE–LT/LT–DEComp, obwohl seine Struktur unter diesem Aspekt nicht im Vorwort erklärt wird, ordnet Zusammensetzungen und Ableitungen mit gleichlautender Anfangskonstituente glattalphabetisch an:

(3) ***bedienen*** *aptarnauti, valdyti*
Bedienung *f aptarnavimas*
Bedienungsanleitung *f*, ***Benutzerhandbuch*** *f* (sic!) *vartojimo* (sic![16]) *instrukcija*
Bedienungsfeld *n valdymo skydelis*
Bedingung *f sąlyga*

Linkskomposita sind (neben aus mehreren Wörtern bestehenden Termini) ins Nest des Grundwortes als Sublemmata eingebaut:

(4) ***Feld*** *n*, ***Bereich*** *m laukas*
abgeleitetes Feld išvestinis laukas
Adressfeld n adreso laukas
alphanummersisches Feld abėcėlinių-skaitmeninių duomenų laukas
Bestimmungsfeld n, Empfangsfeld n paskirties laukas

Zu den Vorteilen dieser Darstellungsweise gehören morphologische Gruppierung und die damit verbundenen Lernvorteile. Allerdings ist die Benutzung des Wörterbuchs unbequem: Die zusammengesetzten Sublemmata erscheinen nur im Artikel des Grundwortes und nicht an ihren alphabetischen Stellen. Außerdem decken die Beispiele (3) und (4) ein weiteres Problem auf: Gleich gebildete Zusammensetzungen können in diesem Wörterbuch an zwei verschiedenen Stellen auftreten: *Bedienungsfeld* ist als Lemma Buchstabenabschnitt *B* angesetzt, alle anderen Zusammensetzungen mit *-feld* müssen im Artikel von *Feld* gesucht werden, was verwirrend ist.

---

16 Das litauische Äquivalent ist nicht korrekt: Es sollte *naudojimo instrukcija* und nicht *vartojimo instrukcija* heißen, denn das Wort *vartoti* bezieht sich in der Regel entweder auf die Sachen, die man zu sich nimmt (Arznei- oder Lebensmittel) oder auf den Gebrauch der Sprache (vgl. http://konsultacijos.vlkk.lt/lit/2111 (Stand: 05.08.2015)).

Eine auffällige Anordnungsstruktur hat das DE–LT/LT–DETourism, welches drei thematisch sortierte Wortschatzlisten für die Bereiche *Geschäft/Tourismus, Wald und seine Umgebung, Landschaft/Landwirtschaft* bietet, ohne es in der Einleitung zu begründen. Diese Anordnungsform ist in einem Äquivalentenwörterbuch wenig sinnvoll, wenn man nicht zusätzlich über ein alphabetisches Register verfügt. Der Benutzer muss sich bei der Suche nach einem Stichwort zuerst entscheiden, in welchem der drei thematischen Bereiche er zuerst nachschlagen soll. Ist der Begriff *Milchprodukte* nicht eher im Bereich *Landschaft/Landwirtschaft* zu suchen als im *Geschäft/Tourismus*, wo es hier angeführt ist? Wörter, die fachgebietsübergreifend benutzt werden (z. B. *Pflege*) sind hier hingegen in mehr als einer thematischen Gruppe angeführt – auf Kosten des Wörterbuchumfangs.

5.4 Lemmaanordnung in litauisch-deutschen Wörterbüchern (Wörterbuchteilen)

Die Anordnung der Lemmata in LT–DE Wörterbuchteilen ist ebenfalls grundsätzlich alphabetisch. Allerdings wird nur im LT–DEJuristen jede zweisprachige Wörterbucheinheit einzeln lemmatisiert, was nach Hausmann und Werner (1991, 2748) als itemalphabetisches Prinzip bezeichnet werden kann. Alle anderen LT–DE Wörterbücher bzw. Wörterbuchteile zeichnen sich durch nestartige Gruppierungen in den Makrostrukturen aus, unabhängig davon, wie die Makrostruktur ihrer DE–LT Teile aufgebaut ist. Der Grund für die unterschiedliche Strukturierung der DE–LT und LT–DE Wörterbuchteile liegt in der morphologischen Struktur der litauischen und deutschen Termini. Die Termini in Form der Zusammensetzungen im Deutschen lassen sich glattalphabetisch anordnen, dagegen bestehen die litauischen Termini oft aus mehreren Wörtern (vgl. auch Fußnote Nr. 12) und lassen sich bequem als Sublemmata des Grundwortartikels anbringen, so im DE–LT/LT–DEAuto:

(5) ***atidarymas*** *Öffnung f*
nevisiškas droselio a*[tidarymas] Zwischengas n*
visiškas droselio a*[tidarymas] Vollgas n*
vožtuvo a*[tidarymas] Ventilbetätigung f, Ventilöffnung f*

6 Mikrostrukturen der Wörterbücher

6.1 Wichtigste Angabenarten

Der Großteil der Wörterbuchartikel besteht aus einem Lemma, der ihm zugeordneten grammatischen Angaben und dem Äquivalent, das lediglich in einigen Wörterbüchern mit grammatischen Angaben versehen ist. Bei Mehr-Wort-Einheiten werden keine Angaben gemacht. Generell ist anzumerken, dass deutsche Wörter (sowohl als Lemmata als auch als Äquivalente) mit mehr grammatischen Angaben versehen werden als litauische. Die einzige fast durchgehend vorhandene grammatische Informationsart ist die Genusangabe bei deutschen Substantivlemmata, die – bis auf das DE–LTJuristen und den LT–DE Teil des DE–LT/LT–DEErnähr, in welchen das Genus durch die Angabe des bestimmten Artikels angezeigt wird – mit den üblichen Kürzeln *m*, *n*, *f* (*pl* bei Pluraliatanta) indiziert wird. Genusangaben stellen in einigen Wörterbüchern (DE–LTRechtWirtschTerm, DE–LTMilit, DE–LT/LT–DEAuto, DE–LT/LT–DETourism, DE–LT/LT–DEComp) die einzige grammatische Angabe dar. DE–LTMed und DE–LT/LT–DEErnähr geben die Pluralendung bzw. bei verändertem Stammvokal die ganze Pluralform des Substantivs an. Außerdem wird einzig im DE–LTMed die Genitivendung der Maskulina und Neutra angezeigt. Hier gibt es gelegentlich auch Angaben zum Kasusgebrauch (***Anlage*** *f*, -, *-n (zu D) 1. polinkis (pvz., sirgti); 2. įgimtas gabumas; 3. įrenginys*), allerdings nicht bei allen Substantiven, die nach bestimmten Präpositionalkasus verlangen.

Verben haben in den meisten DE–LT Wörterbüchern Angaben zur In-/Transitivität, die durch ebenfalls übliche Kürzeln *vi* und *vt* angegeben wird. Angaben über die Grundformen geben lediglich DE–LTMed und DE–LT/LT–DERechtsTerm an. Im DE–LTMed wird außerdem noch durch ein *s* der Gebrauch mit dem Hilfsverb *sein* angezeigt. Im DE–LT/LT–DERechtsTerm ist bei einigen Verben die erforderliche Präposition angegeben: *bürgen vi (für A)*, die präpositionslosen obligatorischen Kasus (z. B. bei *verbieten*) werden aber nicht angeführt. Im DE–LT Teil des DE–LT/LT–DERechtsTerm wird für die Lemmata, die nicht nach den üblichen Ausspracheregeln des Deutschen ausgesprochen werden, die phonetische Umschrift in eckigen Klammern angegeben. Einzig im DE–LTJuristen und LT–DEJuristen sind deutsche Lemmata akzentuiert, was ebenfalls ihre Ausrichtung auf den litauischen Benutzer betont.

6.2 Äquivalenzbeziehungen

In den meisten Wörterbuchartikeln ist einem Lemma ein Äquivalent zugeordnet. Bedeutungsverwandte Äquivalente werden durch Kommata getrennt (oft bei Äquivalenten lateinischer Herkunft und litauischer Entsprechung). In einigen Fällen werden in DE–LT Wörterbüchern die Bedeutungen der litauischen Äquivalente lateinischer oder griechischer Herkunft in Klammern erklärt: *Euthanasie f eutanazija (mirties pagreitinimas ir nuskausminimas medikamentais)* (DE–LT/LT–DERechtsTerm). Solche Erklärungen sind gelegentlich im DE–LTMed, DE–LTWirtschJurGesch und relativ häufig im DE–LTLandwirt anzutreffen.

Äquivalente, deren Bedeutungen weiter voneinander entfernt sind, werden durch Semikola getrennt: Nutznießung *f* (-) *naudojimosi teisė; naudos gavimas* (DE–LT/LT–DERechtsTerm). Im DE–LT/LT–DEAuto, DE–LTMed und DE–LT-Landwirt werden Äquivalente mit unterschiedlichen Bedeutungen durchnummeriert. Eine Disambiguierung der Bedeutungen, z. B. durch die Angabe der Beispiele, Kotextangaben (Hausmann, Werner 1991, 2734–2737) o. Ä. findet bis auf einige Ausnahmen nicht oder nicht in ausreichendem Maße statt. Wie problematisch die Deutung eines solchen Wörterbuchartikels ist, zeigt sich an folgenden Beispielen:

(6) ***Grund*** *m pagrindas, ...; priežastis, žemė, žemės sklypas* (DE–LTRechtWirtschTerm)

(7) ***Folge*** *f pasekmė, padarinys, rezultatas; išvada; seka, eilė; serija* (DE–LTLernWirtsch)

Nur einige Wörterbücher (DE–LTMed, DE–LT/LT–DEAuto) versuchen, Bedeutungen verschiedener Äquivalente durch die Angaben von Kollokaten zu verdeutlichen:

(8) ***Abnahme*** *f* - 1. *amputavimas; 3. sumažėjimas (**des Gewichtes** svorio); 3. nusilpimas (**der Kräfte** jėgų)* (DE–LTMed)

Diese Praxis sollte besonders bei LT–DE Wörterbüchern Anwendung finden, die zum aktiven Gebrauch der Fremdsprache befähigen sollen. Allerdings wird davon in den untersuchten Wörterbüchern kaum Gebrauch gemacht.

6.3 Ausbau der Wörterbuchmikrostruktur

Die bilingualen Fachwörterbücher müssen neben Fachwörtern mit ihren Äquivalenten auch andere Angaben, besonders typische Kollokationen, enthalten (vgl. Haensch 1991, 2941; Krausse 2008, 46–52). Die Mikrostruktur der hier untersuchten Wörterbücher entspricht insgesamt nur in sehr geringem Ausmaß den theoretischen Forderungen an ein modernes Fachwörterbuch[17]. Insbesondere kleinere Wörterbücher (DE–LT/LT–DEErnähr, DE–LT/LT–DETourism, DE–LT-Gas, DE–LT/LT–DEComp), aber auch einige größere (DE–LTLernWirtsch) gehen

---

17 Haensch (1991, 2944) fasst die Vorteile des Fachwörterbuchs im Vergleich zur Datenbank wie folgt zusammen: „Der Vorteil des Fachwörterbuches gegenüber der Datenbank kann hier vor allem in einer ausgefeilten Mikrostruktur liegen: Stichwort, Synonyme, Heteronyme, grammatische Angaben, Angaben von Unterfachgebieten, konnotative Markierungen, Angaben zu Gebrauchsrestriktionen, Rektion, Kollokationen, Illustrationen und evtl. Definitionen, alles Dinge, die eine auf Datenbank gespeicherte Terminologie nicht bietet.“

in ihrem mikrostrukturellen Aufbau nicht oder nur gering über die Bezeichnung „reine Terminologielisten" (Haensch 1991, 2941) hinaus.

Wörterbücher mit ausgebauter Mikrostruktur sind in der Regel sehr uneinheitlich. Nur einige Wörterbuchartikel sind stärker erweitert und enthalten semantische und/oder syntaktische Angaben in Form von (übersetzten) Mehr-Wort-Einheiten. Die Struktur und der lexikologische Wert der Mehr-Wort-Einheiten kann sehr unterschiedlich sein[18]: Es handelt sich dabei sowohl um typische Formeln (*Freispruch mangels Beweise*, *nach Einsicht in die Akten* DE–LTRechtsordnung, *auf Treu und Glauben handeln* DE–LT/LT–DERechtsTerm), mehr oder weniger verfestigte Wendungen (*in Fahndung stellen* DE–LTJuristen, *einen Meineid schwören* DE–LTRechtsordnung) oder Kollokationen (*Jura studieren* im Artikel von *Jura* im DE–LTRechtsordnung, *Anstauung des Blutes* im Artikel von *Anstauung* im DE–LTMed), seltener auch um reine Gebrauchsbeispiele (*alte Fassung des Gesetzes von 1995* im Artikel von *Fassung* im DE–LTJuristen, *Sammlung von Gesetzen* im Artikel von *Sammlung* DE–LT/LT–DERechtsTerm). Graphisch wird zwischen den verschiedenen Mehr-Wort-Einheiten und aus mehreren Wörtern bestehenden Termini kein Unterschied gemacht, was aus metalexikographischer Sicht auch ein wenig problematisch ist, z. B.:

(9) ***priežiūra*** *Aufsicht f, Beaufsichtigung f, Pflege f, Überwachung f; [priežiūr]os tarnyba Überwachungsdienst m; būti [priežiūr]oje unter Aufsicht stehen; [priežiūr]os tvarka im Wege der Aufsicht; [priežiūr]os organas Aufsichtsbehörde f; be [priežiūr]os unbeaufsichtigt* (DE–LT/LT–DERechtsTerm)

Das weitaus größere Problem besteht aber darin, dass insgesamt nur wenige Wörterbuchartikel eine derartige Erweiterung der Mikrostruktur aufweisen. Hinzu kommt, dass in keinem der untersuchten Wörterbücher bei der Anführung der Mehr-Wort-Einheiten einer spürbaren Strategie gefolgt wird. Vielmehr hat man das Gefühl, dass die Information nach Belieben angeführt wird. Zum Beispiel sind im DE–LTMed bei den Verben *anspannen* (*die Muskeln*, *die Kräfte*), *aufbrechen* (*ein Geschwür bricht auf*), *ausfallen* (*die Zähne*, *die Haare*) Kollokate angeführt, bei den Verben *ätzen*, *auflösen*, *befeuchten*, *bestätigen* sind aber keine angegeben.

Die Liste der Beispiele ließe sich beliebig fortsetzen, allerdings wäre es ungerecht, wenn man nicht erwähnen würde, dass in manchen neueren Wörterbüchern (DE–LT/LT–DERechtsTerm, DE–LTWirtschJurGesch und DE–LTMilit)

---

18 Dies entspricht der üblichen Praxis in der zweisprachigen Lexikographie: „Zweisprachige Wöterbücher machen in der Regel auch keine oder nur gelegentliche Versuche, den lexikologischen Status von Mehr-Wort-Einheiten zu definieren" (vgl. Hausmann, Werner 1991, 2731).

relativ zahlreiche Wörterbuchartikel mit ausgebauter Mikrostruktur vorhanden sind. Hier vermisst man allerdings oft die Angabe der Kollokationen mit Verben, die im Kommunikationsprozess wichtig sind, vlg. einige Beispiele aus dem DE–LTWirtschJurGesch:

(10) ***Belohnung*** *f atlyginimas, atlygis;* ***Aussetzung einer [Belohnung]*** *tam tikro atlygio paskyrimas* [und nicht: *eine Belohnung aussetzen*]

(11) ***Dividenden*** *pl dividendai, akcininkams paskirstoma akcinės bendrovės pelno dalis;* ***abgehobene Dividenden*** *atsiimti dividendai* [und nicht: *Dividenden abheben*]; *aufgelaufene Dividenden; fällige Dividenden mokėtini dividendai* [und nicht prädikativ: *Dividenden sind fällig*]

7 Zusammenfassung und Ausblick

Das Sprachenpaar Deutsch und Litauisch verfügt über eine ansehnliche Anzahl von zweisprachigen fachlichen Wörterbüchern. Sie behandeln unterschiedliche thematische Bereiche und sind sowohl im Hinblick auf ihren Umfang als auch auf die Qualität verschieden. Die qualitativen Unterschiede äußern sich vielfach bereits in der Gestaltung, Informativität (oder auch im Fehlen) der Wörterbuchumtexte. Die Wörterbücher mit wenig informativen Einleitungen haben größere Strukturprobleme. Die Analyse der Wörterbuchtitel und -umtexte zeigt außerdem, dass die Wörterbuchautoren ihre Bemühungen auf einen litauischsprachigen Benutzer ausrichten. Die Untersuchung der Prinzipien der Lemmaauswahl zeigt, dass alle Wörterbücher neben Fachwortschatz auch einen gewissen Anteil an Allgemeinwortschatz verzeichnen, was besonders bei hochspezialisierten Wörterbüchern eine unnötige Erweiterung des Lemmabestandes darstellt. Die kleinen Wörterbücher sollten sich statt der Erweiterung der Wörterbuchmakrostruktur lieber dem Ausbau der Artikelmikrostruktur widmen, die sich häufig in der Anführung der Äquivalente erschöpft. Zu den makrostrukturellen Problemen der Wörterbücher zählen uneinheitliche Lemmatisierungsprinzipien und unschlüssige Lemmaanordnung, was die Auffindbarkeit der Wörter in den grundsätzlich alphabetisch aufgebauten Wörterbüchern erschwert. Die Wörterbuchmikrostrukturen gehen nur selten über die Grenzen grammatisch minimal annotierter terminologischer Wortpaare hinaus. Bei komplizierteren Äquivalenzbeziehungen fehlt oft die semantische Information zur eindeutigen Zuordnung von Lemma und Äquivalent. Die erweiterten Wörterbuchmikrostrukturen enthalten Angaben von unterschiedlichem semantischem und syntaktischem Wert. Die Schwäche der Vorworte, fehlende ergänzende Informationen, die Ungereimtheiten in der Ansetzung und Anordnung der Lemmata, sehr einfache oder im Falle der Erweiterung uneinheitliche Artikelstruktur erschweren bei einigen Wörterbüchern erheblich die Benutzung. Zugleich zeugen die genannten strukturellen Probleme der Wörterbücher davon, dass die lexikographische Arbeit in vielen Fällen ohne eine durchdachte theoretische Grundlage vorgenommen wurde. Die insgesamt deutlich substantivische Ausrichtung des Wörterbuchmaterials deutet darauf hin, dass man die zweisprachigen Fachwörterbücher in erster Linie als Begriffssammlungen konzipiert hat.

Quellenverzeichnis

DE–LTRechtsordnung: Addo, Loreta, Laimutė Dantienė, Irena Sagaitienė, Nijolė Slaminskienė (2004): *Vokiečių-lietuvių kalbų teisėtvarkos žodynas* (Deutsch-litauisches Wörterbuch der Rechtsordnung). Vilnius: Mykolo Romerio universiteto Leidybos centras.

DE–LT/LT–DETourism: Bazarienė, Žeta (2008): *Vokiečių-lietuvių lietuvių-vokiečių kalbų žodynas: rekreacijos terminai* (Deutsch-litauisches und litauisch-deutsches Wörterbuch: Termini der Erholungswirtschaft). Girionys: Kauno miškų ir aplinkos inžinerijos kolegija.

DE–LTGas: Feldmanaitė, Nijolė (2008): *Vokiečių-lietuvių kalbų dujų ūkio terminų žodynėlis. Kleines deutsch-litauisches Wörterbuch der Gaswirtschaft.* Šiauliai: Šiaulių universiteto leidykla.

DE–LTMilit: Gaidelienė, Birutė (2003): *Karinis vokiečių-lietuvių kalbų žodynas: eksperimentinis leidinys* (Militärisches deutsch-litauisches Wörterbuch: Pilotenausgabe). Vilnius: Generolo Jono Žemaičio Lietuvos karo akademija.

LT–DEMilit: Gaidelienė, Birutė (2007): *Lietuvių-vokiečių kalbų karybos žodynas: eksperimentinis leidinys* (Litauisch-deutsches Wörterbuch des Militärwesens: Pilotenausgabe). Vilnius: Generolo Jono Žemaičio Lietuvos karo akademija.

DE–LT/LT–DEComp: Gerulaitienė, Živilė (2006): *Vokiečių-lietuvių, lietuvių-vokiečių kompiuterinės leksikos žodynas. Deutsch-litauisches, litauisch-deutsches Fachwörterbuch für Computer.* Šiauliai: Šiaulių kolegijos Leidybos centras.

DE–LTJuristen: Goldammer, Yvonne, Sigitas Plaušinaitis (2005): *Vokiečių-lietuvių kalbų žodynas teisininkams. Deutsch-litauisches Wörterbuch für Juristen.* Vilnius: TEV.

LT–DEJuristen: Goldammer, Yvonne, Sigitas Plaušinaitis (2006): *Lietuvių-vokiečių kalbų žodynas teisininkams. Litauisch-deutsches Wörterbuch für Juristen.* Vilnius: TEV.

DE–LTWirtschJurGesch: Goldammer, Yvonne, Sigitas Plaušinaitis, Paulius Jurčys (2007): *Vokiečių-lietuvių kalbų žodynas ekonomistams, teisininkams ir verslininkams. Deutsch-litauisches Wörterbuch für Wirtschaftler, Juristen und Geschäftsleute.* Vilnius: Lietuvos prekybos, pramonės ir amatų rūmų asociacija.

DE–LTMed: Jonutienė, Gražina (2000): *Vokiečių-lietuvių kalbų medicinos terminų žodynas* (Deutsch-litauisches Wörterbuch medizinischer Termini). Vilnius: Danielius.

DE–LT/LT–DEErnähr: Kazlauskienė, Lina (2007): *Vokiečių-lietuvių lietuvių-vokiečių kalbų žodynėlis. Maitinimo verslo organizavimo studijų programos studentams* (Deutsch-litauisches und litauisch-deutsches Wörterbuch. Für die Studenten des Studiengangs Catering). Marijampolė: Marijampolės kolegija.

DE–LTMathe: Mačienė, Vilija (1994): *Vokiečių-lietuvių kalbų matematinis žodynas. Deutsch-litauisches mathematisches Wörterbuch.* Vilnius: Žodynas.

DE–LTLernWirtsch: Mozes, Aldona, Rasa Sklizmantaitė (2012): *Mokomasis vokiečių-lietuvių kalbų verslo žodynas* (Deutsch-litauisches Lernerwörterbuch der Wirtschaftstermini). Vilnius: Technika.

DE–LTLandwirt: Poviliūnas, Antanas (1996): *Žemės ūkio įmonių mokslo ir rinkotyros terminų vokiečių-lietuvių kalbų žodynas. Deutsch-litauisches Wörterbuch von Fachegriffen der landwirtschaftlichen Betrieb- und Marktlehre.* Vilnius: Margi raštai.

LT–DERechtWirtschTerm: Rakucevičius, Romaldas (2001): *Lietuvių ir vokiečių kalbų teisės ir verslo terminų žodynas* (Litauisch-deutsches Wörterbuch der Rechts- und Wirtschaftstermini). Vilnius: Žygimantų spaustuvė.

DE–LTRechtWirtschTerm: Rakucevičius, Romaldas (2004): *Vokiečių ir lietuvių kalbų teisės ir verslo terminų žodynas* (Deutsch-litauisches Wörterbuch der Rechts- und Wirtschaftstermini). Vilnius: Žygimantų spaustuvė.

DE–LTOdont: Sirtautienė, Zita (2009): *Vokiečių-lietuvių kalbų žodynėlis Odontologijos fakulteto studentams* (Deutsch-litauisches Wörterbuch für die Studenten der Odontologischen Fakultät). Kaunas: Kauno medicinos universiteto leidykla.

DE–LT/LT–DERechtsTerm: Volungevičienė, Ema (1995): *Vokiečių-lietuvių Lietuvių-vokiečių kalbų teisės terminų žodynas. Deutsch-litauisches/Litauisch-deutsches Juristisches Wörterbuch.* Vilnius: Žodynas.

DE–LT/LT–DEAuto: Žitkutė, Antanina (1996): *Vokiečių-lietuvių lietuvių-vokiečių kalbų automobilių terminų žodynas* (Deutsch-litauisches und litauisch-deutsches Wörterbuch der Automobiltermini). Vilnius: Mokslo ir enciklopedijų leidykla.

Literaturverzeichnis

Bergenholtz, Henning (1994): Zehn Thesen zur Fachlexikographie. *Fachlexikographie. Fachwissen und seine Repräsentation in Wörterbüchern.* Burkhard Schaeder, Henning Bergenholtz (Hg.). Tübingen: Narr. 44–56.

Bergenholtz, Henning, Burkhard Schaeder (1994): Fachwörterbücher. Fachwissen und seine Repräsentation in Wörterbüchern: ein Vorwort. *Fachwissen und seine Repräsentation in Wörterbüchern*, Burkhard Schaeder, Henning Bergenholtz (Hg.). Tübingen: Narr. 5–11.

Civilkienė, Daiva *et al.* (2009): *Trikalbis anglų-vokiečių-lietuvių kalbų turizmo žodynas* (Dreisprachiges englisch-deutsch-litauisches Wörterbuch des Tourismus). Šiauliai: Šiaulių kolegija.

Dressler, Stephan (1994): Texte und Texte im Kontext: Umtexte in Fachwörterbüchern. *Fachlexikographie. Fachwissen und seine Repräsentation in Wörterbüchern*. Burkhard Schaeder, Henning Bergenholtz (Hg.). Tübingen: Narr. 304–320.

Gavenytė-Butler, Jolanta (2009): Lietuviškų terminų žodynų leidyba 1998–2008 metais (Publikationen der litauischen terminologischen Wörterbücher 1998–2008). *Terminologija* 14, 252–265.

Haensch, Günther (1991): Die zweisprachige Fachlexikographie und ihre Probleme. *Wörterbücher, Dictionaries, Dictionaires. Ein internationales Handbuch zur Lexikographie*. 3. Teilband. Franz Josef Hausmann, Herbert Ernst Wiegand (Hg.). Berlin, New York: de Gruyter. 2937–2946.

Hausmann, Franz Josef, Reinhold Otto Werner (1991): Spezifische Bauteile und Strukturen zweisprachiger Wörterbücher. *Wörterbücher. Dictionaries. Dictionnaires. Ein internationales Handbuch zur Lexikographie*. 3. Teilband. Franz Josef Hausmann, Herbert Ernst Wiegand (Hg.). Berlin, New York: de Gruyter. 2729–2769.

Hausmann, Josef, Herbert Ernst Wiegand (1989): Component Parts of General Monolingual Dictionaries: A Suvey. *Wörterbücher. Dictionaries. Dictionnaires. Ein internationales Handbuch zur Lexikographie*. 1. Teilband. Franz Josef Hausmann *et al.* (Hg.). Berlin, New York: de Gruyter. 328–360.

Krausse, Sylvana (2008): Gimme Context – Towards New Domain-Specific Collocational dictionaries. *Santalka. Filologija. Edukologija* 16.4, 46–52.

Maskaliūnienė, Nijolė (Bearb.) (2009): *Teminis anglų-vokiečių-lietuvių kalbų verslo žodynas* (Thematisches englisch-deutsch-litauisches Wirtschaftswörterbuch). Vilnius: Alma littera.

Melnikienė, Danguolė (2009): *Dvikalbiai žodynai Lietuvoje: megastruktūros, makrostruktūros ir mikrostruktūros ypatumai* (Zweisprachige Wörterbücher in Litauen: Besonderheiten der Mega-, Makro- und Mikrostruktur). Vilnius: VU leidykla.

Mieliauskienė, Lilija, Esmeralda Štyps, Dalia Kačergienė (2007): *Autotransporto elektronika. Aiškinamasis vienkalbis vokiečių kalbos terminų žodynas. Vokiečių-lietuvių kalbų terminų žodynas* (Autoelektronik. Einsprachiges

Erklärungswörterbuch deutscher Termini. Deutsch-litauisches terminologisches Wörterbuch). Kaunas: Kauno technologijos kolegija.

Schaeder, Burkhard (1994a): Zu einer Theorie der Fachlexikographie. *Fachlexikographie. Fachwissen und seine Repräsentation in Wörterbüchern*. Burkhard Schaeder, Henning Bergenholtz (Hg.). Tübingen: Narr. 11–43.

Schaeder, Burkhard (1994b): Fachwörterbuch als Darstellungsform fachlicher Wissensbestände. *Fachlexikographie. Fachwissen und seine Repräsentation in Wörterbüchern*. Burkhard Schaeder, Henning Bergenholtz (Hg.). Tübingen: Narr. 69–103.

Schlaefer, Michael (2002): *Lexikographie und Lexikologie*. Berlin: Erich Schmidt.

Wolfgang Pöckl

Woher kommt der schlechte Ruf der deutschen Wissenschaftssprache?

Abstract German has always been considered a grammatically intricate and phonetically all but melodious tongue. So it was never – unlike Italian or French – a foreign language acquired with enthusiasm by European neighbours. In the course of the 19th century, however, German became the dominant language in many branches of knowledge and could therefore not be excluded from the sphere of scientific communication. But the books and articles published by German scholars and scientists showed a tendency towards (ab)using abstract notions and complex syntactic constructions – characteristics that did not contribute to the prestige of German as an academic language. So, when German and Austrian researchers were suspended from nearly all international professional associations after World War I, this was not only a politically motivated decision but also an initiative adopted especially by French, English and American peers with the intention of breaking the supremacy of German as a means of communication in the international scientific community. Today, "German-educated" scholars are often criticized by Anglophone researchers because, even when writing in English, they do not respect conventional standards of English expository texts such as linearity, symmetry, continuity, or the use of reader-friendly strategies (such as, for instance, advance organizers).

Keywords: German, scientific language, academic style, language conflict, language stereotypes

Schlüsselwörter: Wissenschaftssprache, Wissenschaftsstil, Sprachkonflikt, Sprachstereotyp

1 Vorbemerkung

Der Titel des Beitrags stimmt möglicherweise eine pessimistische Note an, die im gegebenen Rahmen gar nicht angebracht erscheint. Denn wenngleich es nicht zu bestreiten ist, dass die Bedeutung des Deutschen als Wissenschaftssprache auch in Nordosteuropa seit Jahrzehnten deutlich zurückgeht (vgl. zahlreiche Aufsätze zu einzelnen Staaten des Ostseeraums in Prinz, Korhonen 2011), so sind dafür pragmatische Gründe auszumachen, die nicht unmittelbar mit dem Prestige der Sprache selbst verknüpft sind. Die Situation stellt sich jedoch etwas anders dar, wenn man aus der Perspektive der großen Sprachgemeinschaften West- und Südeuropas argumentiert, also aus dem Blickwinkel der unmittelbaren Konkurrenten, wobei die Rivalität nur während des verhältnismäßig kurzen Zeitraums von der Wende des 18. zum 19. Jahrhundert bis zum Ersten Weltkrieg bestand. Denn im

Gegensatz zu den anderen „großen" Sprachen des Kontinents trat Deutsch erst spät als Wissenschaftssprache von europäischer Bedeutung in Erscheinung, etablierte sich jedoch innerhalb kurzer Zeit so erfolgreich, dass im Lauf des 19. Jahrhunderts, wie Ulrich Ammon (1991, 283) schreibt, „ein gängiger Topos von der Rollenverteilung verschiedener Sprachen [entstand], nämlich, Deutsch sei Sprache der Wissenschaft, Englisch Sprache des Handels und Französisch Sprache der Diplomatie". Natürlich entsprang diese – vermeintliche oder faktische – Aufteilung der Domänen nicht dem Streben der Völker nach Ausgewogenheit, sondern einerseits der Tradition – Französisch war auch Vertragssprache, wenn Frankreich Kriegsverlierer war (so beim Wiener Kongress 1814–1815 oder nach dem deutsch-französischen Krieg 1870–1871) – und andererseits den jeweiligen Stärken der Nationen. Was die deutsche Sprache betrifft, ist aber noch eine kurze Bemerkung zu ihrem Image im Allgemeinen vorauszuschicken.

2 Bewertungen der deutschen Sprache

Mochten in der Glanzzeit des Deutschen (zumindest passive) Deutschkenntnisse für viele Wissenschaftsberufe zum unverzichtbaren Handwerkszeug gehören, so muss man doch auch feststellen, dass Deutsch nie als „attraktive" Sprache galt, die man um ihrer intrinsischen Qualitäten willen lernte. Eher spielte die instrumentelle Motivation eine Rolle. Gewiss nicht zufällig gibt es im Französischen und im Spanischen neben den neutralen Sprachbezeichnungen *allemand / alemán* ein Lehnwort aus dem Italienischen (wo 'deutsch' *tedesco* heißt), das eindeutig pejorativ konnotiert ist und sich meistens auf die Lautgestalt des Deutschen bezieht, konkret etwa auf den Konsonantenreichtum, die aspirierten Verschlusslaute usw., kurz, seinen Mangel an Wohlklang und Eleganz, der es aus dem Kreis der edlen Kultursprachen auszuschließen scheint.[1] Wahrscheinlich hat dieses

1 Im Spanischen gibt es zwar den Phraseologismus *comer / beber como un tudesco* ('fressen / saufen wie ein Deutscher'), aber in der Regel begegnet das Adjektiv in Verbindung mit der Sprache. So etwa beschreibt der spanische Essayist und Erzähler Azorín das Sprachengewirr an der Universität Salamanca im 16. Jahrhundert so: „A las parlas y dialectos de todas las regiones españolas mezclábanse los sonidos guturales del inglés o la áspera ortología del tudesco" [zitiert nach Azorín (2000, 117); in der Übersetzung von Anna Maria Ernst Jelmoli (1942, 58): 'Unter die Sprachen und Dialekte der spanischen Provinzen mischten sich englische Kehllaute und die rauhe Redeweise der Deutschen']. Das ist mild herablassend und leicht ironisch.
Das verbreitetste französische Referenzwörterbuch, der *Petit Robert*, bringt als knappe Belegstelle das Nominalsyntagma „son accent tudesque" aus einem Roman des Westschweizer Schriftstellers Blaise Cendrars.

Urteil niemand pointierter und subtiler zum Ausdruck gebracht als Voltaire, der in seinem Kurzroman *Candide ou l'optimisme*, bekanntlich einer höhnischen Abrechnung mit der Theodizee von Gottfried Wilhelm Leibniz (und damit wohl generell „der" deutschen Philosophie, wenn man so will), gleich im ersten Satz einen „monsieur le baron de Thunder-ten tronckh" einführt, dessen Name an sich schon als Schmähung des Deutschen intendiert ist. In der anglophonen Welt hat wohl vor allem Mark Twain mit seiner Verspottung der „awful German language" wirkungsvoll zur Aufrechterhaltung und vielleicht auch Verstärkung von Ressentiments gegenüber der deutschen Sprache beigetragen.[2] Solche durch anerkannte Autoritäten gestützte Einstellungen waren natürlich keine Empfehlung für die Akzeptanz eines neuen Mitglieds im Reigen der europäischen Kultursprachen.

3 Bewertungen der deutschen Wissenschaftssprache

Im letzten Drittel des 18. Jahrhunderts entstand in Deutschland wissenschaftliches Schrifttum in der Landesprache, das auch über den eigenen Sprachraum hinaus Wirkung entfaltete. An prominenter Stelle verdient ohne Frage Immanuel Kant genannt zu werden, dessen Bedeutung für die Geschichte der Philosophie unbestritten ist, dessen schwieriger Stil aber nicht eben zum Prestige der deutschen Wissenschaftsprosa beigetragen hat. Die diesbezüglichen Sticheleien französischer Gelehrter, vor allem solcher der zweiten und dritten Kategorie, sind Legion und auch ein Grund dafür, dass die Texte des deutschen Vorzeigephilosophen zum Gegenbild französischer Eleganz stilisiert worden sind und seit jeher als Prototyp unverständlicher Wissenschaft *made in Germany* gelten.

Es muss in diesem Zusammenhang aber auch daran erinnert werden, dass eine mindestens ebenso große Außenwirkung von Georg Friedrich Wilhelm Hegel ausgegangen ist, dessen Anhänger in Italien – konkret vor allem in Neapel – spöttisch *i begriffi* genannt wurden. Der besondere Eifer, der von Deutschen in den Wissenschaften immer rund um die Begrifflichkeiten entfaltet wird, gilt den Italienern (und nicht nur ihnen) bis heute als Differenzierungskriterium zu eigenen Ansätzen. Ein neueres Dokument aus Soziologenkreisen bestätigt dies. Der Bielefelder Professor Hartmann Tyrell teilt in der *Zeitschrift für Soziologie* eine Episode mit, aus der nicht klar hervorgeht, ob der Spottname ein zweites Mal erfunden wurde oder ob die italienischen Teilnehmer ohne Wissen der deutschen Kollegen an eine bestehende Tradition angeknüpft haben; aufschlussreich ist sie allemal:

---

2 "Surely there is not another language that is so slip-shod and systemless, and so slippery and elusive to the grasp." / „Ganz bestimmt gibt es keine andere Sprache, die so ungeordnet und unsystematisch ist, die so jedem Zugriff entschlüpft." (Twain 2012, 4–5)

> In den 1980er Jahren fand in Italien [...] ein international besuchter sozialwissenschaftlicher Kongreß statt, an dem auch eine Reihe deutscher Wissenschaftlerinnen und Wissenschaftler teilnahm. Im Verlauf des Kongresses fiel den italienischen Gastgebern an den deutschen Teilnehmern [...] (oder doch an einigen von diesen) etwas auf, das sie als deutsche intellektuelle Eigentümlichkeit wahrnahmen, nämlich ein vordringliches Interesse an Begriffsbildung und Begriffsklärung, überhaupt die Tendenz, Begriffliches vorrangig wichtig zu nehmen.[...] Und wie immer die Tagungssprache war, die deutsche Rede vom „Begriff" muß den italienischen Hörern in den Ohren geklungen haben. Die Beobachtung wurde zum Gesprächsgegenstand und stimulierte eine amüsant-ironische Begriffserfindung, die unter den kommunikativen Gegebenheiten des Kongresses nicht ohne Resonanz bleiben konnte und dann auch darüber hinaus gut (weiter-)erzählbar war. Die italienischen Teilnehmer nannten die deutschen Kollegen „i begriffi". Diese Namengebung [...] bündelte aufs Schönste die Unterschiedserfahrung, die man mit und an den „ultramontanen" Kollegen gemacht hatte [...]. Sie tat es in Form einer Sammelbezeichnung mit nationaler Adressierung und freundlich-bedenklichem Unterton. (Tyrell 2005, 1)

In der Philosophie war den Franzosen und Engländern also um 1800 Konkurrenz erwachsen, aber andere Disziplinen sind in Deutschland erst regelrecht ins Leben gerufen worden. Die neusprachlichen Philologien zum Beispiel, später die Ökologie; auch die Übersetzungswissenschaft könnte man übrigens zu diesen Fächern zählen, die im 19. Jahrhundert fast nur durch deutsche Anthologiestücke, angefangen bei Schleiermacher, genährt wird. Ich möchte aber hier speziell die Frühgeschichte der Altertumswissenschaft aufrollen (übrigens genau eines dieser Komposita, über die sich Mark Twain (2012, 42–43) lustig macht); der Grund für diese Wahl ist, dass Jürgen Trabant (2012) sie in seinem jüngsten Buch über Wilhelm von Humboldt so lebendig erzählt hat und ich mich bequem an seine Darstellung anlehnen und sie mit einem relevanten Aspekt des hier behandelten Themas verknüpfen kann.

Anlassfall ist eine Fußnote – einerseits als Textbaustein und andererseits als Indiz. Zunächst eine allgemeine Bemerkung zum Textbaustein: Der amerikanische Historiker Anthony Grafton, Professor an der Princeton University, untersucht die Fußnote in seinem Werk *The Footnote. A Curious History* in Bezug auf die Geschichtswissenschaft und zeigt, dass dieses aus amerikanischer Sicht typische Ingrediens von dem, was als *Teutonic scholarship* belächelt wird oder auch verschrien ist, keineswegs nur langweiligen dokumentarischen Ballast darstellt, sondern, wie es im Klappentext der deutschen Übersetzung (Grafton 1998) heißt, „Tummelplatz der Leidenschaften", „Schlachtfeld intellektueller Kämpfe" und „Schauplatz härtester und oftmals unfairer Auseinandersetzungen der verschiedensten historischen Schulen" sein kann. Die nicht-lineare, quasi hypertextförmige Struktur deutscher Beiträge galt lange Zeit als Merkmal einer pedantischen Wissenschaftskultur, war also nichts, was in anderen Ländern zur Nachahmung empfohlen wurde.

Grafton hat auch erkannt – und damit kommen wir wieder zu Humboldt zurück –, dass die Zunft der Geschichtswissenschaftler Vorbilder hatte; d. h., „daß deutsche Historiker ihrerseits allesamt nachmachten, was deutsche Altphilologen bereits für die Quellen der Literatur- und politischen Geschichte der Antike getan hatten“ (Grafton 1998, 94). Wer sich ein wenig für Wissenschaftsgeschichte interessiert, ahnt, dass nun der Name Friedrich August Wolf fallen muss. Trabant allerdings, der in dieser Sache vielleicht nicht ganz unparteiisch ist, reklamiert auch für Humboldt, den Autor der Abhandlung *Über das Studium des Alterthums, und des griechischen insbesondre*, das Prädikat „Gründergestalt der modernen Altertumswissenschaft“ (Trabant 2012, 33), macht aber gleichzeitig darauf aufmerksam, dass Humboldt nur eine Fußnote in Wolfs *Darstellung der Alterthums-Wissenschaft* aus dem Jahr 1807, sozusagen der Geburtsurkunde des Fachs, ist, und zwar eine sehr lange, aber anonyme – der Name Humboldt erscheint darin nämlich nirgends explizit. „Die Fußnote beginnt auf S. 126 und geht bis S. 129, setzt dann erneut ein auf S. 133 und geht bis S. 137.“ (Trabant 2012, 33) Wie ist dieser seltsame Umstand zu erklären?

> Etwas für die Sozialgeschichte der Wissenschaften sehr Interessantes geschieht dabei: Es wird der angesehene und gesellschaftlich hochstehende Herr Baron, Gesandte, Sektionschef, Minister, Minister a. D. etc. von dem sozial niedrigeren, dafür aber professionellen Vertreter des Fachs gelobt und dann zugleich beiseitegeschoben: nämlich als ein exzellenter Dilettant. Der Herr Professor bestätigt etwas kondeszendent, daß der Herr Baron so etwas Kluges hat sagen können. (Trabant 2012, 34)

Die Fußnote ist also nicht nur der Ort des Schulstreits, sondern auch der Ständerivalität. Bürgerliche Wissenschaftler nehmen für sich die Würde einer Bildungsaristokratie in Anspruch. Dieses Selbstverständnis drückt sich in einem elitären Bewusstsein aus, das sein Korrelat aber auch in der Sprache des Haupttexts findet. Man ist Spezialist in einem schwierigen Fachgebiet, da kann die Sprache, mit der man die Probleme abhandelt, nicht leichtfüßig daherkommen. Die Wissenschaftssprache schafft eine ehrfurchtgebietende Aura. Die Sprachstilgeschichte des 18. Jahrhunderts gibt diese Entwicklung nicht unbedingt vor, die Aufklärung kennt auch zugänglichere Modelle. Aber man muss konstatieren, dass sich vor Sigmund Freud wenige bedeutende deutschsprachige Wissenschaftler eines Stils befleißigen, den man guten Gewissens als leserfreundlich bezeichnen könnte. Auch Johan Galtung (1981), dessen berühmt gewordener Essay über die Geographie der intellektuellen Stile den naiven Universalismus *à la* Widdowson (1979) eindrucksvoll unterminiert hat, unterstreicht, dass deutsche Wissenschaftstexte im Vergleich und im Gegensatz zu englischen einen hohen Grad an Sprachkultur erfordern.

Im Lauf des 19. Jahrhunderts übernahmen deutschsprachige Wissenschaftler in immer mehr Fächern die klare Führungsrolle. Sie stärkten damit nicht nur die

Position der deutschen Sprache, sondern, was meistens weniger bedacht wird, sie exportierten damit auch Denkmuster vor allem in Regionen, in denen es – zum Teil mit Ausnahme des Lateinischen – keine etablierte Wissenschaftssprache mit solider Tradition gab, also nach Skandinavien, nach Nordost- und, in bescheidenerem Maß, auch nach Südosteuropa. Während die Verwendung einer Sprache als Kommunikationsmittel in der Wissenschaft, zumindest was die Publikationen betrifft, leicht durch entsprechende Statistiken quantifiziert werden kann, ist der Nachweis der Übernahme von Denkformen schwerer zu führen. Ich komme ganz am Ende auf dieses Thema zurück, das einige Wissenschaftshistoriker begonnen hat zu interessieren, möchte aber vorsorglich betonen, dass es natürlich keinen grundsätzlichen Kausalkonnex zwischen einer Einzelsprache und Vertextungsstrategien wissenschaftlicher Erkenntnisse gibt (was vor allem in Richtung Frankreich gesagt werden muss; dazu vgl. *infra*).

Die Fächer, in denen deutschsprachige Wissenschaftler den Ton angaben, verteilten sich auf viele Lebensbereiche. Von Philosophie und Übersetzung war schon die Rede. Als Student habe ich – zu meiner allergrößten Verwunderung – gelernt, dass man bis in die Zwischenkriegszeit in Frankreich ohne Deutschkenntnisse nicht ernsthaft französische Philologie studieren konnte, weil die Standardwerke zum Großteil in deutscher Sprache verfasst waren. Aber von viel größerer gesellschaftlicher Bedeutung waren natürlich die naturwissenschaftlichen Disziplinen. In ihrer vielbeachteten Habilitationsschrift über den Boykott deutscher Wissenschaftler nach dem Ersten Weltkrieg zählt Roswitha Reinbothe (2006, 12) ausdrücklich auf: Astronomie, Geodäsie, Geophysik, Physik, Chemie, Mathematik, Geographie, Biologie, Medizin. Die nationalistisch aufgeheizte Atmosphäre vor 1914 brachte es mit sich, dass die mehrheitlich wenig sensiblen deutschen Forscher quasi im Sinn der antik-mittelalterlichen Denkfigur der *translatio studii* Deutschland zum Hort der Wissenschaften erklärten und damit natürlich die Kollegenschaft anderer Länder provozierten. So etwa konfrontierte, um nur ein Beispiel zu nennen, der spätere Nobelpreisträger für Chemie Wilhelm Ostwald bei der Eröffnungsrede eines internationalen Kongresses in Rom die Teilnehmer mit der Behauptung, „dass die Wissenschaft und Technik, in deren Namen wir heute versammelt sind, ihre Heimat zu unserer Zeit vorwiegend in Deutschland aufgeschlagen hat" (zit. nach Reinbothe 2006, 36), und er rechnet den Teilnehmern aus aller Welt in nicht gerade taktvoller Weise vor, dass die deutschsprachigen Publikationen zur Chemie so zahlreich seien wie alle anderen zusammengenommen.

Da die Sympathie für Sprachen ja meist gekoppelt ist mit der Sympathie für die Menschen, die sie sprechen, kann man sehr gut nachvollziehen, dass der Boykott der deutschen und österreichischen Wissenschaftler nach 1918 eine willkommene Gelegenheit namentlich für die französisch- und englischsprachigen Forscher war, auch das Deutsche als Wissenschaftssprache abzuwerten und alte Argumente in Stellung zu bringen. Besonders französische Wissenschaftler taten sich dabei hervor (vgl. Pöckl 2001), und zwar weit über die Weltkriege hinaus. Wieder nur ein Beispiel für viele: Der berühmte Pariser Botaniker Roger Heim hielt 1955 eine programmatische Rede über gute *Wissenschafts*sprache (deswegen werden seine Ausführungen auch hier thematisiert und nicht schon im vorangehenden Abschnitt). Dabei bemühte er, wie unzählige Franzosen vor ihm, den alten Topos von der Logik des Französischen und leitet aus dieser Eigenschaft seine besondere Eignung als Kommunikationsmittel insbesondere in der Wissenschaft ab:

> [...] l'ordre logique se plie sur l'ordre grammatical. Là est le génie de la langue, fait de la simplicité constructive et de l'ordonnance directe. Là est la raison de son succès en tant que langage scientifique [...] [le français est] une langue dont la limpidité est algébrique, un instrument d'investigation, fait de puissance, de clarté et de précision [...] (Heim 1955, 117f.)[3]

Über das Deutsche hingegen gebe es wenig Rühmliches zu sagen:

> [...] la langue allemande, synthétique elle, éloignée du latin, langue dont l'ordre grammatical ne concorde plus avec le sens logique, langue sinusoïdale, pour tout dire fatigante, dont la complication aboutit à l'équivoque et souvent à l'obscurité. (Heim 1955, 118)[4]

Womit wir also wieder bei dem alten Vorurteil wären, dass die französische Sprache schon aufgrund ihrer Struktur die logische Entwicklung der Gedanken garantiert – und das Deutsche den genau entgegengesetzten Effekt hat.

Neuerdings verlagert sich die Kritik an deutschen Publikationen (und an englisch geschriebenen Texten deutschstämmiger Wissenschaftler) allerdings immer mehr von den komplizierten Sätzen und den vielen abstrakten Begriffen hin zum Aufbau der Texte.

---

3 Übersetzung: „[...] die Wortstellung entspricht der Logik. Darin drückt sich der ‚Geist der Sprache' aus, der auf konstruktioneller Einfachheit und geradliniger Wortfolge beruht. Das ist der Grund für den Erfolg des Französischen als Wissenschaftssprache [...] Das Französische ist eine Sprache von algebraischer Transparenz, ein Instrument der Forschung, bestehend aus Kraft, Klarheit und Präzision [...]."

4 Übersetzung: „das Deutsche, eine synthetische Sprache, vom Latein entfernt; eine Sprache, in der Logik und Wortfolge nicht übereinstimmen, eine mäandernde, frei herausgesagt eine ermüdende Sprache, deren Kompliziertheit zu Zweideutigkeiten und oft zu Unklarheiten führt."

4 Die Bewertung deutscher Texte

Seit dem Ende des Zweiten Weltkriegs stellt sich die Frage, ob Deutsch noch internationale Wissenschaftssprache ist, immer weniger. Die einstigen Einzugsgebiete wechselten großenteils zum Englischen als Leitsprache, in der Sowjetunion dominierte natürlich das Russische neben der Nationalsprache (vgl. zum Estnischen z. B. Kreem 2011). Im Zeitalter der Globalisierung sehen sich auch viele deutschsprachige Wissenschaftler im Zwiespalt, ob sie ihre Muttersprache für Publikationen verwenden sollen; für die Naturwissenschaften ist die Entscheidung zugunsten des Englischen ohnedies längst gefallen (vgl. u. a. Ammon 1998). Fremdsprachenphilologen, die früher einige Mühe darauf verwendet haben, Bücher und Artikel in den Sprachen ihres Fachs zu verfassen und damit sowohl sprachliche Kompetenz als auch Liebe zur Kultur anderer Völker unter Beweis zu stellen, müssen heute bedenken, dass sich ihr Impact-Faktor nur durch englischsprachige Veröffentlichungen erhöht. Sogar die im deutschen Wissenschaftsbetrieb selbstverständliche Praxis, fremdsprachige Originalzitate in den Text zu integrieren, muss aufgegeben werden, sobald man in den anglophonen Wissenschaftskosmos wechselt: Ferdinand de Saussure oder Louis Hjelmslev, Ludwig Wittgenstein oder Roland Barthes dürfen schon zitiert werden, aber bitte nur auf Englisch!

Die Crux, die sich für nicht anglophone Wissenschaftler in dieser Situation oft ergibt, ist erst vor relativ kurzer Zeit jenseits der üblichen sprachpolitischen Argumente zum Thema geworden. In Fächern, die für Publikationen nicht – so wie die Medizin oder die Physik es seit geraumer Zeit tun – fixe Baupläne vorgeben, haben anderssprachige Autoren auch Nachteile, selbst wenn sie zum Englischen wechseln, wenn ihnen nicht bewusst ist, dass sie im Zuge der muttersprachlichen Sozialisation Textproduktionsmuster erlernt haben, die in der anglophonen Welt nicht üblich sind und die daher als defizitär betrachtet werden.

Ich beschränke mich hier auf einige Stichworte, die in der Fachliteratur umfassend diskutiert worden sind (vgl. Clyne 1987 und 1991, Pöckl 1995):

- Linearität
  Wie schon der Fußnotenepisode zu entnehmen ist, tendieren deutsche Autoren dazu, thematische Nebenschauplätze zu eröffnen, was in der anglophonen Szene gar nicht goutiert wird. Deutsche bauen auch in den Text gern Exkurse ein – also Textbausteine, für die es im Englischen gar keinen Namen gibt und die folglich auch als Konstruktionsfehler von Texten bewertet werden.
- Explizitheit
  Im deutschsprachigen Raum lernt man, in expositorischen Texten nicht mit der Tür ins Haus zu fallen, sondern den Leser behutsam zum Thema hinzuführen. Englische Texte beginnen vielfach recht unvermittelt damit, dass

gleich im ersten Satz die These formuliert wird: *My claim is ...* – eine Formel, die aufgrund ihrer Häufigkeit und ihrer privilegierten Position in den Texten dazu geführt hat, dass auch deutsche Wissenschaftler inzwischen vom *Claim* ihrer Arbeiten sprechen.

- Symmetrie
  Deutsche Wissenschaftler, aber auch Schüler und Studierende, sind der Auffassung, dass ein Kapitel eben so lang wird, wie Argumente zu verhandeln sind. Die anglophone Aufsatzlehre sieht dagegen vor, dass die einzelnen Kapitel umfangmäßig etwa gleich lang zu sein haben.
- Einstellung auf die Leserschaft
  Ein zentraler Unterschied zwischen deutschen und englischen Texten scheint die Art und Weise zu sein, wie Verfasser auf ihr Publikum zugehen. John Hinds (1987) hat dafür die dichotomischen Ausdrücke *writer* vs. *reader responsibility* in Umlauf gebracht. In der englischsprachigen Welt wird man angehalten, sich in den Verstehenshorizont der Leserschaft zu versetzen, während man bei deutschen Texten oft den Eindruck hat, das Anliegen der Autoren bestehe darin, die Komplexität des Themas in der Sprache ikonisch abzubilden. Unsere Studierenden neigen daher dazu, sich bewusst kompliziert und abstrakt auszudrücken, weil sie das für wissenschaftlich halten; leider werden sie darin manchmal auch von den Lehrenden bestärkt. In dasselbe Kapitel gehört die Gewohnheit englischsprachiger Autoren, die Leser mittels häufiger Vor- und Rückverweise durch den Text zu begleiten, was das deutsche Lesepublikum nicht gewöhnt ist und daher eher als betulich-pädagogische Bevormundung empfunden wird.

Es gibt noch eine Menge weiterer Unterschiede zwischen prototypischen englischen und deutschen Fachtexten (zur Thematik im europäischen Maßstab vgl. Reinart 2009, besonders Kap. 6.2, 187–272). Da heutzutage in den Wissenschaften alles an den anglophonen Praktiken gemessen wird, haben die Traditionen der deutschsprachigen Textproduktion, die von den anglophonen Modellen abweichen, wenig Aussicht auf Anerkennung. Da hilft auch Johann Galtungs luzide und originelle, wenn auch ein wenig impressionistische Gegenüberstellung von vier intellektuellen Stilen, die alle ihre Qualitäten und ihre Nachteile, vor allem aber ihre Berechtigung haben, wenig, außer dass sie vielleicht doch das Bewusstsein gefördert hat, dass es in der Welt verschiedene Arten gibt, Wissenschaft zu „machen" und wissenschaftliche Erkenntnisse zu versprachlichen.

5 Zusammenfassung

Wenn man die Argumente, die gegen eine Verwendung des Deutschen als Sprache der Wissenschaft vorgebracht worden sind, noch einmal Revue passieren lässt, so kann man erkennen, dass sich im Lauf der Geschichte die Angriffspunkte verschieben:

- Das älteste Argument betrifft die Struktur der deutschen Sprache als solcher (die sie, vor allem aus französischer Sicht, als Medium rationaler Argumentation von vornherein disqualifiziert).
- In einer zweiten Phase, sobald deutschsprachige Wissenschaft zu einer ernstzunehmenden Konkurrenz geworden ist, werden der Hang zur Abstraktion und die komplizierte Ausdrucksweise deutschsprachiger Wissenschaftler (also der deutsche Wissenschaftsstil) kritisiert.
- Seit englische Muster der wissenschaftlichen Textproduktion als alleiniger Maßstab gelten, steht primär der Aufbau deutschsprachiger wissenschaftlicher Texte in der Kritik.

Literaturverzeichnis

Ammon, Ulrich (1991): *Die internationale Stellung der deutschen Sprache*. Berlin, New York: de Gruyter.

Ammon, Ulrich (1998): *Ist Deutsch noch internationale Wissenschaftssprache? Englisch auch für die Lehre an den deutschsprachigen Hochschulen*. Berlin, New York: de Gruyter.

Azorín (2000): *Castilla*. Madrid: Biblioteca Nueva. – Deutsche Übersetzung von Anna Maria Ernst Jelmoli (1942): *Spanische Visionen – Literarische Paraphrasen*. Zürich: Rascher.

Clyne, Michael (1987): Cultural Differences in the Organization of Academic Texts, English and German. *Journal of Pragmatics* 11, 211–247.

Galtung, Johan (1981): Structure, Culture and Intellectual Style. An Essay Comparing Saxonic, Teutonic, Gallic and Nipponic Approaches. *Social Science Information* 20, 817–856. – Deutsche Übersetzung: Struktur, Kultur und intellektueller Stil. Ein vergleichender Essay über sachsonische, teutonische, gallische und nipponische Wissenschaft. *Das Fremde und das Eigene. Prolegomena zu einer interkulturellen Germanistik*. Alois Wierlacher (Hg.). München: iudicium. 151–193.

Grafton, Anthony (1998): *Die tragischen Ursprünge der deutschen Fußnote*. Aus dem Amerikanischen von H. Jochen Bußmann. München: Deutscher Taschenbuch Verlag (= dtv 1990). – Originaltitel: *The Footnote. A Curious History*. Cambridge, MA: Harvard University Press 1997.

Heim, Roger (1955): La langue française et la science. *Cinq propos sur la langue française*. Paris: Fondation Singer-Polignac. 83–126.

Hinds, John (1987): Reader versus Writer Responsibility. A New Typology. *Writing Across Languages: Analysis of L_2 Text*. Ulla Connor, Robert B. Kaplan (Hg.). Reading, MA u. a.: Addison-Wesley. 141–152.

Kreem, Juhan (2011): Wissenschaftssprachen in Estland. *Deutsch als Wissenschaftssprache im Ostseeraum – Geschichte und Gegenwart*. Michael Prinz, Jarmo Korhonen (Hg.). Frankfurt am Main u. a.: Lang. 55–65.

Pöckl, Wolfgang (1995): Nationalstile in Fachtexten? Vom Tabu- zum Modethema. *Fachsprache* 17 (3–4), 98–107.

Pöckl, Wolfgang (2001): Französisch als Wissenschaftssprache im Jahr 2000. *Mehrsprachigkeit in der Romania. Französisch im Kontakt und in der Konkurrenz zu anderen Sprachen*. Joachim Born (Hg.). Wien: Edition Praesens. 117–128.

Prinz, Michael, Jarmo Korhonen (Hg.) (2011): *Deutsch als Wissenschaftssprache im Ostseeraum – Geschichte und Gegenwart*. Frankfurt am Main: Lang.

Reinart, Sylvia (2009): *Kulturspezifik in der Fachübersetzung*. Berlin: Frank & Timme.

Reinbothe, Roswitha (2006): *Deutsch als internationale Wissenschaftssprache und der Boykott nach dem Ersten Weltkrieg*. Frankfurt am Main u. a.: Lang.

Trabant, Jürgen (2012): *Weltansichten. Wilhelm von Humboldts Sprachprojekt*. München: Beck.

Twain, Mark ([11]2012): *The Awful German Language / Die schreckliche deutsche Sprache*. Übersetzung von Ana Maria Brock. – *Slovenly Peter*. Nachdichtung von Heinrich Hoffmanns „Struwwelpeter". Waltrop, Leipzig: Manuscriptum.

Tyrell, Hartmann (2005): Singular oder Plural. *Zeitschrift für Soziologie – Sonderheft Weltgesellschaft*, 1–50.

Widdowson, Henry George (1979): The Description of Scientific Language. *Explorations in Applied Linguistics*. Henry George Widdowson (Hg.). London: Oxford University Press. 51–61.

Egita Proveja

Von Albuminaten oder Eiweißstoffen: Zur Vermittlung von wissenschaftlichen Erkenntnissen an Frauen im ausgehenden 19. Jahrhundert

Abstract This paper analyses the promotion of findings in science (chemistry) among an audience of German-speaking women in the Kurzeme and Vidzeme regions at the end of the 19th century. The research data for the analysis consist of the article "Die Milch" published in four continued parts in the weekly edition "Rigasche Hausfrauenzeitung" at the beginning of 1884. Neither the author's name nor surname are indicated (there is an indication -w- at the beginning of the article). It is possible that the author could have been the professor of chemistry at Riga Polytechnics Wilhelm Ostwald, who later was awarded the Nobel Prize (see Zigmunde 1999). In the article, there is a substantive review of the components of milk characterizing its chemical specifications and reactions, as well as a description of different dairy products, all outlined in the context of chemistry findings.

The analysis is carried out according to Jürg Niederhauser's (1999) theoretical basis viewing the promotion techniques and strategies of scientific content. The results of the analysis show that, in order to share scientific content with the readers, the author has basically reduced the amount of information, and expanded compressed information (e. g., explanations of special lexis in different ways), as well as explaining special content in a different context more comprehensible for women. At the same time, the strategies found in the analyzed texts include the comparison of the content to the experience acquired by women in everyday life, and the presentation of the content emphasizing its practical significance. Finally, it is concluded that the author, most probably a scientist, found a description of milk and various dairy products manufactured from it that is completely adequate for the target audience and informatively exhaustive.

Keywords: promotion of science, promotion techniques, promotion strategies

Schlüsselwörter: Wissenschaftsvermittlung, Techniken der Wissenschaftsvermittlung, Strategien der Wissenschaftsvermittlung

1 Einleitung

In der modernen Welt wird der Anspruch einer Wissensgesellschaft erhoben, und dies führt unter anderem zum Erfordernis der Vermittlung und der Popularisierung der Wissenschaft. Dementsprechend darf die Wissenschaft sich keineswegs als „eine von allen anderen gesellschaftlichen Bereichen und Aktivitäten abgehobene

Veranstaltung" (Ehlich 2015, 29) postulieren. Dieses Erfordernis sollte allerdings nicht als ein exklusives Signum des 21. Jahrhunderts aufgefasst werden, denn auch im ausgehenden 19. Jahrhundert und im beginnenden 20. Jahrhundert lassen sich Plädoyers für die Popularisierung der Wissenschaft feststellen. Ausgerichtet auf die Frauen als Zielgruppe plädiert etwa die baltendeutsche Herausgeberin und Kochbuchautorin Marie von Redelien 1897 für die Verwertung wissenschaftlicher Erkenntnisse der Chemie wie folgt: „Die Chemie ist fördernd in die Fabriken und Werkstätten der Männer eingedrungen; warum sollte sie nicht in die Werkstatt der Frau, „die Küche", eine zeitgemäße Aufklärung bringen?" (1897, 131) Daher wird für eine „reformierte", auf wissenschaftlichen Erkenntnissen basierte Vorgehensweise in der Küche unter anderem wie folgt postuliert:

> Die Bestellung der Tafel ist durch den ausgedehnten Völkerverkehr eine mannigfaltigere geworden, durch die verschiedenen Arten der Konservierung von Lebensmitteln sind die Grenzen der Jahreszeiten verwischt, und eben weil wir von der Einfachheit früherer Zeiten zu der komplizierten, verfeinerten Küche gekommen sind, hat die Hausfrau eine größere hauswirtschaftliche Aufgabe zu erfüllen. Sie hat sich Rechenschaft über den Nährwert jeder Speise zu geben, denn wir leben nicht nur, um die quälenden Regungen unseres Magens zu beschwichtigen, sondern um aufzubauen und Verluste zu decken. (Redelien 1897, 131)

Die Forderung nach der Umsetzung chemischer Entdeckungen in der Küche lässt sich unter anderem auch den lettischen Kochbüchern des beginnenden 20. Jahrhunderts entnehmen:

> Zinātne tagad laužas iekšā visās nozarēs un arī pavārniecības māksla turpmāk vairs nevar palikt bārenīte kā līdz šim, kur tā bija tā novārtā likta, ka ar to nodarbojas tikai likteņa pabērni, kuŗi nebij pietikoši pie kautcik plašākas izglītības.[1] (Minjona 1927, 121)

Um sich den neuen Herausforderungen stellen zu können, bedarf die Frau eines bestimmten Wissens, d. h. ihr soll der erforderliche Bestand an wissenschaftlichen bzw. chemischen Erkenntnissen in einer angemessenen sprachlichen Ausdrucksweise vermittelt werden. Daraus lässt sich auch das Ziel des vorliegenden Aufsatzes ableiten: Es soll der Frage nachgegangen werden, mit welchen Techniken und Strategien im ausgehenden 19. Jahrhundert die Erkenntnisse der Wissenschaft (hier vor allem der Chemie) an Frauen vermittelt wurden. Das Hauptaugenmerk gilt dabei den russischen Ostseeprovinzen (im lettischen Liv- und Kurland) und

---

1 Die Wissenschaft dringt nun in alle Bereiche ein und auch die Kochkunst kann künftig nicht ein Waisenkind bleiben, wie bis jetzt, wo sie vernachlässigt wurde, dass sich damit nur die Stiefkinder des Schicksals beschäftigt haben, die an keine eingehendere Bildung gelangt waren. [Übersetzung – E. P.]

somit der Popularisierung der Wissenschaft auf Baltendeutsch. In einer ersten Annäherung soll dies in Form einer Fallstudie überprüft werden.

2 Theoretische Grundlagen

Als theoretische Grundlage der Fallstudie dient die Forschungsarbeit von Niederhauser (1999)[2]. Laut Niederhauser (1999, 117) ist die populärwissenschaftliche Wissenschaftsvermittlung als „*Transformation*, *Transfer*, *Umsetzung* oder *Übersetzung* wissenschaftlicher Inhalte in fachexterne Darstellungen unter Anwendung bestimmter *Methoden*, *Techniken* und *Strategien* der Popularisierung" zu verstehen. Bei den Techniken der Wissenschaftsvermittlung bezieht sich Niederhauser eher auf die sprachliche Gestaltung und versteht darunter „generelle Verfahren der Präsentation, Erklärung und Umsetzung von Information" (1999, 118). Bei Strategien „geht es dagegen um inhaltlich-thematisch orientierte Akzentsetzungen" (ebd.), also um die Art und Weise der Vermittlung der wissenschaftlichen Inhalte durch eine geeignete inhaltliche Gestaltung bzw. Anpassung an die beabsichtigte Zielgruppe.

Als Techniken der Vermittlung wissenschaftlicher Inhalte sieht Niederhauser (1999, 120–131) die Reduktion der Informationsfülle und Informationsdichte sowie die Präsentation der Inhalte in anderen Argumentationszusammenhängen. Bei den Strategien handelt es sich hingegen um das Präsentieren von wissenschaftlichen Themen in narrativer Form (vgl. 1999, 198). Zu den Strategien zählt Niederhauser (1999, 197–217) die Personalisierung von Wissenschaft, das Erzählen der Geschichte der Forschung eines Phänomens, die Darstellung des Nutzens und der Auswirkungen der jeweiligen Entdeckung sowie ihrer Wichtigkeit. Des Weiteren kann der jeweilige wissenschaftliche Gegenstand auch mit Alltagserfahrungen und Alltagsvorstellungen verglichen werden. Die einzelnen Techniken und Strategien sollen nachstehend anhand des analysierten Materials geschildert und erläutert werden.

3 Zur Charakteristik des Materials

Als Materialquelle wird für die Untersuchung exemplarisch die in Riga im Zeitraum von 1884 bis 1906 herausgegebene Wochenschrift „Rigasche Hausfrauen-Zeitung" (RHZ) (erschien mittwochs) gewählt. Das Zielauditorium dieser Zeitung waren die Hausfrauen, vor allem die deutschsprachigen Frauen der russischen

2 Näheres zum Stand der Forschung der populärwissenschaftlichen Wissensvermittlung siehe Kohrs (2011, 119–122).

Ostseeprovinzen. Aus der Zeitschrift wurde eine im Jahre 1884 erschienene populärwissenschaftliche Abhandlung über Milch exzerpiert. Der Autor dieser Abhandlung war vermutlich der Professor für Chemie des Polytechnikums zu Riga, der spätere Nobelpreisträger Wilhelm Ostwald (näheres dazu siehe bei Zigmunde 2009, über das Leben und Wirken von Ostwald siehe Walden 1904), also ein Experte[3]. Somit kann im Allgemeinen von einer fachexternen Wissensvermittlung durch Experten an Laien ausgegangen werden.

Der Artikel ist in vier Fortsetzungen (vom 04.01.1884 bis 07.03.1884) erschienen. Geht man nun von der von Zigmunde (2009) vertretenen Auffassung aus, die Abhandlung sei vom Professor für Chemie Ostwald bzw. von einem Wissenschaftler im Bereich Chemie verfasst worden, so kann ein Gegensatz zur Behauptung Bungartens (1981, 22), der Naturwissenschaftler denke „in der Regel nicht an die gesellschaftliche Relevanz seiner Forschungsergebnisse", festgestellt werden. Im betreffenden Artikel betont der Autor insbesondere die Rolle des chemischen Wissens der Frau, indem die Wahl der Milch als eines Gegenstandes seiner Abhandlung mit ihrer Rolle als „Ur- und Vorbild aller Nahrungsmittel" (RHZ 1884/1, 2) begründet wird. Die Kenntnis über ihre „Beschaffenheit und Zusammensetzung [ließe] die wichtigsten Schlüsse über die Zusammenstellung anderweitiger Nahrungsstoffe zu rationell zusammengesetzten Speisen entnehmen" (ebd.). Dieser Begründung folgt eine kurze Auflistung der wichtigsten Bestandteile der „als Nahrungsmittel für uns fast ausschließlich in Betracht kommenden Kuhmilch" (RHZ 1884/1, 2) samt ihres prozentualen Anteils: Wasser mit 87,4%, Casein mit 3,4%, Fett (Butter) mit 3,7%, Milchzucker mit 4,8% und Salze mit 0,7%. In den nächsten Fortsetzungen schildert der Autor die einzelnen Bestandteile sowie die gängigen aus der Milch gewonnenen Produkte wie Käse, Butter, Molke und weniger bekannte wie Kumys und Kefir. Dabei werden bei jedem dieser Bestandteile ihre Reaktionen bzw. Umwandlungsprozesse betrachtet, die zu bestimmten, der Hausfrau bekannten Erscheinungen (etwa Gärung, Zusammengehen der Milch beim Kochen oder Ranzigwerden der Butter) führen. Insbesondere wird auf die Möglichkeiten der Umsetzung des entsprechenden chemischen Wissens in der Küche, also auf die Übertragung der Chemie in die Küche eingegangen.

---

3 Weitere Artikel zu Fachthemen mit einer Namensangabe des Autors zeugen von der Tradition der RHZ, dass fachspezifische Themen von Fachleuten, nicht von Laien behandelt wurden.

4 Zu den Techniken und Strategien der Wissenschaftsvermittlung: Ergebnisse der Analyse

4.1 Reduktion der Informationsfülle

Bei der Reduktion der Informationsfülle stellt Niederhauser den Wegfall von diversen Angaben heraus (vgl. 1999, 120–123): Die Nichtfachleute sollen mit keinen für sie nichts sagenden Details konfrontiert werden. Dazu zählt er beispielsweise die Auslassung von Literaturhinweisen und Anmerkungen, die vor allem der Verortung des Themas im Forschungsgeschehen und in der Wissenschaftslandschaft einer Disziplin dienen. Auch das Aufzeigen des theoretischen Hintergrundes und der fachlichen Zusammenhänge sei von beschränkter Relevanz und solche Informationen finden daher in den populärwissenschaftlichen Texten kaum Berücksichtigung. Des Weiteren spielen auch detaillierte Beschreibungen der Untersuchungsobjekte, eine detaillierte Präsentation und Diskussion von experimentellen Resultaten und Messergebnissen keine zentrale Rolle.

Bei der Analyse des Belegmaterials kann festgestellt werden, dass die Abhandlung weder eingehende Beschreibungen des Forschungsstandes im Bereich der Chemie noch fachintern relevante Angaben enthält. Implizit lässt sich allerdings dem Artikel der derzeitige Stand der Forschung entnehmen. Dies folgt aus Aussagen, wie z. B. „das W a s ist in dieser Angelegenheit längst entschieden, über das W a r u m aber wird bis auf den heutigen Tag gestritten." (RHZ 1884/5, 17)[4] Dieser Technik kann ein weiteres Beispiel zugeordnet werden:

(1) [...] *erhält man fettreiche oder fettarme Massen, aus denen man durch Entfernen des Wassers, Zusatz von Salz und* ***Einleitung eines besonderen, hier nicht zu besprechenden Zersetzungsprocesses*** *die verschiedenen Käse darstellt.* (RHZ 1884/3, 9) [hier und nachstehend Hervorhebungen durch Fettdruck – E. P.]

In der Darstellung des Bestandteiles Kasein behandelt der Autor die Gerinnung der Milch und die Herstellung vom Käse. Wie aus dem Beleg (1) ersichtlich ist, wird auf eine eingehende Behandlung des jeweiligen Zersetzungsprozesses explizit verzichtet. Offensichtlich hält der Autor eine Darstellung des chemischen Zersetzungsprozesses für die Leserin als irrelevant und geht nur auf die allgemeinen Rahmenbedingungen ein (fettreiche bzw. fettarme Masse bringt verschiedene Arten vom Käse durch Wasserentzug und Zugabe von Salz hervor).

Die Analyse hat ergeben, dass sich das Belegmaterial nur teilweise auf die Anwendung dieser Vermittlungstechnik überprüfen lässt. Dies hängt damit zusammen, dass ein entsprechendes Material der fachinternen Kommunikation fehlt,

4 Hier wird die Frage betrachtet, warum Butter ranzig wird.

das für einen Abgleich mit dem Belegmaterial der fachexternen Kommunikation herangezogen werden könnte.

4.2 Reduktion der Informationsdichte

Diese Technik – genauso wie die Reduktion der Informationsfülle – dient der Vereinfachung der wissenschaftlichen Inhalte. Hier handelt es sich nach Niederhauser (vgl. 1999, 128) um das Anreichern der sonst verdichteten wissenschaftlichen Informationen. Die Informationen werden entfaltet, umschrieben und mit dem nötigen Kontext versehen, „damit sie auch für ein nichteingeweihtes Publikum verständlich werden" (Niederhauser 1999, 128). In diesem Sinne ist vor allem der Umgang mit Fachwörtern zu thematisieren, denn die Fachwörter „tragen die Hauptinformationen der fachlichen Kommunikation" (Fluck 1997, 32) und bedürfen wegen ihres komprimierten, fachbezogenen Inhalts in der fachexternen Kommunikation Erklärungen, Erläuterungen etc.

In dem einleitenden Teil der Abhandlung „Milch" führt der Autor zunächst alle Bestandteile der Milch auf, die sich auch als Fachwörter auffassen lassen. Mit Ausnahme von *Luft* erhalten alle weiteren Bestandteile (*Casein*, *Fette*, *Milchzucker* und *Salze*) eine Erklärung. Erklärt werden im Text auch weitere Fachwörter, etwa *Lab*, *Fermente*, *Glycerin* und *Reagenzröhrchen*. Die Art und Weise der Erklärung ist dabei aber unterschiedlich und soll nachstehend eingehender thematisiert werden.

Zunächst lässt sich im Text eine Erklärung von Fachwörtern in Form einer Kurzerläuterung (vgl. Niederhauser 1999, 147–150) feststellen.

(2) *Man nennt Stoffe, deren Wirkung in keinem erkennbaren Verhältnisse mit ihrer Menge steht und daher sich nicht direct auf gewöhnliche chemische Verbindungen oder Scheidungen zurückzuführen lässt, F e r m e n t e.* (RHZ 1884/3, 9)

Wie aus dem Beleg 2 ersichtlich ist, macht der Autor von einer kataphorischen Erklärung Gebrauch, indem das Fachwort nach einer Kurzerläuterung angeführt wird. Die Erklärungen können aber auch anaphorisch bzw. kombiniert verwendet werden. Dies soll anhand des Belegs (3) gezeigt werden:

(3) *Alle F e t t e sind Verbindungen von organischen Säuren mit einem Stoffe, den die heutige Chemie zu der Gruppe der Alkohole rechnet, obwohl er mit dem eigentlichen Alkohol oder Weingeist wenig äußere Ähnlichkeit hat, nämlich dem wohlbekannten und als Toilettenmittel hochgeschätzten G l y c e r i n.* (RHZ 1884/3, 10)

Das Fachwort *Fette* wird anaphorisch kurz erläutert, ohne eine eingehende Definition zu geben, der Bestandteil von Fetten *Glycerin* wird aber auf kataphorische Weise eingeführt und in Form einer auf die Frau ausgerichteten Erläuterung mit

Verweis auf die bekannte Vorkommensweise in der Kosmetik erklärt, wodurch die Verwendung von spezifischen, fachlich geprägten Definitionen verhindert wird.

Als eine weitere Art der Erläuterung von Fachwörtern ist die implizite Fachworterklärung durch entfaltende Erklärungen zu finden. Nach Niederhauser (1999, 150) wird das jeweilige Fachwort genannt, „mehrfach wieder aufgegriffen und sein fachlicher Gehalt läßt sich aus dieser textuellen Vernetzung allmählich erschließen". Veranschaulicht werden soll diese Technik der Fachwortvermittlung anhand von Beleg (4):

(4) *Der zweite Bestandteil der Milch hat den Namen C a s e i n erhalten, weil er den charakteristischen Bestandteil des K ä s e bildet. Das Casein gehört zu den Albuminaten oder Eiweißstoffen, welche ihrerseits die wichtigste der drei Hauptgruppen der Nahrungsstoffe darstellen. Die Bestandteile des Caseins sind die Elemente Kohlenstoff, Wasserstoff, Sauerstoff, Stickstoff und Schwefel; letzterer in geringerer Menge.* (RHZ 1884/3, 9)

Bei dieser Erläuterung wird zunächst metasprachlich auf den Stoff *Casein* eingegangen, ohne dabei einen direkten Zusammenhang zwischen dem Wort *Käse* und dem lateinischen *caseus* explizit herzustellen. Weiter erfolgt eine Wiederaufnahme des Fachworts, indem auf seine Zugehörigkeit zu den *Albuminaten* (mit einer durch *oder* ergänzten synonymischen Erläuterung dieses Fachworts) sowie auf seine Bestandteile hingewiesen wird. Somit wird deutlich, dass durch das Fachwort *Casein* die Leserin auf eine entfaltende Art und Weise zur Bedeutung und zu den Hintergrundinformationen geführt wird. Ein weiteres Beispiel für eine implizite Erklärung liefert der Beleg (5):

(5) *In der Schleimhaut des Magens, besonders der Kälber, kommt* ***ein Stoff*** *vor, der die Fähigkeit besitzt, Casein ohne vorgängige Säurung in eine feste, unlösliche Masse zu verwandeln. In welcher Weise diese Wirkung stattfindet, ist noch nicht erforscht; nur soviel steht fest, daß äußerst geringe Mengen dieses Stoffes,* ***den man L a b nennt****, die Gerinnung herbeizuführen im Stande sind.* (RHZ 1884/3, 9)

Hier wird zunächst ein Stoff beschrieben, ohne gleich seinen Namen zu nennen. Erst nach einer Entfaltung der Erklärung wird kataphorisch das Fachwort *Lab* genannt.

Neben den Kurzerläuterungen und den entfaltenden Erklärungen lassen sich auch andere Arten der Erklärung feststellen. Zum einen handelt es sich um die Anführung von allgemeinen Beschreibungen, bei denen die fachliche Bezeichnung nur am Rande angeführt wird. Diese Herangehensweise soll an zwei Belegen dargestellt werden:

(6) *Man verschafft sich ein etwa 1½ Centimeter weites und 8–10 Centimeter langes, einseitig geschlossenes Glasröhrchen (****bei den Droguisten und Apothekern unter dem Namen Reagensröhrchen vorräthig****).* (RHZ 1884/5, 17)

(7) *Man hat deshalb häufig versucht den Fettgehalt der Milch dadurch zu bestimmen, daß man den Grad der Undurchsichtigkeit bestimmte und zu diesem Zweck mannigfaltige Apparate erfunden,* ***die unter dem Namen Lactoscop, Pioscop, Milchspiegel*** *u.s.w. mehr oder weniger bekannt geworden sind. Sie sind alle ohne Ausnahme unbrauchbar* […]. (RHZ 1884/3, 10).

Beim Beleg (6) greift der Autor zunächst auf eine allgemeine Beschreibung des Fachwortes zurück, die fachbezogene Benennung *Reagensröhrchen* wird nur kurz in Klammern erwähnt. Das an dieser Stelle angeführte Fachwort dient offenbar praktischen Zwecken, d. h. damit die Frau beim Kaufen die exakte Fachbezeichnung verwenden kann. Beim Beleg (7) geht der Autor der Frage der Bestimmung des Fettgehalts der Milch nach. Am Rande werden die Namen der gängigen Instrumente erwähnt, ohne sie eingehender zu erklären. Offensichtlich werden detaillierte Angaben zu diesen Apparaten durch den Autor für die Leserin als irrelevant angenommen, weshalb auch auf eine Klärung jedes dieser Apparate verzichtet wird.

Hervorzuheben ist an dieser Stelle, dass nicht nur die Fachwörter erläutert werden. So werden z. B. auch die in der alltäglichen küchentechnischen Kommunikation jeder Hausfrau gängigen Ausdrücke aus der Sicht eines Chemikers erläutert, was im nächsten Beleg hinsichtlich der Herstellung von Butter angesichts des Fachworts *waschen* erfolgt:

(8) *Diese müssen, um Butter darzustellen, nur noch* ***gewaschen, d. h. von den eingeschlossenen Antheilen der Milchflüssigkeit befreit werden.*** (RHZ 1884/5, 17)

Weiterhin liefert das Material auch Belege für metasprachliche Erklärungen, die sich mit den Unterschieden des Gebrauchs der deutschen Sprache im Ostseeraum auseinandersetzen:

(9) *Durch geschichtetes Abheben dieses oberen Theils kann man die Milch in eine fettreiche und eine fettarme Partie sondern; die* ***erstere heißt Rahm (in den Ostseeprovinzen Schmand),*** *die zweite blaue oder Magermilch.* (RHZ 1884/3, 10)

Metasprachliche Erläuterungen, die auf die Besonderheiten des Baltendeutschen abzielen, lassen sich immer wieder auch in anderen deutschen Texten der russischen Ostseeprovinzen feststellen, wo auf die sog. Provinzialismen verwiesen wird, etwa bei Kochbüchern:

(10) ***In unseren Provinzen ist Kissel*** *wegen seiner schnellen Zubereitung, Billigkeit und seines erfrischenden Wohlgeschmackes ein beliebtes Gericht;* ***in Deutschland ist es unter diesem Namen unbekannt****, doch trägt es, in sehr ähnlicher Zubereitung, falls Fruchtsaft dazu verwandt wird,* ***die Bezeichnung rote Grütze; der Kissel heißt dagegen Flammeri****, wenn er aus Mehl, Reis oder Sago besteht.* (Korth 1907, 453)

Die angeführten Belege legen nahe, dass der Autor die fachlich geprägten Begrifflichkeiten der Leserin auf eine stark auf die Praxis ausgerichtete Art und Weise darstellt. Ohne wissenschaftliche Definitionen, ohne fachspezifische Ausführungen wird nicht nur von den chemischen Gegebenheiten im Allgemeinen berichtet, sondern auch auf die lokalen sprachlichen Besonderheiten hingewiesen.

4.3 Präsentation in anderen Argumentationszusammenhängen

Eine weitere Technik zur Vermittlung wissenschaftlicher Inhalte sieht Niederhauser (vgl. 1999, 130f.) in deren Transfer in andere gesellschaftlich relevante Zusammenhänge. Dadurch soll das Interesse an wissenschaftlichen Themen geweckt und die Inhalte sollen für ein fachexternes Publikum attraktiver gemacht werden. So eine Übertragung der chemischen Sachverhalte in einen anderen Zusammenhang zwecks Erklärung mag am Beleg (11) erläutert werden:

(11) *Das Ranzigwerden besteht nun darin, daß die Verbindung des Glycerins mit diesen Säuren gelöst wird;* [...] ***Was löst nun das friedliche Band, welches Glycerin und Buttersäure zusammenhält? Wie immer ein Drittes, welches sich zwischen die beiden drängt.*** *Das weiß man genau, daß die Trennung nicht freiwillig erfolgt, sondern durch andere Stoffe hervorgerufen werden muß; welches aber die Feinde sind, darüber ist man im Unklaren.* (HRZ 1884/5, 17)

Anhand des Belegs (11) ist zu sehen, dass der Autor bei der Behandlung des Verderbens von Butter zunächst von der sogenannten Frage/Antwort-Konstruktion Gebrauch macht, mit der „der Rezipient durch ein geschicktes Wechselspiel zwischen richtungsweisenden Fragen und erhellenden Antworten auf Erkenntnisse geführt wird" (Roelcke 1999, 95). Auf die durch den Autor gestellte Frage „Was löst nun das friedliche Band?" folgt eine populäre Erläuterung: Der Prozess des inneren Umbaus der Butter durch Lösen der einzelnen Verbindungen wird auf das menschliche Leben übertragen, in dem ein metaphorischer Vergleich mit der Trennung eines Paars durch einen Dritten erfolgt. An dieser Stelle bietet sich die Frage, ob diese Strategie zwecks einer größeren Attraktivität des Themas oder des Interesseweckens eingesetzt worden ist. Es scheint, dass der Vergleich eher zwecks einer einprägsamen Erläuterung des Phänomens erfolgt.

4.4 Zu den Strategien der Wissenschaftsvermittlung

Wie bereits kurz geschildert, stehen laut Niederhauser (1999, 197–219) zur Vermittlung von wissenschaftlichen Inhalten mehrere Strategien als inhaltlich-thematisch orientierte Akzentsetzungen zur Verfügung. Für die vorliegende Analyse sind insbesondere Vergleiche mit Alltagserfahrungen sowie die Schilderung des Nutzens vom wissenschaftlichen Wissen von Bedeutung. Der Autor stellt einen direkten

Bezug zum Zielpublikum her, knüpft weitgehend an das bei den Hausfrauen als vorhanden vorausgesetzte Wissen aus dem Alltag an sowie teilt die Informationen darauf aufbauend mit. Diese Strategie mag durch folgende Aussagen veranschaulicht werden: *Diese Erscheinung ist den Hausfrauen wohlbekannt, man nennt sie das Zusammengehen.* (RHZ 1884/3, 9); *Dieser Vorgang, der den Hausfrauen aus böser Erfahrung so genau bekannt ist, …* (RHZ 1884/5, 17); *Den meisten Hausfrauen ist bekannt, daß …* (RHZ 1884/5, 17). Es wird aber nicht nur auf das haushaltsbezogene Wissen der Frau, sondern auch auf das Wissen der Frau als Mutter zurückgegriffen:

(12) *Da jeder normale Magen Lab bildet, so sieht man ein, daß die Milch nach dem Genusse im Magen bald gerinnt.* ***Bei kleinen Kindern hat man häufig Gelegenheit, sich davon zu überzeugen, indem dieselben beim Erbrechen, auch wenn die Milch sich nur ganz kurze Zeit in ihrem Magen befunden hat, stets geronnene Stücke zu Tage fördern.*** (RHZ 1884/3, 9)

Hervorzuheben ist auch, dass sämtliche Fortsetzungen von einem hohen Grad des Praxisbezugs geprägt sind. Die chemischen Inhalte werden angesichts ihres praktischen Nutzens erörtert. Das aus der Abhandlung gewonnene chemische Wissen soll die Frau nachträglich in der Küche umsetzen können. Die Thematisierung der sogenannten umsetzbaren Küchenchemie soll exemplarisch anhand des Belegs (13) geschildert werden:

(13) *Um sich von vornherein zu überzeugen, ob eine Probe Milch (resp. Schmand) beim Kochen zusammengehen wird, braucht man nur ein Stückchen blaues Lackmuspapier in die Milch zu stecken; wird es schnell und deutlich roth, so ist das ein schlimmes Zeichen, färbt es sich dagegen nur etwas violett, so kann man auf den normalen Verlauf des Kochens rechnen. Das blaue Lackmuspapier kauft man in der Apotheke oder Droguenhandlung; wohlfeiler kann man es sich selbst bereiten, wenn man die häuslichen Lackmuswürfel (ein Loth etwa) mit einem halben Bierglase Wasser unter Umrühren einige Tage in der Wärme stehen läßt, die dunkelblau gefärbte Flüssigkeit vom Bodensatz abgießt und mit derselben feines weißes Löschpapier mit Hülfe eines Schwammes färbt. Das getrocknete Papier wird in schmale Streifchen zerschnitten und vor Licht geschützt, aufbewahrt.* (RHZ 1884/3, 9)

Mittels solcher Experimente kann die Hausfrau der Auffassung des Autors nach rationell und sparsam vorgehen und sich vor falschen Handlungen beim Kochen oder Einkaufen schützen. Das vermittelte Wissen lässt sich somit praktisch einsetzen.

5 Schlussfolgerungen

Rekapitulierend lässt sich im Allgemeinen schließen, dass sich nicht alle Vermittlungstechniken nach Niederhauser für die behandelten Texte nachweisen lassen. Man kann aber vor allem die Entfaltung der komprimierten Informationen am

Beispiel des Umgangs mit Fachwörtern feststellen. Bei deren Erläuterungen werden kaum eingehende explizite Definitionen angeführt. Stattdessen erfolgt die Erklärung der fachlichen Lexik anhand von Kurzerläuterungen, die vorwiegend kataphorisch gestaltet werden, also wird zunächst die Beschreibung des Stoffes bzw. Phänomens gegeben und erst dann das jeweilige Fachwort genannt. Die ersten Ergebnisse lassen ableiten, dass bei den Kurzerklärungen der Fachwörter das Muster „X nennt man Y“ bzw. „X hat den Namen Y“ anstatt des Musters „X ist Y“, das man bei Definitionen gewohnt ist, vorherrscht. Für eine sichere Aussage bedarf es jedoch zusätzlicher Untersuchungen.

Die analysierten Belege haben aber auch gezeigt, dass der Autor nicht nur die den Frauen anscheinend fremden Fachwörter erläutert, sondern auch umgekehrt vorgeht: Die gängigen alltagssprachlichen Ausdrücke werden mit einer chemischen, wissenschaftlichen Erläuterung versehen.

Die Wahl der Strategien des Vergleichs des wissenschaftlichen Inhaltes mit alltäglichen Erfahrungen sowie die Hervorhebung des Nutzens der wissenschaftlichen Erkenntnisse zeugen von einem stark geprägten Praxisbezug des Autors. Die Abhandlung soll der Frau als Leserin einen praktischen Nutzen für ihre tagtäglichen Aufgaben bereitstellen. Der Autor leistet somit der Frau Hilfe zur Selbsthilfe. Sie soll durch die beschriebenen Inhalte, auch chemische „Experimente“ verstehen und im Alltag vollziehen können.

Abschließend lässt sich anmerken, dass die Popularisierung der Wissenschaft als Schwerpunktthema diverse Aussichten für weitere Forschungen bereithält. Zum einen ist die vorliegende Fallstudie fortzusetzen, indem weitere baltendeutsche Quellen herangezogen werden. Zum anderen können auch vergleichbare Quellen aus anderen deutschsprachigen Gebieten (etwa die Deutsche Hausfrauen-Zeitung oder die Wiener Hausfrauen-Zeitung) untersucht werden, um entsprechende Vergleiche des sprachlichen Ausdrucks und der inhaltlichen Gestaltung anzustellen.

Quellenverzeichnis

RHZ 1884/1: Die Milch. *Rigasche Hausfrauenzeitung*. Nr. 1, vom 04.01.1884.

RHZ 1884/3: Die Milch. *Rigasche Hausfrauenzeitung*. Nr. 3, vom 18.01.1884.

RHZ 1884/5: Die Milch. *Rigasche Hausfrauenzeitung*. Nr. 5, vom 01.02.1884.

RHZ 1884/10: Die Milch. *Rigasche Hausfrauenzeitung*. Nr. 10, vom 07.03.1884.

Literaturverzeichnis

Bungarten, Theo (1981): Wissenschaft, Sprache und Gesellschaft. *Wissenschaftssprache*. Theo Bungarten (Hg.). München: Fink. 14–53.

Ehlich, Konrad (2015): Zur Marginalisierung von Wissenschaftssprachen. *Wissenschaftssprache Deutsch. International, interdisziplinär, interkulturell.* Michael Szurawitzki, Ines Busch-Lauer, Paul Rössler, Reinhard Krapp (Hg.). Tübingen: Narr. 25–45.

Fluck, Hans-Rüdiger (1997): *Fachdeutsch in Naturwissenschaften und Technik: Einführung in die Fachsprachen und die Didaktik/Methodik des fachorientierten Fremdsprachenunterrichts (Deutsch als Fremdsprache).* Heidelberg: Groos.

Kohrs, Jurgita (2011): Populärwissenschaftliche Wissensvermittlung als linguistischer Gegenstand: Zur Situation in Deutschland und Litauen. *Triangulum: Germanistisches Jahrbuch 2010 für Estland, Lettland und Litauen.* Sigita Barniškienė, Dzintra Lele-Rozentāle, Mari Tarvas (Hg.). Bd. 2010, H. 16. Kaunas u. a.: Verlag der Kunstakademie Vilnius. 111–128.

Korth, Marra (1907): *Praktisches Kochbuch. 1742 Koch=Rezepte mit 8 farbigen Fleisch-, Fisch- und Pilz-Tafeln und zahlreichen Text-Illustrationen.* 2. verbesserte Auflage. Riga: Stichmann.

Minjona [Pseud. = Hermīne Zālīte] (1927): *Minjonas pavārniecības māksla: Rezeptes sastahditas pehz daschadu tautu labakás garschas un peemehrotas Latwijas apstahkļeem.* [Kochkunst von Minjona: Rezepte, zusammengestellt nach dem besten Geschmack unterschiedlicher Völker und angepasst an die lettischen Verhältnisse]. 5. iespiedums ar daudzām ilustrācijām un krāsainām tabelēm [5. Auflage mit vielen Illustrationen und Farbtabellen]. Rīga: Walters un Rapa.

Niederhauser, Jürg (1999): *Wissenschaftssprache und populärwissenschaftliche Vermittlung.* Tübingen: Narr.

Redelien, Marie von (1897): *Haus und Herd. Praktisches, illustriertes Hausbuch zur verständigen Führung der Wirtschaft in allen ihren Zweigen, auf Grundlage der neuesten Errungenschaften im Gebiete der Hauswirtschaft.* Dritte Auflage. Riga: Kommissions=Verlag von N. Kymmel.

Roelcke, Thorsten (1999): *Fachsprachen.* Berlin: Erich Schmidt.

Walden, Paul (1904): *Wilhelm Ostwald.* Leipzig: Verlag von Wilhelm Engelmann.

Zigmunde, Alīda (2009): *Die „Rigasche Hausfrauen – Zeitung" und Polytechnikum zu Riga.* Zugang: https://ortus.rtu.lv/science/en/publications/6279;jsessionid=2E7CBC2B895AE63092B4469D180307E0/fulltext.pdf (Stand: 01.10.2013).

Mündliche und schriftliche Texte in der Wissenschaft

Aleksej Burov

Zum Problem der Gattungsbestimmung von *Muspilli*

Abstract A number of researchers have considered the Old High German poem Muspilli as an apocalyptic text that was widely appreciated in the Middle Ages. The text has been regarded within the canon of apocalyptic literature due to its title (Krogmann 1964, 98–114) or contents that show signs of the end of the world and illustrate the events of the Last Judgement (Feifalik 1858, 351; Jeske 2006, 425). By exploring the features of an apocalyptic text, the aim of the paper is to identify whether Muspilli can be viewed as a specimen of apocalyptic literature. The findings of the study reveal that, out of the ten criteria for an apocalyptic text, Muspilli meets two criteria of form and five of content. Thus the treatment of this text as apocalyptic is not sufficiently motivated and requires thorough investigation and discussion.

Keywords: Muspilli, identification of a genre, apocalyptic literature

Schlüsselwörter: Muspilli, Gattungsbestimmung, Apokalyptik, Eschatologie

1 Einleitung und Forschungsstand

Die in der modernen Literaturwissenschaft etablierte Auffassung, nach der die literarische Gattung als „historisch-pragmatisch definierte Einheit" (Arnold, Sinemus 1974, 262) einer permanenten Transformation unterliegt und dementsprechend als flexibles Gebilde zu betrachten ist (Vogt 2008, 189), schafft Voraussetzungen für die Neuproblematisierung der Gattungszuordnung genreübergreifender Texte. Im Beitrag wird der Standpunkt vertreten, dass die Revidierung der Genre-Zugehörigkeit zur Präzisierung der vorhandenen literaturwissenschaftlichen Terminologie – und damit zum Erhalt des Deutschen als Wissenschaftssprache – beitragen kann. Außerdem eröffnet die nachgebesserte Gattungszugehörigkeit neue Perspektiven für die inhaltsbezogene Auslegung der Texte. Der vorliegende Artikel hat zum Ziel, die Gattungszugehörigkeit des althochdeutschen *Muspilli* zur apokalyptischen Literatur des Frühmittelalters zu überprüfen. Die Zugehörigkeit zur Gattung der Apokalypse determiniert die Wahrnehmung der Sujet-Inhalte von *Muspilli*, was zur Folge hat, dass die Forschung in Bezug auf die Deutung des Textes an die Grenzen der Desperation gerät (vgl. Steinmeyer 1916, 77). Ließe sich das althochdeutsche Lied außerhalb des Paradigmas *Apokalypse* definieren, würden sich mehrere neue Deutungsmöglichkeiten eröffnen und damit der präzisierte Gebrauch literaturwissenschaftlicher Termini den Schlüssel zur korrekten inhaltsbezogenen Deutung geisteswissenschaftlicher Texte liefern.

Im Zeitraum von mehr als 180 Jahren nach seiner Veröffentlichung[1] befand sich das um 870 von einem unbekannten Autor geschriebene Lied *Muspilli* mehrmals im Kernbreich der literaturwissenschaftlichen Auseinandersetzung. Allein der vom Herausgeber vorgeschlagene Titel des Textes geriet vielmals in die Kritik. Nach Krogmann sollte man bezüglich des althochdeutschen Liedes eher den Titel „Die beiden Gerichte" als das etymologisch ungeklärte *muspilli* gebrauchen (Krogmann 1937, 10). Schneider sprach sich für „Über die Zukunft der Seele" als Überschrift aus (Schneider 1936, 2). Minis plädierte seinerseits für „Der Weg des Menschen zum ewigen Heil" als Titel des Liedes (Minis 1966, 103). Aus der Perspektive des modernen Forschungsstandes lässt sich jedoch feststellen, dass sich die von Schmeller (1832) vorgeschlagene Überschrift *Muspilli* endgültig durchgesetzt hat.

Dies bedeutet aber nicht, dass das archaisch wirkende Wort *muspilli*, das in der 57. Zeile des Liedes vorkommt, etymologisch enträtselt ist. Hinsichtlich des Ursprungs des Wortes lassen sich zwei Standpunkte feststellen: Entweder wird im Wort das germanisch-heidnische Erbe gesehen (vgl. Grienberger 1904, Braune 1915) oder es wird aus der Perspektive der christlichen Endzeitvorstellungen interpretiert (vgl. Zarncke 1866, Schneider 1962, Kolb 1964). Nach Jeske entstammt das Wort der christlich-lateinischen Tradition und bedeutet „Weltuntergang" bzw. „Vernichtung der Welt". Dementsprechend schlussfolgert Jeske: „Wortbedeutung und Textsinn passen zueinander" (Jeske 2006, 434).

Allerdings ist der Textsinn nicht so eindeutig, wie es Jeske zu sehen glaubt. Nach ihm schildert das althochdeutsche Lied die Vorzeichen des Weltuntergangs (Jeske 2006, 425). Feifalik ist jedoch überzeugt, dass das Lied die Vorgänge und Ereignisse des Jüngsten Gerichtes wiedergibt (Feifalik 1858, 351). Mohr geht seinerseits davon aus, dass das Lied das Schicksal der Seele nach dem Tod darstellt (Mohr 1977, 6). Finger definiert die Hauptproblematik als Warnung vor dem Ewigen Gericht (Finger 1977, 12). Minis vertritt den Standpunkt, dass den Kern der Darstellung „die poetische Beschreibung des Gerichtstages" bildet (Minis 1966, 74). Gottzmann sieht das Anliegen des Liedes im Nachweis „der Gottheit und Menschheit Christi". Nach ihr lässt sich der Text in den theologischen Diskussionsrahmen um das Universalgericht mit Christus als göttlichem

1 Der Text erschien 1832 in *Neue Beträge zur vaterländischen Geschichte, Geographie und Statistik* (1). München. 89–117.

Richter einordnen (Gottzmann 2002, 12–31). Kuhnert betont, dass im Zentrum der Narration das Problemfeld der Prädestination und der Gnade stehe (Kuhnert 2008, 123).

Eine Vielfalt an Meinungen lässt sich auch in Bezug auf die literaturhistorische Genesis des Liedes feststellen. Baesecke vertritt die Position, dass der *Muspilli*-Autor den Text des so genannten angelsächsischen *Christ III* gekannt hatte und sich unter seinem Einfluss befand (Baesecke 1918, 414–442). Grau identifiziert die Heterogenität der Quellen. Nach ihm benutzte der *Muspilli*-Autor für die Zeilen 31–103 die Predigt *De cruce* von Ephraem Syrus. Hinsichtlich der Zeilen 1–30 zeigt Grau mehr Vorsicht, weist aber auf ein anderes Stück desselben Autors – *Sermo in eos, qui in Christo obdormierunt* – hin. Zugleich betont Grau, es gebe für die Zeilen 1–30 Parallelen zu einer Predigt von Cyrillus von Alexandrien (Grau 1908, 221). Reiffenstein sieht die Einflüsse der irischen Visionsliteratur, insbesondere der *Visio des Furseus* auf das althochdeutsche Lied (Reiffenstein 1958, 78–94). Schneider glaubt im *Muspilli* die Einwirkung der aus dem 2. Jahrhundert stammenden *Elias-Apokalypse* zu sehen (Schneider 1962, 180–181). Kuhnert wiederum weist auf die semantische Ähnlichkeit von *Muspilli* zur *Erythräischen Sibylle* hin. Außerdem lassen sich Parallelen zu *De laudibus sanctae crucis* von Hrabanus Maurus sowie thematisch-idiomatische Gemeinsamkeiten zum *Dream oft the Rood* feststellen (Kuhnert 2008, 127–130).

Als problematisch erweist sich außerdem die Datierung des Textes, das Verhältnis zwischen Stabreim und Endreim, die Herkunft des Elias-Abschnittes und vieles andere, was im Rahmen des vorliegenden Artikels nicht erörtert werden kann. Der oben kurz skizzierte Überblick zeigt jedoch ganz offensichtlich, dass „das verzweifelte Stück der althochdeutschen Literatur" (Steinmeyer 1916, 77) oft zum Gegenstand einer regen Auseinandersetzung wurde, die auf verschiedenen Ebenen und oft fachübergreifend verlief. Umso merkwürdiger erscheint die Tatsache, dass um das Problemfeld der Gattung des Liedes keine bemerkenswerte Diskussion nachgewiesen werden kann: In der Forschung hat sich die übereinstimmende Auffassung behauptet, dass *Muspilli* ein apokalyptischer Text sei.

So ist Kohlschmidt der Meinung, dass das Sujet christlich-apokalyptischer Prägung sei (Kohlschmidt 1927, 297). Finger teilt Kohlschmidts Position, indem er feststellt: „[...] nichts in dieser Weltbrandvision widerspricht der apokalyptischen Tradition, nichts begründet auch nur eine merkliche Sonderstellung der hier gegebenen Schilderung gegenüber anderen Berichten über den endzeitlichen Untergang der Welt im Feuer" (Finger 1977, 25). Auch Kuhnert bekräftigt das oben Gesagte, indem er darauf hinweist, dass „verschiedene Texte der Visionsliteratur und der Apokalyptik ihren Niederschlag in einzelnen Wendungen des ‚*Muspilli*' fanden" (Kuhnert 2008, 112). Haug ist fest überzeugt, *Muspilli* sei eine „Montage von vorgegebenen thematischen Komplexen im Rahmen eines traditionellen literarischen Genres, das man allgemein als apokalyptische Literatur bezeichnen [...] kann" (Haug 1977, 33). Nach Kursawa schildert der unbekannte Autor im *Muspilli* einen „theologisch-apokalyptischen Bericht" (Kursawa 1976, 85).

Im Weiteren wird der Frage nachgegangen, ob die Zuordnung des althochdeutschen *Muspilli* zur apokalyptischen Literatur begründet ist. In Anlehnung an die Forderung Ruttkowskis, sowohl „Gehalt- als auch Gestaltmerkmale" bei der Gattungsbestimmung zu berücksichtigen (Ruttkowski 1968, 15), wird sowohl die Form als auch der Inhalt des Liedes analysiert.

2 Apokalypse als literarische Gattung

Als literarische Gattung bestehe Apokalypse laut Riedl aus Texten, die sich durch „eine breit ausgefächerte Grundstimmung" kennzeichnen (Riedl 2011, 129). Der Gattung werden Texte zugeordnet, die sowohl zeitlich als auch kulturhistorisch weit voneinander liegen: *Das Buch Daniel* (2. Jh. v. Chr.), *Das syrische Baruch-Buch* (1. Jh. n. Chr.), *Das 4. Buch Esra* (1. Jh. n. Chr.), *Die Offenbarung des Johannes* (1. Jh. n. Chr.), *Das Jubiläenbuch* (2. Jh. n. Chr.), *Die Apokalypse Abrahams* (2. Jh. n. Chr.), *Die Petrusapokalypse* (2. Jh.), *Die koptische Elias-Apokalypse* (3. Jh. n. Chr.), *Die syrische Daniel-Apokalypse* (7. Jh. n. Chr.), *Jüngstes Gericht* von Frau Ava (12. Jh. n. Chr.) sowie viele andere Werke. Abgesehen davon, dass die Gattung kein geschlossenes System und damit ein sehr flexibles Gebilde ist (vgl. Vogt 2008, 189), zeichnen sich die oben aufgeführten Texte, die unter den Oberbegriff *Apokalypse* fallen, durch gemeinsame sowohl form- als auch inhaltsbezogene Merkmale aus.

Hinsichtlich der Form weist Rowley darauf hin, dass sich die narrative Form der apokalyptischen Vermittlung als Prosaerzählung definieren lässt (Rowley 1965, 18). Dabei haben sämtliche Apokalypsen längeres literarisches Wachstum hinter sich, was seinen Ausdruck im Kompositionscharakter der Texte gefunden hat: Apokalypsen sind durch Risse im Gedankengang gekennzeichnet; es tauchen einzelne Widersprüche auf; gelegentlich werden sogar verschiedene Sprachen gebraucht (vgl. Koch 1970, 24). Tilly hebt hervor, dass eine weitere Eigenart der Apokalypse in der Pseudepigraphie besteht, d. h. die Autorenschaft wird einer angeblich idealen Autorität bzw. einer großen Gestalt der Vergangenheit zugeschrieben (Tilly 2012, 49). Infolge der Vision oder Audition erlebt der Seher bzw. Hörer seelische Erschütterungen: Er wird von großer Angst befallen, kann zu Boden fallen, wird ohnmächtig, wie es in Off. 1, 17 und Dan. 10 oder II Bar. 21, 26 geschildert wird. Ein weiteres Merkmal der Apokalypsen nach Koch sind die so genannten großen Redezyklen, unter denen man Zwiegespräche zwischen dem apokalyptischen Seher einerseits und dem himmlischen Vertreter andererseits versteht. Ein derartiges Zwiegespräch wird oft durch den Ausdruck *sieh*, wie es in Off. 4, 1 belegt ist, eröffnet. Der Tag des Anbruchs des Weltunterganges wird als *jene Zeit* (Dan. 11, 14), *letzte Tage* (Dan. 10, 14) oder *Zeit des Zornes* (Dan. 8, 19) bezeichnet. Den visionär-audionären Redezyklen folgen paränetische Reden, in denen Apokalyptiker ihr ethisches sowie moralisches Wertsystem zum Ausdruck bringen (vgl. Koch 1970, 21). Als grundlegendes formales Merkmal der Apokalypse bezeichnet Tilly *vaticinia ex eventu*: die Darstellung der Ereignisse der Gegenwart aus dem Standpunkt der fiktiven Vorvergangenheit. Dabei verfolgt man das Ziel, die bekannten Ereignisse der Vergangenheit als geheime Weissagungen der Zukunft zu präsentieren. Außerdem greifen Apokalyptiker laut Tilly oft zur Verschlüsselung der Sprache durch symbolische mythische Bilder, die mithilfe eines *angelus interpres* (Deuteengel) entschlüsselt werden (Tilly 2012, 51).

In Bezug auf den Inhalt zeichnen sich apokalyptische Texte laut Koch durch eine Naherwartung der Umwälzung aller Verhältnisse aus. Man erwartet die Katastrophe nicht in der fernen Zukunft, denn sie ist beinahe das Gegenwärtige, das den Nicht-Erwählten noch verschlossen bleibt, deren Zeichen man aber schon erkennen kann. Ein weiteres Merkmal bestehe im ungeheuren Ausmaß der bevorstehenden Katastrophe: Ihr Geltungsbereich umfasst das ganze Universum (Koch 1970, 24–25). Tilly weist seinerseits darauf hin, dass die Schilderung der Katastrophe auf der „kontrastierenden Gegenüberstellung antagonistischer Mächte, Prinzipien und Weltzeitalter" (Tilly 2012, 51), d. h. Licht vs. Dunkelheit, Reinheit vs. Unreinheit, Böse vs. Gute, basiert. Nach Rowley ist der bevorstehende Untergang nie ein Zufall, sondern eine logische Folge des geschichtlichen Ablaufs (Rowley 1965, 26). Es lässt sich sogar von einer Neigung zum Determinismus sprechen, die Apokalyptikern eigen ist. Moltmann vertritt den Standpunkt, dass ein wesentliches Merkmal der Apokalypse in der Auffassung besteht, nach der die existierende Welt nicht mehr reparabel sei: Am Ende wird nicht die alte Welt in ihrem Urzustand wiederhergestellt, wie es die Propheten geglaubt haben, sondern es erfolgt die Erschaffung einer neuen Welt (Moltmann 1986, 14–15). Eine weitere narrative Eigenschaft der Apokalypse liegt darin, dass die Wende zum Heil durch einen Vermittler erfolgt, der in den Texten als Messias, Menschensohn oder Auserwählter bezeichnet wird (Dan. 7, 13). Außerdem erfolgt der Übergang vom Unheilzustand zum Heil, das als Gegenpol zur Katastrophe verstanden wird, durch die Besteigung des Thrones durch Gott bzw. den Menschensohn. Als Folgen der Thronbesteigung lässt sich nach Koch die Sichtbarkeit des Gottesreiches auf Erden (Dan. 7, 14; Hen. 41; Off. 11, 15) definieren (Koch 1970, 25–27).

3 *Muspilli:* ein apokalyptischer Text?

Der *Muspilli*-Text wurde in Bezug auf die oben formulierten form- und inhaltsbezogenen Kriterien analysiert. Die Tabelle 1 stellt das Ergebnis der durchgeführten Analyse dar:

Tabelle 1: Ergebnisse der form- und inhaltsbezogenen Analyse von Muspilli

Formbezogene Kriterien		**Inhaltsbezogene Kriterien**	
Prosaerzählung	nicht belegt	Naherwartung der Umwälzung	nicht belegt
Kompositionscharakter	Z. 1–36; 37–62; 63–103	Universalismus der Vorgänge	Z. 31–34; 73–76; 81
Pseudoepigraphie	nicht belegt	Kosmische Katastrophen	Z. 53–54
Seelische Erschütterung	nicht belegt	Gegenüberstellung der Mächte	Z. 8–23; 38–45
Paränetische Reden	Z. 18–30; 63–72; 99–99a	Katastrophen als Folgen gottwidrigen Tuns	nicht belegt
Große Redezyklen	nicht belegt	Determinismus	nicht belegt
Vaticinia ex eventu	nicht belegt	Ablehnung von *progressus terrenus*	Z. 50–55
Sprachverschlüsselung	nicht belegt	Vermittler	nicht belegt
Ausdruck *sieh* bzw. *höre*	nicht belegt	Thronbesteigung	Z. 85–86
Ausdruck *jene Zeit*	nicht belegt	Erschaffung der Neuen Welt	nicht belegt

Aus der Tabelle lässt sich entnehmen, dass der untersuchte Text hinsichtlich der Form lediglich nach zwei von zehn möglichen Kriterien der Gattung der apokalyptischen Literatur zugeordnet werden kann. Für die Zuordnung spricht in erster Linie der Kompositionscharakter des Liedes. Schon Feifalik vertrat den Standpunkt, der Text bestehe aus zwei unterschiedlichen Teilen, und Haug sprach von der „klitternden Diskontinuität" der Komposition (Feifalik 1858, 358; Haug 1977, 34). Den Grund für den Zweifel an der Einheitlichkeit der Komposition liegt am so genannten Elias-Antichrist-Abschnitt (Z. 37–62), der von der Darstellung der individuellen Ebene (Z. 1–36) sowie der universalen Ebene (Z. 63–103) des eschatologischen Ereignisses umrahmt wird. Die Notwendigkeit in der Schilderung des Streitkampfes zwischen dem Propheten und dem Antichrist ergibt sich weder aus der voran- noch aus der nachgestellten Darstellung. Aus diesem Grund wird in der Forschung angenommen, dass der Abschnitt Z. 37–62 früher als unabhängiges Lied fungierte. Außerdem wird das Ende des Abschnittes durch einen unerwarteten Übergang vom Stabreim zum Endreim markiert, was als Hinweis für die Zusammenfügung zweier unterschiedlicher Texte gedeutet werden kann:

(1) *diu marha ist farprunnnan,* *diu sela stet pidungan.* (Z. 62)
'die Mark ist verbrannt, die Seele steht gebannt.'[2]

Außerdem wurden im analysierten Text mehrere paränetische Reden (Z. 18–30; 63–72; 99–99a) festgestellt, die für die literarische Gattung der Apokalypse charakteristisch sind. Dabei handelt es sich um relativ lange Abschnitte, in denen der Leser ermahnt wird, sich schon während des Lebens auf das Jüngste Gericht vorzubereiten:

(2) *pidiu ist durft mihhil*
alero mano uuelihemo, *daz in es sin muot kispane,*
daz er kotes uuillun *kerno tuo*
enti hella fuir *harto uuise,*
pehhes pina [...] *so mac huckan za diu*
sorgen drato, *der sih suntigen uueiz.* (Z. 18–24)
'Deshalb ist nötig,
dass es jeden Menschen in seinem Herzen drängt,
Gottes Willen mit Eifer zu tun
und das Höllenfeuer abzuwehren,
die Qual der Flammen [...] Daran soll denken
und sehr sich sorgen, wer sich sündig weiß.'

Darüber hinaus konnte man im Zuge der Analyse feststellen, dass in Bezug auf den Inhalt das untersuchte Lied fünf Kriterien erfüllt: Universalismus der Vorgänge, Darstellung der kosmischen Katastrophen, Gegenüberstellung der Mächte, Ablehnung von *progressus terrenus* und die Thronbesteigung durch Gott bzw. Messias.

Auffallend ist das Bemühen des Autors, den universalen Charakter der bevorstehenden Vorgänge hervorzuheben. Dreimal wird dies im Text zum Ausdruck gebracht: Z. 31–34; 73–76; 81:

(3) *So denne der mahigo khuninc* *daz mahal kipannit,*
dara scal queman *chunno kilihaz:*
denne ni kitar parno nohhein *den pan furisizzan,*
ni alero manno uelih *ze demo mahale sculi.* (Z. 31–34)
'Wenn dann der mächtige König das Gericht beruft,
so müssen hinkommen alle Geschlechter,

2 Übersetzung aus dem Althochdeutschen: Haug, Walter (1991): *Frühe deutsche Literatur und lateinische Literatur in Deutschland 800–1150*. Frankfurt a. Main: Deutscher Klassiker Verlag. Auch weitere in diesem Beitrag benutzte *Muspilli*-Stellen stammen aus dem angegebenen Buch.

kein Mensch wird es wagen, den Ruf zu versäumen
als ob nicht jeder zum Gericht kommen müsste!'

Der Geltungsbereich der Pflicht, zum Gericht hinzukommen, erstreckt sich nicht nur auf Lebende, es ist genauso für Tote relevant:

(4) *So daz hi milisc horn kilutit uuirdit,*
enti sih der ana den sind arheuit, der dar suannan scal toten enti lepenten,
denne heuit sih mit imo herio meista (Z. 73–75).
'Wenn das himmlische Horn laut erschallt
Und sich der auf den Weg macht, der da richten wird Tote und Lebende,
dann erhebt sich mit ihm das mächtige Heer.'

Das Ausmaß der Katastrophe bezieht sich nicht nur auf das menschliche Geschlecht, sondern umfasst das ganze Universum. In den Zeilen 51–54 schildert der *Muspilli*-Autor die Auswirkung des Anbruchs des Gerichtstages auf den Planeten Erde und den ihn begleitenden Mond:

(5) *so inprinnant die perga, poum ni kistentit*
enihc in erdu, aha artruknnet,
muor uarsuuilhit sih, suilizot lougiu der himil,
mano uallit, prinnit mittilagart; (Z. 51–54)
'So entbrennen die Berge, kein Baum bleibt stehen,
keiner auf Erden, die Wasser vertrocknen,
das Moor verdorrt, es schwelt im Feuer der Himmel
Es fällt der Mond, der Erdkreis brennt.'

Für die existierende Welt bedeutet der Anbruch des Gerichts absolute Vernichtung der existierenden Sachverhalte. Eindeutig legt der *Muspilli*-Autor den Akzent darauf, dass im Zuge des Weltuntergangs nicht einmal ein einziger Baum heil bleibt: *poum ni kistentit enihc in erdu* (Z. 51–52). Der Text verkündet die Botschaft, nach der die Idee der Restauration der Welt, die Wiederherstellung des Urzustandes offenkundig abgelehnt wird.

Außerdem lässt sich im *Muspilli* die den apokalyptischen Texten charakteristische Gegenüberstellung der Mächte – Gut vs. Böse, Licht vs. Dunkel, Himmel vs. Erde etc. – nachweisen. Besonders auffallend ist dieses Prinzip bei der Beschreibung des eschatologischen Ereignisses auf der individuellen Ebene. Wird die Seele vom Gesinde des Bösen geführt, gerät sie *in fuir enti finstri* 'in Feuer und Finsternis' (Z. 10), wo sie dem *hella fuir* 'Höllenfeuer' (Z. 71) und der *pehhes pina* 'Qual der Flammen' (Z. 22) ausgesetzt wird. Gewinnen den Streit hingegen die Vertreter des Guten, wird die Seele in das Reich des Himmels geführt:

(6) *Dar ist lip ano tod, lioht ano finstri,*
selida ano sorgun: dar nist neoman siuh. (Z. 14–15)

'Da ist Leben ohne Tod, Licht ohne Finsternis,
eine Wohnung ohne Sorgen: da ist niemand krank.'

Auf dem Prinzip der Gegenüberstellung beruht außerdem die Komposition des so genannten Elias-Antichrist-Abschnittes (vgl. Z. 37–62).

Das letzte nachgewiesene inhaltsbezogene Kriterium betrifft die Thronbesteigung, die in den Zeilen 85–86 zum Ausdruck kommt:

(7) *denne der gisizzit, der dar suonnan scal*
enti arteillan scal toten enti quekkhen. (Z. 85–86)
'Und es sitzt da, der den Richtspruch fällt
und urteilen wird über Tote und Lebende'.

Zwar wird im oben zitierten Ausschnitt weder der Thron noch der Besteigende explizit erwähnt, doch lässt der Kontext den Schluss zu, dass es sich um Gott bzw. Messias handelt, denn das Privileg des Urteils über Lebende und Tote gehört – in Anlehnung an das religiöse Weltbild des 9. Jahrhunderts – ausschließlich Gott bzw. Messias.

4 Schlussfolgerungen

Im Zuge der durchgeführten Analyse wurde festgestellt, dass das ahd. *Muspilli* in Hinsicht auf seine Form zwei Kriterien und hinsichtlich des Inhalts fünf Kriterien der Zuordnung zur apokalyptischen Literatur erfüllt. Acht weitere formbezogene und fünf inhaltsbezogene Kriterien konnten im Text nicht nachgewiesen werden (siehe Tabelle 1). Die festgestellte Beschaffenheit des Textes erlaubt die Schlussfolgerung, dass die in der Forschung verbreitete Zuordnung des *Muspilli* zur apokalyptischen Literatur revidiert werden soll.

Die Infragestellung der literarischen Gattungszuordnung von *Muspilli* eröffnet der Forschung neue Perspektiven für die Auslegung des Textes: Unter der Annahme, es handle sich nicht um einen apokalyptischen Text, sowie in Anlehnung an die noch 1927 veröffentlichte These von Kohlschmidt, das ahd. *Muspilli* sei Zeuge der „christlich-eschatologisch-paränetische[n] Denkart" (Kohlschmidt 1927, 294), soll das Lied im Kontext des christlichen eschatologischen Gedankenguts, in dessen Kernbereich sich das Konzept von den vier letzten Dingen – Tod, Gericht, Hölle und ewiges Leben – befindet, neu problematisiert werden.

Literaturverzeichnis

Arnold, Heinz Ludwig, Volker Sinemus (1974): *Grundzüge der Literatur- und Sprachwissenschaft*. Band I. Literaturwissenschaft. München: Deutscher Taschenbuch Verlag.

Baesecke, Georg (1918): Muspilli. *Sitzungsberichte der preußischen Akademie der Wissenschaft* 21, 414–442.

Braune, Wilhelm (1915): Muspilli. *Beiträge zur Geschichte der deutschen Sprache und Literatur* 40, 425–445.

Feifalik, Julius (1858): Über das Bruchstück eines althochdeutschen Gedichtes vom jüngsten Gerichte (Muspilli). *Sitzungsberichte der kaiserlichen Akademie der Wissenschaften. Phil-Hist.* 26, 351–359.

Finger, Heinz (1977): *Untersuchungen zum Muspilli.* Göppingen: Kümmerle Verlag.

Gottzmann, Carola (2002): Individual- und Universaleschatologie. Das „Muspilli" im theologischen Kontext seiner Zeit. *Ars et Scientia. Studien zur Literatur des Mittelalters und der Neuzeit.* Carola Gottzmann, Roswitha Wisniewski (Hg.). Berlin: Weidler Buchverlag. 9–31.

Grau, Gustav (1908): *Quellen und Verwandtschaften der älteren germanischen Darstellungen des Jüngsten Gerichts.* Halle: Max Niemeyer.

Grienberger, Theodor von (1904): Muspilli. *Indogermanische Forschungen* 16, 40–63.

Haug, Walter (1977): Das Muspilli. *Zweimal Muspilli.* Walter Haug, Wolfgang Mohr (Hg.). Tübingen: Max Niemeyer. 24–79.

Jeske, Hans (2006): Zur Etymologie des Wortes muspilli. *Zeitschrift für deutsches Altertum und Literatur* 4, 425–434.

Koch, Klaus (1970): *Ratlos vor der Apokalyptik.* Gütersloh: Gütersloher Verlagshaus.

Kohlschmidt, Werner (1927): Zur religionsgeschichtlichen Stellung des Muspilli. *Zeitschrift für deutsches Altertum und deutsche Literatur* 64, 294–298.

Kolb, Herbert (1964): Vora demo muspilli. *Zeitschrift für deutsche Philologie* 83, 2–33.

Krogmann, Willy (1937): *Ein altsächsisches Lied vom Ende der Welt.* Berlin: Rudolph Pfau Verlag.

Krogmann, Willy (1964): As. mūdspelli und die Esra-Apokalypse. *Zeitschrift für deutsche Wortforschung* 20, 98–114.

Kuhnert, Martin (2008): E caelo rex adveniet – Überlegungen zu theologischen Aspekten im ahd. „Muspilli". *Begegnungen mit Literaturen.* Petra Herner, Roswitha Wisniewski (Hg.). Berlin: Weidler Buchverlag. 111–132.

Kursawa, Hans-Peter (1976): *Antichristsage, Weltende und Jüngstes Gericht in mittelalterlicher deutscher Dichtung.* Dissertation. Köln.

Minis, Cola (1966): Handschrift, Form und Sprache des Muspilli. *Philologische Studien und Quellen* 35. Berlin: Erich Schmidt Verlag.

Mohr, Wolfgang (1977): Über das Muspilli. *Zweimal Muspilli.* Walter Haug, Wolfgang Mohr (Hg.). Tübingen: Max Niemeyer. 6–24.

Moltmann, Jürgen (1986): „Weltuntergang"? – Apokalyptischer Terror und tapfere Hoffnung. *Endzeit?* Walo Eppenberg, Robert Kopp (Hg.). Basel, Frankfurt a. M.: Helbig und Lichtenhahn Verlag. 5–25.

Reiffenstein, Ingo (1958): Das althochdeutsche Musspilli und die Vita des Heiligen Furseus von Peronne. *Südostdeutsches Archiv* 1, 78–94.

Riedl, Gerda (2011): Ankommende Zukunft. Prophetische und utopische Horizonte christlich-apokalyptischen Denkens. *Apokalyptik. Zeitgefühl und Perspektive?* Gerda Riedl u. a. (Hg.). Paderborn: Ferdinand Schöning Verlag. 123–137.

Rowley, Harold Henry (1965): *Apokalyptik. Ihre Form und Bedeutung zur biblischen Zeit.* Einsiedeln, Zürich, Köln: Benziger Verlag.

Ruttkowski, Wolfgang Victor (1968): *Die literarischen Gattungen. Reflexionen über eine modifizierte Fundamentalpoetik.* Bern, München: Francke.

Schmeller, Johann Andreas (1832): Muspilli, Bruchstück einer alliterierenden Dichtung vom Ende der Welt, mit einem Faksimile des Originals. *Neue Beträge zur vaterländischen Geschichte, Geographie und Statistik* 1, 89–117.

Schneider, Hermann (1936): Muspilli. *Zeitschrift für deutsches Altertum* 73, 1–32.

Schneider, Hermann (1962): Muspilli. *Kleine Schriften zur germanischen Heldensagen und Literatur des Mittelalters.* Kurt Halbach, Wolfgang Mohr (Hg.). Berlin: de Gruyter. 165–194.

Steinmeyer, Elias von (1916): *Die kleinen althochdeutschen Sprachdenkmäler.* Berlin: Weidmannsche Buchhandlung.

Tilly, Michael (2012): *Apokalyptik.* Tübingen, Basel: Franke Verlag.

Vogt, Jochen (2008): *Einladung zur Literaturwissenschaft.* Paderborn: Wilhelm Fink Verlag.

Zarncke, Friedrich (1866): Über das althochdeutsche Gedicht von Muspilli. *Berichte über die Verhandlungen der Sächsischen Gesellschaft der Wissenschaft* 18, 191–228.

Eglė Kontutytė

Mehrsprachige Texte in der Wissenschaft anhand deutscher und litauischer linguistischer Publikationen

Abstract Academic language texts are multilingual, due on the one hand to the globalisation of science, the citing tradition and the need for unified academic language, and on the other hand to striving for the retention of academic language as a functional variety of national languages.

The present article is based on the analysis of the purpose and usage of different languages in German and Lithuanian publications in linguistics. The research has revealed that the texts in linguistics incorporate paratexts, citations, terms and instances of language use as well as titles of conferences, projects and software programmes. Since multilingual insertions are used diversily in German and Lithuanian publications, it can be claimed that national styles of multilingualism in academic texts do exist.

Keywords: academic language, multilingualism, multilingual texts, citing, paratexts, German, Lithuanian

Schlüsselwörter: Wissenschaftssprache, Mehrsprachigkeit, mehrsprachige Texte, Zitieren, Paratexte, Deutsch, Litauisch

1 Einleitung

Die moderne, weltweit agierende Wissenschaft ist mit dem Dilemma konfrontiert, ob die wissenschaftliche Diskussion in der englischen *lingua franca* oder in einer nationalen Sprache geführt werden sollte. Diese Fragestellung entsteht, weil einerseits die wissenschaftliche Kommunikation effizienter gemacht werden, andererseits aber die Wissenschaftssprache als Varietät einer nationalen Sprache funktionieren sollte (Schiewe 2007, 48). Die heutige Wissenschaftskommunikation zeigt, dass wissenschaftliche Texte auch unter globalen Bedingungen (bei der Dominanz der englischen Sprache) einen mehrsprachigen Charakter aufweisen.

Mit diesem Beitrag wird der Versuch unternommen, die Fragen zu beantworten, wodurch sich die Mehrsprachigkeit in linguistischen Publikationen auszeichnet, welche Sprachen mit welchen Funktionen verwendet werden, ob sich eine individuelle oder eine institutionelle Mehrsprachigkeit manifestiert und ob die Mehrsprachigkeit in den untersuchten wissenschaftlichen Texten kulturspezifische Unterschiede aufweist.

2 Zum Begriff Mehrsprachigkeit

Um auf das Phänomen der Mehrsprachigkeit in wissenschaftlichen Texten eingehen zu können, muss zunächst der Begriff Mehrsprachigkeit kurz beleuchtet werden. Die Mehrsprachigkeit wird von vielen Linguist/innen als eine natürliche Eigenschaft des Menschen verstanden. Wandruszka erklärt den Satz „Der Mensch ist das Wesen, das mehrere Sprachen lernt" durch das menschliche Agieren in verschiedenen Gemeinschaften, deren Sprachen er lernen muss (Wandruszka 1981, 13).

In der einschlägigen Literatur werden mehrere Typen der Mehrsprachigkeit unterschieden. Lüdi und Py differenzieren z. B. zwischen der individuellen, territorialen und institutionellen Mehrsprachigkeit (Lüdi, Py 1984, 4). Die Typen der Mehrsprachigkeit thematisieren auch Oksaar und Riehl. Unter der individuellen Mehrsprachigkeit versteht Oksaar „die Fähigkeit eines Individuums, hier und jetzt zwei oder mehr Sprachen als Kommunikationsmittel zu verwenden und ohne weiteres von der einen in die andere umzuschalten, wenn die Situation es erfordert" (Oksaar 2003, 31). Die territoriale Mehrsprachigkeit erklärt Riehl am Beispiel der Schweiz, in der mehrere Staatssprachen in eigenen abgeschlossenen Gebieten gesprochen werden (Riehl 2004, 52). Als institutionelle Mehrsprachigkeit bezeichnet sie die Situation, „wenn die Verwaltung einer Stadt, eines Bezirks oder eines Landes bzw. die einer Organisation ihre Dienste in mehreren Sprachen anbietet" (Riehl 2004, 52).

In Anlehnung an Mittelstraß (2006, 30) ist Wissenschaft in dreifacher Bedeutung aufzufassen: wissenschaftstheoretisch als besondere Form der Wissensbildung, gesellschaftstheoretisch als Institution und moralisch als Idee, weil die Idee „die das wissenschaftliche Subjekt leitenden (moralischen) Orientierungen betrifft" (Mittelstraß 2006, 30). Die Akteure, die die Wissenschaft hervorbringen, sind Individuen. Daraus könnte man schließen, dass sich die mehrsprachige Wissenschaftskommunikation als individuelle und zugleich als institutionelle Mehrsprachigkeit äußern kann. Die von Wissenschaftler/innen als Individuen verfassten einzelnen Publikationen mit fremdsprachigen Elementen sind individuell mehrsprachig geprägt, während den wissenschaftlichen Diskurs einer nationalen Sprache bildende Texte mit fremdsprachigen Teilen die institutionelle Mehrsprachigkeit darstellen. In diesem Beitrag wird daher die Verwendung von mehreren Sprachen in einzelnen Artikeln als individuelle Mehrsprachigkeit bezeichnet, und unter institutioneller Mehrsprachigkeit wird die Gesamtheit der untersuchten Texte mit fremdsprachigen Elementen einer nationalen Sprache verstanden.

3 Mehrsprachige Texte in der Wissenschaft

In seinem Artikel „Mehrsprachige Texte und ihre Übersetzung" stellt Pöckl (2009, 72–73) die sprachliche Heterogenität von Texten als ein selbstverständliches sprachliches Phänomen dar. Mehrsprachigkeit von wissenschaftlichen Texten führt er auf die seit dem 19. Jahrhundert etablierte Zitierweise zurück. Durch Bezüge auf andere wissenschaftliche Texte in Form von Zitaten markieren Wissenschaftler ihren Platz und die Anerkennung der fremden Leistung im entsprechenden wissenschaftlichen Diskurs. „Durch Zitate verortet sich der Autor in einem wissenschaftlichen Diskurs; er zeigt, wo er hingehört" (Auer, Baßler 2007, 25). Pöckl weist darauf hin, dass in den Geisteswissenschaften häufig auch fremdsprachliche Zitate in die Texte eingebettet werden. Die Sprachen, in denen dabei zitiert wird, sind landes- und disziplinspezifisch (Pöckl 2009, 72). Da die Mehrsprachigkeit wissenschaftlicher Publikationen durch Bezüge auf fremdsprachige Texte geprägt wird, hebt Bitinienė die mehrsprachige Intertextualität in der Wissenschaftssprache als eine besondere Form der Intertextualität hervor. Diese Art der Intertextualität wird durch fremdsprachige Zitate im Text, in der Fußnote oder durch die Zusammenfassung in einer anderen Sprache realisiert (Bitinienė 2005, 71).

Da Zitate eines der wichtigsten wissenschaftliche Texte konstituierenden Merkmale sind, werden in der Literatur über das wissenschaftliche Arbeiten Regeln der Bezüge auf fremdsprachige Texte angegeben. Laut Eco (2003, 199) muss ein literarisches Werk als Gegenstand der Untersuchung im Original zitiert werden, eine Übersetzung kann in Klammern oder in der Fußnote hinzugefügt werden. Wenn Zitate als Argumente oder als die Position des Autors darstellende Elemente dienen, müssen sie übersetzt werden. Sollten die sprachlichen Nuancen des Autors beachtet werden, ist neben der Übersetzung auch das Zitat im Original anzuführen (Eco 2003, 199). Andere Autoren sind der Meinung, dass nur die fremdsprachigen Zitate, die das Lesen des Textes erschweren (z. B. Zitate im Griechischen, Lateinischen oder in einer in der Schule nicht vermittelten Sprache), in der Sprache des Artikels anzugeben sind. Wenn das Original aber eine Rolle spielt, sollte es auch zusätzlich zitiert werden (Rothstein 2011, 136; Standop, Meyer 2004, 41).

Bei der Globalisierung der Wissenschaft werden von Busch-Lauer (2007, 113–114) Abstracts auf Englisch – auch zusammen mit der Variante in der Sprache des Artikels – ebenfalls als weitere wichtige fremdsprachige Elemente eines wissenschaftlichen Artikels genannt.

4 Mehrsprachigkeit in deutschen und litauischen linguistischen Publikationen

Aufbauend auf früheren Überlegungen und anhand des Untersuchungskorpus von zehn deutschen und zehn litauischen linguistischen Artikeln aus verschiedenen linguistischen Zeitschriften sowie zwei deutschen und zwei litauischen Dissertationen, die im Zeitraum von 2000 bis 2014 verfasst wurden und grammatische Phänomene untersuchen, wird die Mehrsprachigkeit in der deutschen und litauischen Wissenschaftssprache untersucht.

Die einsprachigen Artikel (zwei deutsche und ein litauischer) lassen erkennen, dass auch unter globalen Bedingungen Artikel oder Zeitschriften nur für Rezipient/innen einer lokalen Sprachgemeinschaft existieren. Vier litauische Artikel, deren Mehrsprachigkeit nur durch fremdsprachige Paratexte zum Ausdruck kommt, zeigen, dass kleine Sprachen bestrebt sind, in der globalen Wissenschaftskommunikation ihren Platz zu finden.

4.1 Fremdsprachige Paratexte

In der globalisierten Wissenschaftswelt werden dem breiten internationalen Kreis von Rezipient/innen die Forschungsergebnisse durch fremdsprachige (meistens auf Englisch verfasste) Paratexte vermittelt. Die Sprache dieser Texte wird in der Regel vom Verlag oder von den Herausgebern vorgegeben, und nur in seltenen Fällen vom/von der Autor/in des Textes bestimmt. Der Analyse lässt sich entnehmen, dass acht deutsche und neun litauische Artikel von jeweils zehn untersuchten mit einem fremdsprachigen Abstract und/oder einem fremdsprachigen Summary publiziert wurden. Der Inhalt dreier deutscher Artikel wird in zwei Paratexten – in einem englischen und einem deutschen – wiedergegeben, worauf auch Busch-Lauer hinweist (vgl. oben), fünf deutsche Artikel haben nur einen englischen Paratext.

Die litauischen Publikationen sind in dieser Hinsicht mehrsprachiger als die deutschen. In den untersuchten litauischen Artikeln kommen englische, deutsche und polnische Paratexte vor, die litauischen Artikel weisen daher eine vielfältigere institutionelle Mehrsprachigkeit auf. Die litauischen Autor/innen verfassen ihre Paratexte manchmal auch in zwei Fremdsprachen: In einer Publikation werden die Forschungsergebnisse in zwei Summarys – auf Englisch und Polnisch – vorgestellt. Dieser Fall zeigt eine größere individuelle Mehrsprachigkeit im Litauischen und lässt eine Vermutung anstellen, dass die polnische Sprache als Fremdsprache eines Summarys nicht der Verlag bestimmt, sondern der/die Autor/in des Textes gewählt hat. Das Fehlen der Paratexte auf Litauisch in den litauischen Publikationen kann auf das Intendieren der globalen Präsenz der lituanistischen Forschungen zurückgeführt werden.

4.2 Zitate als fremdsprachige Elemente

Wie schon früher erwähnt wurde, drückt sich die Mehrsprachigkeit wissenschaftlicher Texte vor allem in fremdsprachigen Zitaten aus. In Bezug auf Zitate sind die litauischen linguistischen Publikationen institutionell mehrsprachiger als die deutschen. In den litauischen Texten werden englische (siehe Beispiel 1), russische (siehe Beispiel 2) und polnische (siehe Beispiel 3) Passagen in Form von Zitaten eingefügt, während die auf Deutsch schreibenden Autor/innen nur englische (siehe Beispiel 5) und französische Publikationen (siehe Beispiel 4) in der Originalsprache zitieren.

(1) *Pirmieji apibrėžiami kaip „an actant not governed by the verb. Also adverbial; in relational grammar oblique or non-term" (Nichols 1981: 367) ir semantiškai toliau skirstomi į laiko, nuolaidos ir sąlygos potipius.* (Vaičiulytė-Semėnienė 2010)
'Die ersten werden als „an actant not governed by the verb. Also adverbial; in relational grammar oblique or non-term" (Nichols 1981: 367) definiert und werden weiter in temporale, lokale und konditionale gegliedert.'

(2) *Su tokia nuomone ne be pagrindo nesutinka Z. Zinkevičius, kuris teigia, kad „ono ne predstavljaetsja ubeditelnym ne toljko iz-za somniteljnosti suščestvovanija formy ablativa dv. č. v obščeindoevropejskom, no i v vidu točnogo sootvetstvija litovskogo okončanija -(i)ma i staroslavjankoj fleksii dat.-tv. p. dv. č. -(ъ)ma" (Zinkevičius 2002, 303t.)* [...] (Rosinas 2006)
'Dieser Meinung widerspricht nicht ohne Grund Z. Zinkevičius, der behauptet, dass [...] (Zinkevičius 2002, 303)'

(3) *J. Otrębskio nuomone, substantiva communia turi vieną giminės, paprastai moteriškosios, formą, bet dvi „prigimtines" gimines – vyriškąją ir moteriškąją: „w litewskim istnieją rzeczowniki, o dwu rodzajach naturalnych" (1956: 5).* (Judžentis 2002)
'J. Otrębskis' Meinung nach haben substantiva communia eine Form des Genus – in der Regel Femininum, aber zwei „natürliche" Genera – Maskulinum und Femininum: [...] (1956: 5).'

(4) *Saussure (1972: 170) versuchte einen gemeinsamen Nenner für Pauls (1880) synthetischen und Wundts (1900) analytischen Ansatz zu finden und spricht vom «caractère linéaire de la langue, qui exclut la possibilité de prononcer deux éléments à la fois.»* (Eisert 2009)

Zur Intensität des fremdsprachigen Zitierens – vor allem in Dissertationen – lässt sich sagen, dass in deutschen Dissertationen englische Zitate in einigen Fällen sogar bis zum Codeswitching[1] in den Text integriert werden (siehe Beispiel 5),

1 In Anlehnung an Pütz wird unter Codeswitching der funktional bestimmte Gebrauch zweier oder mehrerer Sprachen in der durch die soziale Situation bestimmten Konversation verstanden (Pütz 1994, 137).

während in litauischen Dissertationen die englischen Publikationen indirekt zitiert werden; in der Regel wird das Zitat dann in der Fußnote in der Originalsprache angeführt (siehe Beispiel 6).

(5) [...] „*Many approaches to the segmentation problem in child language focus on the issue of availability of juncture cues to perceptual segmentation*" *(ebd. 1987: 274). Kinder versuchen zu verbinden, was zusammengehört. Wenn diese „Verbindungshinweise versagen, tritt das Lexikon selbst als ein hilfreicher Kontrolleur der Segmentierung hinzu. Wenn ein passendes „lexical match" gefunden wurde, erfolgt eine Rückmeldung zu den „cues", die dann dem „Siegerwort" zur Auswahl verpflichtet sind. Dabei ist der Kontext nicht so wichtig, sondern dieser verstärkt nur das, was man tatsächlich hört." Diesen Vorgang nennt man „auditory competition". „In production, grammatical roles open up slots for groups of syllables in the articulatory buffer. The exact shape of these slots is not determined until particular items try to fill them.*" (Eisert 2009)

(6) *Kaip teigia Heine'is, gramatinių kategorijų raidą (arba evoliuciją) lemia kontekstas [1] (Heine 2002, 83).*
[1] *Originalus tekstas: "[T]he evolution of grammatical categories is to quite some extent context-driven <...>." (Heine 2002, 83).* (Jasionytė-Mikučionienė 2014)
'Wie Heine behauptet, determiniert die Entwicklung (oder die Evolution) der grammatischen Kategorien der Kontext [1] (Heine 2002, 83).
[1] Im Originaltext: [...].'

4.3 Fremdsprachige Termini

Auch bezüglich der Termini sind die litauischen Publikationen individuell und institutionell mehrsprachiger als die deutschen. In den deutschen Texten wurde der Gebrauch von Termini in englischer und lateinischer Sprache festgestellt. Die litauischen Autor/innen der untersuchten Publikationen verwenden neben den litauischen Termini auch englische, deutsche, russische und lateinische. Die Analyse hat außerdem gezeigt, dass in einer litauischen Publikation häufiger Termini in zwei Fremdsprachen angegeben werden, während in den untersuchten deutschen Publikationen in der Regel nur englische Termini als fremdsprachige Termini vorkommen.

Durch die Verwendung der englischen Termini in den deutschen und litauischen untersuchten Artikeln und Dissertationen, die in den deutschen oder litauischen Text integriert (siehe Beispiel 7) bzw. neben dem deutschen oder dem litauischen Terminus angeführt werden (siehe Beispiel 8), manifestiert sich die Rolle der englischen Sprache als *lingua franca* in der modernen Wissenschaftskommunikation. In den zur Analyse herangezogenen litauischen Dissertationen wird konsequent neben dem litauischen Terminus seine englische Entsprechung genannt (siehe Beispiel 8).

(7) *Die Erkenntnisse sollen für die Vermittlung nutzbar gemacht werden, um Lernende beim Aufbau einer möglichst muttersprachlichen Sprachverwendung – Pawley/Syder (1983) prägen dafür den Begriff „nativelike selection" – zu unterstützen.* (Fehrmann, Möller 2012)

(8) *Dichotominio skyrimo šalininkai teigia, kad modalumo kategoriją sudaro du nariai – episteminis ir deontinis modalumas (ang. epistemic ir deontic).* (Jasionytė-Mikučionienė 2014)
'Die Anhänger der dichotomischen Unterscheidung behaupten, dass die Kategorie der Modalität zwei Glieder bilden – die epistemische und deontische Modalität (engl. epistemic und deontic).'

Im Unterschied zu den deutschen Autor/innen gebrauchen die litauischen Autor/innen in den Publikationen neben den litauischen Termini nicht nur englische, sondern auch russische (siehe Beispiel 9) oder deutsche (siehe Beispiel 10) Termini, die den Bezug der lituanistischen Sprachwissenschaft zur Germanistik und Slawistik markieren.

(9) *Lietuvių kalbotyroje šių daiktavardžių giminei pavadinti vartojamas terminas bendroji giminė (žr. Jablonskis 1922/1957: 196; Balčikonis 1982: 17; Laigonaitė 1961: 10, 1965: 169; 1994: 64; Valeckienė 1998: 240); akademinėje rusiškoje gramatikoje jį atitinka terminas общий род (Laigonaitė 1985: 84), o angliškoje – common gender (Ambrzas, ed. 1997: 101).* (Judžentis 2002)
'In der litauischen Sprachwissenschaft wird der Terminus bendroji giminė für die Benennung des Genus dieser Substantive verwendet (s. Jablonskis 1922/1957: 196; Balčikonis 1982: 17; Laigonaitė 1961: 10, 1965: 169; 1994: 64; Valeckienė 1998: 240), in der russischen akademischen Grammatik entspricht ihm der Terminus общий род, in der englischen common gender (Ambrzas, ed. 1997: 101).'

(10) *Tokių daiktavardžių yra daugelyje pasaulio kalbų, nes tarp biologinės lyties kategorijos ir gramatinės giminės kategorijos (plg. anglų grammatical category of gender, grammatical gender ir notional category of gender, notional gender; vokiečių Sexus, natürliches Geschlecht* [...]*) nėra tiesioginio priežastinio ryšio.* (Judžentis 2002)
'Solche Substantive kommen in mehreren Sprachen der Welt vor, weil zwischen der biologischen Geschlechtskategorie und der grammatischen Kategorie des Genus (vgl. engl. grammatical category of gender, grammatical gender und notional category of gender, notional gender; dt. Sexus, natürliches Geschlecht [...]) keine direkte kausale Beziehung besteht.'

Die lateinischen Termini treten in Texten beider Sprachen als die Termini auf, die sich in der Linguistik etabliert haben, oder als globale Redewendungen, z. B.:

(11) *Es existieren außer der dritten noch zwei andere, mit der dritten eng verwandte, Konstruktionen: Die eine weist den Ersatzinfinitiv auf (2a) (hier wird auch die Abkürzung „IPP" (=infinitivus pro participio) verwendet).* (Richter 2004)

4.4 Fremdsprachige Verwendungsbeispiele

Durch die angeführten sprachlichen Verwendungsbeispiele sind die linguistischen Publikationen *per se* im Vergleich zu denen anderer Wissenschaftsbereiche institutionell mehrsprachiger. Die Mehrsprachigkeit, die durch Verwendungsbeispiele zum Ausdruck kommt, hängt vom Themenbereich ab und ist in den linguistischen Publikationen daher individuell geprägt. Die Publikationen, die sprachliche Phänomene aus der Perspektive des mehrsprachigen Vergleichs behandeln, sind hinsichtlich der angeführten sprachlichen Belege mehrsprachiger als die anderen, die Ebene der Mehrsprachigkeit ist jedoch eine andere als die im Falle des Zitierens oder des Anführens der Termini, denn der/die Autor/in muss nicht unbedingt die Sprachen der angeführten Beispiele beherrschen. Die meisten Autor/innen belegen neben den deutschen Beispielen ihre Analyseergebnisse auch mit englischen Beispielen (siehe Beispiel 12), in den deutschen Artikeln kommen jedoch auch französische, flämische und lateinische Verwendungsbeispiele vor (siehe Beispiel 13).

(12) *Dabei ist noch nicht einmal der adnominale und emphatische Gebrauch der englischen self-Formen herausgerechnet, wie er exemplifiziert ist in The Queen herself will open the ceremony 'Die Königin selbst wird die Feier eröffnen' oder She did it herself 'Sie hat es selbst gemacht'.* (Hole 2005)

(13) *Die Nachstellung von Adjektiven, die sinnlich wahrnehmbare Eigenschaften denotieren, ist im Französischen die Regel (vgl. une table ovale, un vent froid).* (Dürscheid 2002)

In den litauischen Artikeln werden auch russische Verwendungsbeispiele (siehe Beispiel 14) angeführt, und in einer Dissertation sind es sogar Verwendungsbeispiele in acht Fremdsprachen (Englisch, Schwedisch, Deutsch, Niederländisch, Estnisch, Lettisch, Russisch und Polnisch) (siehe Beispiel 15), was der Ansatz des mehrsprachigen Vergleichs bestimmt.

(14) *Plg. aplinkybinių predikatyvų vartojimą ir raišką rusų kalboje: Molodaja ja očen krasivaja (Nichols 1981: 135).* (Vaičiulytė-Semėnienė 2010)
'Vgl. die Verwendung und den Ausdruck der prädikativen Adverbiale in der russischen Sprache: Molodaja ja očen krasivaja (Nichols 1981: 135).'

(15) *Švedų kalbos veiksmažodis få ‚gauti' būtinybės, tiksliau įpareigojimo reikšme:*
Den som inte är sjuk är följaktligen frisk och får åka hem gen.
The person who is not ill is consequently well and has to go back home. (Viberg 2002, 133) (Jasionytė-Mikučionienė 2014)
'Das schwedische Verb få ‚bekommen' in der Bedeutung der Notwendigkeit, genauer der Verpflichtung: [...]'

Ein spezifisches Phänomen der Mehrsprachigkeit der linguistischen Wissenschaftstexte ist es, die Glossierung der fremdsprachigen Verwendungsbeispiele herauszustellen. Im englischen Summary eines linguistischen Artikels wird ein litauischer Beispielsatz glossiert:

(16) *Such structures function as free secondary predicates: either as (a) depictives or as (b) circumstantial predicates, cf. (a) Kalanta mirtį pasirinko BŪDAMAS DEVYNIOLIKMETIS ('Kalanta*$_{Nom}$ *[his] death*$_{Acc}$ *chose BEING*$_{Nom}$ *A NINETEEN-YEAR OLD*$_{Nom}$*'); (b) BŪDAMAS MAŽAS ganė gyvulius ('BEING*$_{Nom}$ *SMALL*$_{Nom}$ *[=a child] [he] pastured herds*$_{Acc}$*').* (Vaičiulytė-Semėnienė 2010)

4.5 Titel und andere fremdsprachige Elemente

Die im Literaturverzeichnis, im Text (siehe Beispiel 17) oder in der Fußnote angegebenen Titel anderer linguistischer Publikationen weisen eine noch größere Mehrsprachigkeit der litauischen Linguistik als die der deutschsprachigen auf: In den deutschen Publikationen stützen sich die Autor/innen auf englische, französische und italienische Publikationen, die Lituanist/innen zitieren Werke, die auf Englisch, Deutsch, Russisch, Polnisch, Belarussisch, Tschechisch, Kroatisch und Lettisch geschrieben sind.

(17) *„Where have all the adjectives gone?“ (Dixon 1977) war der Titel seines berühmten Artikels, in dem er ein Resümee der bisherigen Versuche sprachübergreifender Charakterisierung der Hauptwortklassen zieht und in denen er einen gewissen Widerspruch aufzeigt.* (Eisert 2009)

Die im Text durch Textnachweise oder durch das indirekte Zitieren hergestellten Bezüge auf die in der anderen Sprache als die des Artikels verfassten Publikationen indizieren, dass die rezeptive Mehrsprachigkeit größer als die produktive ist.

Englische Bezeichnungen von Korpora, Tagungen, Softwares und Projekten in den litauischen und deutschen Dissertationen oder die auf Italienisch angeführte Adresse der Universität, an der der Autor des Artikels tätig ist, prägen ebenfalls das mehrsprachige Bild der linguistischen Publikationen, z. B.:

(18) *Er verwendet auch Zitate aus Cosmas, der Online-Datenbank „Corpus Storage, Maintenance und Access System“ des Instituts für Deutsche Sprache in Mannheim und aus dem deutschen Teil des Wortschatz-Lexikons des Instituts für Informatik der Universität Leipzig, Abteilung automatische Sprachverarbeitung.* (Eisert 2009)

5 Schlussfolgerungen

Die Analyse hat gezeigt, dass linguistische Publikationen als ein mehrsprachiges Konstrukt existieren können. Da die einzelnen Autor/innen individuell – durch das Thema und die individuelle sprachliche Erfahrung bedingt – fremdsprachige Elemente einsetzen, zeichnen sich linguistische Publikationen durch die individuelle

Mehrsprachigkeit aus. Dadurch, dass mehrsprachig aufgebaute Texte die Wissenschaft als Institution bilden, kann man auch über die institutionelle Mehrsprachigkeit der Wissenschaft sprechen.

Die Mehrsprachigkeit in den deutschen und litauischen Publikationen wird grundsätzlich durch fremdsprachige Paratexte, Zitate, Verwendungsbeispiele, Termini und Titel realisiert. Als eine Besonderheit der Mehrsprachigkeit linguistischer Publikationen könnten fremdsprachige Verwendungsbeispiele, auch in der Form der Glossierung, herausgestellt werden. Da die in den Publikationen vorkommenden fremdsprachigen Elemente ein unterschiedliches Niveau der Sprachkenntnisse des Autors verlangen, könnte man verschiedene Ebenen der Mehrsprachigkeit in den linguistischen Publikationen unterscheiden.

Englisch als *lingua franca* dominiert in den untersuchten Texten der Sprachwissenschaft, aber es fließen auch Elemente anderer Fremdsprachen ein. Das Codeswitching im Deutschen intendiert, dass dem Englischen in der deutschsprachigen Linguistik die gleiche sprachpolitische und kognitive Rolle wie dem Deutschen zukommt. Das häufigere indirekte Zitieren in litauischen Dissertationen und die Anführung der litauischen Termini neben den fremdsprachigen Termini in Klammern könnten mit der puristischen Sprachpolitik in Litauen erklärt werden, obwohl die auf Litauisch publizierenden Linguist/innen sich stärker auf in zahlreicheren Sprachen geschriebene Texte stützen als die deutschsprachigen Autor/innen. Die Erkenntnis der durchgeführten Forschung legt die Vermutung nahe, dass Mehrsprachigkeit in der Wissenschaft einen jeweiligen Nationalstil aufweisen kann. Dies bedürfte der umfangreicheren Analyse anhand eines größeren Untersuchungskorpus mit Publikationen auch anderer Wissenschaftsbereiche.

Quellenverzeichnis

Akelaitis, Gintautas (2001): Įterpinių santykis su sudėtinių sakinių dėmenimis ir su atskirais sakiniais. *Kalbotyra* 50(1), 5–15.

Blidschun, Claudia (2008): Die mittelhochdeutschen Diphthonge *ei – öu – ou* in Unterfranken. *Germanistische Linguistik* 190–191, 1–19.

Bock v. Wülfingen, Günther (2009): *Das System der segmentierbaren Verben des Deutschen*. Dissertation. Hamburg.

Bučienė, Laimutė (2012): Vientisinio sakinio skiriamųjų ženklų vartojimas XIX a. vidurio lietuviškuose raštuose: vienarūšės ir aiškinamosios sakinio dalys. *Lituanistica* 58(2), 198–205.

Bunevičiūtė, Laimutė (2000): Atributiniai veiksmažodinių daiktavardžių junginiai. *Žmogis ir žodis* I, 10–15.

Dürscheid, Christa (2002): „Polemik satt und Wahlkampf pur" – Das postnominale Adjektiv im Deutschen. *Zeitschrift für Sprachwissenschaft* 21.1, 57–81.

Eisert, Tanja (2009): *Norm und Normerfüllung in der Adjektivserialisierung (Schularten im Vergleich)*. Dissertation. München.

Fehrmann, Ingo, Max Möller (2012): Verwendungen von *machen* + Adjektiv als Beispiel für eine musterbezogene DaF-Vermittlung. *Deutsch als Fremdsprache* 1.2012, 12–19.

Hole, Daniel (2005): Zur Sprachgeschichte einiger deutscher Pronomina. *Sprachwissenschaft* 3, 49–75.

Jasionytė-Mikučionienė, Erika (2014): *Gramatinimas lietuvių kalboje: modalinių reikšmių susidarymas*. Daktaro disertacija. Vilnius: Vilniaus universitetas.

Judžentis, Artūras (2002): Naujas žvilgsnis į lietuvių kalbos daiktavardžių giminės kategoriją. *Acta Linguistica Lithuanica* 46, 39–47.

Kamandulytė, Laura (2009): *Lietuvių kalbos būdvardžio įsisavinimas: leksinės ir morfosintaksinės ypatybės*. Daktaro disertacija. Kaunas: Vytauto Didžiojo universitetas.

Kazlauskienė, Asta, Gailius Raškinis (2013): Lietuvių kalbos veiksmažodžio morfemų struktūra. *Respectus Philologicus* 23(28), 198–210.

Labutis, Vitas (2008): Lietuvių kalbos beasmeniai sakiniai ir jų atitikmenys anglų kalboje. *Kalbų studijos/Studies about Languages* 12, 5–9.

Pakerys, Jurgis (2011): Nerimstantys akimirkos veiksmažodžiai. *Gimtoji kalba* 3, 3–12.

Pittner, Karin (2009): *Wieder* als Modalpartikel. *Zeitschrift für germanistische Linguistik* 37, 296–314.

Rabanus, Stefan (2006): An der Schnittstelle von Morphologie und Syntax. *Zeitschrift für Dialektologie und Linguistik*. Bd. 73.3, 301–317.

Richter, Michael (2004): Nicht nur lexikalisch – Zusammenspiel von Lexikon, Wortstellungsbeschränkungen und Funktionsregeln bei der semantischen und syntaktischen Analyse natürlicher Sprache. *Linguistische Berichte* 197, 53–75.

Rosinas, Albertas (2006): Dėl asmeninių įvardžių dviskaitos kilmininko kai kurių formų kilmės. *Baltistica* XLI (3), 401–405.

Vaičiulytė-Semėnienė, Loreta (2010): Konstrukcijų su *būdamas* semantika ir morfosintaksinės raiškos polinkiai. *Lietuvių kalba* 4. Zugang: http://www.lietuviukalba.lt/index.php/lietuviu-kalba/article/view/20/96 (Stand: 29.08.2015).

Sommerfeldt, Karl-Ernst (2000): Zum Problem der Modalwörter im Deutschen. *Wirkendes Wort* 50, 100–108.

Thielmann, Winfried (2014): *Weil* – zur Funktionalität eines „kausalen" Ausdrucks. *Deutsche Sprache* 1/14, 65–77.

Vaskelaitė, Ramunė (2003): Naudininkas veiksmažodinių daiktavardžių junginiuose. *Kalbos kultūra* 76, 43–46.

Wegener, Heide (2003): Normprobleme bei der Pluralbildung fremder und nativer Substantive. *Linguistik online* 16. Zugang: http://www.linguistik-online.de/16_03/wegener.html (Stand: 29.08.2015).

Literaturverzeichnis

Auer, Peter, Harald Baßler (2007): Der Stil der Wissenschaft. *Reden und Schreiben in der Wissenschaft*. Peter Auer, Harald Baßler (Hg.). Frankfurt am Main: Campus Verlag. 9–29.

Bitinienė, Audronė (2005): Mokslinis stilius ir jo intertekstualumas (Der Wissenschaftsstil und seine Intertextualität). *Žmogus ir žodis* I, 68–72.

Busch-Lauer, Ines-Andrea (2007): Abstract in der Wissenschaftskommunikation – Definition und Klassifikation. *Reden und Schreiben in der Wissenschaft*. Peter Auer, Harald Baßler (Hg.). Frankfurt am Main: Campus. 99–114.

Eco, Umberto (2003): *Wie man eine wissenschaftliche Arbeit schreibt. Doktor-, Diplom- und Magisterarbeit in den Geistes- und Sozialwissenschaften*. 10. Auflage. Heidelberg: C. F. Müller.

Lüdi, Georges, Bernard Py (1984): *Zweisprachig durch Migration: Einführung in die Erforschung der Mehrsprachigkeit am Beispiel zweier Zuwanderergruppen in Neuenburg (Schweiz)*. Tübingen: Niemeyer.

Mittelstraß, Jürgen (2006): Wissenschaft als Lebensform – eine Erinnerung und eine Einleitung. *Mikrokosmos Wissenschaft: Transformationen und Perspektiven*. Brigitte Liebig, Monique Dupuis, Irene Kreisi, Martina Peitz (Hg.). Zürich: vdf. 17–36.

Oksaar, Els (2003): *Zweitspracherwerb. Wege zur Mehrsprachigkeit und zur interkulturellen Verständigung*. Stuttgart: Kohlhammer.

Pöckl, Wolfgang (2009): Mehrsprachige Texte und ihre Übersetzung. *Translationswissenschaftliches Kolloquium I. Beiträge zur Übersetzungs- und Dolmetschwissenschaft (Köln/Germersheim)*. Barbara Ahrens, Monika Krein-Kühle, Lothar Cerný, Michael Schreiber (Hg.). Frankfurt am Main u. a.: Peter Lang. 71–93.

Pütz, Martin (1994): *Sprachökologie und Sprachwechsel. Die deutsch-australische Sprechergemeinschaft in Canberra*. Frankfurt am Main u. a.: Peter Lang.

Riehl, Claudia Maria (2004): *Sprachkontaktforschung. Eine Einführung*. Tübingen: Narr.

Rothstein, Björn (2011): *Wissenschaftliches Arbeiten für Linguisten*. Tübingen: Narr.

Schiewe, Jürgen (2007): Wandel des Wissenschaftsdiskurses. *Reden und Schreiben in der Wissenschaft*. Peter Auer, Harald Baßler (Hg.). Frankfurt am Main: Campus. 31–49.

Standop, Ewald, Matthias L. G. Meyer (2004): *Die Form der wissenschaftlichen Arbeit. Ein unverzichtbarer Leitfaden für Studium und Beruf.* Wiebelsheim: Quelle & Meyer Verlag.

Wandruszka, Mario (1981): *Die Mehrsprachigkeit des Menschen.* München: Deutscher Taschenbuch Verlag.

Dzintra Lele-Rozentāle

Intertextualität in deutschen und lettischen linguistischen Aufsätzen: Kontrastive Analyse und interkulturelle Interpretation

Abstract Despite the global tendency to equalization, scientific and study practices in German and Latvian academic communication still have a number of differences that merit urgent study. The aim of the article is to recognize the most significant differences in the practice of intertextuality by using a contrastive study of linguistic articles and carrying out an analysis of the given differences in the cross-cultural context in order to use the results acquired in academic practice.

Intertextuality is a characteristic feature of scientific articles having a broad spectrum of possibilities of analysis. The source of the research is scientific articles published in linguistic periodicals during the last 15 years, looking more closely at one of the features of intertextuality, namely, references to the authors of the quoted literature. As shown by the results of the analysis, these references are often different in German and Latvian linguistic articles, and this is related to the rendering of personal names, the substitution of personal names with other references to the author of the text, as well as to designations used with regards to the author or authors of the quoted text. Latvian scientific style initially developed under the influence of linguistic literature written in German, followed by the influence of Russian scientific style; however, today the influence of scientific literature published in English can be observed. Stating the differences of intertextuality allows for updating the problem of belonging to a particular scientific style, and thematizing the issue of the so-called Eastern Europe scientific style in relation to Latvian scientific articles.

Keywords: intertextuality, scientific article, German, Latvian, Eastern Europe scientific style

Schlüsselwörter: Intertextualität, Fachaufsatz, Deutsch, Lettisch, osteuropäischer Wissenschaftsstil

1 Allgemeines zur Relevanz der Forschungsfrage aus germanistischer Perspektive

Die Fähigkeiten im Umgang mit wissenschaftlichen Texten entstehen laut Graefen (1997, 327) auf induktivem Wege in jahrelanger Praxis oder auf deduktivem Wege „durch die Vermittlung von angewandt-linguistischen Erkenntnissen", durch die sich der erstgenannte induktive Weg abkürzen lässt. Zu dieser Abkürzung tragen auch die kontrastiven Untersuchungen zur Intertextualität bei. Die Anfänge der linguistischen Beschäftigung mit der Intertextualität sind von Zimmermann eingeleitet worden (Griffig 2006, 31), der die Texte als „eine Folge von Affirmation, Problematisierung, Transformation oder Negation anderer Texte“ (Zimmermann 1978, 187) beschrieben hat. Der Bezug auf andere Texte kann sich laut Zimmermann „auf affirmative, differenzierende, pervertierende, kontextverändernde, komplexierende, aber auch neu einführende (u. a. bei Referenzen) Weise manifestieren. Man kann zitieren, plagiieren und kommentieren.“ (ebd.) In der Textlinguistik kennt man die Intertextualität in erster Linie als eines der sieben von de Beaugrande und Dressler (1981, 12–13, 188–215) formulierten Textualitätskriterien, von denen am Beispiel der Wissenschaftssprache in der germanistischen Forschung sehr detailliert das Zitieren und Verweisen untersucht worden ist (vgl. z. B. Jakobs 1999).

Die umfangreichste kontrastiv angelegte Untersuchung zur Intertextualität in wissenschaftlichen Fachaufsätzen (Sprachenpaar Deutsch und Englisch) stammt von Griffig (2006). Die intertextuellen Bezüge definiert Griffig als „die an der Textoberfläche realisierten Resultate der von Textproduzenten (‘Schreibern’) ausgeführten sprachlichen Handlungen des Bezugnehmens (‘Intertextuelle Bezugnahmen’), durch die bestimmte intertextuell relevante ‘Fachliche Handlungen’ bzw. bestimmte Einheiten propositionalen Gehalts anderen Textproduzenten (‘Autoren’) zugeschrieben werden (können)“ (2006, 99). Das Spektrum der möglichen Untersuchungsaspekte ist umfangreich. Neben den Zitaten und Verweisen, die auf konkrete Autoren gerichtet sind, sieht Griffig die Möglichkeit, weitere Bezüge herzustellen, wie z. B. die „Fachkreis-Bezüge, die Selbstbezüge, die Begriffszitate, das Phänomen der wiederholten Bezugnahme auf bestimmte Bezugstexte ohne die erneute Nennung der betreffenden Bezugsträger-Namen, die fachlichen Bewertungen etc. sowie die Vielfalt der hierfür jeweils zur Verfügung stehenden Realisierungsformen“ (2006, 309).

In der interkulturell orientierten Germanistik spielen die kontrastiven Untersuchungen des Wissenschaftsdiskurses traditionell eine bedeutende Rolle, da das muttersprachliche Textsortenwissen oft in die Fremdsprache übertragen wird und dadurch Kommunikationsstörungen entstehen können. Die Erforschung von Intertextualität in wissenschaftlichen Texten kann in erster Linie praxisrelevante Resultate zum Ziel haben, die die akademische Kommunikation an den Hochschulen sowie die internationale wissenschaftliche Kommunikation fördern können. Gemeint ist damit die Feststellung von kulturspezifischen Konventionen, d. h. von unterschiedlich gehandhabten Intertextualitätsformen, die in den Wissenschaftskulturen in längerer Zeitperiode durch diverse fachhistorisch und wissenschaftsorganisatorisch bedingte Faktoren entstanden sind. Andererseits aber ist dies von Interesse für die wissenschaftstheoretischen

Fragestellungen, wie z. B. für die Untersuchungen zur Entstehung von Wissenschaftskulturen.

Der vorliegende Aufsatz bietet Ergebnisse, die im Rahmen einer kontrastiv und interkulturell ausgerichteten Studie zum deutschen und lettischen Wissenschaftsstil erhalten wurden. Es handelt sich im Folgenden um einige in der deutsch-lettischen Wissenschaftskommunikation signifikante Differenzen, die am Beispiel der Intertextualitätsformen bez. der Bezugsträger[1] als diskussionswert erscheinen und die sowohl für die Lehre als auch für die weitere Forschung relevant sind.

Die vor der Studie gestellten Fragen lauten: Wie werden die zur Untersuchung gewählten Kulturräume durch die Intertextualität markiert und lässt sich am Beispiel des Vergleichs der intertextuellen Bezüge eine Verbindung zum sogenannten osteuropäischen Wissenschaftsstil feststellen?

Galtung sah seinerzeit „Osteuropa einschließlich der Sowjetunion „als im Bann des teutonischen intellektuellen Stils stehend" (1985, 154) und erklärte dies mit dem jahrhundertelangen kulturellen Einfluss (ebd.). In diesem Kontext ist es naheliegend, die Frage nach dem osteuropäischen Stil zu aktualisieren, insbesondere, da sich die lettische wissenschaftliche Tradition unter der deutschsprachigen entwickelt hat, die von Galtung als Zentrum des teutonischen Stils gesehen wird. In der Forschung ist der osteuropäische Wissenschaftsstil mehrfach thematisiert worden, vor allem aber im Vergleich zum russischen Wissenschaftsstil (vgl. z. B. Breitkopf, Vassileva 2007). Den schon etablierten Gebrauch dieser Bezeichnung relativiert Hartmann, indem sie auf deren problematische Bestimmung hinweist. Laut Hartmann sollte man sich erst entscheiden, ob es sich „um die Länder und dementsprechend ihre Wissenschaftskulturen handelt, die sich geographisch in Osteuropa befinden oder um die Wissenschaftskulturen, die bestimmte Gemeinsamkeiten aufweisen, sich jedoch aus geographischer Perspektive nicht als ‚osteuropäisch', sondern z. B. ‚südosteuropäisch' bezeichnen lassen" (2014, 39). Mit Recht stellt sie die Frage nach der Möglichkeit eines einheitlichen Wissenschaftsstils in einer Region, die eigentlich unterschiedliche Wissenschaftskulturen und -stile hervorgebracht hat (ebd.).

Als Untersuchungsquellen wurden deutsche und lettische linguistische Aufsätze aus Fachzeitschriften (Zeitraum 2001–2014) gewählt, deren Rolle in Anlehnung

1 Unter Bezugsträgern werden mit Griffig (2006, 146) diejenigen Autoren verstanden, auf deren Texte die Verfasser der analysierten Aufsätze unter Verwendung verschiedener sprachlicher Mittel (bei Griffig außerdem auch „graphischer und/oder typographischer Mittel") Bezug nehmen. Im vorliegenden Aufsatz werden nur die Bezüge zu den konkreten Autoren und nicht die Selbstbezüge oder diejenigen zu den Fachkreisen behandelt.

an Graefen (1997, 58) auch darin gesehen wird, dass sie außer der Informationsvermittlung die Einordnung „in den Forschungszusammenhang der Disziplin" als Aufgabe haben und in den dabei entstehenden Diskussionen „besonderer sprachlicher Mittel" bedürfen. Somit enthält der wissenschaftliche Aufsatz Bezug zu den schon vorhandenen Erkenntnissen und Theorien, die unter Anwendung unterschiedlicher Intertextualitätsformen erklärt und ausgewertet werden können. Bei der Auswahl der Quellen wurde darauf geachtet, dass die Aufsätze zum gleichen Wissensbereich (hier Linguistik) gehören, aus dem gleichen Zeitraum stammen (die letzten 15 Jahre) und dass das Prinzip der Muttersprache eingehalten wird. Das lettische Quellenmaterial wurde der *Linguistica Lettica* entnommen, das deutsche der *Linguistik online*. Die lettische Zeitschrift erscheint seit 1997 einmal jährlich und darin werden die Forschungsergebnisse aus verschiedenen linguistischen Teildisziplinen veröffentlicht. Nur einzelne Jahrgänge sind parallel zum Druck auch *online* veröffentlicht worden, die meisten Volltexte sind in gedruckter Form zugänglich. *Linguistik online* erscheint seit 1998, vier bis sieben Hefte pro Jahr, und die Aufsätze sind zu verschiedenen Themenbereichen, die mit denen der *Linguistica Lettica* im Großen und Ganzen übereinstimmen: Phonetik, Phonologie, Morphologie, Syntax, Semantik, Dialektologie, Soziolinguistik, Pragmatik, Sprachgeschichte, Kontrastive Linguistik u. a. Beide Zeitschriften sind mehrsprachig. Für die Analyse wurden nur die deutschsprachigen und lettischsprachigen Aufsätze gewählt, die als Gegenstand die jeweilige Sprache haben und somit als Träger der linguistischen Tradition in Frage kommen. Die gewonnenen Ergebnisse wurden mit den Resultaten von Griffig (2006) verglichen und dabei konnte festgestellt werden, dass fast alle von ihm für die deutschen Aufsätze ermittelten Formen auch in den Aufsätzen der *Linguistik online* vorkommen, viele auch in der *Linguistica Lettica*. Im Weiteren wird nur auf die Differenzen eingegangen, die die Spezifik der analysierten Wissenschaftssprachen markieren und somit auch von interkultureller Relevanz sind.

Im deutsch-englischen Vergleich sind von Griffig (2006, 145) vier Dimensionen untersucht worden: Bezugsträger, Integration oder Nicht-Integration der Bezugsträger, Originalnähe, fachliche Bewertungen und Vergleiche. Das komplexe Thema ist im vorliegenden Aufsatz auf die Bezugsträger begrenzt: Vorgestellt werden sollen kulturell differierende intertextuelle Bezüge zu konkreten Autoren[2], und als Illustrationen Beispiele mit Kommentaren zu den Differenzen, die aus der Perspektive der lettischen Germanistik als kulturspezifisch eingestuft werden können.

2 Aus Gründen der Lesbarkeit wird im Text die männliche Form benutzt, die in gleicher Weise auch für die weibliche Form gilt.

2 Interkulturell relevante Ergebnisse der kontrastiven Analyse

Insgesamt wurden für die kontrastive Analyse 50 Aufsätze im Lettischen und 30 im Deutschen herangezogen. Die größere Zahl der lettischen Aufsätze lässt sich dadurch erklären, dass die Aufsätze in der Regel kürzer sind[3], wie dies auch bei russischen Aufsätzen beobachtet worden ist (Burmakina 2014, 120). Die gewonnenen Ergebnisse zeugen von einer bedeutenden Übereinstimmung bezüglich der Erwähnung der Bezugsträger, die hier nicht weiter diskutiert werden.[4] Es gibt aber eine Reihe von auffallenden Differenzen, deren Vorhandensein nur in dem durchgeführten Vergleich deutlich geworden ist und die hier kurz vorgestellt werden sollen. Angeführt sind die Fälle, die wenigstens bei drei Autoren in den untersuchten Aufsätzen vorkommen und auf Grund der vorausgehenden Beobachtungen auch in anderen Textsorten zu finden sind, z. B. in studentischen Abschlussarbeiten, in Dissertationen und Monographien.

2.1 Integrierte Bezugsträger

Die Wiedergabe der Namen der zitierten Autoren im Text wird in den Richtlinien beider Zeitschriften vorgeschrieben, und in beiden wird zwischen der Ersterwähnung und dem folgenden Bezug unterschieden. Im ersten Fall sollen Vorname und Nachname des Bezugsträgers genannt werden,[5] im zweiten dagegen differieren die Traditionen, die nur in der *Linguistica Lettica* explizit als Initialbuchstabe und Nachname formuliert sind. Das traditionelle Modell in den Texten sieht wie folgt aus:

dt. Nachname oder Vorname (seltener) + Nachname
lett. Vorname/Initialbuchstabe des Vornamens + Nachname

In den deutschsprachigen Texten erscheinen die integrierten Bezugsträger nach deren Ersterwähnung in der Regel mit dem Nachnamen. Griffig erwähnt in seiner Untersuchung unter dem Sonderfall 1 den Gebrauch von Nachnamen mit

3 Die Richtlinien der *Linguistica Lettica* sehen den Umfang bis zu 45 000 Zeichen (einschl. Leerzeichen) vor, der *Linguistik online* 15 bis 30 Seiten.

4 Es handelt sich hier um standardmäßige, in der Wissenschaftskommunikation etablierte Formen, wie sie von den Herausgebern in den Richtlinien für Autoren empfohlen werden, vgl. *Linguistik online*, *Linguistica Lettica*.

5 In Einzelfällen kann man in der *Linguistik online* Abweichungen davon beobachten, z. B. in den Fällen, wenn auf eine Veröffentlichung von zwei oder mehreren Autoren Bezug genommen wird, vgl. z. B. „Campbel/Muntzel (1989: 185) sehen Parallelen [...]“ (2003, 305). Beobachtet wurden auch einzelne Inkonsequenzen, z. B. im Anführen/Fehlen des Vornamens bei Ersterwähnungen, die hier als Ausnahmen angesehen und nicht weiter behandelt werden.

vollständigem Vornamen und weist darauf hin, dass es in diesen Fällen „doch offensichtlich um eine von der ‚normalen' Vorgehensweise abweichende, besonders markierte Form der Intertextuellen Bezugnahme" gehe, wodurch man den genannten Autor oder dessen Text als wichtig und relevant darstellen könne (2006, 153). Er schließt nicht aus, dass es sich in diesen Fällen auch um persönliche oder dienstliche Bekanntschaft oder ein Abhängigkeitsverhältnis zwischen dem Autor des Aufsatzes und der zitierten Person oder um „die gemeinsame Zugehörigkeit zu einer linguistischen Schule" (ebd.) handeln könnte. Als eine weitere Möglichkeit erwähnt Griffig die Dankesanmerkung (ebd.). In den lettischen Texten werden bei der Ersterwähnung der Vorname oder der Initialbuchstabe des Vornamens und der Nachname angeführt und weiter im Text der Initialbuchstabe des Vornamens und der Nachname. Die Nennung des Nachnamens ohne Vornamen gilt in der Regel als unhöflich, z. B.:

(1) ***Juris Plāķis*** *1927. gadā publicētā darba … priekšvārdā …; Kā norādījis gan* ***J. Plāķis****, gan citi valodnieki, …* (2010, 5)
'Juris Plāķis hat im Vorwort zu seiner 1927 veröffentlichten Arbeit …; Nach Ansicht von J. Plāķis und anderer Sprachwissenschaftler …' (Hier und im Weiteren übersetzt von Dz. L.-R.)

In Einzelfällen kann man beobachten, dass in den lettischen Aufsätzen, ähnlich wie in den deutschen, nur der Nachname erscheint, dies geschieht aber sporadisch und kann eher als Ausnahme aufgefasst werden. Diese Ausnahmefälle lassen auf den Einfluss der international verbreiteten Tradition schließen und haben vermutlich ihre Erklärung in den wissenschaftlichen Kontakten der Verfasser.

2.2 Sprachkontaktauswirkungen: Wiedergabe der Namen der integrierten Bezugsträger

Deutsch und Lettisch unterscheiden sich in Bezug auf die phonetische und morphologische Integration von Personennamen im Satz. Diese historisch entstandene Differenz kann man auch bei der Wiedergabe von fremdsprachigen Personennamen beobachten, z. B.:

dt. Originalform (lateinische Schrift), transliteriert (kyrillische Schrift)
lett. phonetisch und morphologisch adaptiert (fremdsprachige lateinische und kyrillische Schrift)

In den deutschsprachigen Aufsätzen wurden die Namen nur in ihrer Originalform (lateinische Schrift) festgestellt. Im Lettischen dagegen werden die fremdsprachigen Namen (Vor- und Nachnamen) in lateinischer Schrift nach festgelegten Regeln wiedergegeben (vgl. dazu die Rechtsbestimmung des Ministerkabinetts

(MKN) von 2004), und zwecks der Identifizierung erscheint dann in den Klammern bei der Ersterwähnung gewöhnlich die Originalform, z. B.:

(2) ***Francs Jozefs Hausmanis*** (***Franz Josef Hausmann***), ***Herberts Ernsts Vīgands*** (***Herbert Ernst Wiegand***) (2014, 185–186)

In den untersuchten Texten konnte beobachtet werden, dass in den lettischen Aufsätzen die Originalformen für die Namen litauischer Herkunft nicht immer in Klammern angeführt waren, die man in der Baltistik vermutlich als bekannt ansieht, manchmal die Originalformen auch für die russischen, belarussischen, ukrainischen, tschechischen Namen. Dies war vor allem beim Zitieren aus den russischen Sekundärquellen. Es kam aber vereinzelt vor, dass in den Klammern in kyrillischer Schrift auch solche Namen angeführt wurden, für die das Russische nur als Vermittlersprache dient, z. B.:

(3) ***A. Vežbickas (Вежбицкая** 1997) un citi teorētiskie darbi* … (2005, 114)
'Die theoretischen Werke von A. Wierzbicka und andere …'

Die Namen der britischen, amerikanischen, kanadischen, norwegischen und deutschen Forscher erscheinen bei der Ersterwähnung in der Regel adaptiert im Text und in runden Klammern in ihrer Originalform (vgl. Beispiel (2)).

2.3 Sprachkontaktauswirkungen: Wiedergabe der nicht integrierten Namen der Bezugsträger[6]

Die für die deutsche und die lettische Wissenschaftssprache historisch bedingten Kontaktsituationen (insbesondere in der zweiten Hälfte des 20. Jahrhunderts) haben zur Entwicklung von unterschiedlichen Verfahren bei der Wiedergabe der Personennamen und Zitate beigetragen. Während im deutschsprachigen Raum die englischsprachigen Veröffentlichungen intensiv rezipiert wurden, war die lettische wissenschaftliche Tradition eher russisch geprägt. Davon zeugen unterschiedliche Vorgehensweisen beim Zitieren. Die Differenz erscheint bei der Wiedergabe von Namen mit kyrillischer Originalform:

dt. Originalform (lateinische Schrift), transliteriert (z. B. kyrillische Schrift)
lett. Originalform (lateinische Schrift), kyrillische Schrift (russische Namen)

6 Unter den nicht integrierten Bezugsträgern werden mit Griffig (2006, 210) die Nennungen von denjenigen zitierten Autoren verstanden, die in eine bibliographische Klammer ausgelagert sind, d. h. keine syntaktische Integration im Satz haben (z. B. Name, Jahr und Seite).

Ein Unterschied in den deutschsprachigen und lettischen Aufsätzen zeichnet sich bei der Nennung der nicht integrierten Bezugsträger ab. Charakteristisch für die lettischen Aufsätze ist es, dass die Namen der russischen Autoren, deren Veröffentlichungen in Lettland auch heute viel rezipiert werden, in den Klammern in kyrillischer Schrift, also in der Originalform, erscheinen[7]. Dasselbe betrifft auch die kyrillisch angeführte Sekundärliteratur im Literaturverzeichnis (meist platziert nach der Literatur in lateinischer Schrift). Eine Erklärung findet sich in der Tradition, die noch aus der Sowjetzeit stammt, als Russisch als Wissenschaftssprache sehr verbreitet war, die Dissertationen russisch geschrieben wurden und die Fachliteratur russisch gelesen wurde. Auch heute wird angenommen, dass die kyrillische Schrift verstanden wird, was bei der jüngeren Generation aber nicht immer der Fall ist.

Anders als bei der Wiedergabe der in Klammern zitierten fremdsprachigen Originalformen der Namen geht man bei direkten Zitaten vor: In den deutschsprachigen Aufsätzen in der *Linguistik online* erscheinen oft Zitate in der Originalsprache, insbesondere im Englischen, aber auch im Französischen. In lettischen Aufsätzen erscheinen die Zitate nur in lettischer Übersetzung.

2.4 Substantivische Wiederaufnahmen

lett. *autors/-e*, 'der/die Autor/-in, der/die Verfasser/-in', *valodnieks/-ce* 'der/die Sprachwissenschaftler/-in', *zinātnieks/-ce* 'der/dieWissenschaftler/-in', *pētnieks/-ce* 'der/die Forscher/-in'

Als typisch und gleichzeitig von der deutschsprachigen Tradition abweichend kann man die lettischen substantivischen Wiederaufnahmen betrachten. Griffig bezeichnet diese Art Wiederaufnahmen als „substantivische Bezeichnungen für einen (menschlichen) Handlungsträger" (2006, 149) und führt als Beispiele die deutschen *der Autor/die Autorin, die Autoren* und die englischen *the author* und *the authors* an. Deren Äquivalent trifft auch für die lettischen Texte zu. Was aber als typisch lettisch bezeichnet werden kann, ist die häufig anzutreffende Wiederaufnahme *valodnieks/-ce* 'der/die Sprachwissenschaftler/-in', *zinātnieks/-ce* 'der/die Wissenschaftler/-in', *pētnieks/-ce* 'der/die Forscher/-in' und die entsprechenden Pluralformen, z. B.:

(4) *Par nominālo vārdkopu reducēšanos rakstījusi* ***E. Soida. Valodniece*** *pievienojas K. Mīlenbaha uzskatam, ka* … (2008, 117)

---

7 Laut den neuesten Richtlinien der *Linguistica Lettica* soll die kyrillische Schrift transliteriert werden. Dies betrifft aber nicht die Veröffentlichungen bis 2014.

'Über die Reduktion der nominalen Wortgruppen hat E. Soida geschrieben. Die Sprachwissenschaftlerin schließt sich der Ansicht von K. Mīlenbaha an, dass ...'

2.5 Ergänzungen zu den Namen

Als eine weitere Abweichung von den deutschen Schreibkonventionen ist der Gebrauch von verschiedenen Ergänzungen zusammen mit dem Vornamen oder dessen Initialbuchstaben und dem Nachnamen des zitierten Autors. Sie erscheinen in den lettischen Aufsätzen häufig als einfache oder als attributiv erweiterte substantivische Ergänzungen.

2.5.1 Einfache substantivische Ergänzungen

lett. *valodnieks/-ce* 'der/die Sprachwissenschaftler/-in'; *pētnieks/-ce* der/die 'Forscher/-in' + Vorname/Initialbuchstabe + Nachname

Als Bezeichnung dominiert *valodnieks/-ce* 'der/die Sprachwissenschaftler/-in', z. B.:

(5) ***Valodniece D. Nītiņa*** *atzīst, ka* ... (2014, 177)
'Die Sprachwissenschaftlerin D. Nītiņa gibt zu, dass ...'

2.5.2 Attributiv erweiterte substantivische Ergänzungen

Attributiv erweiterte substantivische Ergänzungen stellen in den lettischen wissenschaftlichen Artikeln eine weit verbreitete Form dar. Das Modell ist auch in der deutschen Sprache bekannt, kommt aber eher in populärwissenschaftlich ausgerichteten Texten vor. Als attributive Erweiterungen erscheinen in den lettischen wissenschaftlichen Aufsätzen am häufigsten die Hinweise auf die ethnische/nationale Zugehörigkeit des Bezugsträgers, z. B.:

lett. ethnische/nationale Zugehörigkeit + substantivische Bezeichnung + Vorname/Initialbuchstabe des Vornamens + Nachname

Die am häufigsten gebrauchten attributiv erweiterten substantivischen Bezeichnungen sind: *lingvists/-e* 'Linguist/-in', *pētnieks/-ce* 'Forscher/-in', *zinātnieks*/-ce 'Wissenschaftler/-in', *valodnieks/-ce* 'Sprachwissenschaftler/-in'. Nach den bisherigen Beobachtungen handelt es sich in den Zitaten weniger um die entsprechenden Sprachen, eher um die ethnische oder nationale Zuordnung des zitierten Autors, z. B.:

(6) *Kā norāda* ***dāņu lingvists O. Jespersens****,* ... (2012, 40)
'Nach Ansicht des dänischen Linguisten O. Jespersen ...'

(7) ... ***poļu pētnieks S. Rosponds*** ... (2001, 86)
'... der polnische Forscher S. Rospond'

(8) In einem Absatz: lett. ***Bulgāru zinātnieks J. Duridanovs** …, **čehu zinātnieks V. Šmilauers** …, **Ukraiņu pētnieks J. Karpenko*** … (2001, 93)
'Der bulgarische Wissenschaftler J. Duridanov …, der tschechische Wissenschaftler V. Šmilauer …, der ukrainische Forscher J. Karpenko'

Die hier angeführten Personennamen enthalten in Klammern keine Originalform, d. h. sie sind aus zweiter Hand zitiert, meist aus einer russischen Sekundärquelle übernommen und phonetisch und morphologisch adaptiert.

2.6 Abgrenzung, Gegenüberstellung oder Vergleich

Die Gegenüberstellung der lettischen zu den nicht lettischen Autoren findet sich in den fachhistorischen Hinweisen, insbesondere wenn es darum geht, die Erkenntnisse der lettischen Sprachforscher von denen anderer (vor allem deutscher) abzugrenzen, wie dies im folgenden Beispiel impliziert formuliert ist:

(9) *Jāpiemin, ka pūristiskās un preskriptīvās attieksmes latviešu valodas un valodniecības vēsturē vispirms paudusi **nelatviešu tautības autori**,* … (2008, 83)
'Hier soll erwähnt werden, dass die ersten puristischen und präskriptiven Einstellungen in der Geschichte der lettischen Sprache und Sprachwissenschaft nichtlettische Autoren zum Ausdruck gebracht haben, …'

Mit dieser ethnischen/nationalen Zuordnung oder Abgrenzung der zitierten Autoren hängt eine auch in anderen wissenschaftlichen Texten nicht selten beobachtete Erscheinung zusammen und zwar die Gegenüberstellung zur westlichen Forschung, verbunden mit einer Verallgemeinerung: Es kommt vor, dass nicht konkrete Autoren genannt werden oder Richtungen und Schulen, sondern *ārzemju valodnieki* 'ausländische Wissenschaftler', *rietumu valodnieki* 'westliche Wissenschaftler', z. B.:

(10) *… nebūtu pamata steigties nosodīt nereālos preskriptīvistu vai pūristu centienus tik radikāli, kā to dara D. Kristāls, S. Pinkers un **daudzi citi Rietumu valodnieki**.* (2008, 80)
'Man sollte aber nicht gleich die realitätsfremden Bestrebungen der Präskriptivisten oder Puristen so stark kritisieren wie dies D. Crystal, S. Pinker und viele andere westliche Sprachwissenschaftler tun.'

Wie aus den angeführten Beispielen zu sehen ist, haben die historischen und politischen Machtverhältnisse sowie die wissenschaftlichen Kontakte in der Herausbildung der Wissenschaftssprache eine bedeutende Rolle gespielt. Wenn auch die Globalisierung den Ausgleich wissenschaftlicher Stile stark fördert, wie dies im untersuchten Aspekt vor allem im Deutschen, aber zum Teil auch im Lettischen der Fall zu sein scheint, so bleiben noch immer Differenzen erhalten, deren kontrastives Erfassen und interkulturelles Auslegen zum Aufgabenbereich der germanistischen Forschung gehört. Der lettische linguistische Artikel weicht in einer Reihe von Intertextualitätsmarkierungen beim Hinweisen auf die zitierten Autoren von den deutschsprachigen Artikeln ab, und aus diesem Grunde sollte als wichtiger Faktor im Weiteren die Rolle der russischen wissenschatlichen Tradition überprüft und in Verbindung damit die Frage nach dem osteuropäischen Wissenschaftsstil problematisiert werden. Diese wie auch die oben angeführten differierenden Intertextualitätsmarkierungen, die den lettischen Wissenschaftsstil vom deutschen unterscheiden, erlauben im Fazit die Ergebnisse als interkulturell relevant darzustellen und weitere Forschungsperspektiven zu formulieren.

3 Fazit und Ausblick

Die unterschiedliche Vorgehensweise beim Zitieren als Abbild der vorausgehenden Kulturkontakte und Sozialisierungsprozesse sowie die intensiven Konvergenztendenzen in der internationalen Wissenschaftspraxis erlauben zurzeit keine Zuordnungen zu konkreten Kulturkreisen vorzunehmen, die durch die politisch, sozial und kulturell determinierte Wissenschaftskommunikation markiert wären. Dazu soll erst die empirische Basis mit Heranziehung auch weiterer Intertextualitätselemente erweitert werden. An dieser Stelle entsteht aber die Frage nach der hypothetischen Zuordnung der behandelten Wissenschaftskulturen. Die Differenzen, die zwischen den deutschen und lettischen Intertextualitätsformen nur in einem einzelnen Aspekt sichtbar wurden, erfordern bei ihrer Interpretation sowohl die Heranziehung historischer Kulturkontakte als auch der Ethnographie der akademischen Kommunikation, wie sie von Kotthoff (2002) im deutsch-russischen Vergleich der Vortragsstile dargestellt wird. Bei den hier festgestellten Spezifika stellt sich die Frage nach der Notwendigkeit einer Überprüfung des eventuellen russischen Einflusses in der lettischen Wissenschaftssprache, da insbesondere in der Zeit nach dem Zweiten Weltkrieg die akademische Kommunikation, auch die wissenschaftliche Sozialisierung z. T. auf Russisch erfolgte. In den letzten Jahren ist eine Reihe von Veröffentlichungen mit Russisch als Vergleichssprache publiziert worden, die auch die Intertextualität zum Thema haben (vgl. z. B. Michailova 1999; die Übersicht zur russischen Forschung bei Burmakina 2014, 55–64, zur tschechischen bei Goldhahn 2015). Die Resultate dieser Untersuchungen zur Intertextualität im vergleichenden Aspekt erlauben gewisse Parallelentwicklungen auch zum lettischen Wissenschaftsstil zu beobachten, und dies könnte eine Anregung zu weiteren Forschungen sein, um die Annahme von Galtung auf breiterer Basis zu überprüfen. Was die Bezugsträger betrifft, wie sie hier vorgestellt wurden, so fehlen dazu bis jetzt (mit Ausnahme der Monographie von Griffig) weitere Untersuchungsergebnisse auf der Basis anderer Sprachen.

Lohnenswert für die Fortsetzung der Untersuchung erscheint die Analyse der Tendenzen innerhalb einiger Teildisziplinen und Disziplinen. In der vorliegenden Untersuchung wurden die Intertextualitätsmerkmale nicht nach Teildisziplinen verglichen, dies sollte aber für die Zukunft in Betracht gezogen werden, insbesondere, wenn es um den Bezugsträger Fachkreis gehen sollte. Auch die Generationsfrage darf nicht außer Acht gelassen werden, auch wenn, wie bis jetzt beobachtet wurde, die Traditionen der bevorzugten Verfahren tradiert werden. Als Desiderata gelten somit: Auswertung größerer Korpora mit Beachtung der Disziplin/-en und Teildisziplinen, der Sozialisation der Wissenschaftler (einschl. der Generationsfrage) und die Erweiterung der Vergleichsperspektive mit Heranziehung der russischen Wissenschaftssprache.

Wichtig erscheint auch, die fachsprachendidaktischen Ziele zu verfolgen, z. B. zwecks der Entwicklung von Unterrichtsmaterialien für den fremd- und muttersprachlichen Unterricht, um das Erlernen der Produktion und Rezeption der fremd- und muttersprachlichen Diskursregeln zu fördern, wie dies in der Fachliteratur mehrfach gefordert worden ist (vgl. z. B. Clyne, Kreutz 2003, 64; Griffig 2006, 310–311).

Quellenverzeichnis

Linguistica Lettica. Latviešu valodas institūta žurnāls.
2001/9, 5–33, 45–72, 85–109, 110–122, 176–186, 187–201;
2003/12, 5–13, 14–29, 30–38, 39–47, 48–60, 61–72, 119–198;
2005/14, 5–15, 16–44, 45–54, 76–84, 85–96, 114–134, 135–144, 145–159, 189–196, 215–232, 233–248;
2007/16, 5–22, 31–44, 45–83, 96–103, 104–114, 115–124, 125–139, 146–160, 161–192;
2008/17, 21–27, 58–77, 78–91, 92–103, 104–112; 113–124;
2010/19, 5–19, 109–117;
2012/20, 39–50, 51–94, 111–120, 134–152;
2014/22, 158–172, 173–184, 185–204, 241–260, 261–276.
Rīga: Latviešu valodas institūts 2001–2014. Zugang zu den Jahrgängen 2008 und 2010 auch: Zugang: http://www.lulavi.lv/zurnals-linguistica-lettica (Stand: 20.08.2015).

Linguistik online.
2000/8–1, 1–16;
2002/10–1, 41–59; 2002/11–2, 39–70; 2002/12–3, 3–7, 71–85;
2003/13–1, 11–53, 55–84, 273–324, 325-378;

2005/24-3, 9-19; 2005/25-4, 47-64;
2007/32-3, 105-117, 119-137; 2007/32-3, 95-103;
2008/35-3, 55-86;
2010/41-1, 7-23; 2010/44-4, 5-18, 127-151;
2012/52-2, 53-68; 2012/53-3, 55-84; 2012/55-5, 3-19, 21-40;
2013/61-4, 7-9;
2014/66-4, 7-20, 21-29, 31-50, 111-134, 135-146; 2014/67-5, 85-131; 2014/69-7, 91-108. Zugang: https://bop.unibe.ch/linguistik-onlinehttps://bop.unibe.ch/linguistik-online (Stand: 20.08.2015).

Literaturverzeichnis

Beaugrande, de Robert-Alain, Ulrich Wolfgang Dressler (1981): *Einführung in die Textlinguistik*. Tübingen: Niemeyer. (= Konzepte der Sprach- und Literaturwissenschaft 28).

Breitkopf, Anna, Irena Vassileva (2007): Osteuropäischer Wissenschaftsstil. *Reden und Schreiben in der Wissenschaft*. Peter Auer, Harald Baßler (Hg.). Frankfurt: Campus. 211-224.

Clyne, Michael, Heinz Kreutz (2003): Kulturalität der Wissenschaftssprache. *Handbuch interkulturelle Germanistik*. Alois Wierlacher, Andrea Bogner (Hg.). Stuttgart, Weimar: J. B. Metzler. 60-68.

Burmakina, Natalja Gennadjevna (2014): *Diskursivno-integrativnyje i kul'turno-konvencional'nyje charakteristiki akademičeskoj kommunikaciji*. Dissertacija na soiskanije učënoj stepeni kandidata filologičeskich nauk (Diskursiv-integrative und kulturell-konventionelle Charakteristika der akademischen Kommunikation. Dissertation zur Erlangung des Doktorgrades in der Fachrichtung Philologie). Krasnojarsk: Sibirskij federal'nyj universitet. Mskr.

Galtung, Johan (1985): Struktur, Kultur und intellektueller Stil. Ein vergleichender Essay über sachsonische, teutonische, gallische und nipponische Wissenschaft. *Das Fremde und das Eigene: Prolegomena zu einer interkulturellen Germanistik*. Alois Wierlacher (Hg.). München: Iudicium-Verlag. 151-196.

Goldhahn, Agnes (2015): *Tschechische und deutsche Wissenschaftssprache im Vergleich. Eine kontrastive Analyse tschechischer und deutscher Wissenschaftlicher Artikel der Linguistik*. Dissertation. Brno. Zugang: https://is.muni.cz/th/248574/ff_d/Dissertation_Goldhahn_2015_150521_i.pdf?lang=en (Stand: 30.07.2015).

Graefen, Gabriele (1997): *Der wissenschaftliche Artikel – Textart und Textorganisation*. Frankfurt a. M. u. a.: Peter Lang. Europäischer Verlag der Wissenschaften. (= Arbeiten zur Sprachanalyse).

Griffig, Thomas (2006): *Intertextualität in linguistischen Fachaufsätzen des Englischen und Deutschen*. Frankfurt a. M. u. a.: Peter Lang. Europäischer Verlag der Wissenschaften. (= Theorie und Vermittlung der Sprache 44).

Hartmann, Daniela (2014): *Die Förderung der Aneignung der akademischen Wissenschaftssprache DAF bei internationalen Studierenden mittels einer Online-Lernplattform. Eine Bedarfsanalyse*. Berlin: epubli.

Jakobs, Eva-Maria (1999): *Textvernetzung in den Wissenschaften: Zitat und Verweis als Ergebnis rezeptiven, reproduktiven und produktiven Handelns*. Tübingen: Niemeyer. (= Reihe Germanistische Linguistik 210).

Kotthoff, Helga (2002): Vortragsstile im Kulturvergleich: zu einigen deutsch-russischen Unterschieden. *Perspektiven auf Stil. Festschrift für Barbara Sandig*. Eva-Maria Jakobs, Annely Rothkegel (Hg.).Tübingen: Niemeyer. 312–351.

Michailova, Jelena Vladimirovna (1999): *Intertekstual'nost' v naučnom diskurse (na materiale statej)*. Avtoreferat dissertacii na soiskanije učënoj stepeni kandidata filologičeskich nauk (Intertextualität im wissenschaftlichen Diskurs am Beispiel der Aufsätze. Autorreferat der Dissertation zur Erlangung des Doktorgrades in der Fachrichtung Philologie). Volgograd: Volgogradskij gosudarstvennyj pedagogičeskij universitet.

MKN (2004): *Ministru kabineta noteikumi Nr.114: Noteikumi par personvārdu rakstību un lietošanu latviešu valodā, kā arī to identifikāciju* (Rechtsbestimmung des Ministerkabinetts Nr. 114: Rechtsbestimmung über die Wiedergabe von Personennamen und deren Identifizierung). 02.03.2004. Zugang: http://likumi.lv/doc.php?id=85209 (Stand: 20.03.2015).

Zimmermann, Klaus (1978): *Erkundungen zur Texttypologie mit einem Ausblick auf die Nutzung einer Texttypologie für eine Corpustheorie*. Tübingen: Narr. (= Forschungsberichte. Institut für Deutsche Sprache Mannheim).

Cordula Meißner

Die Realisierung mündlicher wissenschaftssprachlicher Handlungen im Deutschen als L1 und L2: Eine gebrauchsbasierte Analyse

Abstract The question as to whether common features of academic language occurring across disciplines and discourse communities do exist is a long-debated issue in academic language research. This article presents a corpus study that investigates the realization of a metadiscursive speech act (discourse comments) by professional L1 and L2 speakers of German, and thereby aims to contribute to this debate. The basis of the study is interpretatively-manually annotated occurrences of discourse comments in a part of the GeWiss-corpus that contains academic presentations given by L1 speakers. Through corpus linguistic analysis, typical recurring features associated with the realization of this speech act could be identified and used to build a query for possible occurrences of discourse comments in un-annotated comparable L2 corpora. In this study, GeWiss-subcorpora with German L2 data of speakers with L1 Polish and L1 English are examined. The analysis of the query results revealed on the one hand a core of linguistic means that are commonly applied by all speaker groups. On the other hand, it hints at community-specific variation in the case of German L2 speakers recorded in the Polish academic context, who – in contrast to L1 speakers of German – seem to avoid in their academic presentations features associated with oral language use such as reduced or elliptic forms. The study thereby shows that the realization of speech acts common across disciplines, such as discourse comments, can be characterized by a range of linguistic means, some of which are applied across different local discourse communities while others are subject to different community-specific preferences.

Keywords: academic language, spoken discourse, German as L2, speech act, variation, pragmatic annotation, usage-based

Schlüsselwörter: Wissenschaftssprache, gesprochene Sprache, Deutsch als L2, Sprachhandlung, Variation, pragmatische Annotation, gebrauchsbasiert

1 Gesprochene Wissenschaftssprache

Für schriftliche wissenschaftliche Texte bestehende sprachliche Ausdruckskonventionen können als gut untersucht gelten und sind seit langem Bestandteil wissenschaftsbezogener Sprachausbildung. Der Sprachstil der mündlichen Wissenschaftskommunikation hingegen ist bislang noch weitgehend unerforscht.

Wie werden wissenschaftssprachliche Handlungen in mündlichen Diskursarten realisiert? Gibt es für einzelne Handlungen sprecherübergreifend verwendete Kernmerkmale? Wie groß ist der Raum für Variation – unterscheiden sich etwa professionelle L1- und L2-Sprecher/innen in der Wahl sprachlicher Mittel oder wird beim Gebrauch des Deutschen als Wissenschaftssprache unabhängig von (wissenschafts-)sprachlicher Sozialisation und lokalem Gebrauchskontext auf vergleichbare Realisierungsmuster zurückgegriffen? Diesen Fragen will der Beitrag anhand einer Analyse zur sprachlichen Realisierung von Diskurskommentierungen in wissenschaftlichen Vorträgen nachgehen. Er stützt sich dabei auf das erst seit kurzem für das Deutsche zur Verfügung stehende Vergleichskorpus der gesprochenen Wissenschaftssprache (GeWiss), welches u. a. Sprachdaten von L1- und L2-Sprecher/innen des Deutschen umfasst (Fandrych *et al.* 2012).[1]

2 Einheit und Verschiedenheit in der Wissenschaftssprache: Zur Sprachverwendung von professionellen L1- und L2-Sprecher/innen

Die Frage, ob bei der Beschreibung von Wissenschaftssprache vergleichbar verwendete, übergreifende Merkmale oder die durch einzelne Diskursgemeinschaften geprägte Vielfalt im Vordergrund stehen sollte, beschäftigt die Wissenschaftssprachforschung seit langem. Auf der einen Seite werden die in der „pragmatische[n] Gemeinsamkeit des wissenschaftlichen Verfahrens" begründeten „Übereinstimmungen in der sprachlichen Verfasstheit" (Weinrich 1995, 170) und disziplinen-, diskursarten- und sprecherübergreifend gebrauchte, allgemein-wissenschaftssprachliche Mittel in den Vordergrund gerückt (vgl. Schepping 1976, Ehlich 1999, Coxhead 2000, Simpson-Vlach, Ellis 2010). Im Deutschen wurden hierfür die Begriffe der allgemeinen bzw. alltäglichen Wissenschaftssprache geprägt (vgl. Schepping 1976, Ehlich 1999). Auf der anderen Seite wird der Fokus auf das sich Auflösen scheinbar übergreifender Charakteristika in disziplinen- bzw. diskursgemeinschaftsspezifische Formen gelegt und dies durch entsprechende Unterschiede in Häufigkeit, Bedeutung und Kollokationsverhalten allgemein-wissenschaftlicher Lexik belegt (vgl. Hyland 2002, Hyland, Bondi 2006, Hyland, Tse 2007). Bislang liegen zur Variation im Gebrauch einer Wissenschaftssprache vor allem Arbeiten zum Englischen vor. Diese nehmen zum einen disziplinär begründete Unterschiede im Gebrauch sprachlicher Mittel in den Blick (vgl. Hyland, Bondi 2006), betrachten

---

1 Vgl. www.gewiss.uni-leipzig.de. Die vorliegende Untersuchung entstand im Rahmen des Projekts GeWiss-digital (vgl. Fandrych *et al.* in Vorb.), welches aus ESF-Mitteln der Europäischen Union und des Freistaates Sachsen finanziert wurde.

im Zuge der Erforschung des Englischen als *Lingua Franca* aber darüber hinaus zunehmend auch Variationen, die auf den Gebrauch durch L2-Sprecher/innen zurückzuführen sind (vgl. Mauranen 2003; 2006). Für das Deutsche als Wissenschaftssprache steht eine Untersuchung solcher Varianten weitestgehend noch aus.

Der vorliegende Beitrag möchte an dieser Stelle ansetzen, indem er der Frage nach dem Verhältnis übergreifender und spezifischer Merkmale im Gebrauch des Deutschen als Wissenschaftssprache durch professionelle L1- und L2-Sprecher/innen nachgeht. Betrachtet wird hierzu die dem Bereich der allgemeinen Wissenschaftssprache angehörende Sprachhandlung des Diskurskommentierens (vgl. Fandrych 2014). Ihre Realisierung soll in wissenschaftlichen Vorträgen professioneller L1- und L2-Sprecher/innen des Deutschen untersucht und auf dieser Grundlage das Verhältnis übergreifender und spezifizierender Charakteristika allgemein-wissenschaftlicher Sprachhandlungen genauer bestimmt werden. Es wird dabei der Ansatz einer gebrauchsbasierten Sprachbeschreibung verfolgt, die das untersuchte Phänomen im Sinne von Gebrauchsregelmäßigkeiten erfassen will (vgl. Steyer, Lauer 2007, 493).

3 Diskurskommentierungen

Unter Diskurskommentierungen (DK) werden metakommunikative Äußerungen in wissenschaftlichen Vorträgen verstanden, in denen Vortragende vom eigentlichen thematischen Inhalt abweichen und Struktur sowie Ziele ihres Vortrags kommentieren, um die Zuhörenden zu orientieren bzw. ihre Rezeptionserwartungen zu lenken (vgl. Fandrych 2014). Das Konzept der DK baut auf dem der Textkommentierungen auf, die für wissenschaftliche Zeitschriftenartikel beschrieben wurden (Fandrych, Graefen 2002). Das Spektrum der DK ist im Vergleich zu diesen jedoch vielfältiger, da situationeller Kontext und Kopräsenz des Publikums weitere Bezugsmöglichkeiten bieten (vgl. Fandrych 2014, 98)[2]. Beispiele für DK sind etwa einleitende Qualifizierungen des folgenden Sprechakts (1), Vorausverweise (2) oder Verweise auf im Vortrag verwendete Medien (3).

(1) *komm wa zur studie …* (EV_DE_004)[3]
(2) *da werd ich* […] *später auch noch kurz drauf eingehen* (EV_DE_097)
(3) *sie sehen das unter punkt neun …* (EV_DE_095)

2 Auf die bei Fandrych (2014) unterschiedenen DK-Typen wird hier nicht eingegangen, da diese in der aktuellen Untersuchung zusammenfassend betrachtet wurden.

3 Die Kürzel entsprechen den Siglen im GeWiss-Korpus. Die Kleinschreibung folgt den verwendeten Transkriptionskonventionen (Selting *et al.* 2009).

Wie Fandrych und Graefen (2002) gezeigt haben, werden Textkommentierungen disziplinenübergreifend verwendet und gehören somit zur allgemeinen Wissenschaftssprache. Gleiches ist für Diskurskommentierungen in wissenschaftlichen Vorträgen anzunehmen.

4 Die Realisierung von Diskurskommentierungen in wissenschaftlichen Vorträgen professioneller L1- und L2-Sprecher/innen

Zur sprachlichen Realisierung von DK liegen bislang nur exemplarische Beobachtungen vor. Es wird davon ausgegangen, dass auf den aktuellen Vortrag Bezug nehmende deiktische Elemente, Sprechhandlungsverben sowie die Nennung eines Themas charakteristische Bestandteile sind (Fandrych 2014, 98f.). Im GeWiss-Korpus wurden DK für ein Teilkorpus deutschsprachiger Konferenzvorträge (DEU_L1_EV) manuell annotiert.[4] Auf dieser Basis sollen hier typische Formmerkmale der Sprachhandlung bestimmt und deren Verwendung in L2-Vortragskorpora analysiert werden.

4.1 Methodisches Vorgehen

Die Grundlage für die Beschreibung der DK-Realisierung in der L1 Deutsch bildet das Teilkorpus DEU_L1_EV. Es enthält 14 Konferenzvorträge aus dem Bereich der deutschen Philologie, welche von insgesamt 18 L1-Sprecher/inne/n gehalten und im deutschen akademischen Kontext aufgenommen wurden. Für die Analyse der DK-Realisierung in der L2 Deutsch wird zum einen das Korpus DEU_L2_PL_EV herangezogen, welches 10 Konferenzvorträge aus dem Bereich der deutschen Philologie von 10 L2-Sprecher/innen mit Polnisch als L1 enthält und im polnischen akademischen Kontext aufgenommen wurde. Zum anderen wird das Korpus DEU_L2_UK_EV verwendet, welches Konferenzvorträge aus dem Bereich der deutschen Philologie von neun L2-Sprecher/innen mit Englisch als L1 enthält, die aus dem britischen akademischen Kontext stammen[5] und im Rahmen einer internationalen Konferenz in Polen aufgenommen wurden.

Alle Sprachaufnahmen des GeWiss-Korpus liegen nach den Konventionen des GAT2-Minimaltranskripts (Selting *et al.* 2009) aussprachenah verschriftlicht vor.

---

4 Vgl. hierzu die Dokumentation von Baur *et al.* (2014) unter www.gewiss.uni-leipzig.de (Stand: 02.07.2015).

5 Mit zwei Ausnahmen: Ein Sprecher hat einen amerikanischen, eine Sprecherin einen australischen akademischen Hintergrund.

Um die für L1-Sprecher/innen typische Realisierung von DK zu bestimmen, wurden die in DEU_L1_EV annotierten Belege auf wiederkehrende sprachliche Oberflächenmerkmale analysiert. Dazu wurden mit Hilfe der Korpusanalysesoftware AntConc[6] die häufigsten Wortformen und deren Kookkurrenzen, N-Gramme sowie Schlüsselwörter (d. h. Wörter, die in DK-Belegen signifikant häufiger vorkamen als im restlichen Vortragstext) ermittelt. Die so gewonnenen Einheiten wurden darauf getestet, wie eindeutig sie DK indizieren: Nur jene Merkmale, die mehrheitlich im Zusammenhang mit der Äußerung von DK auftraten, wurden ausgewählt und jene, die häufiger auch in anderen Kontexten vorkamen, verworfen. Die so gewonnenen DK-Merkmale wurden zu einer Suchabfrage zusammengefasst. Das dadurch abgebildete Gebrauchsmuster der L1-Realisierung wird im Folgenden näher beschrieben.

4.2 Die DK-Realisierung in L1-Vorträgen

Zu den sprachlichen Merkmalen, die mehrheitlich im Zusammenhang mit DK auftreten, gehören zum einen spezifische Wortformen oder Bigramme folgender Gruppen: Modal- und Hilfsverbformen (*möcht / ich möchte / möchte ich, ich will / will ich / wollt, werd / werde),* Vollverbformen (*kommen wir / komm / komme, vorstellen/ vorgestellt, festhalten/ festzuhalten, eingehen, sehen hier*) Nominalformen (*ein beispiel / beispielen, vortrag / vortrags, handout / handouts*) und temporale adverbiale Ausdrücke (*als nächstes, im folgenden, vorhin, gleich noch, kurz*). Neben diesen Ein- und Zweiwortformen gehören zu den typischen Realisierungsmerkmalen die diskontinuierlichen Ausdruckskombinationen (*ich / wir / ham sie / haben sie*) und (*jetz/t / hier / nun / noch / ihnen / heute / kurz / schon / bereits / gleich*), die im Abstand von bis zu 5 Wörtern und in unterschiedlicher Reihenfolge vorkommen können.[7] Zudem stellt die elliptische Form *nun zu …* (wie in: *nun zu den Ergebnissen*) eine wiederkehrende Realisierungsform dar.

An dieser Auflistung wird deutlich, dass es sich bei den DK-Merkmalen um spezifische Wortformen eines Lexems, z. T. sogar Realisierungsvarianten einer Wortform handelt. Auffallend ist, dass einige dieser Formen Zeichen der Mündlichkeit tragen. Fachlich-professionelle L1-Sprecher/innen verwenden im wissenschaftlichen Vortrag also durchaus reduzierte (*jetz, komm, wollt, ham*) oder elliptische (*nun zu*) Formen, die für die gesprochene Sprache charakteristisch sind.

6 Vgl. www.laurenceanthony.net/software/antconc/ (Stand: 02.07.2015).

7 Diese Ausdruckskombinationen werden im Folgenden in der Kurzform „*ich/wir/ham sie/haben sie &*" wiedergegeben.

Wendet man den aus den beschriebenen Merkmalen gebildeten Suchausdruck auf die Korpusdaten an, so werden Kontextstellen gefunden, an denen typischerweise die Äußerung einer Diskurskommentierung zu erwarten wäre. Dies illustrieren etwa folgende Beispiele, in denen die Merkmale *vortrag*, *ich will* und die Kombinationen *wir* und *noch* bzw. *nun* und *zu* Stellen ermittelt haben, an denen DK geäußert wurden:

(4) *gegliedert hab ich den **vortrag** wie folgt* (EV_DE_105)
(5) *ähm (.) **ich will** aber zwei (0.2) aspekte rausgreifen die* (EV_DE_098)
(6) *dafür werden **wir** (0.3) am ende auch **noch** äh (.) ein beispiel geben* (EV_DE_005)
(7) ***nun** (1.4) **zu** den allgemeinen schlussfolgerungen* (EV_DE_101)

Für das Teilkorpus DEU_L1_EV führt die Abfrage in 76% der Fälle zu tatsächlichen DK-Treffern (372 korrekte DK-Treffer, 115 Fehlbelege, gesamt 487; vgl. Tabelle 1). Die gefundenen DK entsprechen 60% der manuell annotierten Belege (372 von 631). Dies zeigt, dass die DK-Realisierung bei L1-Sprecher/inne/n eine gewisse Varianz besitzt, jedoch die Mehrheit der Äußerungen wiederkehrende Merkmale enthält und sich so einem typischen Muster zuordnen lässt.

4.3 Die DK-Realisierung in L2-Vorträgen

Inwieweit treffen die oben für L1-Sprecher/innen beschriebenen Formmerkmale auch auf die DK-Realisierung von L2-Sprecher/innen zu? Um dieser Frage nachzugehen, wurde der Abfrageausdruck auf die Korpora DEU_L2_PL_EV und DEU_L2_UK_EV angewendet. Für die dabei ermittelten Belege wurde manuell geprüft, ob es sich um DK-Treffer handelte.[8] Daraufhin erfolgte eine quantitative Auswertung, deren Ergebnisse im Folgenden vorgestellt werden.

Hinsichtlich der Vorkommenshäufigkeit der im Suchausdruck zusammengefassten Einheiten zeigt sich, dass diese relativ zur Korpusgröße sowohl im polnischen als auch im britischen L2-Korpus signifikant weniger Belege erzielten, als im L1-Korpus (vgl. Tabelle 1, PL: LLR[9]=7,66, p<0,01, UK: LLR=40,59, p<0,001). Bei näherer Betrachtung der erreichten DK-Treffer und Fehltreffer zeigen sich allerdings Unterschiede: Während sich im polnischen L2-Korpus vergleichbar viele DK-Treffer wie im L1-Korpus, jedoch weniger Fehltreffer finden (LLR =11,76, p<0,001), sind es im britischen L2-Korpus sowohl weniger DK-Treffer (LLR= 30,07, p<0,001) als auch weniger Fehltreffer (LLR = 10,56, p<0,01). Die Suchabfrage scheint also

8 Ich danke Elisabeth Maier und Julia Schmidt für die Mitarbeit bei der Evaluation der Belege.

9 Zur Berechnung wurde der Log-Likelihood-Kalkulator von Paul Rayson genutzt, vgl. http://ucrel.lancs.ac.uk/llwizard.html (Stand: 02.07.2015).

DK im polnischen L2-Korpus genauer zu erfassen. Dies deutet darauf hin, dass in diesem Korpus stärker auf die L1-typischen Formmerkmale bei der Realisierung dieser Sprachhandlung zurückgegriffen wird.

Im Hinblick auf die Treffergenauigkeit, also den Anteil korrekter DK-Treffer relativ zu den insgesamt erzielten Belegen, findet sich in beiden L2-Korpora kein signifikanter Unterschied im Vergleich zu den L1-Daten. Dies deutet darauf hin, dass die ermittelten Merkmale in L1- und L2-Daten gleichermaßen mit der sprachlichen Handlung des Diskurskommentierens assoziiert sind. Hinsichtlich des Anteils an Fehltreffern relativ zur erzielten Belegmenge weisen wiederum die polnischen L2-Daten einen signifikant geringeren Wert auf (LLR = 4,82, p<0,05). Auch diese Ergebnisse zur Treffergenauigkeit sprechen somit dafür, dass die abgefragten Merkmale in den polnischen L2-Daten klarer mit der Sprachhandlung DK verknüpft sind und – wie der geringere Anteil an Fehltreffern zeigt – kaum zu anderen Zwecken eingesetzt werden.

Tabelle 1: Abfrageergebnisse der untersuchten Korpora

	DEU_L1_EV	**DEU_L2_PL_EV**	**DEU_L2_UK_EV**
Anzahl Token im Teilkorpus[10]	63.396	27.886	29.398
ermittelte Belege insgesamt	487	168	123
korrekte DK-Treffer	372	143	95
Fehltreffer	115	25	28

Wie stark variiert die Treffergenauigkeit in den einzelnen Vorträgen? Die sprecherbezogene Varianz weist hier für die Teilkorpora unterschiedliche Schwankungsbreiten auf (vgl. Abb.1). Im L1-Korpus liegt sie zwischen 67% (mit Ausreißer 48%) und 93%. Im polnischen L2-Korpus reicht sie von 67% (mit Ausreißer 29%) bis 100%. Im britischen L2-Korpus ist sie mit 29% bis 100% am größten. Die L2-Daten aus dem polnischen akademischen Kontext schneiden somit, sieht man von einem Ausreißer ab, verglichen mit den L1-Daten besser ab: In den meisten dieser Vorträge wird eine Trefferkorrektheit von 80–100% erreicht. Dies zeigt, dass die polnischen L2-Daten auch auf der Ebene individueller Vorträge bei der DK-Realisierung eine größere Nähe zu den im Suchausdruck zusammengefassten Merkmalen aufweisen.

10 Es gingen hier nur die Vorträge ein, die anschließenden Diskussionsphasen wurden abgetrennt.

Abb. 1: Treffergenauigkeit des Suchausdrucks für die einzelnen Vorträge der Teilkorpora

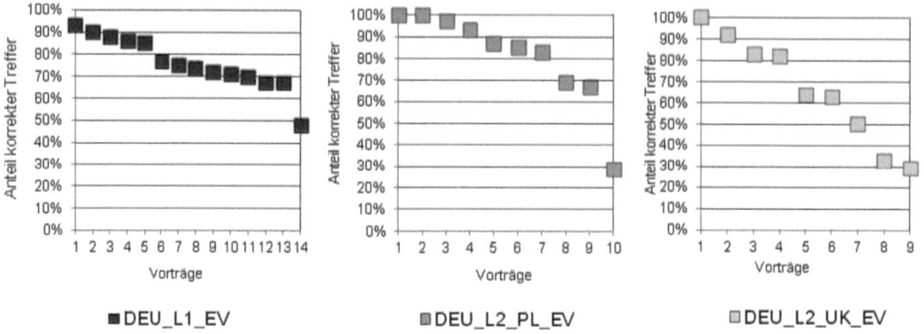

Wie stark unterschieden sich die einzelnen im Suchausdruck zusammengefassten Formmerkmale hinsichtlich der erzielten Treffergenauigkeit? Gibt es Merkmale, die in allen drei Korpora mehrheitlich zu korrekten DK-Treffern führen und somit als Kernmerkmale der DK-Realisierung gelten könnten? Tabelle 2 stellt die Trefferkorrektheit aller im Suchausdruck enthaltenen Merkmale für die drei Korpora gegenüber. Das fehlende Vorkommen eines Elements ist hier mit einem Strich gekennzeichnet. Formen, bei denen über die Hälfte der erzielten Belege Fehltreffer waren, werden – als schlechte Indikatoren – ausgegraut dargestellt. Merkmale, die in allen Korpora mehr als 60% Trefferkorrektheit erzielen, sind fett markiert. Sie bilden den gemeinsamen Kern an Formmerkmalen, auf den sowohl professionelle L1- als auch L2-Sprecher/inne/n bei der Realisierung der Sprachhandlung DK zurückgreifen. Dieser Kern umfasst die Hilfs- und Modalverbformen *möcht, ich möchte, möchte ich / werd, werde*, die Vollverbformen *komme, kommen wir*, die Nominalformen *vortrags / handout, handouts*, das temporale Adverb *kurz* und die Kombination *ich* &.

Die L2-Daten des polnischen Teilkorpus unterscheiden sich von den übrigen durch die Vermeidung der *wollen*-Formen bei der DK-Realisierung. Auch die reduzierte Form *komm* und das nicht genitivisch markierte *vortrag* finden sich hier nicht. Dafür gehören die Vollverbformen *eingehen* und *vorstellen* zu den meist im Zusammenhang mit DK verwendeten Formmerkmalen. Dementgegen stellen im britischen Teilkorpus unter den Vollverben nur die *kommen*-Formen deutliche DK-Indikatoren dar. Auch im Bereich der temporalen Adverbien werden Unterschiede deutlich: Bis auf die Form *kurz*, die in allen Teilkorpora mit DK assoziiert ist, finden sich in den L2-Korpora keine weiteren der in den L1-Daten als typisch ermittelten Ausdrücke. Die das Publikum adressierende Form *haben sie* & findet sich in den L1-Daten in mündlich reduzierter Form (*ham sie*), in den polnischen L2-Daten unreduziert (*haben sie*). In den britischen L2-Daten kommt sie nicht vor. Spezifisch für die L1-Realisierung ist zudem die elliptische Kurzform *nun zu*.

Tabelle 2: Trefferkorrektheit der im Suchausdruck enthaltenen Merkmale in den drei Korpora (100% bedeutet, dass die Form nur im Zusammenhang mit DK vorkam.)

	DEU_L1_EV		DEU_L2_PL_EV		DEU_L2_UK_EV	
Modal- und Hilfsverben	***möcht***	100%	***möcht***	100%	***möcht***	100%
	ich möchte	64%	***ich möchte***	78%	***ich möchte***	100%
	möchte ich	67%	***möchte ich***	83%	***möchte ich***	100%
	ich will	100%	–	–	*ich will*	100%
	will ich	80%	–	–	*will ich*	50%
	wollt	100%	–	–	–	
	werd	82%	***werd***	67%	***werd***	100%
	werde	100%	***werde***	78%	***werde***	75%
Vollverben	*eingehen*	100%	*eingehen*	100%	*eingehen*	50%
	vorstellen	82%	*vorstellen*	75%	*vorstellen*	0%
	vorgestellt	100%	–		–	
	festhalten	100%	–		–	
	festzuhalten	100%	–		–	
	sehen hier	88%	–		–	
	komm	57%	–		*komm*	63%
	komme	75%	***komme***	100%	***komme***	100%
	kommen wir	100%	***kommen wir***	89%	***kommen wir***	100%
Nomen	*vortrag*	91%	–		*vortrag*	60%
	vortrags	100%	***vortrags***	100%	***vortrags***	67%
	ein beispiel	100%	*ein beispiel*	100%	*ein beispiel*	50%
	beispielen	67%	*beispielen*	89%	*beispielen*	0%
	handout	100%	***handout***	100%	***handout***	100%
	handouts	100%	***handouts***	100%	***handouts***	100%
temporale adverbiale Ausdrücke	***kurz***	95%	***kurz***	82%	***kurz***	67%
	als nächstes	100%	–		–	
	im folgenden	100%	–		–	
	gleich noch	88%	–		–	
	vorhin	100%	-		-	
kombinierte Ausdrücke	**ich &**	75%	**ich &**	89%	**ich &**	84%
	wir &	50%	*wir &*	71%	*wir &*	69%
	ham sie &	100%	–		–	
	–		*haben sie &*	100%	–	
	jetzt &	100%	–		–	
	hier &	75%	–		–	
	nun & zu	92%	-		*nun & zu*	50%

Wie viele Treffer werden durch die einzelnen Merkmale erzielt und was lässt sich daraus für die Diversität (vielfältige verwendete Merkmale) bzw. Typik (häufig wiederkehrende Merkmale) in der DK-Realisierung schließen? Um diese Frage zu beantworten, wurden die Merkmale nach dem Anteil durch sie erzielter Treffer an der durch den Suchausdruck insgesamt erzielten Treffermenge gruppiert. Datengeleitet wurden Gruppen mit geringerem (0,1%–3%), mittlerem (4%–6%), größerem (7%–10%) und sehr großem (über 10%) Anteil an der Gesamttrefferzahl unterschieden. Es zeigte sich, dass im L1-Korpus ein im Vergleich zu den beiden L2-Korpora signifikant größerer Teil der DK-Treffer Merkmale mit geringem Vorkommen aufweist (PL: LLR=37,77, p<0,001; UK: LLR=6,04, p<0,05). Im polnischen L2-Korpus tragen hingegen verglichen mit den L1-Daten signifikant mehr DK-Treffer Merkmale mittlerer (LLR=32,02, p<0,001) und großer (LLR=38,44, p<0,001) Verwendungshäufigkeit. Für die britischen L2-Daten konnte dies nicht beobachtet werden. Auch hier zeigt sich somit eine bessere Passung zwischen den Merkmalen des Suchausdrucks und der DK-Realisierung für die polnischen L2-Daten: Es werden zwar weniger seltene Merkmale verwendet, dafür sind andere Merkmale des Suchausdrucks häufiger in Verwendung. Zu den sehr häufigen DK-Merkmalen zählen in allen Korpora die Kombinationsausdrücke *ich / wir &*. Im polnischen L2-Korpus tritt mit *möchte ich* (10% der DK-Treffer), im britischen mit *handout* (23% der DK-Treffer) ein weiteres hinzu.

Tabelle 3: Anteile der durch häufigere und seltenere Merkmale erzielten DK-Treffer

Menge an erzielten DK-Treffern durch Merkmale mit…	**DEU_ L1_EV**	**DEU_L2_ PL_EV**	**LLR**	**DEU_L2_ UK_EV**	**LLR**
0,1–3% Anteil an Gesamttreffern	151	16	33,77***(–)	23	6,04*(–)
4–6% Anteil an Gesamttreffern	53	60	32,02***(+)	18	1,04
7–10% Anteil an Gesamttreffern	0	15	38,44***(+)	0	0
über 10% Anteil an Gesamttreffern	168	52	1,93	54	2,08
DK-Treffer gesamt	372	143		95	

* = p<0,05, **=p<0,01, ***=p<0,001; (-) = weniger im L2-Korpus, (+) = mehr im L2-Korpus

In welchen Merkmalen unterscheiden sich die DK-Treffer in den L1- und L2-Daten signifikant? Im polnischen L2-Korpus führen die Merkmale *möchte ich, kommen wir, vortrags, beispielen, handout* und *haben sie &* zu signifikant mehr

Treffern als in den L1-Daten[11]. Dementgegen erzielen die Formen (*ich will, will ich, wollt*), *sehen hier, komm, vortrag, vorhin, ich &* sowie die elliptische Form *nun zu* hier signifikant weniger Treffer als in den L1-Daten[12]. Diese auf DK-Treffer bezogenen Unterschiede spiegelten sich auch bei der insgesamt durch diese Merkmale erzielten Belegmenge wieder: Die genannten Merkmale erzielen in den polnischen L2-Daten signifikant mehr bzw. weniger Belege, was sich jeweils auf mehr bzw. weniger Vorkommen in DK zurückführen lässt. Die Unterschiede im Vorkommen der Merkmale lassen sich somit auf ihre Verwendung in Diskurskommentierungen abbilden. Zudem deutet die Meidung reduzierter Formen (*wollt, komm*) sowie der elliptischen Kurzform bei gleichzeitigem Mehrgebrauch unreduziert realisierter Formen (*möchte ich, kommen wir, haben sie*) und der genitivischen Form *vortrags* bei polnischen L2-Sprecher/innen darauf hin, dass deren wissenschaftliche Vorträge weniger durch Merkmale der Mündlichkeit geprägt sind als jene von L1-Sprecher/inne/n. Für das britische L2-Korpus findet sich dagegen keine klare Tendenz. Hier führen im Vergleich zu den L1-Daten die Formen *kommen wir* und *handout* zu signifikant mehr, die Form *vorstellen* zu signifikant weniger DK-Treffern[13].

Insgesamt zeigen somit die polnischen L2-Daten eine deutlicher mit dem ermittelten L1-Muster übereinstimmende DK-Realisierung. Die Ergebnisse zum britischen L2-Korpus sind heterogener und variieren individuell stärker. Dennoch erzielt der Suchausdruck in beiden L2-Korpora eine mit dem L1-Korpus vergleichbare Treffergenauigkeit, was auf grundlegende Gemeinsamkeiten im Gebrauch bestimmter sprachlicher Mittel zur Realisierung der Sprachhandlung DK schließen lässt.

---

11 Die Gesamtzahl an DK-Treffern im L1-Korpus betrug 372, im polnischen L2-Korpus 143. Folgende Vorkommen der Merkmale gab es für L1/L2: *möchte ich*: 2/15, LLR=27,43, p<0,001; *kommen wir*: 1/8, LLR=14,87 p<0,001; *vortrags*: 3/6, LLR=5,87 p<0,05, *beispielen*: 4/8, LLR=7,83 p<0,01; *handout*: 5/7, LLR=4,89 p<0,05; *haben sie &*: 0/2, LLR=5,13 p<0,05.

12 Folgende Vorkommen der Merkmale gab es für L1/L2: (*ich will, will ich, wollt*): 13/0, LLR=8,46 p<0,01; *sehen hier*: 7/0, LLR=4,55 p<0,05; *komm*: 8/0, LLR=5,20 p<0,05; *vortrag*: 10/0, LLR=6,51 p<0,05; *vorhin*: 7/0, LLR=4,55 p<0,05; *ich &*: 123/32, LLR=4,16 p<0,05; *nun zu*: 11/0, LLR=7,16 p<0,01.

13 Die Gesamtzahl an DK-Treffern im L1-Korpus betrug 372, im britischen L2-Korpus 95. Folgende Vorkommen der Merkmale gab es für L1/L2: *kommen wir*: 1/3, LLR=5,51 p<0,05; *handout*: 5/22, LLR=46,47 p<0,001; *vorstellen*: 18/0, LLR=8,19 p<0,01.

5 Zusammenfassung

Anhand einer exemplarischen Untersuchung zur Realisierung von Diskurskommentierungen sollte das Verhältnis übergreifender und spezifischer Charakteristika allgemein-wissenschaftlicher Sprachhandlungen genauer bestimmt werden. Die Analyse ermittelte sprachliche Merkmale, welche die Realisierung von DK sprecherübergreifend auszeichnen, jedoch Unterschiede im Hinblick auf die Verwendungshäufigkeit in den betrachteten L1-und L2-Daten aufweisen. Die hier ermittelten Formmerkmale können somit als Rahmen für typische Realisierungen von DK gesehen werden, aus dem L1- und L2-Sprecher/innen mit z. T. unterschiedlichen Präferenzen auswählen. Für die eingangs gestellte Frage nach übergreifenden und spezifischen Charakteristika wissenschaftssprachlicher Handlungen heißt dies, dass sich ein Muster übergreifend verwendeter Formmerkmale bestimmen lässt, welches einen Großteil der auch individuell variierenden L1-Realisierungen erfasst und mit Hilfe dessen Vorkommen der Sprachhandlung in Daten aus anderen Kontexten (hier: zwei verschiedene L2-Kontexte) identifiziert werden können. Dies spricht für die Existenz allgemein-wissenschaftlicher Charakteristika. Diese können – wie die tendenzielle Vermeidung von Mündlichkeitsmerkmalen in den polnischen L2-Daten gezeigt hat – zwar in einzelnen Diskursgemeinschaften unterschiedlich ausgestaltet werden, stellen aber auf der Ebene der sprachlichen Oberflächenmerkmale dennoch deutliche Gemeinsamkeiten dar, die auf eine Vergleichbarkeit der Realisierung allgemein-wissenschaftlicher Sprachhandlungen wie der des Diskurskommentierens hindeuten.

Literaturverzeichnis

Coxhead, Averil (2000): A new academic word list. *TESOL Quarterly* 34(2), 213–238.

Ehlich, Konrad (1999): Alltägliche Wissenschaftssprache. *Info DaF* 26(1), 3–24.

Fandrych, Christian (2014): Metakommentierungen in wissenschaftlichen Vorträgen. *Gesprochene Wissenschaftssprache: Korpusmethodische Fragen und empirische Analysen*. Christian Fandrych, Cordula Meißner, Adriana Slavcheva (Hg.). Heidelberg: Synchron-Verlag. 95–111.

Fandrych, Christian, Cordula Meißner, Franziska Wallner (Hg.) (in Vorb.): *Gesprochene Wissenschaftssprache – digital. Verfahren zur Annotation und Analyse mündlicher Korpora*. Tübingen: Stauffenburg.

Fandrych, Christian, Cordula Meißner, Adriana Slavcheva (2012): The GeWiss Corpus: Comparing Spoken Academic German, English and Polish. *Multilingual corpora and multilingual corpus analysis*. Thomas Schmidt, Kai Wörner (Hg.). Amsterdam: Benjamins. 319–337.

Fandrych, Christian, Gabriele Graefen (2002): Text-commenting devices in German and English academic articles. *Multilingua* 21, 17–43.

Hyland, Ken (2002): Specificity revisited: how far should we go now? *English for Specific Purposes* 21(4), 385–395.

Hyland, Ken, Polly Tse (2007): Is there an 'academic Vocabulary'? *TESOL Quarterly* 41(2), 235–253.

Hyland, Ken, Marina Bondi (Hg.) (2006): *Academic Discourses across Disciplines*. Frankfurt a. M. u. a.: Lang.

Mauranen, Anna (2003): The Corpus of English as Lingua Franca in Academic Settings. *TESOL Quarterly* 37(3), 513–527.

Mauranen, Anna (2006): Speaking the Discipline: Discourse and Socialisation in ELF and L1 English. *Academic Discourses across Disciplines*. Ken Hyland, Marina Bondi (Hg.). Frankfurt a. M. u. a.: Lang. 271–294.

Schepping, Heinz (1976): Bemerkungen zur Didaktik der Fachsprache im Bereich des Deutschen als Fremdsprache. *Didaktik der Fachsprache*. Dietrich Rall, Heinz Schepping, Walter Schleyer (Hg.). Bonn-Bad Godesberg: DAAD. 13–34.

Selting, Margret, Peter Auer, Dagmar Barth-Weingarten, Jörg Bergmann, Pia Bergmann, Karin Birkner, Elizabeth Couper-Kuhlen, Arnulf Deppermann, Peter Gilles, Susanne Günthner, Martin Hartung, Friederike Kern, Christine Mertzlufft, Christian Meyer, Miriam Morek, Frank Oberzaucher, Jörg Peters, Uta Quasthoff, Wilfried Schütte (2009): Gesprächsanalytisches Transkriptionssystem 2 (GAT 2). *Gesprächsforschung – Online-Zeitschrift zur verbalen Interaktion* 10, 353–402. Zugang: www.gespraechsforschung-ozs.de/heft2009/px-gat2.pdf (Stand: 02.07.2015).

Simpson-Vlach, Rita, Nick Ellis (2010): An Academic Formulas List: New Methods in Phraseology Research. *Applied Linguistics* 31(4), 487–512.

Steyer, Kathrin, Meike Lauer (2007): ‚Corpus-Driven': Linguistische Interpretation von Kookkurrenzbeziehungen. *Sprach-Perspektiven. Germanistische Linguistik und das Institut für Deutsche Sprache*. Ludwig Eichinger, Heidrun Kämper (Hg.). Tübingen: Narr. 493–509.

Weinrich, Harald (1995): Wissenschaftssprache, Sprachkultur und die Einheit der Wissenschaft. *Linguistik der Wissenschaftssprache*. Heinz Kretzenbacher, Harald Weinrich (Hg.). Berlin u. a.: de Gruyter. 155–174.

Franziska Wallner

Diskursmarker in wissenschaftlichen Vorträgen

Abstract The Stuttgart-Tübingen-Tagset (STTS) has become the standard for Part-of-Speech-Tagging in German. Since it was created with written data in mind, categories such as modal particles, speech particles or discourse markers are lacking, all of which would be needed for an adequate analysis of spoken data. An adaptation of the STTS to include the category "discourse markers" will be discussed using examples from academic talks. We compare and contrast knowledge won from conversation analysis with qualitative and quantitative analyses of academic talks from the GeWiss corpus. It is then shown that discourse markers appear not only in dialogic spoken data, but also in monologic speech.

The word *ja* is chosen as an example to illustrate the broad range of uses for discourse markers. Criteria for the unique classification such as the context and the degree of spontaneity are considered. Moreover, academic talks from native German speakers (L1) and from speakers with German as a second language (L2) are compared regarding the use of discourse markers.

Keywords: Spoken Academic Language, word classes, discourse markers, POS-Tagging

Schlüsselwörter: Gesprochene Wissenschaftssprache, Wortarten, Diskursmarker, POS-Tagging

1 Einleitung

Mit dem Aufbau des GeWiss-Korpus[1] konnte erstmals die Erforschung der gesprochenen Wissenschaftssprache auf breiterer empirischer Basis ermöglicht werden. Zur Optimierung der Nutzungsmöglichkeiten der Ressource werden derzeit im Rahmen des Projekts „Gesprochene Wissenschaftssprache – digital" weitere Aufbereitungsverfahren erprobt. Dazu zählt die orthografische Normalisierung der bislang aussprachenah transkribierten Sprachdaten sowie die exemplarische Annotation von Wortarten (Part-of-Speech-Tagging). Allerdings existieren dafür bislang keine zuverlässigen automatisierten Verfahren. Das ist in erster Linie darauf zurückzuführen, dass aktuell nutzbare Tagging-Verfahren für die geschriebene Sprache konzipiert wurden und eine Anpassung an die Besonderheiten mündlicher

1 Vgl. www.gewiss.uni-leipzig.de. Die vorliegende Untersuchung ist im Rahmen des Projekts GeWiss-digital (vgl. Fandrych *et al.* in Vorb.) entstanden, welches aus ESF-Mitteln der Europäischen Union und des Freistaates Sachsen finanziert wurde.

Spontansprache bislang noch aussteht.[2] Die Annotation von Wortarten erfolgt daher zunächst automatisch mit Hilfe des Tree-Taggers (Schmid 1995), wird jedoch anschließend manuell nachbearbeitet.[3]

Bei der Nachbearbeitung fanden sich sprachliche Einheiten, die im jeweiligen Kontext Funktionen erfüllten, die von dem im zugrunde gelegten Stuttgart Tübinger Tagset (STTS) aufgeführten Wortartenkategorien (Part-of-Speech-Tags, kurz POS-Tags) nicht abgedeckt wurden. Dabei handelt es sich u. a. um Häsitationsphänomene wie *äh* und *öhm*, Modalpartikeln wie *eben*, *halt*, *ja* und *auch*, Rückversicherungssignale wie *ne* und *nicht* sowie um Diskursmarker wie *also*, *ja* und *so*.[4] Dies macht es erforderlich, eine Anpassung des Kategorienkatalogs vorzunehmen.

Am Beispiel der Diskursmarker soll im Folgenden zunächst die Entwicklung eines Vorschlags zur Ergänzung des STTS dokumentiert und begründet werden. Anschließend wird die Verwendung von Diskursmarkern in wissenschaftlichen Vorträgen mit Deutsch als Erstsprache (L1) beschrieben und ihrem Gebrauch in wissenschaftlichen Vorträgen mit Deutsch als Fremdsprache (L2) gegenübergestellt.

2 Diskursmarker als Kategorie zur Ergänzung des STTS

Das STTS (Schiller *et al.* 1999) gilt als Quasi-Standard für die Annotation von Wortarten im Deutschen. Die Zuverlässigkeit der Wortartenzuordnung sinkt jedoch erheblich, sobald es auf Korpora angewendet wird, die deutlich vom schriftlichen Standard abweichen – wie es beispielsweise bei gesprochenen Sprachdaten der Fall ist (vgl. u. a. Westpfahl, Schmidt 2013).[5] Aufgrund der fehlenden Berücksichtigung der Besonderheiten der gesprochenen Sprache wurden in den folgenden

---

2 Neben den Arbeiten zum GeWiss-Korpus widmen sich derzeit mehrere Projekte der Erweiterung des STTS mit Hinblick auf ein POS-Tagging gesprochener Sprachdaten (darunter das FOLK-Projekt (Westpfahl, Schmidt 2013 und Westpfahl 2014b) und das Kiezdeutsch-Korpus (Rehbein, Schalowski 2013 und Rehbein 2014)).

3 Eine ausführliche Dokumentation des Workflows bei der Nachbearbeitung des Part-of-Speech-Taggings (POS-Tagging) im GeWiss-Projekt findet sich bei Wallner (in Vorb. a).

4 Eine detaillierte Beschreibung der Probleme bei der Verwendung des TreeTaggers und des STTS mit spontansprachlichen Daten kann bei Westpfahl, Schmidt (2013) nachgelesen werden.

5 Ursache dafür ist die besondere Beschaffenheit transkribierter Audiodaten. So wurden die Audiodaten zum Aufbau des GeWiss-Korpus nach den GAT 2-Konventionen des Minimaltranskripts (Selting *et al.* 2009) transkribiert. Die darin verankerte Vorgabe einer aussprachenahen Transkription, einer generellen Kleinschreibung und der

Transkriptausschnitten die hervorgehobenen Wörter zunächst automatisch als Adverb (ADV) getaggt:[6]

(1) ***ja*** *[ADV] (0.71) vielen dank für die einladung auch hier vortragen zu dürfen* (EV_DE_104)

(2) *oder wenn der sprecher sagt da müssen sie hier weiterfahren dann rechts (.) dann kann er das (.) zum beispiel wiederholen um so sein verständnis zu sichern und (0.4) dem hörer zu signalisieren (.) dem sprecher zu signalisieren (2.9) ((schmatzt)) (0.4) ((schmatzt)) °h (0.6)* ***so*** *[ADV] ich möchte ihnen gerne drei (.) beispiele aus unserem korpus vorstellen* (EV_DE_092)

(3) *leontiev sagt (0.9) für (0.4) die tätigkeit (.) oder die sprachliche tätigkeit (.)* ***also*** *[ADV] was kann man mit sprache alles machen °h sind drei funktionen von sprache grundlegend* (EV_DE_004)

Bei der Nachbearbeitung erschien diese Zuordnung jedoch unpassend, da es sich um keinen typisch adverbialen Gebrauch handelt. Vielmehr scheinen diese Elemente in diesem Kontext eine diskursorganisierende Funktion zu übernehmen. Syntaktisch sind sie nicht in den Satz integriert und besitzen eher einen optionalen Charakter. So signalisiert das *ja* zu Beginn von Beispiel (1) die Redeübernahme. Zuvor wird die Vortragende durch den Moderator kurz vorgestellt. Er nennt den Titel des Vortrags und schließt mit der Aufforderung *bitte sehr*. Das *ja* dient folglich an dieser Stelle der Initiierung des Redebeitrags. Das *so* in Beispiel (2) folgt auf eine Pause. Zuvor hat die Vortragende den theoretischen Rahmen dargelegt, in dem sie ihre Untersuchung verortet. Nun möchte sie anhand von Videobeispielen aus ihrem Korpus die Ergebnisse der Studie illustrieren. Mit dem *so* leitet sie diesen neuen Gliederungspunkt ein. Das *so* übernimmt damit eine strukturierende Funktion. In Beispiel (3) wird mit Hilfe von *also* eine Erläuterungssequenz eingeleitet.

Von Seiten der Gesprochene-Sprache-Forschung wurde dieses Phänomen inzwischen vielfach unter dem Begriff **Diskursmarker** gefasst und eingehend beschrieben (u. a. Gohl, Günthner 1999, Auer, Günthner 2005, Imo 2012). Diskursmarker werden dabei als optionale, grammatisch und semantisch nicht obligatorische, diskursorganisierende Einheiten definiert, die häufig in Vor-Vorfeldposition,

---

Auslassung von Interpunktion führt beim automatischen POS-Tagging zu fehlerhaften Zuweisungen von POS-Tags.

6 Alle hier aufgeführten Belege entstammen dem GeWiss-Korpus und können auf der GeWiss-Website unter https://gewiss.uni-leipzig.de/ nachgelesen und abgespielt werden. Hierzu bedarf es einer Registrierung. Die Nutzung ist für nicht-kommerzielle Zwecke kostenfrei. Die Kürzel entsprechen den Siglen im GeWiss-Korpus und ermöglichen so das Auffinden des zitierten Vortrags.

aber auch im Nachfeld auftreten. Die Erkenntnisse beziehen sich bislang in der Regel auf Alltagsgespräche und damit dialogische Daten. Untersuchungen zum Gebrauch von Diskursmarkern in monologischen Daten wie wissenschaftlichen Konferenzvorträgen stehen hingegen noch aus.[7]

Auch die Frage nach dem kategorialen Status von Diskursmarkern konnte bislang noch nicht abschließend geklärt werden. So ist strittig, ob es sich um eine entstehende Wortart im Prozess der Grammatikalisierung handelt (vgl. Auer, Günthner 2005) oder vielmehr um pragmatisch motivierte Konstruktionen, die sowohl als Einzellexeme als auch als komplexe syntaktische Struktur auftreten können (vgl. Imo 2012 für einen Überblick).

Vor dem Hintergrund der erforderlichen Erweiterung des STTS kommt jedoch lediglich eine Einstufung als Wortart in Betracht, da den Guidelines des STTS zufolge komplexe Strukturen aus technischen Gründen nicht als solche getaggt werden können und ausschließlich eine Zuordnung von POS-Tags zu einzelnen Elementen vorgenommen werden kann (Schiller *et al.* 1999, 9). Dabei folgt das GeWiss-Projekt dem Vorschlag von Westpfahl, demzufolge die Diskursmarker als optionale, syntaktisch nicht integrierte Elemente klassifiziert werden, die lediglich pragmatisch an eine Äußerung gebunden sind (Westpfahl 2014a). Die Kategorie umfasst unterschiedliche Lexeme, die in Abhängigkeit von ihrer Position verschiedenen POS-Tags zugeordnet werden können. Entscheidend für ihre Einstufung als Diskursmarker ist neben ihrer Position auch ihre Funktion. Hierbei zeichnet sich ein breites Funktionsspektrum ab, welches durch Faktoren wie Genre, Grad der Mündlichkeit, Dialogizität vs. Monologizität maßgeblich beeinflusst wird. Zugleich ist eine Veränderung des semantischen Gehalts zu beobachten, sobald eine lexikalische Einheit als Diskursmarker gebraucht wird.

3 Diskursmarker in wissenschaftlichen Vorträgen

Im GeWiss-Teilkorpus deutschsprachiger Konferenzvorträge mit Deutsch als Erstsprache (DEU_L1_EV) wurden bei einer Gesamtzahl von rund 87.000 Token[8] 27 verschiedene Diskursmarker identifiziert.[9] Über die Hälfte der vorgefundenen

---

7 Eine Ausnahme bilden die Studien von Fandrych, Meißner, Slavcheva (2012) und Slavcheva, Meißner (2014), die sich u. a. mit dem Gebrauch von *also* und *so* in wissenschaftlichen Vorträgen des GeWiss-Korpus befassen.

8 Es handelt sich hierbei um die Anzahl der Token nach der orthografischen Normalisierung. Nähere Erläuterungen dazu können bei Wallner (in Vorb. a) nachgelesen werden.

9 Ich danke David Stoppel für die Mitarbeit bei der Ermittlung und Annotation der Diskursmarker.

Diskursmarker wird im gesamten Teilkorpus weniger als fünf Mal verwendet. Einige wenige Diskursmarker weisen einen sehr hohen Gebrauch auf – allen voran *also* mit insgesamt 905 Treffern.

Abb. 1: Diskursmarker im DEU_L1_EV

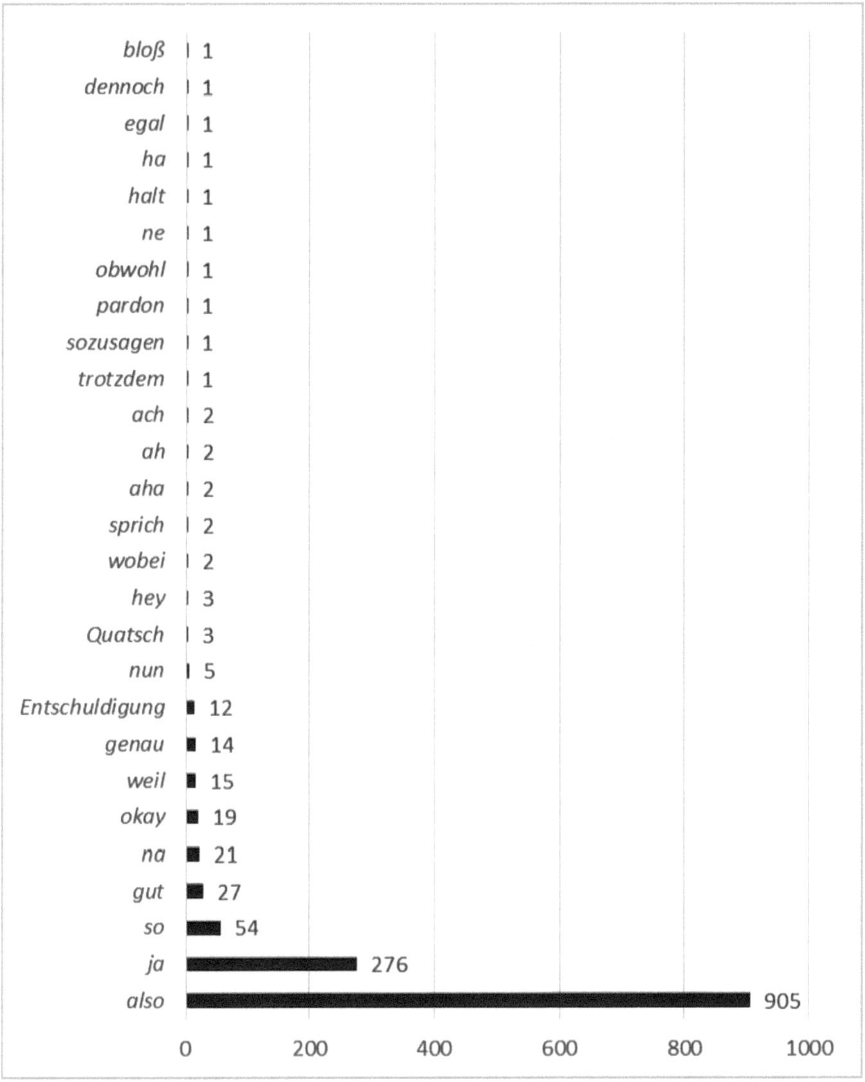

Innerhalb des Teilkorpus DEU_L1_EV wurden vier unterschiedliche Funktionen von Diskursmarkern identifiziert: neben der oben bereits illustrierten Verwendung als Gliederungssignal fungieren Diskursmarker im Korpus auch als Planungs- und Reformulierungsindikator, als pragmatisch-modifizierendes Element und als Element zur Einleitung einer situationskommentierenden Sequenz.

Im Rahmen einer detaillierten Auswertung von vier exemplarisch ausgewählten wissenschaftlichen Vorträgen des GeWiss-Teilkorpus DEU_L1_EV wurden Diskursmarker überwiegend als Gliederungssignal identifiziert. Dies deckt sich mit der Beobachtung, dass text- und diskursorganisierende Verfahren in wissenschaftlichen Genres eine Schlüsselfunktion übernehmen (Fandrych, Graefen 2002, Fandrych 2014, Slavcheva, Meißner 2014). Die anderen Funktionen sind hingegen deutlich seltener vertreten, wobei sich geringfügige Unterschiede zwischen den monologischen Daten im Vortragsteil und den dialogischen Daten in der sich anschließenden Diskussion abzeichen (vgl. Abb. 2).

Abb. 2: Funktionen der Diskursmarker in vier ausgewählten Vorträgen des GeWiss-Teilkorpus DEU_L1_EV (EV_DE_092, EV_DE_097, EV_DE_098 und EV_DE_101)

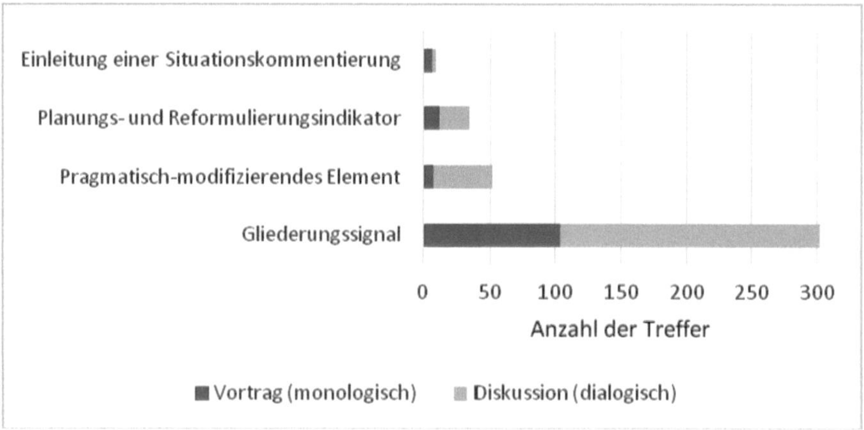

Nicht alle identifizierten Diskursmarker besitzen das gleiche Funktionsspektrum. Während beispielsweise *also* und *so* überwiegend als Gliederungssignal gebraucht werden, konnte *ja* in allen vier Funktionen angetroffen werden (vgl. (4), (5), (6), (7)):

(4) *hier das beispiel für die sektion für die erhebung von strukturen mit modalverben und es wurden dann also sätze gebildet wie der mann will die teller abwaschen oder der junge nicht darf gehen ins kino entweder entweder zielsprachenkonform oder*

*zielsprachenabweichend (0.3) ((schnalzt)) °h **ja** (0.3) dann hab ich noch (.) einen weiteren wortstellungstest verwendet den ich o: vau: test genannt hab wo eine aktivität zu benennen war die auf einem bild zu sehen war* (EV_DE_097)

(5) *ähm (.) und das ganze (.) ist (0.3) situiert in einem blended learning kon (.) äh (0.5) **ja** f (0.9) umgebung °h und °h öhm (.) in dieser arbeiten wir auch mit adobe connect also insofern brauch ich dazu jetz nichts mehr zu sagen* (EV_DE_101)

(6) *im alltag das was man vermutet dass es also auch zu interkulturell motivierten missverständnissen kommt ist eher °h (0.4) **ja** h°(.) ich hab jetzt noch keine belege ich hab auch noch andere institutionelle situationen bürgerverwaltung und so weiter einige aufnahmen °h auch von kollegen konnten wir jetzt noch nich massiv belegen °hh* (EV_DE_104)

(7) *(1.39) so ich möchte ihnen gerne drei (.) beispiele aus unserem korpus vorstellen (0.3) °h (0.35) ähm ich probier_s gerne mal (0.56) **ja** °h **genau** ich hab (.) handouts vorbereitet sodass sie das auch mitlesen können* (EV_DE_092)

In Beispiel (4) fungiert *ja* als Gliederungssignal. Es wird durch Pausen sowie durch ein vorausgehendes Schnalzen und Einatmen deutlich abgesetzt und leitet einen neuen Handlungsschritt innerhalb des Vortrags ein. Das *ja* übernimmt dabei die Funktion eines Absatzes in medial schriftlichen Texten und wirkt hier in erster Linie strukturierend.

In Beispiel (5) wird hingegen mit Hilfe von *ja* eine Reparatursequenz markiert. Kennzeichnend sind hier der vorausgegangene Abbruch („kon" vermutlich „Kontext"), der Häsitationsmarker *äh* und die Pausen, durch die das *ja* wiederum deutlich abgesetzt wird.

In Beispiel (6) besitzt das *ja* eine projizierende Kraft und wirkt als pragmatisch-modifizierendes Element wie eine Art Verstehensanleitung (Duden 2009) für die sich anschließende Äußerung. Inhaltlich handelt es sich dabei um eine Einräumung bzw. Relativierung von Seiten der Vortragenden. Wiederum durch Pausen sowie Ein- und Ausatmen abgesetzt kennzeichnet die Vortragende mit Hilfe von *ja* den eher informellen Charakter der Folgeäußerung, mit der sie einräumt, dass sie ihre zuvor geäußerten Erkenntnisse noch nicht vollständig belegen kann.

In Beispiel (7) wendet sich die Vortragende der Technik zu und erhält zugleich nonverbal den Hinweis auf ihre Handouts[10]. Dabei verlässt sie den Vortragsdiskurs und leitet mit Hilfe von *ja* und *genau* eine situationskommentierende Sequenz ein. Mit dieser reagiert die Vortragende auf Begleitumstände, die sich im

10 Die im GeWiss-Korpus gesammelten Vorträge wurden mit Video aufgezeichnet und stehen projektintern zur Verfügung. Aus datenschutzrechtlichen Gründen können die Videos jedoch nicht öffentlich verfügbar gemacht werden.

Rahmen der Vortragssituation ereignet haben.[11] Auch hier wird das *ja* durch eine vorangehende Pause deutlich abgehoben.

Die einzelnen Funktionen von *ja* als Diskursmarker sind in den vier detailliert ausgewerteten wissenschaftlichen Vorträgen unterschiedlich stark vertreten. So überwiegt im Vortragsteil die Verwendung als Gliederungssignal, während in den Diskussionen der Diskursmarker *ja* häufiger als pragmatisch-modifizierendes Element eingesetzt wird (vgl. Abb. 3).

Abb. 3: Gebrauch von ja *als Diskursmarker in vier ausgewählten Vorträgen des GeWiss-Teilkorpus DEU_L1_EV*

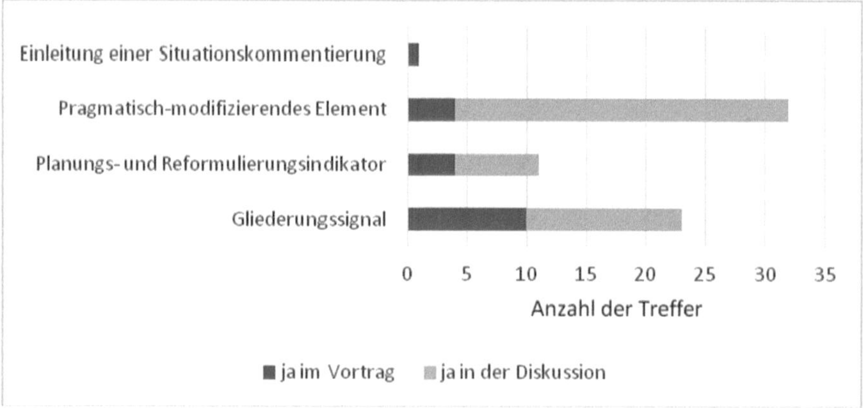

Neben dem relativierenden Charakter von *ja* (Beispiel (6)) wurde *ja* auch als pragmatisch-modifizierendes Element mit affirmierender Funktion beobachtet (vgl. (8) und (9)).

(8) *wo ich mich so_n bisschen drauf berufe is eben diese °h elicited imitation (0.8) weil das ja doch wirklich (0.3)* ***ja*** *was is wo man eben ähm (1.4)(ne) (0.3) den lernerkopf n bisschen austricksen kann* (EV_DE_097)

11 Es handelt sich dabei um eine Form der Metakommentierungen, in denen Vortragende vom eigentlichen thematischen Inhalt abweichen, um die Vortragsstruktur und Ziele des Vortrags zu erläutern oder um auf Begleitumstände Bezug zu nehmen. Im GeWiss-Teilkorpus deutschsprachiger Konferenzvorträge mit Deutsch als L1 (DEU_L1_EV) wurden diese auch als Diskurskommentierungen bezeichneten sprachlichen Handlungen annotiert. Ausführliche Informationen zum Konzept der Metakommentierungen können bei Fandrych (2014) nachgelesen werden.

(9) *das is sozusagen das was ich mit akteur meine °h und es gibt einfach das is das wichtige es gibt sozusagen (0.5) ähm (1.0)* ***ja*** *(0.6) es is eben nich so dass der dass der diskurs fließt und die akteure mit (.) treibt (.) ja (.) sondern das die akteure sozusagen aushandlungsprozesse stattfinden aktiv (0.4) kämpfen dass hier* (EV_DE_098)

Auch hier setzt sich *ja* durch eine vorausgehende Pause von der Äußerung ab. Mit Hilfe des *ja* heben die Vortragenden die folgende Aussage hervor und markieren sie als zutreffend. In den Diskussionen fand sich dieses affirmierende *ja* mitunter auch am Ende einer Äußerung (vgl. (10)). Hier wird das zuvor Gesagte nochmals unterstrichen. Zugleich markiert das *ja* aber auch das Ende der eigenen Äußerung und es folgt ein Sprecherwechsel. Aus diesem Grund wäre hier auch eine Zuordnung zu den gliedernden – nämlich den Redebeitrag abschließenden – Diskursmarkern vorstellbar.

(10) *also vor allem wenn sie nich wussten ob äh (.) was links und was rechts is °h (0.3)* ***ja*** *(0.3) ((lacht))* (EV_DE_092)

(11) *allerdings (0.3) war_s für die kinder glaub ich nich ganz so_n kaltstart weil die zuvor ne partnerarbeit gemacht hatten wo sie sich gegenseitig (0.5) wege beschreiben sollten allerdings auf ner (0.6) von uns vorgegebenen (0.4) karte (0.6)* ***ja*** (EV_DE_092)

Wichtig ist an dieser Stelle zu betonen, dass es sich hier nicht um Rückversicherungssignale handelt, da in beiden Fällen das *ja* trotz der äußerungsfinalen Position eine fallende Intonation aufweist und keine Reaktion von Seiten der Zuhörenden einfordert.[12] Da die Äußerung, auf die sich das *ja* jeweils bezieht, keine Antwort auf eine zuvor gestellte Frage darstellt, kann auch nicht von einem interaktiven *ja* (Antwortpartikel) ausgegangen werden.

Darüber hinaus ist die Verwendung von *ja* als Diskursmarker abzugrenzen von der Modalpartikel *ja* (vgl. (12)), mit deren Hilfe die Proposition als ‚bereits bekannt' markiert werden kann (vgl. Thurmair 1989, 103–109).

(12) *und es wäre utopisch zu sagen dass wir in diesen vier semester die studierenden interkulturell kompetent machen können °h da es* ***ja*** *n lebenslanger lernprozess is* (EV_DE_101)

Allen Belegstellen zur Dokumentation der Diskursmarker ist gemein, dass diese neben den bereits beschriebenen Funktionen zusätzlich auch die Orientierung des Hörers unterstützen und der Aufmerksamkeits- und Verstehenssicherung dienen (Slavcheva, Meißner 2014, 126).

---

12 Ein Beispiel für den Gebrauch von *ja* als Rückversicherungssignal findet sich in Beleg (9). Hier wird das zweite *ja* (unterstrichen) steigend intoniert und dient der Reaktionseinforderung. Eine ausführliche Beschreibung dieser Kategorie findet sich bei Wallner (in Vorb. b).

Zudem bestätigen die dokumentierten Beispiele, dass Diskursmarker in wissenschaftlichen Vorträgen sowohl anhand ihrer Position als auch anhand ihrer Funktion erfasst werden können. So sind sie syntaktisch gesehen nicht am kompositionellen Aufbau einer Äußerung beteiligt und werden in der Regel durch Pausen abgesetzt. Meist finden sie sich „syntax-extern" zwischen zwei syntaktisch abgeschlossenen Äußerungen, können aber auch in redebeitraginitiierender und -abschließender Position beobachtet werden. Der üblicherweise mit dem Formativ verbundene semantische Gehalt ist verblasst bzw. gar nicht mehr erhalten. Damit entziehen sich die Diskursmarker einer semantischen Beschreibung und legen eine pragmatische Betrachtung nahe.

4 Diskursmarker kontrastiv

Auch im GeWiss-Teilkorpus mit Deutsch als L2 konnte der Gebrauch von Diskursmarkern beobachtet werden. Im Rahmen einer detaillierten Auswertung des Vortragsteils von jeweils vier exemplarisch ausgewählten wissenschaftlichen Vorträgen des GeWiss-Teilkorpus mit Deutsch als L2 und Polnisch als L1 (DEU_L2_PL_EV) sowie des GeWiss-Teilkorpus mit Deutsch als L2 und Englisch als L1 (DEU_L2_UK_EV) wurden *also*, *ja*, *so* und *okay* als die frequentesten Diskursmarker identifiziert (vgl. Abb. 4).

Abb. 4: Diskursmarker im Vortragsteil von wissenschaftlichen Vorträgen mit Deutsch als L2

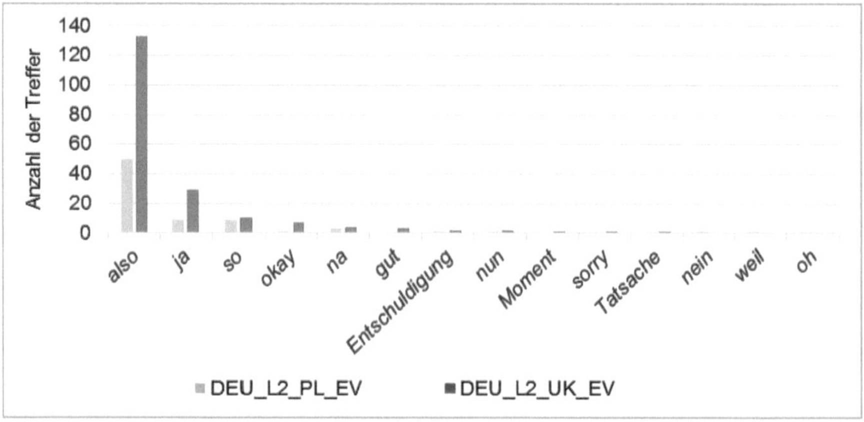

Während hinsichtlich der Funktionen der Diskursmarker zwischen L1- und L2-Vorträgen keine signifikanten Unterschiede festgestellt werden konnten (vgl. Abb. 5), zeichnen sich deutliche Unterschiede in Bezug auf die Gebrauchshäufigkeit von Diskursmarkern zwischen den betrachteten Teilkorpora ab.

Abb. 5: Prozentualer Anteil der Funktionen der Diskursmarker kontrastiv

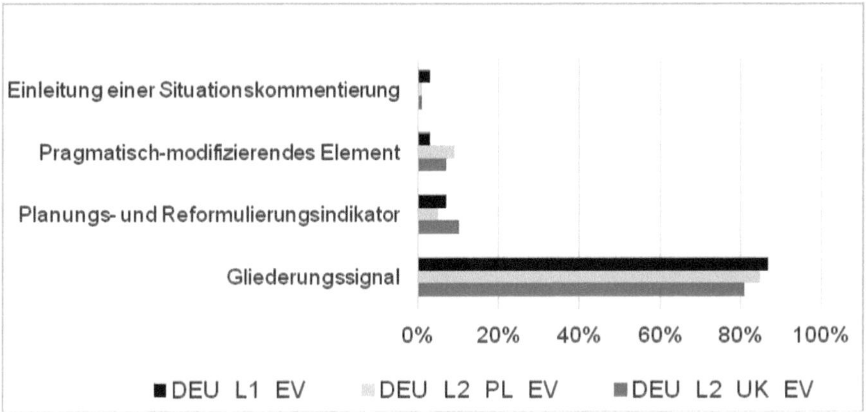

So scheinen L2-Sprecher/innen mit Englisch als L1 häufiger Diskursmarker in wissenschaftlichen Vorträgen zu gebrauchen als L2-Sprecher/innen mit Polnisch als L1. Eine Gegenüberstellung der Ergebnisse mit dem Gebrauch der frequentesten Diskursmarker im Vortragsteil bei L1-Sprecher/inne/n erweckt sogar den Eindruck, dass die L2-Sprecher/innen mit Englisch als L1 Diskursmarker noch öfter verwenden, als es bei den deutschen L1-Sprecher/innen der Fall ist (vgl. Abb. 6).

Abb. 6: Anzahl häufiger Diskursmarker im Vortragsteil bei L1- und L2-Sprecher/inne/n

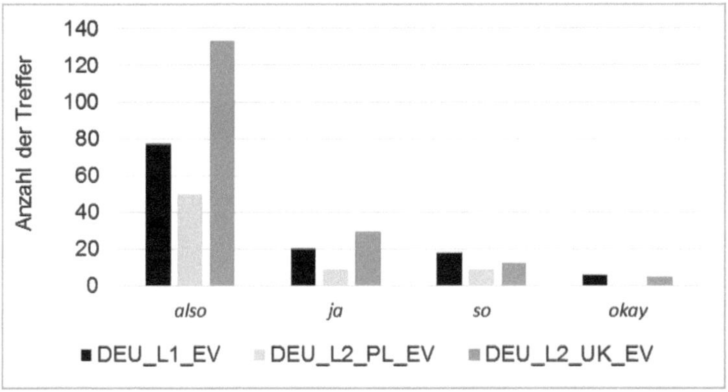

Allerdings sind bei den L2-Sprecher/inne/n sehr starke individuelle Unterschiede zu beobachten, sodass nicht von einem generellen Overuse bei den britischen Vortragenden ausgegangen werden kann. Während die Anzahl der Diskursmarker bei den deutschsprachigen L1-Vorträgen nur geringfügig variiert (vgl. Abb. 7), schwankt der Anteil von Diskursmarkern innerhalb der deutschsprachigen L2-Vorträge zum Teil erheblich (vgl. Abb. 8 und 9).

Abb. 7: Anzahl häufiger Diskursmarker im Vortragsteil ausgewählter L1-Vorträge

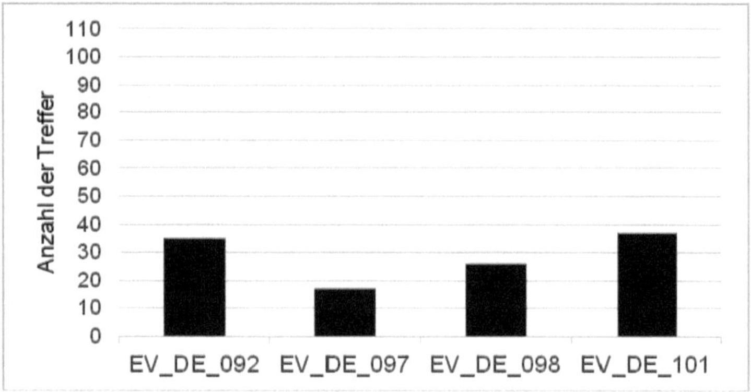

Abb. 8: Anzahl häufiger Diskursmarker im Vortragsteil ausgewählter L2-Vorträge mit Polnisch als L1

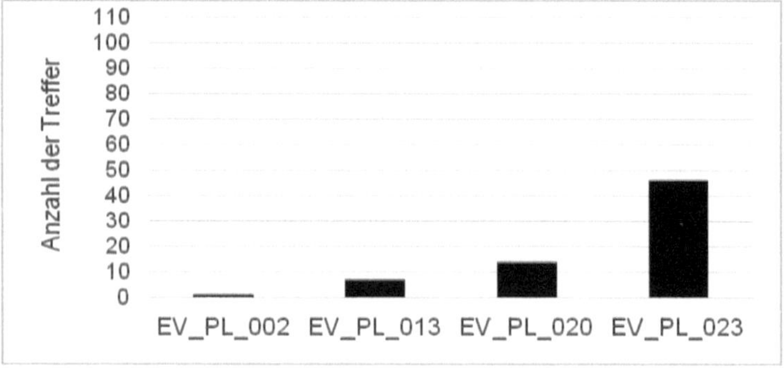

Abb. 9: Anzahl häufiger Diskursmarker im Vortragsteil ausgewählter L2-Vorträge mit Englisch als L1

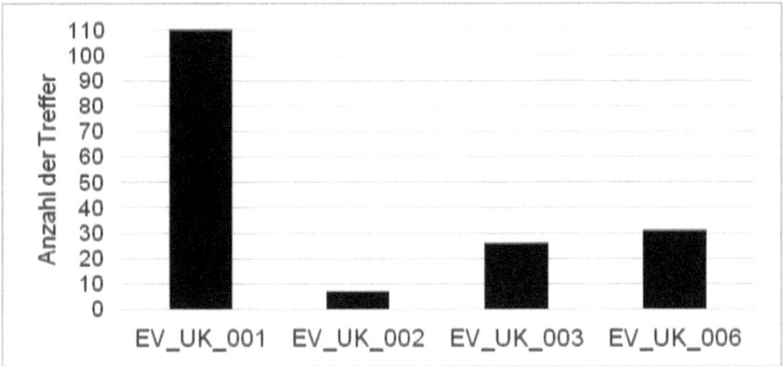

Dies legt nahe, dass bei L2-Sprecher/inne/n der Gebrauch von Diskursmarkern stärker als bei Sprecher/inne/n mit Deutsch als L1 individuell geprägt ist und möglicherweise weitere Faktoren eine Rolle spielen. So unterscheiden sich die deutschsprachigen L2-Vorträge von den L1-Vorträgen im Grad der Mündlichkeit. Während alle detailliert ausgewerteten L1-Vorträge frei gesprochen waren, wurden bei den britischen L2-Vorträgen zwei Vorträge abgelesen (EV_UK_002 sowie EV_UK_003) und die übrigen zwei Vorträge frei gesprochen. Hierbei ist ein etwas geringerer Anteil an Diskursmarkern innerhalb der abgelesenen Vorträge zu beobachten. Die vier L2-Vorträge von polnischen L1-Sprechern wurden alle zum Teil abgelesen, was möglicherweise den insgesamt selteneren Gebrauch von Diskursmarkern innerhalb dieser Vorträge (mit Ausnahme des Vortrags EV_PL_023) erklärt. Dass der Grad der Mündlichkeit nicht allein als Erklärung für einen selteneren Gebrauch von Diskursmarkern herangezogen werden kann, zeigen die individuellen Unterschiede. Dies legt nahe, auf einer größeren Datengrundlage weitere Faktoren zu identifizieren, die den Gebrauch von Diskursmarkern beeinflussen. Dennoch wird der Einfluss des Grades der Mündlichkeit auch bei einer Betrachtung des jeweiligen Anteils an Diskursmarkern in den einzelnen Vorträgen des deutschsprachigen L1-Korpus (DEU_L1_EV) ersichtlich. Unter den insgesamt 14 Vorträgen fanden sich 12 Vorträge, die frei gesprochen waren, ein Vortrag, der zum Teil abgelesen wurde (EV_DE_096) und einer, der vorformuliert und auswendig gelernt zu sein schien (EV_DE_005). In den beiden letztegenannten Vorträgen ist der Anteil an Diskursmarkern am geringsten (vgl. Abb. 10).

Abb. 10: Anteil an Diskursmarkern in den einzelnen Vorträgen des GeWiss-Teilkorpus DEU_L1_EV

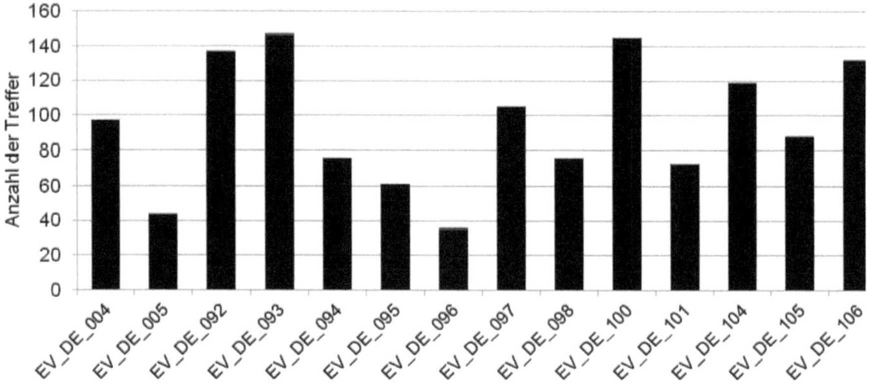

5 Fazit

Vor dem Hintergrund der beobachteten Unterschiede bezüglich der Gebrauchshäufigkeit von Diskursmarkern stellt sich die Frage, inwieweit durch eine seltenere Verwendung von Diskursmarkern das Verständnis eines wissenschaftlichen Vortrags beeinträchtigt wird. Hierzu wäre es jedoch zunächst erforderlich, zu prüfen, ob insbesondere die festgestellten globalen Funktionen von Diskursmarkern wie Aufmerksamkeitssteuerung, Orientierung des Hörers und Verständnissicherung auch durch andere sprachliche Gestaltungsmittel realisiert werden können. Des Weiteren bedarf es zusätzlicher Studien zum Textverstehen mündlicher Vorträge, auf deren Grundlage gegebenenfalls Empfehlungen hinsichtlich des Gebrauchs von Diskursmarkern formuliert werden könnten.

Um die Unterschiede im Gebrauch von Diskursmarkern in L1- und L2-Vorträgen adäquat zu beurteilen ist zudem eine Ausweitung der Analyse auf weitere Vorträge erforderlich. Darüber hinaus sollten in einer solchen Studie auch sprachkontrastive Analysen sowie ein Vergleich diskursiver Praktiken in unterschiedlichen akademischen Kontexten Berücksichtigung finden.

Literaturverzeichnis

Auer, Peter, Susanne Günthner (2005): Die Entstehung von Diskursmarkern im Deutschen – ein Fall von Grammatikalisierung? *Grammatikalisierung im Deutschen.* Torsten Leuschner (Hg.). Berlin: de Gruyter (Linguistik – Impulse & Tendenzen). 335–362.

Duden (2009): *Die Grammatik. Unentbehrlich für richtiges Deutsch* 8. Mannheim u. a.: Dudenverlag.

Fandrych, Christian (2014): Metakommentierungen in Wissenschaftlichen Vorträgen. *Gesprochene Wissenschaftssprache: Korpusmethodische Fragen und empirische Analysen.* Christian Fandrych, Cordula Meißner, Adriana Slavcheva (Hg.). Heidelberg: Synchron-Verlag. 95–111.

Fandrych, Christian, Gabriele Graefen (2002): Text-commenting devices in German and English academic articles. *Multilingua* 21, 17–43.

Fandrych, Christian, Cordula Meißner, Adriana Slavcheva (2012): The GeWiss Corpus: Comparing Spoken Academic German, English and Polish. *Multilingual Corpora and Multilingual Corpus Analysis.* Thomas Schmidt, Kai Wörner (Hg.). Amsterdam: Benjamins. 319–337. (= Hamburg Studies in Multilingualism 14).

Fandrych, Christian, Cordula Meißner, Franziska Wallner (Hg.) (in Vorb.): *Gesprochene Wissenschaftssprache – digital. Verfahren zur Annotation und Analyse mündlicher Korpora.* Erscheint im Stauffenburg Verlag.

Gohl, Christine, Susanne Günthner (1999): Grammatikalisierung von *weil* als Diskursmarker in der gesprochenen Sprache. *Zeitschrift für Sprachwissenschaft* 18(1), 39–75.

Imo, Wolfgang (2012): Wortart Diskursmarker? *Nicht-flektierende Wortarten.* Björn Rothstein (Hg.). Berlin: de Gruyter. 48–88.

Rehbein, Ines (2014): Wortartenannotation im Kiezdeutschkorpus (KiDKo 1.0) – Draft. Zugang: http://www.kiezdeutschkorpus.de/files/POS-KiDKo.pdf (Stand: 25.03.2015).

Rehbein, Ines, Sören Schalowski (2013): STTS goes Kiez – Experiments on Annotating and Tagging Urban Youth Language. *Journal for Language Technology and Computational Linguistics* 28(1), 199–227.

Schiller, Anne, Simone Teufel, Christine Stöckert, Christine Thielen (1999): *Guidelines für das Tagging deutscher Textcorpora mit STTS.* (Kleines und großes Tagset). Universität Stuttgart, Institut für maschinelle Sprachverarbeitung; Universität Tübingen, Seminar für Sprachwissenschaft. Zugang: http://www.sfs.uni-tuebingen.de/resources/stts-1999.pdf (Stand: 05.03.2015).

Schmid, Helmut (1995): Improvements In Part-of-Speech Tagging With An Application To German. Institut für maschinelle Sprachverarbeitung (Stuttgart). *Proceedings of the ACL SIGDAT-Workshop.* Dublin, Ireland. Zugang: ftp://ftp.ims.uni-stuttgart.de/pub/corpora/tree-tagger2.pdf (Stand: 05.03.2015).

Selting, Margret, Peter Auer, Dagmar Barth-Weingarten, Jörg Bergmann, Pia Bergmann, Karin Birkner, Elizabeth Couper-Kuhlen, Arnulf Deppermann, Peter Gilles, Susanne Günthner, Martin Hartung, Friederike Kern, Christine

Mertzlufft, Christian Meyer, Miriam Morek, Frank Oberzaucher, Jörg Peters, Uta Quasthoff, Wilfried Schütte, Anja Stuckenbrock, Susanne Uhmann (2009): Gesprächsanalytisches Transkriptionssystem 2 (GAT 2). *Gesprächsforschung – Online-Zeitschrift zur verbalen Interaktion* 10, 353–402. Zugang: http://www.gespraechsforschung-ozs.de/heft2009/px-gat2.pdf (Stand: 30.03.2015).

Slavcheva, Adriana, Cordula Meißner (2014): „Also" und „so" in wissenschaftlichen Vorträgen. *Gesprochene Wissenschaftssprache: Korpusmethodische Fragen und empirische Analysen.* Christian Fandrych, Cordula Meißner, Adriana Slavcheva (Hg.). Heidelberg: Synchron-Verlag. 113–131.

Thurmair, Maria (1989): *Modalpartikeln und ihre Kombinationen.* Tübingen: Niemeyer.

Wallner, Franziska (in Vorb. a): Die orthografische Normalisierung und Annotation von Wortarten gesprochensprachlicher Daten am Beispiel des GeWiss-Korpus. *Gesprochene Wissenschaftssprache – digital. Verfahren zur Annotation und Analyse mündlicher Korpora.* Christian Fandrych, Cordula Meißner, Franziska Wallner (Hg.). Erscheint im Stauffenburg Verlag.

Wallner, Franziska (in Vorb. b): Diskursmarker in der gesprochenen Wissenschaftssprache – eine quantitativ-qualitative Analyse. *Gesprochene Wissenschaftssprache – digital. Verfahren zur Annotation und Analyse mündlicher Korpora.* Christian Fandrych, Cordula Meißner, Franziska Wallner (Hg.). Erscheint im Stauffenburg Verlag.

Westpfahl, Swantje (2014a): *STTS 2.0 – Anpassung an gesprochene Sprache – neue Kategorien im Bereich der Gesprächspartikeln.* Stand: 25.02.2014 (unveröffentlichtes Arbeitspapier).

Westpfahl, Swantje (2014b): STTS 2.0? Improving the Tagset for the Part-of-Speech-Tagging of German Spoken Data. *Proceedings of LAW VIII – The 8th Linguistic Annotation Workshop.* Lori Levin, Manfred Stede (Hg.). Dublin, Ireland: Association for Computational Linguistics and Dublin City University. 1–10. Zugang: http://www.aclweb.org/anthology/W14-4901 (Stand: 05.03.2015).

Westpfahl, Swantje, Thomas Schmidt (2013): POS für(s) FOLK – Part of Speech Tagging des Forschungs- und Lehrkorpus Gesprochenes Deutsch. *Journal for Language Technology and Computational Linguistics* 1, 139–156.

Sprachliche Besonderheiten der Wissenschaftssprache

Siiri Aluoja, Terje Loogus

Kollokationen in medizinischen Leitlinien: Ein deutsch-estnischer kontrastiver Vergleich

Abstract Similar to other languages for special purposes, the language of medicine is characterized by the use of specific technical terms and syntactic patterns. But more important are constructions, the co-occurring of two or several words, an indication of the authentic and meaningful usage of the language. Being able to find a suitable word pairing is crucial in making yourself not only understandable, but credible as well. This article focuses on collocations in the language of medicine in German as well as in Estonian. After a short overview of the present state and some of the problems and shortcomings of the Estonian language of medicine, the first results of an empiric study that analyzes typical collocations in Estonian and German are presented. For the purpose of finding typical collocations, two lexical corpora were built from medical guidelines in both languages. The collocations found in these corpora with the help of an analysis tool are illustrated through three key words – symptom, diagnosis and treatment. Collocations including these search terms are compared based on their lexical and grammatical form, revealing their similarities and differences across the observed languages. The results of this study are presented in two main groups – collocations consisting of a verbal substantive and substantive, and of an adjective and a substantive.

Keywords: medical language, medical guidelines, collocations, languages for special purposes, corpus linguistics

Schlüsselwörter: Sprache der Medizin, medizinische Leitlinien, Kollokationen, Fachsprachen, Korpusanalyse

1 Einleitung

In der estnischen Bildungs- und Sprachpolitik wird immer wieder darüber diskutiert, in welcher Sprache Wissenschaft betrieben und das Studium an den Universitäten durchgeführt werden soll – auf Estnisch oder auf Englisch. Für das Englische spricht die Tatsache, dass die Mehrheit der renommierten wissenschaftlichen Zeitschriften auf Englisch herausgegeben wird und Spitzenforscher zunehmend aufgefordert werden, auf Englisch zu publizieren. Für das Estnische spricht dagegen das Bedürfnis oder gar die Notwendigkeit, das Estnische als eine vollwertige Sprache zu pflegen und zu schützen. Obwohl die estnische Wissenschaftssprache durch das Deutsche stark beeinflusst wurde und Deutsch als Wissenschaftssprache bis in die 1980er Jahre in Estland eine sehr wichtige Rolle innehatte, findet Deutsch heute fast nur noch in den germanistischen Master- und Promotionsarbeiten Verwendung.

Für die Entwicklung der estnischen medizinischen Terminologie ist eine im Jahre 1977 gegründete und gegenwärtig am Estnischen Institut für Gesundheitsentwicklung tätige Kommission zuständig, die sich unter anderem mit der Vereinheitlichung der Fachsprache der Medizin und der Förderung des Sprachgebrauchs medizinischen Fachpersonals beschäftigt. Obwohl die Kommission für medizinische Terminologie ursprünglich eingerichtet wurde, um der zunehmenden Dominanz des Russischen entgegenzuwirken, wird die heutige Sprache der Medizin mit Problemen ähnlicher Art konfrontiert (Põlluste 2011, 61). Statt der Vorherrschaft des Russischen stellt heute das Englische die größte Herausforderung für die estnische Fachsprache dar. Die Fähigkeit, sich in einer fremden Sprache ausdrücken zu können, wird hoch geschätzt. So hoch, dass die estnischsprachigen Beiträge und Forschungsarbeiten im Vergleich zu in internationalen Publikationen veröffentlichten englischsprachigen Publikationen weniger beachtet werden (vgl. Sinisalu 2011, 106; Sinisalu, Soosaar 2013, 303). Das führt dazu, dass Wissenschaftler nicht mehr in der Lage sind, die Ergebnisse ihrer Forschungsarbeiten auf Estnisch zu erläutern. Die Gründe hierfür liegen nicht nur in der Geringschätzung der fachsprachlichen Kommunikation in der Muttersprache, sondern auch im Mangel an korrekten Übersetzungen, Begriffserläuterungen, im Internet verfügbaren Wörterbüchern und in der geringen Entwicklung der Fachterminologie (Põlluste 2011, 61; Soosaar 2012, 223). Die Terminologie der estnischen Medizinsprache muss also durch allgemein akzeptierte estnische Begriffe vervollständigt werden, die sowohl unter Ärzten als auch im Studium und in fachsprachlichen Beiträgen Verwendung finden. Dieses Bedürfnis könnte wenigstens teilweise durch ein elektronisches (Konstruktions-) wörterbuch befriedigt werden, das ein Ziel des dieser Arbeit zugrundeliegenden Promotionsvorhabens ist.

Die vorliegende Arbeit will durch die kontrastive Untersuchung von Kollokationen der estnischen und deutschen Sprache der Medizin einen Beitrag zur Erforschung der estnischen Fachsprachen leisten. Die Sprache der Medizin betrifft nicht nur die Kommunikation unter Fachleuten, sondern auch die Kommunikation mit Patienten und Studierenden. Oftmals handelt es sich dabei um vermittelte Kommunikation, z. B. um Übersetzungen. Die größten oder häufigsten Probleme bestehen dabei neben den einzelnen Fachausdrücken der richtige Gebrauch von Kookkurrenzen und syntaktischen Mustern. Im Beitrag werden die ersten Ergebnisse einer empirischen Untersuchung der typischen vorgeprägten Kollokationen in estnischen und deutschen medizinischen Leitlinien vorgestellt. Das Ziel der Analyse ist es, die Kollokationen in beiden Sprachen zu vergleichen und festzustellen, welche Ähnlichkeiten und Unterschiede es in ihrer Form oder ihrem Inhalt gibt. Die Resultate der Korpusanalyse können als Hilfsmittel für Übersetzer, Sprachlehrer sowie für Ärzte und Medizinstudenten dienen, die mit medizinischen Texten arbeiten oder diese erstellen.

2 Zum Begriff der Kollokation

Wie alle Wissenschafts- und Fachsprachen, wird auch die Sprache der Medizin vor allem durch die Verwendung von Fachausdrücken und bestimmten syntaktischen Mustern charakterisiert. Jedoch sind gerade Kookkurrenzen von zwei oder mehreren Wörtern in einer Fachsprache unentbehrlich, um sich in dieser Sprache adäquat und verständlich ausdrücken zu können. Zu solchen Wortkombinationen gehören vor allem Kollokationen, die von Hausmann (2007, 218) als normtypische aus einer Basis und einem Kollokator bestehende phraseologische Wortverbindungen definiert werden. Unter Basis wird ein Wort verstanden, das ohne Kotext definiert, gelernt und übersetzt werden kann, z. B. fungiert in der Kollokation *Tisch decken* das Wort *Tisch* als Basis. Der Kollokator dagegen kann nicht ohne die Basis definiert, gelernt und übersetzt werden, da er bei der Formulierung einer Kollokation abhängig von der Basis gewählt wird. Die Kollokation wird in der Richtung Basis → Kollokator geformt. So sei es laut Hausmann (ebd.) natürlich, z. B. bei der Rede über *Dummheit/Verbrechen* ein Verb dazu zu suchen, nicht aber in umgekehrter Richtung zu handeln. Dabei kann eine Basis gleichzeitig mit mehreren Kollokatoren verbunden werden und komplexere Kollokationen bilden, wie z. B. *harsche Kritik üben* (ebd.). Auch Häcki Buhofer betont den Aspekt des Gebrauchsnormens, indem sie behauptet, dass Kollokationen „grundsätzlich eher von der normativen Gebräuchlichkeit, der Üblichkeit und Usualität, der Typizität her als von der Semantik aus definiert" werden (Häcki Buhofer 2010, 509). Sie weist auch darauf hin, dass die Üblichkeit oft dadurch bestimmt wird, wie häufig die Teile einer Kollokation miteinander vorkommen (ebd.). Also werden Kollokationen als Wortverbindungen verstanden, für deren Teile bzw. Elemente ein besonders häufiges Miteinandervorkommen typisch ist. Die Vorkommenshäufigkeit solcher Strukturen unterstreicht auch Siepmann (2005, 438), der behauptet, dass eine Kollokation jede holistische lexikalische, lexikogrammatische oder semantische Einheit sei, die innerhalb eines bestimmten Diskurses eine minimale Rekurrenz zeigt.

Für korpusbasierte Untersuchungen, zu denen auch dieser Beitrag gehört, galten und gelten die Kollokationen immer noch als Leitbegriff, die in den korpusbasierten Arbeiten zur Phraselogie als Subkategorie einen festen Platz eingenommen haben (Burger *et al.* 2007, 6–7). Die Relevanz der Kollokationen in der Fachkommunikation wird treffend von Häcki Buhofer hevorgehoben, die darauf hinweist, dass Kollokationen – obwohl in der Alltagskommunikation in fester Form unauffällig – in der fachnahen oder fachinternen Kommunikation für die Professionalität sorgen (Häcki Buhofer 2010, 511). Deshalb ist der korrekte Sprachgebrauch auch im Bereich der Medizin sehr wichtig. Mit der Behauptung von Häcki Buhofer (2010, 523), dass „die Kenntnis der Kollokationen einer Sprache [...] ein unverzichtbarer Baustein für ein unmarkiertes Sprechen und Schreiben [ist]", wird die Wichtigkeit der Kollokationen für einen adäquaten Sprachgebrauch nochmals unterstrichen.

3 Kollokationen in medizinischen Leitlinien

Das Untersuchungsfeld für die vorliegende Arbeit bilden die medizinischen Leitlinien, die bestimmte Krankheiten oder Zustände behandeln. Bei medizinischen Leitlinien handelt es sich um ein wichtiges Hilfsmittel für Ärzte, die von einer aus Vertretern des Gesundheitswesens bestehenden Arbeitsgruppe erfasst und von einem zuständigen Rat bewilligt werden. Sowohl in Deutschland als auch in Estland sind die Leitlinien auch im Internet zugänglich – in Deutschland auf der Webseite des Informationsdienstes des Ärztlichen Zentrums für Qualität in der Medizin (ÄZQ)[1] und in Estland auf der Seite *Ravijuhend*[2] sowie auf der Webseite des Zentrums für medizinische Information des Klinikums der Universität Tartu[3]. Für die Leitlinien sind in beiden Ländern strikte Kriterien festgelegt und einheitliche Definitionen erarbeitet worden. Wegen der thematischen und formalen Äquivalenz der Textsorten handelt es sich um ein geeignetes Untersuchungsmaterial.

3.1 Untersuchungskorpus

Das Untersuchungskorpus umfasst zwei Subkorpora, die jeweils aus estnischsprachigen und deutschsprachigen Texten bestehen. Bei der Zusammenstellung des Korpus wurde von den estnischsprachigen Leitlinien ausgegangen: In das Korpus wurden alle am 31. Januar 2015 im Internet zugänglichen Leitlinien aufgenommen, insgesamt 68 Texte mit 258 157 Tokens. Danach wurde das Angebot an deutschsprachigen Leitlinien analysiert und es wurden Leitlinien mit ähnlichen Themen in einem ähnlichen Umfang ausgewählt, insgesamt 30 Texte mit 269 509 Tokens. Im Gesamtkorpus sind Texte aus 12 Themengebieten vertreten,

---

1 www.leitlinien.de.
2 www.ravijuhend.ee.
3 www.kliinikum.ee/infokeskus/ravijuhendid.

z. B. Chirurgie, Gastroenterologie, Hals-, Nasen- und Ohrenheilkunde, Hämatologie, Onkologie. Insgesamt enthält das Korpus über 515 000 Tokens.

3.2 Methodisches Vorgehen

Für die Korpusanalyse wurden die Texte von überflüssiger Information wie Tabellen, Fußnoten usw. und von Konvertierungsfehlern wie doppelten Leerzeichen, Seitenzahlen im Satzinneren usw. bereinigt und ins txt-Format konvertiert. Die Korpusanalyse wurde mit dem Programm *AntConc* durchgeführt, das mit den Funktionen für die Suche von Kollokatoren und Clustern ausgerüstet ist. Für die Zwecke dieses Beitrags wurden drei typische und relativ frequente medizinische Termini, *Symptom* (240 Treffer im deutschen Korpus ohne Zusammensetzungen), *Diagnose* (196) und *Behandlung/Therapie* (411/1070), samt ihren estnischen Entsprechungen *sümptom* (388 Treffer), *diagnoos* (436) und *ravi* (2168) ausgewählt und analysiert. Dazu wurden mit *AntConc* Cluster ausgesucht, die genannte Termini enthalten (Minimalgröße des Clusters 2, Maximalgröße 4, Suchbegriff sowohl rechts als auch links), und nach ihrem Aufbau klassifiziert, um festzustellen, mit welchen Partnern die untersuchten Termini zusammen vorkommen. Die erstellten Kollokationslisten in beiden Sprachen wurden kontrastiv gegenübergestellt, um mögliche Gemeinsamkeiten und Unterschiede festzustellen. Es wurden zwei Kollokationstypen berücksichtigt: die Verbindung des Nomens mit einem Adjektiv und die Verbindung des Nomens mit einem Verbalsubstantiv. Letzterem liegt wohl die Kollokation Nomen + Verb zugrunde, aber mit Schneider (1998, 72) werden in diesem Beitrag das Verb als Kollokator und seine verbalsubstantivische Entsprechung als eigenständige sprachliche Einheiten betrachtet. Bei der Wahl des letztgenannten Kollokationstyps stützt sich die Untersuchung also einerseits auf das o. g. Argument der Rekurrenz (vgl. Siepmann 2005, Häcki Buhofer 2010), denn dieser Kollokationstyp kommt im Korpus häufiger vor als der Konstruktionstyp Nomen + Verb, andererseits aber auch auf die Behauptung von Gréciano (2007, 519), dass die Prädikation in medizinischen Fachtexten meistens nominal ausgedrückt wird, indem sie in Substantiv-Phrasen integriert ist und so erheblich zur Nominalisierung der Medizintexte beiträgt. In einigen Fällen werden zur Illustration oder Erklärung auch Nomen + Nomen-Kollokationen oder alternative Zusammensetzungen angeführt.

3.3 Resultate der Korpusanalyse

Im Folgenden werden die Befunde aus dem Korpus in zwei Hauptgruppen vorgestellt: Nomen + Verbalsubstantiv und Adjektiv + Nomen. Es werden vorwiegend inhaltlich gleichwertige und strukturell ähnliche Kollokationen verglichen, wobei auch einige Unterschiede in den Kollokationsmustern aufgezeigt werden.

3.3.1 Nomen + Verbalsubstantiv

Die ersten Beispiele mit den Termini *sümptom – Symptom* und *diagnoos – Diagnose* illustrieren die Ähnlichkeit der Kollokationen in beiden Sprachen. In der linken Spalte werden die Kollokationen aus dem estnischen Korpus und in der rechten Spalte die Befunde aus dem deutschen Korpus vorgeführt.

(1) ***sümptom***		***Symptom***
(1a) *sümptom-ite* Symptom-GEN.PL	*avaldumine* beginnen-NMLZ	*Symptombeginn*
(1b) *sümptom-ite* Symptom-GEN.PL	*ilmnemine* auftreten-NMLZ	*Auftreten der Symptome*
(1c) *sümptom-ite* Symptom-GEN.PL	*süvenemine* vertiefen-NMLZ	*Verschlechterung der Symptome; Ausbreitung der Symptome*
(1d) *sümptomite* Symptom-GEN.PL	*leevendamine* lindern-NMLZ	*Verbesserung der Symptome; Reduktion der Symptome*
(1e) *sümptom-ite* Symptom-GEN.PL	*vähendamine* vermindern-NMLZ	*Abklingen der Symptome*
(1f) *sümptom-ite* Symptom-GEN.PL	*taandumine* zurückgehen-NMLZ	*Abklingen der Symptome*
(2) ***diagnoos***		***Diagnose***
(2a) *diagnoos-i* Diagnose-GEN.SG	*kinnitamine* bestätigen-NMLZ	*Bestätigung der Diagnose; Sicherung der Diagnose; Diagnosesicherung*
(2b) *diagnoos-i* Diagnose-GEN.SG	*püstitamine* aufstellen-NMLZ	*Diagnosestellung*
(2b1) *diagnoos-i* Diagnose-GEN.SG	*panemine* stellen-NMLZ	

Die estnischen Kollokationen werden aus einem Nomen und einem Verbalsubstantiv gebildet, in der deutschen Sprache kommen dagegen auch Komposita aus zwei Nomen vor.

Interessante Ergebnisse weist das Begriffspaar *ravi – Behandlung/Therapie* auf. Obwohl die beiden Termini *Behandlung* und *Therapie* im deutschen Korpus zahlreich vertreten sind und in vielen Fällen mit denselben Partnern Kollokationen bilden, überwiegt der Gebrauch von *Therapie* gegenüber der Verwendung von *Behandlung* deutlich: *Therapie* kommt im Korpus 1011 Mal in 30 verschiedenen Texten vor (1742 Mal inklusive Zusammensetzungen), wobei *Behandlung* in der gleichen Anzahl von Texten mit nur 402 Treffern als Einzelwort und mit 467 Treffern inklusive Zusammensetzungen vertreten ist. Wenn man das estnische Fremdwort *teraapia* betrachtet, das als ein Äquivalent zu *Therapie* dienen könnte, zeigen sich Unterschiede: *teraapia* ist mit insgesamt 135 Treffern gegenüber 2240 Fällen von *ravi* deutlich in der Minderzahl, wobei sich klare Bedingungen für die Verwendung dieses Terminus herausgebildet haben. Erstens wird *teraapia* mit Fremdpräfixen verbunden: ***kemo**teraapia* 'Chemotherapie', ***mono**teraapia* 'Monotherapie', ***polü**teraapia* 'Polytherapie', ***farmak**oteraapia* 'Pharmakotherapie', ***füsio**teraapia* 'Physiotherapie' usw. Zweitens ist die Verwendung in Bereichen mit eher psychologischer oder alternativ-medizinischer Richtung zu beobachten.

(3) ***ravi***		***Therapie/Behandlung***
(3a) *ravi* Therapie-GEN.SG	*alustamine* beginnen-NMLZ	*Einleitung der Therapie; Beginn der Therapie*
(3b) *ravi* Therapie-GEN.SG	*jätkamine* fortsetzen-NMLZ	*Fortführung der Therapie; Fortsetzung der Therapie*
(3c) *ravi* Therapie-GEN.SG	*lõpetamine* beendigen-NMLZ	*Beendigung der Therapie; Absetzen der Therapie; Abschluss der Therapie*

Da die oben genannten Kollokationen mit Verbalsubstantiv einen Hinweis darauf geben, dass die untersuchten Termini verbale Kollokationen bilden können, wurden im Folgenden auch Verben, die in Kollokationen mit *ravi*, *Behandlung* und *Therapie* im Genitiv vorkamen, betrachtet. Dazu wurde nach Kookkurenzen von Verben mit genannten Nomen gesucht. Sowohl im Deutschen als auch im Estnischen wird die verbale Kollokation jedoch nur in einigen Fällen im Hauptsatz verwendet, wie die Beispiele belegen:

(4a) *Psychotische Symptome treten in der Regel in der unten genannten zeitlichen Abfolge auf.*

(4b) *Die Symptome korrelieren allerdings oftmals nicht mit den erhobenen Endoskopie- und CT-Befunden.*

(4c) *Sümptom-id ilmne-vad igasuguse füüsilise*
Symptom-NOM.PL treten_auf-PRS.3PL jeglich-GEN.SG körperlich-GEN.SG
aktiivsus-e puhul.
Aktivität-GEN.SG Fall-AD.SG
'Symptome treten bei jeglicher körperlichen Aktivität auf.'

Bei der Verwendung der verbalen Kollokation im Hauptsatz können zwei Beschränkungen festgestellt werden: Es handelt sich entweder um eine modale Konstruktion (Beispiele 5a, 5b, 5c) oder um eine Passivkonstruktion (6a, 6b).

(5a) *Bei der sensomotorischen diabetischen Polyneuropathie können bei einem Patienten gleichzeitig sensible Minus- und Plussymptome auftreten.*

(5b) *Daneben können sehr zahlreiche weitere Symptome auftreten.*

(5c) *Sümptom-id* *või-vad* *süveneda,* *kuid* *võib*
Symptom-NOM.PL können-PRS.3PL sich_vertiefen.INF aber können.PRS.3PL
esineda *ka* *seisund-i* *raskusastme*
vorkommen.INF auch Zustand-GEN.SG Schwierigkeitsgrad-GEN.SG
kõikumisi.
Schwankung-GEN.PL
'Symptome können sich vertiefen, aber es können auch Schwankungen in dem Schwierigkeitsgrad des Zustandes vorkommen.'

(6a) *Zumindest subjektive Symptome lassen sich auch bei der akuten Rhinosinusitis durch die zusätzliche Anwendung von nasalen Steroiden verbessern.*

(6b) *Diagnoos* *kinnitatakse* *CT* *või* *MRT* *abil.*
Diagnose-NOM.SG bestätigen-PRS.PASS CT oder MRT Hilfe-AD.SG
'Die Diagnose wird mithilfe einer CT oder MRT bestätigt.'

Wenn man das Vorkommen der Kollokationen der beobachteten Termini in Verbindung mit einem Verbalsubstantiv und einem Verb vergleicht, kann man feststellen, das *sümptom* im estnischen Korpus zusammen mit einem Verbalsubstantiv 39 Mal vorkommt, mit einem Verb aber 31 Mal, darunter auch die 11 modalen Konstruktionen und (meist negierenden) Konditionalsätze. *Diagnoos* ist in Verbindung mit einem Verbalsubstantiv mit 51 Fällen vertreten, mit einem Verb dagegen 31 Mal. Deutlicher kommt die Tendenz zur Bildung von nominalen Kollokationen im deutschen Korpus hervor: Hier kommt z. B. *Diagnose* in allen möglichen verbalen Kollokationen nur 20 Mal vor, in Verbindung mit einem Verbalsubstantiv 65 Mal.

Das Verhältnis von Verbalsubstantiven und Verben im deutschen Korpus kann mit dem Verb *beginnen* illustriert werden. Das gemeinsprachliche Verb *beginnen* kommt entgegen aller Erwartungen im ganzen Korpus nur in begrenzter Zahl vor – 10 Mal aktivisch im Hauptsatz und 45 Mal in der Passivkonstruktion *(etwas) muss/soll/sollte begonnen werden*, vgl.:

(7) *Beim Kleinkind mit regelmäßiger Transfusionstherapie seit dem Säuglingsalter beginnt die Behandlung in der Regel ab dem vollendeten 3. Lebensjahr.*

(8) *Eine Therapie sollte begonnen werden, wenn* [...].

Das nominalisierte Wort *Beginn* tritt aber ca. 150 Mal auf. Damit wird nochmals deutlich, wie verbreitet der Nominalstil in medizinischen Texten ist.

In beiden Sprachen besteht die Möglichkeit, neben dem Terminus *sümptom* bzw. *Symptom* auch Kollokationen mit *sümptomaatika* bzw. *Symptomatik* zu bilden. Im Deutschen findet diese Möglichkeit deutlich öfter Verwendung: *Symptomatik* hat im deutschen Korpus 97 Treffer. Im estnischen Korpus kommt *sümptomaatika* dagegen nur 17 Mal vor und es konnten keine Beispiele für die Gruppe Nomen

+ Verbalsubstantiv festgestellt werden. Im Folgenden werden inhaltlich ähnliche Kollokationen aus dem deutschen Korpus mit beiden Termini gezeigt:

(9) *Abklingen der Symptome*	*Verbesserung der Symptomatik*
(10) *Verschlechterung der Symptome*	*Verschlechterung der Symptomatik*

Zur Nomen + Nomen-Gruppe gehört z. B.:

(11) *Symptombeginn*	*Beginn der Symptomatik*

Es ist interessant zu beobachten, wie in der deutschen Sprache die Kollokationen mit *Symptomatik* in Verbindung mit einer bestimmten Krankheit gebildet werden. Es können mindestens vier verschiedene Möglichkeiten festgestellt werden. Neben der adjektivischen Kollokation wie *depressive Symptomatik* bestehen folgende nominale Kollokationen:

- eine Zusammensetzung mit Bindestrich, z. B. *Parkinson-Symptomatik*,
- eine einfache Zusammensetzung, z. B. *Migränesymptomatik* und
- eine Konstruktion mit Genitiv, z. B. *Symptomatik der Myokarditis*.

Demgegenüber besteht in der estnischen Sprache nur eine Möglichkeit: N_{GEN} + N, zum Beispiel *hüperglükeemia sümptomaatika* 'Symptomatik der Hyperglykemie', die mit der letzten Möglichkeit aus der Reihe der deutschen Kollokationen zusammenfällt.

3.3.2 *Adjektiv + Nomen*

Den zweiten großen Kollokationstyp bilden die Kollokationen aus einem Adjektiv und einem Nomen. Bei diesen Beispielen können wieder ähnliche Muster in beiden Sprachen beobachtet werden. Die angeführten Kollokationen sind sowohl strukturell als auch inhaltlich äquivalent. Außerdem fällt beim vorletzten Beispiel (12e) auf, wie die Wortverbindung aus zwei Wörtern sowohl im Deutschen als auch im Estnischem durch eine Zusammensetzung ersetzt werden kann: Es besteht sowohl eine Variante mit Adjektiv als auch eine Zusammensetzung.

(12)	***sümptom***		***Symptom***
(12a)	*kaasuvad* begleitend-NOM.PL	*sümptom-id* Symptom-NOM.PL	*begleitende Symptome*
(12b)	*püsivad* anhaltend-NOM.PL	*sümptom-id* Symptom-NOM.PL	*anhaltende Symptome*
(12c)	*tüüpilised* typisch-NOM.PL	*sümptom-id* Symptom-NOM.PL	*typische Symptome*
(12d)	*kliinilised* *klinisch*-NOM.PL	*sümptom-id* Symptom-NOM.PL	*klinische Symptome*

(12e)	*esmased*	*sümptom-id*	*erste Symptome*
	erste-NOM.PL	Symptom-NOM.PL	
	esmassümptomid		*Erstsymptome*
	Erstsymptom-NOM.PL		
(12f)	*rasked*	*sümptom-id*	*schwere Symptomatik; Schwere der Symptomatik*
	schwer-NOM.PL	Symptom-NOM.PL	

Das letzte Beispiel führt nochmals zu dem Begriffspaar *Symptom/Symptomatik*. Wie im Kollokationstyp Nomen + Verbalsubstantiv, besteht bei dem Kollokationsmuster Adjektiv + Nomen die Möglichkeit, statt *Symptom Symptomatik* zu verwenden. Im estnischen Korpus kommt der Terminus *sümptomaatika* 'Symptomatik' besonders häufig im letztgenannten Kollokationstyp vor: Von den insgesamt 17 Treffern von *sümptomaatika* kommen 10 in Verbindung mit einem Adjektiv vor, z. B.:

(13a)	*kliinilised*	*sümptom-id*	*kliiniline*	*sümptomaatika*
	klinisch-NOM.PL	Symptom-NOM.PL	klinisch-NOM.SG	Symptomatik-NOM.SG
(13b)	*neuroloogilised*	*sümptom-id*	*neuroloogiline*	*sümptomaatika*
	neurologisch-NOM.PL	Symptom-NOM.PL	neurologisch-NOM.SG	Symptomatik-NOM.SG
(13c)	*atüüpilised*	*sümptom-id*	*atüüpiline*	*sümptomaatika*
	atypisch-NOM.PL	Symptom-NOM.PL	atypisch-NOM.SG	Symptomatik-NOM.SG

In den unten angeführten Beispielen (14) können neben eher regelmäßigen Kollokationen einige Verbindungen beobachtet werden, die kontrastiv verglichen nach unterschiedlichen Mustern aufgebaut sind. So wird die Entsprechung der deutschen Adjektiv-Nomen-Kollokation *frühzeitige* oder *frühe Diagnose* im Estnischen mit einem Verbalsubstantiv gebildet: *varane* oder *varajane diagnoosi**mine*** (14d). Die deutsche Sprache bietet aber noch eine Möglichkeit, nämlich die *Frühdiagnose*. Für die estnische Kollokation *laboratoorne diagnoos* 'laboratorische Diagnose' ergab die Korpussuche soweit kein Äquivalent. Als ähnliche Begriffe konnten *Laboruntersuchungen* oder *laborchemische Diagnostik* belegt werden.

(14)	***diagnoos***		***Diagnose***
(14a)	*kliiniline*	*diagnoos*	*klinische Diagnose*
	klinisch-NOM.SG	Diagnose-NOM.SG	
(14b)	*lõplik*	*diagnoos*	*definite Diagnose*
	endgültig-NOM.SG	Diagnose-NOM.SG	
(14c)	*õige*	*diagnoos*	*korrekte, akkurate, sichere, zuverlässige, verlässliche Diagnose*
	richtig-NOM.SG	Diagnose-NOM.SG	

(14d)	*varane* *varajane* früh-NOM.SG	***diagnoosimine***; ***diagnoosimine*** diagnostizieren-NMLZ	*frühzeitige Diagnose, frühe Diagnose, Frühdiagnose*

Zuletzt werden Korpusbeispiele zu adjektivischen Kollokationen mit den Termini *ravi* und *Therapie* bzw. *Behandlung* angeführt:

(15)	***ravi***		***Therapie (Behandlung)***
(15a)	*pikaajaline* langfristig-NOM.SG	*ravi* Therapie- NOM.SG	*langfristige Therapie; längerfristige Therapie*
(15b)	*kirurgiline* *chirurgisch*-NOM.SG	*ravi* *Therapie*-NOM.SG	*chirurgische Therapie*
(15c)	*medikamentoosne* medikamentös-NOM.SG	*ravi* Therapie-NOM.SG	*medikamentöse Therapie*
(15d)	*antibakteriaalne* antibakteriell-NOM.SG	*ravi* Therapie-NOM.SG	*antimikrobielle Therapie*
(15e)	*operatiivne* operativ-NOM.SG	*ravi* Therapie-NOM.SG	*operative Therapie*
(15f)	–		*antibiotische Therapie*
(15g)	*profülaktiline* prophylaktisch- NOM.SG ~ *profülaktika* Prophylaxe-NOM.SG	*ravi* Therapie-NOM.SG	*prophylaktische Therapie* ~ *Prophylaxe*

Bei den genannten Beispielen können drei Aspekte hervorgehoben werden. Erstens besteht ein Unterschied darin, wie in den jeweiligen Sprachen eine Therapie mit Antibiotika ausgedrückt wird. In der deutschen Sprache bestehen dazu drei Möglichkeiten: Zusätzlich zu der adjektivischen Kollokation *antibiotische Therapie* (15f) sind im Korpus auch *Antibiotika-Therapie* und *Therapie mit Antibiotika* belegt. Im estnischen Korpus gibt es gleichwertige Entsprechungen für die letzten zwei Varianten: zum einen *antibiootikumravi* 'Antibiotikumtherapie', wobei der Unterschied nur in Numerus besteht (*Antibiotika* steht im Vergleich zu estnischem *Antibiotikum* im Plural), und zum anderen *ravi antibiootikumi(de)ga* 'Therapie mit Antibiotikum/Antibiotika'. Für die adjektivische Kollokation bietet das estnische Korpus allerdings keine vergleichbare Entsprechung. Die gleichen Kollokationsmöglichkeiten gelten auch für die Bezeichnung der Therapieformen mit anderen Medikamenten.

Der zweite Unterschied wird bei der Kollokation *antimikrobielle Therapie* (15d) ersichtlich. In der estnischen Entsprechung wird das Adjektiv nicht auf Basis des Nomens *Mikrobe*, sondern *Bakterie* gebildet, also wird das Adjektiv *antibakteriaalne* 'antibakteriell' verwendet.

Drittens besteht ein Unterschied bei der Kollokation *prophylaktische Therapie* (15g). Die estnische Sprache verwendet diese adjektivische Kollokation mit 15 Treffern im Korpus deutlich öfter als die deutsche Sprache mit zwei Treffern. Im deutschen Korpus wird die Kollokation eher mit dem Einzelwort *Prophylaxe* ersetzt.

Die typischen längeren Phrasen mit obengenannten Kollokationen lauten in beiden Sprachen wieder ähnlich.

(16)	*enne*	*ravi*	*alustamist*	*vor Beginn der Therapie*
	vor	Therapie-GEN.SG	beginnen-NMLZ-ACC.SG	
(17)	*pärast*	*ravi*	*alustamist*	*nach der Einleitung der Therapie*
	nach	Therapie-GEN.SG	beginnen- NMLZ-ACC.SG	

4 Schlussbemerkungen

Zusammenfassend kann festgestellt werden, dass die Kollokationen mit den analysierten Termini im Estnischen und im Deutschen in den meisten Fällen nach denselben Mustern gebildet werden. Allerdings handelt es sich bei dieser Untersuchung um eine erste Übersicht, die nur zwei Kollokationsmuster einbezogen hat und deswegen keine endgültigen Schlussfolgerungen erlaubt. Trotzdem lassen sich schon einige Regelmäßigkeiten erkennen, z. B. die Tendenz zur Verwendung von Verbalsubstantiven. Es konnten auch Unterschiede zwischen den zwei Sprachen festgestellt werden, sei es bei Ersetzungsmöglichkeiten des Nomens oder bei der Anzahl parallel möglicher Kollokationen. Die oben angeführten Ergebnisse der Korpusanalyse können bei der translatorischen Entscheidung für eine estnische Kollokation oder im Sprachunterricht behilflich sein, ebenso eine Basis für die Bildung neuer Kollokationen liefern.

Literaturverzeichnis

Burger, Harald *et al.* (2007): Phraseologie: Objektbereich, Terminologie und Forschungsschwerpunkte. *Phraseologie / Phraseology. Ein internationales Handbuch der zeitgenössischen Forschung / An International Handbook of Contemporary Research.* Harald Burger *et al.* (Hg.). Berlin, Boston: Walter de Gruyter. 1–10.

Gréciano, Gertrud (2007): Phraseme in medizinischen Texten. *Phraseologie / Phraseology. Ein internationales Handbuch der zeitgenössischen Forschung / An International Handbook of Contemporary Research.* Harald Burger *et al.* (Hg.). Berlin, Boston: Walter de Gruyter. 516–529.

Häcki Buhofer, Annelies (2010): Lexikografie der Kollokationen zwischen Anforderungen der Theorie und der Praxis. *Sprachliches Wissen zwischen Lexikon und Grammatik*. Stefan Engelberg, Anke Holler, Kristel Proost (Hg.). Berlin, Boston: Walter de Gruyter. 506–531.

Hausmann, Franz Josef (2007): Die Kollokationen im Rahmen der Phraseologie – Systematische und historische Darstellung. *Zeitschrift für Anglistik und Amerikanistik* 55(3), 217–234.

Põlluste, Jaak (2011): Eesti meditsiiniterminoloogia – kuidas edasi? [Estnische medizinische Terminologie – wie weiter?]. *Eesti Arst* 90(2), 61–63.

Schneider, Franz (1998): *Studien zur kontextuellen Fachlexikographie: das deutsch-französische Wörterbuch der Rechnungslegung*. Tübingen: Niemeyer

Siepmann, Dirk (2005): Collocation, Colligation and Encoding Dictionaries. Part I: Lexicological Aspects. *International Journal of Lexicography* 18(4), 409–443.

Sinisalu, Väino (2011): Eesti meditsiinikultuur on rahvuskultuuri lahutamatu osa [Estnische medizinische Kultur ist ein wesentlicher Bestandteil der Nationalkultur]. *Eesti Arst* 90(3), 106.

Sinisalu, Väino, Andres Soosaar (2013): Meditsiiniline erialakeel vajab süsteemset arendamist ja kirjasõna suuremat tähelepanu [Medizinische Fachsprache braucht eine systematische Entwicklung und die schriftliche Sprache braucht größere Aufmerksamkeit]. *Eesti Arst* 92(6), 302–303.

Soosaar, Andres (2012): Meditsiiniline oskuskeel vajab hädasti koordineeritud arendamist [Medizinische Fachsprache braucht dringend eine koordinierte Entwicklung]. *Eesti Arst* 91(5), 223.

Eva Gredel

„Wenn der Körper ausbrennt“ – *Burn-out*: Sprachliche und semiotische Strategien zur Aushandlung eines Krankheitsbildes

Abstract This paper analyses the linguistic and semiotic strategies in the negotiation processes concerning a disease pattern: Placed in the 1970s by Herbert Freudenberger in the scientific discourse of psychology, today the term “burn-out syndrome” not only characterizes popular scientific texts, but has also become a widely discussed social issue. Negotiations of this term are dominated by a set of metaphors that allow protagonists in the field of medicine to express their perspectives on the phenomenon. Corpus evidence sheds light on how scientific findings, theories and paradigms are developed and popularised with the help of linguistic constructions that are not stable, but dynamic.

In this paper, I present the findings of a corpus-based study of metaphorical patterns used to refer to the burn-out syndrome. The analyzed corpus contains more than 10 000 newspaper articles and a collection of popular scientific publications concerning the burn-out syndrome. The paper draws an outline of the variety of innovative metaphors in newspaper articles as a transtextual phenomenon in the light of Foucauldian discourse analysis, and elaborates not only on verbal metaphors but also on multicodal metaphors. Consequently, I suggest the enhancement of Foucauldian discourse analyses with regard to multicodal texts.

Keywords: Discourse analysis, corpus linguistics, metaphors, Burn-out

Schlüsselwörter: Diskursanalysen, Korpuslinguistik, Metaphern, Burn-out

1 Hinführung zum Thema: Primärerfahrungen oder sozial konstruierte Wirklichkeiten?

Dieser Beitrag analysiert die Aushandlung eines Krankheitsbildes, das in den 1970er Jahren in den fachwissenschaftlichen Diskurs der Psychologie eingebracht wurde und seit den 1990er Jahren auch in populärwissenschaftlichen und alltagsweltlichen Diskursen hochfrequent thematisiert wird: *Burn-out*. Wie der Begriff zeigt, ist das Sprechen über dieses Krankheitsbild auf das Engste verknüpft mit einer Metapher, die seither vielfach differenzierend fortgeführt bzw. variiert wurde. Die folgende Untersuchung beschreibt zunächst die Wortkarriere zu *Burn-out* und fragt dann korpuslinguistisch informiert nach sprachlichen und semiotischen Strategien (z. B. multimodale Metaphern) zur Aushandlung des Krankheitsbildes sowie nach diskursiv etablierten Wissensbeständen zum Krankheitsbild in verschiedenen Textsorten, um die Historizität, Spezifizität und Kontingenz des Sprechens über dieses Phänomen zu verdeutlichen. Der Fokus des Beitrags liegt dabei auf Metapherninventaren zum Diskursobjekt *Burn-out*. Als Datenbasis zur Rekonstruktion diskursiver Traditionen und etablierter sprachlicher Muster werden verschiedene digitale Sprachressourcen herangezogen. Ziel des Beitrags ist es, aus einer sozialkonstruktivistischen Perspektive zu zeigen, wie wissenschaftliche Theorien entlang sprachlicher Bilder entwickelt werden und wie diese in der Folge gesamtgesellschaftlich relevante Denk- und Vorstellungswelten prägen.

Wissenschaftliche Experimentalsysteme, vor allem in den Naturwissenschaften, wurden und werden als Möglichkeiten gedeutet, vermeintliche Naturphänomene darunter auch Krankheiten zu erblicken, wie sie – aus einer naiv-realistischen Perspektive gesprochen – wirklich sind. Technische Errungenschaften wie die Weiterentwicklung des Mikroskops im 19. Jahrhundert beförderten solche Sichtweisen (vgl. Sarasin *et al.* 2007, 23) und stabilisierten über Jahrzehnte die kaum kritisierte Deutungshoheit von Wissenschaftlern. Wissenschaftliche Fakten aus einer sozialkonstruktivistischen Perspektive jedoch nicht als ein Entdecken oder gar Schauen außerhalb von Sprache existierender Naturphänomene, sondern als Ergebnisse eines komplexen Konstruktionsprozesses zu verstehen, wirft die Frage nach deren Historizität und soziokulturellen Situiertheit auf. Aus einer sozialkonstruktivistischen Perspektive ist dann abzulehnen, „dass wissenschaftlich gesichertes Wissen – also wissenschaftliche Fakten – öffentlich zugänglich, universal gültig und verifizierbar [sind]" (van Helvoort 2004, 61). Linguistische Analysen liefern eindeutige Evidenz dafür, dass auch in der Wissenschaft über Sprache gesamtgesellschaftlich relevante Denk- und Vorstellungswelten konstruiert werden. Für das sprachliche Phänomen der Metapher zeigt Blumenberg, wie Theorien am Leitfaden sprachlicher Formulierungen und anhand der Evidenz von metaphorischen Mustern entwickelt werden. Blumenberg macht zudem deutlich, dass „die Wahrheit der Metapher eine ‚verité à faire'" (Blumenberg 1998, 25) ist. Dies soll auch im Mittelpunkt der folgenden diskurslinguistischen Analyse metaphorischer Muster zum Diskursobjekt *Burn-out* stehen.

2 Diskurse, Sprachmuster und Dualität diskursiver Strukturen

Bei der vorliegenden Analyse handelt es sich um eine linguistische Diskursanalyse in der Tradition Foucaults: Das Programm einer linguistischen Diskursanalyse projektierte erstmals Busse in seiner Dissertationsschrift (1987). Er unternahm den Versuch, den strukturalistisch geprägten Diskursbegriff Foucaults um eine handlungstheoretische Dimension zu ergänzen (vgl. Busse 1987). Zusammen mit Teubert widmet sich Busse dann der Frage „Ist Diskurs ein sprachwissenschaftliches

Objekt?" und skizziert erstmals Möglichkeiten, Diskurs- und Korpusanalyse zu verbinden (vgl. Busse, Teubert 1994). Dieser programmatische Artikel kann als Ausgangspunkt für die Etablierung des neuen Forschungsfeldes Diskurslinguistik verstanden werden, das stark geprägt ist durch die Engführung von Diskurs- und Korpuslinguistik (vgl. Bubenhofer 2008 und 2009). Spitzmüller und Warnke legten 2011 die erste Einführung in die Diskurslinguistik vor und definierten die Diskurslinguistik als Teildisziplin der Linguistik mit „Interesse an textübergreifenden, also transtextuellen Sprachstrukturen" (Spitzmüller, Warnke 2011, 22). In der kritischen Auseinandersetzung der linguistischen Diskursanalyse mit der soziologischen Diskurs- und Wissensanalyse, wie sie z. B. Keller betreibt, fällt ein Aspekt auf, der in die Erkenntnisinteressen beider Paradigmen fällt: Die „Dualität" diskursiver Strukturen, wie sie Keller postuliert (vgl. Keller 2011, 72), kann durch diskurslinguistische Fokussierungen plausibilisiert werden: Sprachliche Muster etablieren sich in Diskursen und bedingen Sagbarkeitsregeln für Sprecher. Sprecher greifen diese diskurskonstituierten Sprachmuster auf und können durch ihre Sprechhandlungen sprachliche Muster variieren. Sie wirken dadurch auch diskurskonstituierend in den Diskurs hinein (vgl. Gredel 2014, 231). Dieses theoretische Postulat wird im Folgenden anhand der Metapherninventare zu *Burn-out* illustriert.

3 Metapherntheorien: Metaphern als diskursive Einheiten

Methodologisch motiviert zeichnen Spitzmüller und Warnke (2011) im sog. DIMEAN-Modell[1] ein breites Spektrum möglicher Analyseebenen für diskurslinguistische Untersuchungen: Neben Topoi, Schlag- und Schlüsselwörtern werden dort auch Metaphern und Metaphernfelder genannt. Metaphorische Muster als diskurskonstituierte und diskurskonstituierende Sprachmuster zu verstehen und deren Verwendung in Diskursen zu analysieren, hat sich in sprach- und kulturwissenschaftlichen Kontexten als sehr ergiebig erwiesen (vgl. Gredel 2014). Vor allem für wissenschaftliche Diskurse wird die soziale Konstruiertheit wissenschaftlicher Theorien und Ergebnisse einsichtig, wenn man untersucht, wie Metaphern initial in wissenschaftliche Diskurse eingebracht werden, um neue Ergebnisse perspektivisch zu konstituieren, wie diese Metaphern dann aber auch kritisch thematisiert bzw. differenzierend fortgeführt oder aber auch durch neue metaphorische Setzungen abgelöst werden.

Vor dem Hintergrund dieser diskurslinguistischen Erkenntnisinteressen müssen bisherige Metapherntheorien dann hinsichtlich ihrer Brauchbarkeit befragt

1 DIMEAN bedeutet Diskurslinguistische Mehr-Ebenen-Analyse (Spitzmüller, Warnke 2011, 197).

werden, solche diskursiven Effekte modellierbar und beschreibbar zu machen. Die häufig auf Aristoteles zurückgeführte Substitutionstheorie wurde schon vielfach kritisiert, weil sie Metaphern als Substitute für eigentliche, also nicht-metaphorische Begriffe versteht und ihnen lediglich eine ornamentale Funktion in literarisch oder rhetorisch elaborierten Texten zuweist (vgl. Kurz 2009, 7; Kirchhoff 2010, 107). Sehr viel brauchbarer für diskurslinguistische Metaphern-Analysen ist das Paradigma der Interaktionstheorien, das Richards zugeschrieben wird (Richards 1936, 95f.). Die zentrale Idee der Interaktionstheorie ist, dass in einer metaphorischen Setzung zwei Bedeutungsebenen miteinander in Interaktion gebracht werden. Die parallelen Begriffspaare wie *Tenor* und *Vehicle* (Richards 1936, 95f.), *Frame* und *Focus* (Black 1983, 58) sowie *bildempfangendes Feld* und *bildspendendes Feld* (Weinrich 1976, 284) verweisen auf diese zentrale Idee. Insbesondere Weinrichs textlinguistisch informierte Betrachtungen metaphorischer Muster eröffnen die Möglichkeit der diskurslinguistischen Beschäftigung mit Metaphern:

> Wer jedoch eine Metapher von jeglichem Kontext [...] zu entblößen versucht, zerstört damit die Metapher. Eine Metapher ist folglich nie ein einfaches Wort, immer ein – wenn auch kleines – Stück Text. (Weinrich 1976, 319)

Die folgende Metaphernanalyse soll zeigen, dass es sinnvoll ist, Weinrichs Postulat zu erweitern: „Metaphern bzw. metaphorische Muster sind nie nur ein Stück Text, sondern immer auch ein kleines Stück Diskurs" (Gredel 2014, 46). Diese metapherntheoretischen Auffassungen bedürfen terminologischer Inventare, die es möglich machen, die Verbreitung und den Status der Metaphern im Diskurs zu modellieren: Bei „Protometaphern" (Liebert 1996, 808) handelt es sich um diskursiv etablierte Metaphern, die sich hochfrequent in Korpora finden lassen. Korpuslinguistisch informiert lässt sich dann aber auch rekonstruieren, wie diese Protometaphern innovativ ausdifferenziert werden, um Sachverhalte perspektivisch zu konstituieren (Gredel 2014, 61). Im empirischen Teil des Beitrags (Kapitel 6) sollen drei Protometaphern zum Diskursobjekt *Burn-out* und deren innovative Varianten thematisiert werden.

Mit diesem Vorhaben geht auf der theoretischen Ebene eine Erweiterung diskursanalytischer Erkenntnisinteressen einher: Stand bisher v. a. der verbale Code von Texten im Vordergrund der Analyse, soll nun deren multikodaler Charakter Berücksichtigung finden. Multikodale Metaphern sind metaphorische Setzungen, bei denen Bildempfänger oder Bildspender in mehreren Codes, also Zeichensystemen konstruiert werden (vgl. Forceville, Urios-Aparisi 2009, 4). Die Korpusbelege werden im Folgenden ergänzt durch Bilder aus Publikationen zum Diskursobjekt *Burn-out*, um zu überprüfen, inwieweit im visuellen Code dieser Publikationen Metapherninventare des Diskurses aufgegriffen, variiert und ins Bild gesetzt werden.

4 Diskurstraditionen in der Wissenschaft und in Wörterbüchern zu *Burn-out*

Der Psychologe Freudenberger brachte den Begriff *burn-out syndrome* in den fachwissenschaftlichen Diskurs der Psychologie ein. Freudenbergers initiale Publikation zu diesem Thema unter dem Titel „The staff burn-out syndrome in alternative institutions" beginnt mit einer sprachreflexiven Überlegung zum Thema:

> The dictionary defines the verb "burn-out" as "to fail, wear out, or become exhausted by making excessive demands on energy, strength, or resources." And that is exactly what happens when a staff member in an alternative institution "burns out" for whatever reasons, and becomes inoperative for all intents and purposes. (Freudenberger 1975, 73)

Das erwähnte, aber leider nicht näher spezifizierte Wörterbuch scheint das Verb *burn-out* bereits im metaphorischen Sinne auf Personen zu beziehen. Der Duden hingegen liefert Angaben zur Herkunft aus dem Englischen und nennt als Übersetzung zum Lemma *burn-out* das deutsche 'Ausbrennen' und ergänzt diese Übersetzung im Bereich der lesartenbezogenen Angaben durch ein breiteres Bedeutungsspektrum:

> 1. a. (Raumfahrt) Zeitpunkt, in dem das Triebwerk einer Rakete abgeschaltet wird und der antriebslose Flug beginnt
>   b. (Flugwesen) Flame-out
> 2. (Kernphysik) Durchbrennen von Brennstoffelementen bei Überhitzung
> 3. (Psychologie) Syndrom des Ausgebranntseins, der völligen psychischen und körperlichen Erschöpfung. (Duden 2015, s. v. *Burn-out*)

Der Kontext der Psychologie wird erst an dritter bzw. vierter Stelle nach Raumfahrt und Flugwesen sowie der Kernphysik genannt. Der Duden verweist darüber hinaus auf das wechselnde Genus von *Burn-out*: Während *das Burn-out* als Neutrum mit dem Verweis auf den Gebrauch in der Medizin versehen ist, wird *der Burn-out* als Maskulinum in allen drei aufgeführten Domänen genannt (vgl. Duden 2015, s. v. *Burn-out*). Das Lemma *Burn-out* fand erst 2009 Eingang in den Rechtschreibduden, wohingegen das eigenständige Lemma *Burn-out-Syndrom* bereits 2000 dort aufgenommen wurde (vgl. Duden 2015, s. v. *Burn-out* und *Burn-out-Syndrom*). Im Folgenden sollen nun korpuslinguistisch informiert Metaphern zum Lexem rekonstruiert werden.

5 Korpusbasierte Analyse: Popularisierung von *Burn-out*

Für die bereits oben projektierte korpuslinguistisch informierte Analyse metaphorischer Muster wird als digitale Sprachressource das Deutsche Referenzkorpus (DeReKo) und dort das Teilkorpus Archiv der geschriebenen Sprache genutzt, das über die Benutzeroberfläche COSMAS die Möglichkeit der Kookkurrenzanalyse zur Verfügung stellt. Kookkurrenzanalysen dienen dazu, usuelle sprachliche Muster in großen Textsammlungen sichtbar zu machen. Diese korpuslinguistische Methode soll im Folgenden als Zugang zu diskursiv etablierten, metaphorischen Mustern (Protometaphern) genutzt werden. Als Suchterm wurden die beiden möglichen Schreibweisen *Burn-out*[2] und *Burnout*[3] und deren jeweilige Varianten eingegeben. In der Summe lieferte die Suchanfrage zu *Burn-out* insgesamt 4.196 Treffer und zu *Burnout* 4.857. Die ersten zehn Kookkurrenzpartner im jeweiligen Kookkurrenzprofil[4] geben als Kondensat der Diskurse Aufschluss darüber, wie *Burn-out* verhandelt wird:

Tabelle 1: Kookkurrenzprofil zu Burn-out *und* Burnout *in COSMAS*

Kookkurrenzprofil zu *Burn-out*			
Rang	**LLR**[5]	**abs. VK**	**Kookkurrenz**
1	2517	217	*Depression*
2	2326	228	*Stress*
3	921	250	*Thema*
4	595	74	*Diagnose*
5	589	48	*Mobbing*
6	579	69	*Vortrag*
7	556	94	*Erschöpfen*
8	478	44	*Ausbrennen*
9	465	85	*Leid*
10	409	34	*Syndrom*

Kookkurrenzprofil *Burnout*			
Rang	**LLR**	**abs. VK**	**Kookkurrenz**
1	2391	250	*Stress*
2	2132	182	*Depression*
3	878	224	*Thema*
4	745	25	*Smokey*
5	629	75	*Vortrag*
6	606	40	*Mobbing*
7	561	50	*ausbrennen*
8	545	60	*erschöpfen*
9	467	36	*Erkrankung*
10	463	62	*Mode*

Die Begriffe *Depression* und *Stress* werden *Burn-out* in koordinierender Weise zur Seite gestellt. Kookkurrenzpartner wie *Thema* und *Vortrag* verweisen darauf, dass

2 Folgende Varianten wurden zum Suchterm *Burn-out* in COSMAS mit abgefragt. In Klammern befinden sich die absoluten Vorkommenshäufigkeiten der jeweiligen Variante: *BURN-OUT* (20), *Burn-Out* (447), *Burn-out* (4.418), *burn-out* (31).

3 Folgende Varianten wurden zum Suchterm *Burn-out* in COSMAS mit abgefragt. In Klammern befinden sich die absoluten Vorkommenshäufigkeiten der jeweiligen Variante: *BURNOUT* (11), *BurNouT* (1), *BurnOut* (6), *Burnout* (4.798), *burnout* (41).

4 Parameter der Kookkurrenzanalyse: Kookkurrenzfenster 5 Wörter links, 5 Wörter rechts, höchstens ein Satz, Funktionswörter ignorieren, Lemmatisierung verwendet, Granularität: Grob, Zuverlässigkeit: Normal, Clusterzuordnung: eindeutig.

5 LLR ist die Abkürzung in COSMAS zum Signifikanzmaß Log-Likelihood-Ratio.

das Krankheitsbild als Thema bei Vortragsveranstaltungen angekündigt wird. Besonders relevant für die folgende Analyse ist der Hinweis auf eine hochfrequente Protometapher: In den Kookkurrenzprofilen zum zentralen Suchbegriff finden sich Elemente des Lexemverbandes zum Lexem *brennen* (z. B. *Ausgebrannt-Sein, ausgebrannt, ausbrennen*). Die über COSMAS ausgemachten Textbelege zu dieser Protometapher sollen in Kapitel 6 nun hinsichtlich innovativer Varianten analysiert werden.

6 Metapherninventare zu *Burn-out*

6.1 Protometapher *brennen*: *Ausgebrannt sein*, *Sparflamme*, *Flächenbrand*

Die Protometapher vom Ausgebrannt-Sein entsteht durch die Kombination des Bildfeldes Mensch bzw. Leben und Gesundheit mit dem Bildfeld Brennen bzw. Feuer. Dieses Ineinssetzen hat eine lange Tradition, was sich auch in zahlreichen Sprachbildern und festen Wortverbindungen äußert (siehe Beispiel 1 und 2). Es werden dabei je nach Sprecherintention die unterschiedlichsten Varianten zur perspektivischen Sachverhaltskonstitution herangezogen, darunter metaphorische Setzungen mit den Lexemen *Sparflamme*, *Kerze* und *Flächenbrand*. Das Leben wird imaginiert als das (lineare) Aufbrauchen eines Brennstoffes, das allerdings in verschiedenen Situationen und Konstellationen durch Krankheiten außer Kontrolle geraten kann.

Auf der Grundlage des Korpusmaterials wird deutlich, dass zunächst Lehrpersonen als *Burn-out*-Betroffene beschrieben werden. Erste Belege, in denen Lehrer als potentiell Gefährdete thematisiert werden, finden sich frequent zum Ende der 1990er (z. B. St. Galler Tagblatt, 23.09.1998) und in diesem Beleg aus dem St. Galler Tagblatt von 2010:

(1) *Walzenhausen. Vom Referat von Dr. Engelbert Hillebrand, Klinik Teufen, zum Thema „**Brennen ohne auszubrennen – Burnout verhindern**“ wurden alle Anwesenden in Bann gezogen.* (St. Galler Tagblatt, 03.11.2010)

Im Beleg oben kommt als Experte ein Mediziner zu Wort, der *Burn-out* als Krankheitsbild im Lehrerberuf beschreibt. Mit der Sentenz *Brennen ohne auszubrennen – Burnout verhindern* verweist er auf die Redensart *für etwas brennen*, was sich paraphrasieren lässt mit *etwas leidenschaftlich tun*. Allerdings verweist die Setzung auch darauf, dass mit dem zu schnellen Verbrauch der Ressource auch Verschleiß einhergeht, wie dies auch im nächsten Beleg direkt genannt wird. Im folgenden Beispiel wird auch mit der festen Wortverbindung *für etwas Feuer und Flamme sein* gespielt:

(2) ***Erst Feuer, dann Flamme – dann verbrannt?*** *Viele Menschen erleben es Tag für Tag, wenn sie von der Arbeit nach Hause kommen: Sie fühlen sich schlapp, Kraftlosigkeit hat sie schon den ganzen Tag niedergedrückt. [...]* ***Burnout ist ein Energieverschleiß****, eine Erschöpfung aufgrund von Überforderungen, die von innen oder von außen [...] entstehen kann und einer Person Energie, Bewältigungsmechanismen und innere Kraft raubt.* (Braunschweiger Zeitung, 15.11.2005)

Die Idee, dass das Leben des Menschen bzw. die Gesundheit des Menschen auf einem Rohstoff bzw. einer Ressource beruht, die im Laufe des Lebens nach und nach verbraucht wird, findet sich in zahlreichen Belegen. Das Bild der Kerze, die an beiden Enden brennt, wird von der Referentin Silvia Galeazzi, Psychologiedozentin aus St. Gallen, vor Augen geführt:

(3) *Burnout ist ein* ***Prozess des Ausbrennens****. In manchen Lebensabschnitten* ***„brennt die Kerze an beiden Enden“****, wie man sprichwörtlich sagt. Es tritt ein Gefühl von Erschöpfung, Leere und Sinnlosigkeit auf.* (St. Galler Tagblatt, 22.02.2011)

Die Kerze, die an beiden Seiten brennt, wird als Verschwendung der imaginierten Lebensressource inszeniert, die zur Verkürzung des Lebens führt. Dieses sprachliche Bild wird nicht nur im verbalen Code der analysierten Zeitungsartikel gesetzt, sondern findet sich auch in populärwissenschaftlichen Publikationen (siehe Abb. 1).

Abb. 1: Multikodale Metaphern in Ratgeberliteratur (Urban 2009, Schmiedel 2010)

Die metaphorische Variante der Sparflamme wird in den Belegen des Korpus genutzt, um sprachlich zwei Phasen eines *Burn-outs* zu konstruieren. Auf das Ausbrennen mit dem schnellen und heftigen Ressourcenverbrauch folgt die Phase der Sparflamme (Mannheimer Morgen, 07.07.2001). Eine Sparflamme ist eine sehr kleine Flamme, die mit einem Minimum an Brennstoff zurechtkommt. Dieser Modus wird ebenfalls als pathogen und abnormal thematisiert:

(4) *„Burnout" – dieser Begriff ist in aller Munde. Unter diesem* ***Ausbrennen*** *versteht man einen lang andauernden Prozess, der sich allmählich ins Leben einschleicht.* [...] *Körperlich, seelisch und geistig lebt diese Person immer mehr auf „****Sparflamme****".* (Mannheimer Morgen, 07.07.2001)

Die Korpusbelege zeigen auch, dass die Protometapher vom Brennen je nach Perspektive des sprechenden Akteurs variiert. Im folgenden Zitat thematisiert Daniel Zünd das Diskursobjekt *Burnout* aus einer theologischen Perspektive und verweist mit der Setzung *feu sacré der Lebensfreude* auf christliche Diskurstradition der Feuermetapher:

(5) *Daniel Zünd, Leiter der Stiftung ‚Gott hilft', sprach über Möglichkeiten der Stressbewältigung. Stress sei an sich eine sinnvolle, weil schützende, nach einem* ***vorprogrammierten Alarmplan*** *verlaufende Reaktion des Körpers auf Anforderungen, was zu Höchstleistungen befähige.* [...] *Ein dauernder Alarmzustand könne zu* ***Ausgebranntsein (Burnout)*** *führen.* [...] *In dieser Mitte brenne eine* ***Flamme****, das* ***‚Feu sacré'*** *der Lebensfreude.* (St. Galler Tagblatt, 03.06.1998)

Auffällig ist jedoch auch, dass der Akteur zur Beschreibung der Vorgänge im Körper nicht nur die Feuermetapher (Variante *Flamme* bzw. *freu sacré*) verwendet, sondern auch informationstechnische Metaphern zum Einsatz bringt, nach denen es *vorprogrammierte Alarmpläne* zum Schutz vor dem Ausbrennen gibt (s. Kapitel 6.2). Eine letzte Variante der Feuermetapher ist die vom Flächenbrand, die in einem Artikel vorkommt, in dem *Burn-out* aus einer wirtschaftswissenschaftlichen Perspektive betrachtet wird:

(6) ***„Flächenbrand Burnout"*** *hatte der Rotary Club Salzgitter-Wolfenbüttel-Vorharz seine Informationsveranstaltung in der Privat-Nervenklinik Dr. med. Kurt Fontheim in Liebenburg betitelt. „Wer den Begriff Burnout bei Google eingibt, erhält über 42,7 Millionen Treffer", verwies Rotary-Präsident Gerhard Gündermann einleitend auf den Stellenwert des Themas.* (Braunschweiger Zeitung, 29.02.2013)

Die Variante *Flächenbrand* wird in Zusammenhang mit der volkswirtschaftlichen Perspektive zu *Burn-out* gesetzt: Es geht um ein Phänomen, das viele Akteure in der Gesellschaft betrifft und nicht als Einzelschicksal thematisiert wird. Zentral ist auch der Aspekt der schnellen Verbreitung der Krankheit, die mit dem Diskursstrang korrespondiert, in dem *Burn-out* als Modekrankheit bezeichnet wird. Zusammenfassend kann festgehalten werden, dass sich die Protometapher „brennen" korpuslinguistisch informiert als frequent nachweisen lässt und ausdifferenziert wird. Die innovativen Varianten der Protometapher werden von den Akteuren zur perspektivischen Sachverhaltskonstitution verwendet. Die Varianten der Protometapher werden auch in populärwissenschaftlichen Publikationen als multikodale Metapher im visuellen Code ins Bild gesetzt, was eine multikodale Erweiterung von Diskursanalysen plausibilisiert.

6.2 Protometaphern der Elektro- und Informationstechnik

Wie bereits Beispiel (5) gezeigt hat, weist das Korpus einen weiteren frequenten Bildspenderbereich auf: In zahlreichen Belegen wird der menschliche Körper bzw. Vorgänge im menschlichen Körper als elektrisches Gerät im weitesten Sinne, z. B. als Computer imaginiert (*vorprogrammierte[r] Alarmplan*, St. Galler Tagblatt, 03.06.1998). Dies äußert sich dadurch, dass in Kontexten zum Bildspenderbereich Mensch/menschlicher Körper Lexeme des Bildspenderbereichs Elektro- und Informationstechnik wie *Energie*, *Schalter* und *Akku* gesetzt werden. Der folgende Beleg zeigt, dass die Feuermetapher mit den elektrotechnischen Metaphern kompatibel ist:

(7) *In dem Buch „Der Burnout-Irrtum" versuchen Uschi Eichinger und Kyra Hoffmann-Nachum zu beweisen, dass Burnout in der Körperzelle anfängt. Sie haben also den englischen Begriff einfach wörtlich genommen – das* ***Feuer die Energieproduktion*** *in unseren Billionen von Zellen, brennt immer schwächer.* (Nürnberger Zeitung, 09.08.2012, S. 8)

Der Ort, an dem das Feuer brennt, wird hier näher spezifiziert: Die Zellen des menschlichen Körpers werden von den beiden Autorinnen metaphorisch als Kraftwerke entworfen, in denen das „Feuer der Energieproduktion brennt". Neben der Energieproduktion wird im folgenden Beleg sogar die Frage nach einem Speichermedium aufgeworfen. Unter der Überschrift „Wenn der Akku leer ist" bewirbt die Braunschweiger Zeitung am 28.07.2012 einen Vortrag des Chefarztes der Klinik für Psychosomatik und Psychiatrie, Dr. Michael Winkler. Mit angekündigt wird in diesem Artikel auch ein „Parcours zum Aufladen" (Braunschweiger Zeitung, 30.07.2012):

(8) *Das Bild vom* ***leeren Akku*** *sei daher für ihn ein gutes: Am Ende jedoch sei es egal, ob Krankheit oder nicht, sagt Winkler: „Burnout muss jeder ernst nehmen und behandeln lassen."* (Braunschweiger Zeitung, 30.07.2012)

Die innovativen Varianten zu den Metaphern der Elektro- und Informationstechnik ermöglichen es, Teilaspekte des komplexen Phänomens *Burn-out* bildlich vor Augen zu führen, um Kontingenz zu reduzieren. Abbildung 2 setzt eine Variante der Elektrotechnik-Metapher ins Bild: Menschen werden metaphorisch im visuellen Code als Glühbirne dargestellt, die ausbrennen bzw. durchbrennen können.

Diese Metaphern ermöglichen es zudem, Bewältigungsstrategien als gangbar zu plausibilisieren: Heilungsmöglichkeiten werden dann sprachlich als Aufladen und Reparieren eines elektrischen Gerätes konstruiert. Dass die Krankheit selbst und auch Bewältigungsstrategien durch diese Metaphern trivialisiert werden können, zeigt das Titelbild der Publikation unter dem Titel „Soforthilfe bei Stress und Burn-out", dessen Versprechen „Neue Energie in wenigen Tagen" durch den Stromstecker eines elektrischen Gerätes illustriert wird:

Abb. 2: Multikodale Metaphern in Hillert, Marwitz 2006 und Kraemer 2010

Frequent sind auch Metaphern, die auf elektrische Regelkreise verweisen wie in Beispiel (9) durch das Lexem *Schalter*. Der Körper wird als elektrotechnischer Regelkreis imaginiert, was die angebliche Möglichkeit von Wissenschaftlern im Rahmen therapeutischer bzw. präventiver Maßnahmen andeuten soll:

(9) *In der Prophylaxe des Burnouts unterscheiden sich Ärzte wohl kaum von anderen Berufsgruppen. Ob die jetzt allerorten entstehenden Gruppenpraxen in diesem Bereich wesentlich besser abschneiden werden, wird sich erst noch weisen müssen. Letzten Endes muss es gelingen, die Vorzeichen wahrzunehmen und rechtzeitig den* ***Schalter*** *zu einem besseren Ausgleich zwischen Beruf und eigenen Ansprüchen umzulegen.* (St. Galler Tagblatt, 10.12.2010)

In einem Artikel aus dem Jahr 2011 wird im Zusammenhang mit dem *Burn-out* des Fußballtrainers Ralf Rangnick die steigende Zahl der *Burn-out*-Fälle thematisiert und *Burn-out* der Status einer Volkskrankheit (Braunschweiger Zeitung, 23.09.2011) zugewiesen:

(10) *Dass die Krankenkassen immer mehr Fälle verzeichnen, liege auch an der steigenden Bereitschaft, wegen Erschöpfungszuständen und psychischer Krankheiten zum Arzt zu gehen, sagt Frank Seiffert von der Techniker Krankenkasse in Hannover. „Immer mehr Prominente outen sich." Dadurch sinke die Hemmschwelle* […] *Männer seien häufiger betroffen, sagt Seiffert. „Sie wollen immer funktionieren und überschätzten sich dabei oft selbst." Aufgrund moderner Kommunikationsmittel seien viele ständig auf* ***„Stand by"****, die Grenzen zwischen Arbeit und Freizeit verwischen.* (Braunschweiger Zeitung, 23.09.2011)

Auch in diesem Beleg wird die Bedeutungssphäre Mensch in Interaktion mit dem Bildspenderbereich Elektrotechnik gebracht: An *Burn-out* Leidenden wird eine Eigenschaft von elektrischen Geräten – der Stand-by-Modus – zugesprochen. Auffällig ist im Korpus auch, dass die Metaphern der Elektro- und Informationstechnik v. a. von männlichen Sprechern und in Zusammenhang mit männlichen Erkrankten verwendet werden, wie auch das folgende Beispiel verdeutlicht:

(11) *Im Mittelpunkt der Tagung stand das Referat von Markus Schmid, Leiter des Zentrums für innovatives Lernen im Schloss Sins, Paspels GR, zum Thema „Einmal Lehrer – immer Lehrer – immer leerer!" Er sprach vom* ***Leerlaufen*** *in einem Beruf, der eigentlich von der Erfüllung lebe.* (St. Galler Tagblatt, 23.09.1998)

Im Folgenden wird ein weiteres Bildfeld untersucht, das sich im weitesten Sinne des Bildspenderbereichs der Informationstechnik bedient. Die Einführung des Informationsparadigmas in die wissenschaftlichen Diskurse der Biologie bzw. der Medizin datiert Brandt auf die 1950er und 1960er Jahre (Brandt 2004, 14). In den informationstechnischen Metaphern dient das Bildfeld Computer als bildspendender Bereich für die metaphorische Beschreibung von Menschen, wie die beiden folgenden Beispiele zeigen:

(12) *Burnout bei Lehrern ist* ***programmiert****.* (Braunschweiger Zeitung, 29.09.2011)

(13) *Lob für neue Ansätze im Vorteil gegenüber Niedersachsen sieht Carsten Schlepper die Bremer Kindergärten.* […] *Aufgrund der extremen Arbeitsbelastung von ErzieherInnen sei „der Burnout* ***programmiert****."* (taz, 19.07.2008, S. 32)

Menschen und deren Krankheiten als programmiert zu bezeichnen, vermittelt in den Belegen oben den Eindruck, dass die beschriebene Krankheit unumgänglich ist. Die verwendete informationstechnische Metapher dient deshalb als Legitimationsstrategie, um für bestimmte Risiko- bzw. Berufsgruppen (in den Beispielen oben Lehrer und ErzieherInnen) die Erkrankung zu rechtfertigen. Das unten abgebildete Titelblatt der Informationsbroschüre *Burnout*-Prävention für Lehrerinnen und Lehrer der Niederösterreichischen Gebietskrankenkasse greift die oben beschriebene informationstechnische Metapher auf:

Abb. 3: Niederösterreichische Gebietskrankenkasse, Stand: 20.09.2014

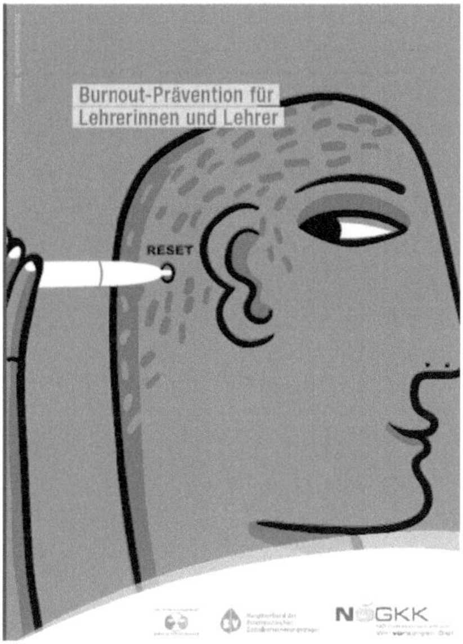

Ins Bild gesetzt ist ein menschlicher Kopf, der hinter dem Ohr einen Reset-Knopf vorweist, wie er üblicherweise an Computern zu finden ist. Bei Computern bietet der Reset-Knopf die Möglichkeit, auf schnelle Weise den Neustart des Betriebssystems in Gang zu bringen. Die inszenierte multikodale Metapher legt im Kontext der in der Broschüre beschriebenen Bewältigungsstrategien eines *Burn-outs* nahe, dass der menschliche Körper funktioniert wie ein Computer. Auf Knopfdruck bzw. mit den entsprechenden Hilfsmitteln bzw. Bewältigungsstrategien kann der Genesungsprozess schnell in Gang gesetzt werden. Auch hier suggeriert diese Metapher die Trivialisierung eines *Burn-Outs* bzw. der Heilungsmöglichkeiten.

7 Schlussbemerkungen

Die Protometapher vom Brennen (*Ausgebrannt-Sein, ausgebrannt, ausbrennen*) ist im Kontext zum Lexem *Burn-out* hochfrequent und diskursiv etabliert. Die Protometapher dient v. a. zur Beschreibung des Diskursobjekts *Burn-out*. Je nach diskursivem Kontext werden auch elektrische Geräte (z. B. Computer) als Bildspender herangezogen: Die Prävention bzw. Heilung wird dadurch trivialisiert, indem sie z. B. als *Aufladen eines Akkus* inszeniert wird. Die Protometaphern und ihre Varianten werden auch multikodal in wissenschaftlichen und populärwissenschaftlichen Texten ins Bild gesetzt.

Metaphorische Muster wurden in diesem Sinne als diskurskonstituierte und diskurskonstituierende Einheiten verstanden. Dieses Ergebnis wird als sprachwissenschaftlich rekonstruierter Beleg für Dynamiken diskursiver Strukturen interpretiert. Der doppelte Charakter diskursiver Strukturen (Dualität) als *structura structurans* und *structura structurata* wird so plausibel. Aufgabe einer korpuslinguistisch informierten Diskursanalyse von Sprache in der Wissenschaft ist es also, das sichtbar zu machen und zu thematisieren, was in der diskursiven Praxis in Form von geteilten Wissensbeständen Wirksamkeit entfaltet.

Quellenverzeichnis

Freudenberger, Herbert (1975): The staff burn-out syndrome in alternative institutions. *Psychotherapy: Theory, Research & Practice* 12(1), 73–82.

Hillert, Andreas, Michael Marwitz (2006): *Die Burnout Epidemie oder brennt die Leistungsgesellschaft aus?* München: Beck.

Institut für deutsche Sprache (2000–2009): COSMAS I/II. IDS Mannheim. Zugang: http://www.ids-mannheim.de/cosmas2/ (Stand: 21.03.2015).

Kraemer, Horst (2010): *Soforthilfe bei Stress und Burn-out. Neue Energie in wenigen Tagen – Coaching mit Neuroimagination – Strategien der Vorbeugung.* München: Kösel.

Niederösterreichische Gebietskrankenkasse: Burnout-Prävention für Lehrerinnen und Lehrer. Zugang: https://www.ooegkk.at/portal27/portal/ooegkkportal/content/contentWindow?&contentid=10008.576570&action=b&cacheability=PAGE (Stand: 20.09.2014).

Schmiedel, Volker (2010): *Burnout. Wenn Arbeit, Alltag & Familie erschöpfen.* Stuttgart: Trias.

Urban, Adrian (2009): *Burn-out für Dummies.* Weinheim: Wiley.

Literaturverzeichnis

Black, Max (1983): Die Metapher. *Theorie der Metapher.* Anselm Haverkamp (Hg.). Darmstadt: Wissenschaftliche Buchgesellschaft. 55–79.

Blumenberg, Hans (1998): *Paradigmen zu einer Metaphorologie.* Frankfurt a. M.: Suhrkamp.

Brandt, Christina (2004): *Metapher und Experiment.* Braunschweig: Wallstein.

Bubenhofer, Noah (2008): Diskurse berechnen. *Methoden der Diskurslinguistik. Sprachwissenschaftliche Zugänge zur transtextuellen Ebene.* Ingo Warnke, Jürgen Spitzmüller (Hg.). Berlin: de Gruyter. 407–437.

Bubenhofer, Noah (2009): *Sprachgebrauchsmuster. Korpuslinguistik als Methode der Diskurs- und Kulturanalyse.* Berlin: de Gruyter.

Busse, Dietrich (1987): *Historische Semantik.* Stuttgart: Klett-Cotta.

Busse, Dietrich, Wolfgang Teubert (1994): Ist Diskurs ein sprachwissenschaftliches Objekt? Zur Methodenfrage der historischen Semantik. *Begriffsgeschichte und Diskursgeschichte. Methodenfragen und Forschungsergebnisse der historischen Semantik.* Dietrich Busse, Fritz Hermanns, Wolfgang Teubert (Hg.). Opladen: Westdeutscher Verlag. 10–28.

Duden (2015): Zugang: www.duden.de (Stand: 10.03.2015).

Forceville, Charles, Eduardo Urios-Aparisi (2009): Introduction. *Multimodal Metaphor.* Charles Forceville, Eduardo Urios-Aparisi (Hg.). Berlin: de Gruyter. 3–17.

Gredel, Eva (2014): *Diskursdynamiken. Metaphorische Muster zum Diskursobjekt Virus.* Berlin: de Gruyter.

Helvoort, Ton van (2004): Viren, Wissenschaft und Geschichte. *Virus! Mutationen einer Metapher.* Ruth Mayer, Brigitte Weingart (Hg.). Bielefeld: Transcript-Verlag. 61–77.

Keller, Reiner (2011): *Diskursforschung. Eine Einführung für SozialwissenschaftlerInnen.* 4. Aufl. Wiesbaden: VS-Verlag.

Kirchhoff, Susanne (2010): *Krieg mit Metaphern. Mediendiskurse über 9/11 und den „War on Terror“.* Bielefeld: Transcript-Verlag.

Kurz, Gerhard (2009): *Metapher, Allegorie, Symbol.* 5. Aufl. Göttingen: Vandenhoeck & Ruprecht.

Liebert, Wolf-Andreas (1996): Die transdiskursive Vorstellungswelt zum Aids-Virus. Heterogenität und Einheiten von Textsorten im Übergang von Fachlichkeit und Nichtfachlichkeit. *Fachliche Textsorten. Komponenten – Relationen – Strategien.* Hartwig Kalverkämper (Hg.). Tübingen: Narr. 789–811.

Richards, Ivor Armstrong (1936): *The philosophy of rhetoric.* New York: Oxford Univ. Press.

Sarasin, Philipp, Silvia Berger, Marianne Hänseler, Myriam Spörri (2007): Bakteriologie und Moderne. *Bakteriologie und Moderne. Studien zur Biopolitik des Unsichtbaren 1870–1920.* Philipp Sarasin (Hg.). Frankfurt a. M.: Suhrkamp. 8–43.

Spitzmüller, Jürgen, Ingo Warnke (2011): *Diskurslinguistik. Eine Einführung in Theorien und Methoden der transtextuellen Sprachanalyse.* Berlin: de Gruyter.

Weinrich, Harald (1976): *Sprache in Texten.* 1. Aufl. Stuttgart: Klett.

Daumantas Katinas

Das Wortfeld des Vergleichens in der deutschen Wissenschaftssprache am Beispiel der kontrastiven Linguistik

Abstract This research paper deals with the field of comparison in German academic discourse. Despite the fact that the lexical field theory is often criticized in contemporary linguistics, the purpose of the research presented in this paper is to outline the aspects of field theory and to illustrate them with the instances found in the corpus material. First, the paper briefly introduces the current state of contrastive research in German academic discourse. The presentation includes both the most important objects of contemporary contrastive research and the languages that German is compared with. Second, points of criticism of the field theory are presented and a new conception of the lexical field theory is given. The empirical part presents the lexical means of comparison found in the corpus material and the results of their analysis. The paper is concluded by a summary of results and further research prospects.

Keywords: Contrastive linguistics, lexicology, field theory, german academic discourse, comparison

Schlüsselwörter: Kontrastive Linguistik, Lexikologie, lexikalische Feldtheorie, Wissenschaftssprache, Vergleich

1 Einleitende Anmerkungen

Der vorliegende Beitrag zielt darauf ab, das lexikalische Feld des Vergleichens in der deutschsprachigen Linguistik zu untersuchen und es durch Belege zu veranschaulichen. Unter dem lexikalischen Feld wird im Rahmen dieses Beitrages eine Liste der lexikalischen Einheiten verstanden, die einem gemeinsamen Oberbegriff „Vergleichen" untergeordnet sind und sich in kleinere Gruppen einteilen lassen. Zur Erschließung dieses lexikalischen Feldes wurden 15 sprachwissenschaftliche Beiträge stichprobenartig ausgewählt und anschließend untersucht. Bei der Auswahl der Beiträge wurden die folgenden Kriterien berücksichtigt: Erscheinungsjahr nach 1990, Ausgangssprache beim Sprachenvergleich Deutsch, Ausrichtung der Beiträge auf kontrastive sprachliche Untersuchungen. Im Rahmen der durchgeführten Analyse wurden in Hinblick auf das genannte Untersuchungsziel Beiträge im Umfang von 15 bis 30 Seiten ausgewählt. Die lexikalischen Mittel, die die Grundlage des lexikalischen Feldes des Vergleichens bilden, wurden beim

Lesen der ausgewählten Beiträge markiert und aufgelistet. Auf diese Weise entstand ein Belegkorpus, das 614 lexikalische Einheiten enthält und das im vorliegenden Beitrag präsentiert und analysiert wird. Die durchgeführte Analyse ist nur mit Vorbehalt als repräsentativ anzusehen. Sie erhellt vorerst Tendenzen des vorliegenden Untersuchungsgegenstandes in der deutschen Sprache der kontrastiven Linguistik.

2 Das Feld des Vergleichens

2.1 Vergleichssprachen

Im Vorfeld der Untersuchung galt es festzustellen, mit welchen Sprachen das Deutsche kontrastiert wird, des Weiteren, welche Bereiche der Sprachwissenschaft am häufigsten untersucht werden und welches die häufigsten Untersuchungsgegenstände sind. Zur Klärung dieser Fragen wurden 173 größere und kleinere Beiträge herangezogen, die in der Bibliothek der Universität Duisburg-Essen zugänglich waren und den bereits im Kapitel 1 aufgezählten Kriterien unterlagen. Bei der Analyse der miteinander kontrastierten Sprachen stellte sich heraus, dass das Englische und das Bulgarische mit jeweils 12% die am häufigsten vorkommenden Sprachen sind. Während das häufige Vorkommen der englischen Sprache wenig überraschend ist, fällt der hohe Prozentrang des Bulgarischen auf. Dies lässt sich aber damit erklären, dass die bulgarischen Wissenschaftler im Bereich der zweisprachigen Lexikographie äußerst aktiv sind, internationale Tagungen organisieren und zahlreiche Beiträge herausgeben. Den dritten und den vierten Platz der mit dem Deutschen kontrastierten Sprachen teilen sich das Schwedische und das Niederländische mit jeweils 10%. An fünfter Stelle rangiert das Französische mit 6%. Weitere Sprachen wie das Dänische, Finnische, Afrikaans, das Norwegische und Ungarische sind mit 4% vertreten. Die vorletzte Gruppe mit jeweils 3% bilden das Färöische, Friesische und das Luxemburgische. Zu den sonstigen Sprachen zählen unter anderen das Italienische, Russische, Polnische, Litauische und andere.

2.2 Untersuchte Bereiche der Sprachwissenschaft

Des Weiteren ist es interessant, einen kurzen Überblick über die in den Publikationen untersuchten Bereiche der Sprachwissenschaft zu geben. Jede Publikation wurde, um die untersuchten Bereiche der Sprachwissenschaft herauszukristallisieren, auf die untersuchten Gegenstände, die angegebenen Schlüsselwörter sowie die Fragestellung hin durchgesehen. Es wurde deutlich, dass eine eindeutige Zuordnung der Publikationen zu ausschließlich einem spezifischen Bereich nicht immer möglich war. Die Analyse ergab, dass in den ausgewählten Beiträgen die Morphologie mit 35% aller Untersuchungen am stärksten vertreten ist. Dahinter rangieren die Syntax und die Lexikologie mit 13%. Auf die Phraseologie entfallen 10% aller Untersuchungen. An fünfter und an sechster Stelle sind die Phonologie und die Lexikographie mit jeweils 9% bzw. 8% platziert. Die Untersuchungen in anderen Bereichen beziehen sich auf die Textlinguistik, Pragmatik, Fachsprachen u. a.

2.3 Untersuchungsgegenstände

Danach galt es, die Untersuchungsgegenstände der jeweiligen Beiträge zur Morphologie, Syntax, Lexikologie, Phraseologie sowie zu anderen Bereichen der Sprachwissenschaft festzustellen. Dabei wurde – ähnlich wie bei der Feststellung der übergeordneten linguistischen Themenbereiche – methodisch so vorgegangen, dass die Häufigkeit der einzelnen Untersuchungsgegenstände in den untersuchten Beiträgen festgestellt wurde. Untersuchungsgegenstände, die mehr als einmal Gegenstand der präsentierten Beiträge waren, werden im Folgenden aufgeführt: Im Bereich der Morphologie werden Substantivdeklinationen, Verbalflexion, regelmäßige und unregelmäßige Verben, Passiv, Perfekt, Pluralbildung, grammatisches Geschlecht, Flexionsverlust, Kasusmarkierung, Imperativ und die Rektion der Verben am häufigsten untersucht. Im Bereich der Syntax waren Untersuchungen von Adverbialien, Wortstellung, Satzverbindung, Relativsätzen und syntaktischer Dichte am häufigsten. Die phraseologischen Beiträge stellen die folgenden Gegenstände in den Mittelpunkt: Idiomatik, Somatismen, Phraseologismen in der Presse, onymische Phraseologismen, Emotionsphraseologismen u. a. In der Gruppe der phonologischen Beiträge sind die Untersuchungen von glottalen Markierungen, vokalinitialen Wörtern, Silbifizierung hoher Vokoide, Schreibdiphthongen, Doppelkonsonanten sowie der phonologisch-typologischen Entwicklung vorherrschend. Die Lexikologinnen und Lexikologen befassen sich in kontrastiven Studien vor allem mit Kurzwörtern, Entlehnungen, Fugenelementen, Präfigierung u. Ä.

3 Lexikalische Feldtheorie

3.1 Merkmale der lexikalischen Feldtheorie

Da der vorliegende Beitrag auf der lexikalischen Feldtheorie basiert, ist eine kurze Übersicht über die lexikalischen Felder lohnenswert. Die von Jost Trier in der ersten Hälfte des 20. Jahrhunderts begründete Wortfeldtheorie stützt sich auf die Annahme, dass die lexikalischen Felder (Wortfelder, lexikalisch-semantische Gruppen, Bedeutungsfelder, Begriffsfelder) aus sprachlichen Einheiten gebildete und nach bestimmten Regeln strukturierte lexikalische Subsysteme sind. Im Zentrum eines solchen Feldes steht ein Hyperonym, das ein Oberbegriff für andere Lexeme ist, die sich darum gruppieren. Sprachliche Einheiten stehen in regelmäßigen Beziehungen zueinander, sie sind bedeutungsverwandt, wobei aber die formale Seite der lexikalischen Einheiten nicht ausgeschlossen wird. In einem lexikalischen Feld enthaltene Einheiten müssen nicht unbedingt derselben Wortart angehören und müssen nicht aus einem Wort bestehen. Zu den wichtigsten Funktionen der lexikalischen Felder zählen vor allem die Verdeutlichung von semantischen Relationen zwischen Lexemen und von deren funktionaler Zusammengehörigkeit, das Aufzeigen von Bedeutungsähnlichkeiten sowie -unterschieden zwischen den Vergleichslexemen. Die Anordnung des Wortschatzes in den Wortfeldern ist Voraussetzung für semantische Analysen und somit ist die Wortfeldbeschreibung auch Bestandteil analytischer Bedeutungsmodellierungen. Ein ausführlicher Überblick über die lexikalische Feldtheorie findet sich in der Dissertationsschrift des Autors dieses Beitrags (Katinas 2012, 88–96). Im weiteren Verlauf der vorliegenden Untersuchung werden nur die wesentlichen und in diesem Zusammenhang relevanten Aspekte dieser Theorie aufgegriffen.

3.2 Kritik an der lexikalischen Feldtheorie

Die lexikalische Feldtheorie stieß im Laufe ihrer Entwicklungsgeschichte immer wieder auf Kritik. Am häufigsten wird der Wortfeldtheorie ihre mosaikartige Vorstellung des Wortschatzes vorgeworfen, d. h. es wird die Vorstellung kritisiert, dass der gesamte Wortschatz einer natürlichen Sprache ein Mosaik bildet, und dass Wortfelder alle lexikalischen Einheiten einer Sprache erfassen können. Unbeantwortet bleibt auch die Frage nach der Strukturierung der Wortfelder (Lutzeier 1995, 123).

Selbstverständlich können lexikalische Felder nicht den gesamten Wortschatz einer Sprache erfassen, deshalb wird die Unvollständigkeit der Wortfelder in der einschlägigen Literatur besonders hervorgehoben (Katinas 2012, 94). Gloning betont in seinem Beitrag die irreführende Vielfalt von Begriffen, mit denen die Wortfeldtheorie definiert werden kann: Begriffsfeld, lexikalisches Feld, semantisches Feld u. a. (Gloning 2002, 728). Busch kritisiert die Wortfeldtheorie bezüglich der Frage, wie man eigentlich zur Identifikation des Feldes komme, und verbindet damit die Forderung, dass bestimmte Vorkenntnisse erforderlich seien, bevor man ein lexikalisches Feld erstellen könne (Busch 1993, 55). Dupuy-Engelhardt sieht als weitere Kritikpunkte Probleme bei der Wahl des Feldes, auch die Abgrenzung der Felder voneinander und die Abgrenzung der Lexeme voneinander innerhalb eines Feldes. Nach der Auffassung dieser Autorin ist eine vollständige Beschreibung des lexikalischen Inhalts auch kaum möglich (Dupuy-Engelhardt 1993, 23). Damit zusammenhängend wirft Bünting der Wortfeldtheorie vor, dass die Verbindung von Inhalten und sprachlich-geistigen Zugriffen auf die angesprochene Welt beim Aufstellen und Gliedern der Wortfelder zu sehr auf Intuition oder Spekulation basiere (Bünting 1996, 210). Schließlich vertritt Gloning die Ansicht, dass die Wortfeldtheorie überhaupt keine Theorie im strengeren Sinne sei (Gloning 2002, 735).

3.3 Rechtfertigung der lexikalischen Feldtheorie

Trotz der oben genannten Kritikpunkte an der Wortfeldtheorie werden auch weiterhin kontrastive Untersuchungen durchgeführt, die auf der Wortfeldtheorie basieren. Gloning führt in seinem Beitrag „Ausprägungen der Wortfeldtheorie" ausführlich und überzeugend einige Vorteile einer wortfeldbasierten Untersuchung des Wortschatzes einer, zweier oder mehrerer Sprachen an und rechtfertigt somit das Konzept des Wortfeldes. Er vertritt die Auffassung, dass die Wortfeldtheorie, auch wenn sie keine Theorie im strengeren Sinne sei, sich als Heuristik mit wertvollen methodischen Einsichten betrachten lässt (Gloning 2002, 735). Als besonders fruchtbar erweist sich die lexikalische Feldtheorie in Bezug auf die Einzelwortsemantik sowie die Kontrastierung von Verwendungsgesichtspunkten der Wörter. Sie lässt sich zugleich in den Bereichen der sprach- und kulturvergleichenden Wortschatzanalysen, der Sprachdidaktik, der Textautorenanalyse produktiv anwenden. Diese „Heuristik" hilft insbesondere dabei, die Wortschätze besser zu strukturieren, semantische Relationen zwischen den untersuchten lexikalischen Einheiten aufzuzeigen und diese besser semantisch miteinander zu vergleichen. Die kontrastive Linguistik stellt somit auch eine große Hilfe beim Fremdsprachenunterricht dar, mit dem sie sich relativ aktiv beschäftigt.

Im vorliegenden Beitrag wird die Annahme vertreten, dass sich die Vorstellung und das Konzept lexikalischer Felder gut zum synchronen Vergleich von lexikalischen Einheiten einer Sprache eignet, und zwar um ihre semantischen, aber auch formalen Aspekte zu berücksichtigen und sie miteinander zu vergleichen. Somit versteht sich ein lexikalisches Feld als ein lexikalisches Subsystem, das von lexikalischen Einheiten gebildet wird, die zueinander in regelmäßigen Beziehungen stehen, auf paradigmatischer Ebene (form- und) bedeutungsverwandt sind, einerseits über gemeinsame semantische Informationen verfügen, sich andererseits durch einige bedeutungsdifferenzierende Merkmale voneinander unterscheiden und einem gemeinsamen Oberbegriff unterliegen. In der vorliegenden Untersuchung gilt das lexikalische Feld als Liste lexikalischer Mittel, die dem Oberbegriff „vergleichen" unterliegen und sich in einige kleinere Gruppen einteilen lassen.

4 Das Wortfeld des Vergleichens

Im Zentrum der durchgeführten qualitativen Untersuchung stehen die lexikalischen Mittel zum Ausdruck des Vergleichens, die den 15 stichprobenartig ausgewählten Beiträgen zur kontrastiven Linguistik mit der Ausgangssprache Deutsch entnommen wurden. Insgesamt standen bei der Analyse des lexikalischen Feldes des Vergleichens 614 lexikalische Einheiten zur Verfügung. Unter lexikalischen Mitteln werden in der vorliegenden Untersuchung nicht nur einzelne zu einer Wortart gehörende Lexeme, sondern auch Lexemgruppen aus verschiedenen Wortarten verstanden, die einem gemeinsamen Archisem des Vergleichens oder des Vergleichprozesses unterliegen, auch solche grammatischen Mittel wie Nebensätze mit der Konjunktion *während*, verschiedene Formen des Komparativs u. Ä.

5 Untersuchung

5.1 Vorgehensweise

Bei der Untersuchung wurden die gesammelten Belege zunächst in drei Gruppen eingeteilt: Die erste bezieht sich auf den Prozess des Vergleichens, d. h. dieser Gruppe werden solche lexikalischen Einheiten zugeordnet, die den Prozess des Sprachvergleichs zum Ausdruck bringen. Diese Gruppe ist mit 259 Belegen am größten. An dieser Stelle ist anzumerken, dass sich die Belege dieser Gruppe mit den Belegen zweier weiterer Gruppen überlappen und untereinander sowohl Gemeinsamkeiten als auch Unterschiede aufweisen. Aus diesem Grund werden in Bezug auf diese Gruppe eher allgemeine Tendenzen vorgestellt. Ausführlicher werden dagegen die beiden folgenden Gruppen vorgestellt: Die zweitgrößte Gruppe mit 218 Belegen ist auf die Betonung oder Hervorhebung von Unterschieden zwischen den Vergleichssprachen ausgerichtet. Die kleinste Gruppe bilden die 137 lexikalischen Mittel zum Ausdruck von Ähnlichkeit oder Gemeinsamkeit.

Die größte Gruppe innerhalb des untersuchten Wortfeldes bilden, wie bereits erwähnt, die lexikalischen Mittel, die den Prozess des Vergleichens an sich ausdrücken. Unter diesen kommen Aufzählungen von bestimmten sprachlichen Eigenschaften, Auflistungen von Lexemen oder die Aneinanderreihung von Sätzen am häufigsten vor. Die Aufzählung oder die Auflistung erfolgt meistens mittels der Konjunktion *und*, z. B.:

(1) *das* L1 *und das* L2 *beziehen sich auf etw.*

(2) *das* L1 *und* L2 *basieren auf etw.*

Relativ häufig erfolgt die Gegenüberstellung auch als Aneinanderreihung, z. B.:

(3) L1 *verfügt über* X, L2 *über* Y
(4) *Britisches Englisch* = BELEGE // *Deutsch* = BELEGE

Dem Ausdruck des Vergleichens an sich sind auch die Lexeme *Gegenüberstellung*, *gegenüberstellen* zuzuordnen. Sie kommen aber relativ selten vor. Als Belege dienen in diesem Zusammenhang die folgenden Beispielsätze, z. B.:

(5) *die Sprachen werden einander gegenübergestellt*
(6) *gegenüber dem* L1 *ist* X *zu verzeichnen*
(7) *die Gegenüberstellungen enthalten etw.*

Die letzte Untergruppe bilden die lexikalischen Mittel *im Vergleich mit*, *im Vergleich zu*, z. B.:

(8) *wir haben hier eine fast systematische* X *des* L1 *im Vergleich zum* L2
(9) *die im Vergleich zum* L1 *reichhaltigere Struktur*

In diesem Zusammenhang ist nochmals anzumerken, dass innerhalb dieser Gruppe nicht nur der Prozess des Vergleichens selbst, sondern auch Unterschiede (Belege 3, 4, 6) oder Ähnlichkeiten (Belege 1, 2) ausgedrückt werden können. Die Aufnahme dieser lexikalischen Mittel in eben diese Gruppe begründet sich vor allem dadurch, dass die angeführten Belege den Prozess des Vergleichens an sich in den Vordergrund stellen. Die dabei vorkommenden Komparativ- und andere Formen, die Unterschiede betonen, werden im Kapitel 5.2 berücksichtigt, diejenigen, die sich auf Ähnlichkeiten ausrichten, im Kapitel 5.3.

5.2 Hervorhebung von Unterschieden

Unter 218 gefundenen Belegen zum Ausdruck von Unterschieden in den Vergleichssprachen treten am häufigsten die Lexeme *Unterschied* und *Unterschiedlichkeiten* auf (39-mal), z. B.:

(10) *allgemeine Unterschiede zwischen* L1 X *und* L2 Y *in Bezug auf* etw.
(11) *Strukturunterschied zwischen* X *und* Y
(12) *Unterschiede sind hier für* X *zu beobachten*
(13) *Unterschiede liegen in etw.*
(14) *Unterschiede kann es in* X *geben*
(15) *Unterschiede aufweisen*
(16) *der Unterschied zwischen den beiden Sprachen ist so gestaltet, dass …*
(17) *der Unterschied zwischen* L1 *und* L2 *besteht darin, dass…*
(18) *die lexikalischen Unterschiede erstrecken sich auf* etw.
(19) *Hauptunterschied zwischen* L1 *und* L2 *ist*
(20) *kleinere* X *Unterschiede kommen vor*

(21) *nennenswerte Unterschiede in etw.*

(22) *zwischen den beiden Sprachen sind aber auch systematische Unterschiede zu verzeichnen*

Die Konjunktion *während* kommt in sprachwissenschaftlichen Texten zur kontrastiven Linguistik auch relativ häufig vor und nimmt mit 21 Belegen und somit mit 10% den zweiten Platz in Bezug auf die Hervorhebung von Unterschieden ein, z. B.:

(23) *das englische Substantiv* X *hat sich verändert zu* Y, *während das deutsche Substantiv Z*

(24) *für die Zerlegung* + SUBST/GEN *tritt* X *auf, während es für die Zerlegung der zweiten Dimension* Y *in* + SUBST *auftritt*

Weiterhin folgen mit 10 bis 13 Belegen das Adverb *dagegen*, das Verb *sich unterscheiden*, die Adjektive *unterschiedlich*, *anders*, *andersartig*, z. B.:

(25) *das* L2 *dagegen legt* + SUBST *fest*

(26) *in* X *dagegen ist die Anzahl* + SUBS/GEN *im* L2 *höher als im* L3 *und* L4

(27) *das Gegenbeispiel im* L1 *ist dagegen* X

(28) *in etw. unterscheiden sich das* L1 *und das* L2 X *vom* L3

(29) *von* L1 X *unterscheiden sich die* L2 Y *außerdem dadurch, dass…*

(30) X *unterscheiden sich in Bezug auf* etw.

(31) *beim Vergleich ist das* L1 X *unterschiedlich*

(32) *die kontrastierten Ausdrücke sind völlig unterschiedlich*

(33) *bei* L1 X *liegt* Y *insgesamt anders*

(34) *bei* X *liegt eine andersartige Konstruktion vor*

(35) L1 X *verhält sich anders als* L2 Y

In den analysierten Texten kommen bis zu 10 weitere Belege zum Ausdruck der Unterschiede vor. Sie sind nicht alphabetisch, sondern nach der Vorkommenshäufigkeit angegeben und seien als vorkommende lexikalische Mittel erwähnt: *im Unterschied zu, im Gegensatz zu; Abweichungen, abweichen von etw., abweichend; Differenz, Differenzen, differieren in etw.; komparativ; anders als; wohingegen, dahingegen, hingegen; verschieden, Verschiedenheit; umgekehrt; divergieren in etw.; zwar… aber; … wo, wobei; Kontrast, kontrastieren; im Gegenteil; Gegensatz, im Gegensatz; Unterscheidungsmerkmal; Diskrepanz, Diskrepanzen; dafür aber.* Die Verteilung der im Belegkorpus am häufigsten vorkommenden lexikalischen Mittel ist Abbildung 1 zu entnehmen. Im kleinsten Kreis sind die am häufigsten vorkommenden lexikalischen Mittel aufgeführt. Je weiter die lexikalischen Mittel von diesem Kern entfernt sind, desto seltener sind sie im Belegkorpus vertreten:

Abb. 1: Lexikalische Mittel zum Ausdruck von Unterschieden zwischen den Vergleichssprachen

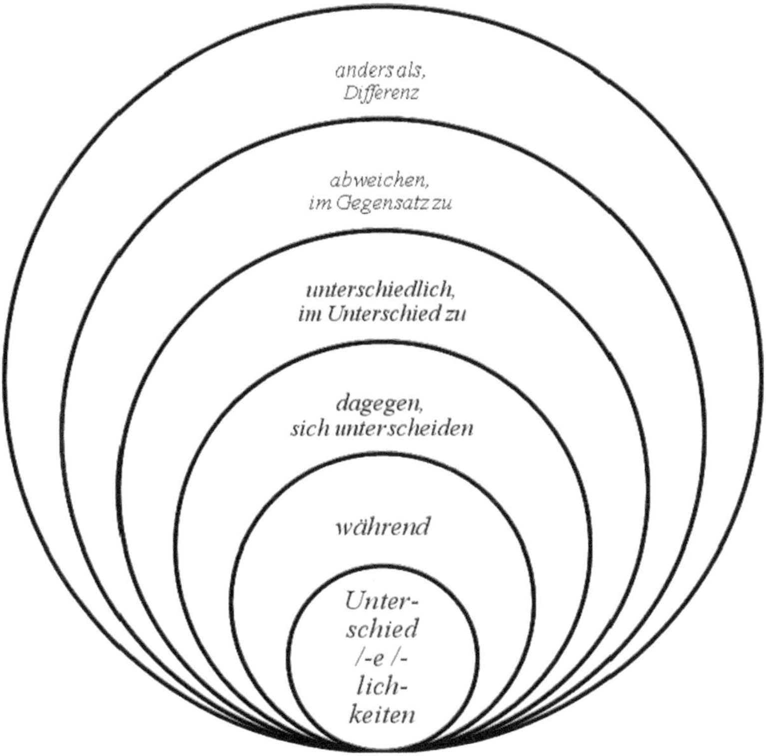

5.3 Hervorhebung von Ähnlichkeiten

Zum Ausdruck von Ähnlichkeiten in den Vergleichssprachen stehen im vorliegenden Korpus 137 Belege zur Verfügung. Das Lexem *beide* ist innerhalb dieser Gruppe mit 37 Belegen bzw. 27% am häufigsten vertreten:

(36) *in beiden Sprachen kann bei* L1X/L2Y etw. *festgestellt werden*
(37) *in beiden Paradigmen*

Relativ häufig, 14-mal, kommt auch die Doppelkonjunktion *sowohl… als auch…* vor, an dritter Stelle rangieren mit jeweils 7% der gesammelten Belege die Lexeme *gleich* und *ähnlich*:

(38) *auch der Gebrauch von* etw. *ist im* L1 *gleich*
(39) *auch sind sie in* etw. *gleich*

(40) *das gleiche gilt für* X
(41) *das gleiche finden wir auch für* X
(42) *ähnlich verhalten sich* X *im* L2
(43) *beim* L1 X *verhält sich etw. allem Anschein nach ähnlich*
(44) *ganz ähnlich gestaltet sich das* L1 *Beispiel*

Die folgenden lexikalischen Mittel zum Ausdruck von Ähnlichkeit oder Gemeinsamkeit sind im untersuchten Korpus seltener vertreten: *entsprechen*; *auch*; *äquivalent sein*, *genauso sein*, *sich genauso verhalten*; *Übereinstimmung in etw./mit etw.*, *übereinstimmen in etw./mit etw.*; *Parallele*, *Parallelität*, *parallel*; *etw. miteinander teilen*; *etw. gemeinsam sein*; *Äquivalenz*, *äquivalent*; *adäquat*; *analog*; *desgleichen*; *Korrespondenz*, *korrespondieren mit etw.*; *kongruieren mit etw.*; *etw. identisch sein*; *gleichwertig sein*; *Gemeinsamkeit*, *Gemeinsamkeiten aufweisen*; *Gleichheit*, *Gleichheiten*.

Abb. 2: Lexikalische Mittel zum Ausdruck von Ähnlichkeit und Gemeinsamkeit

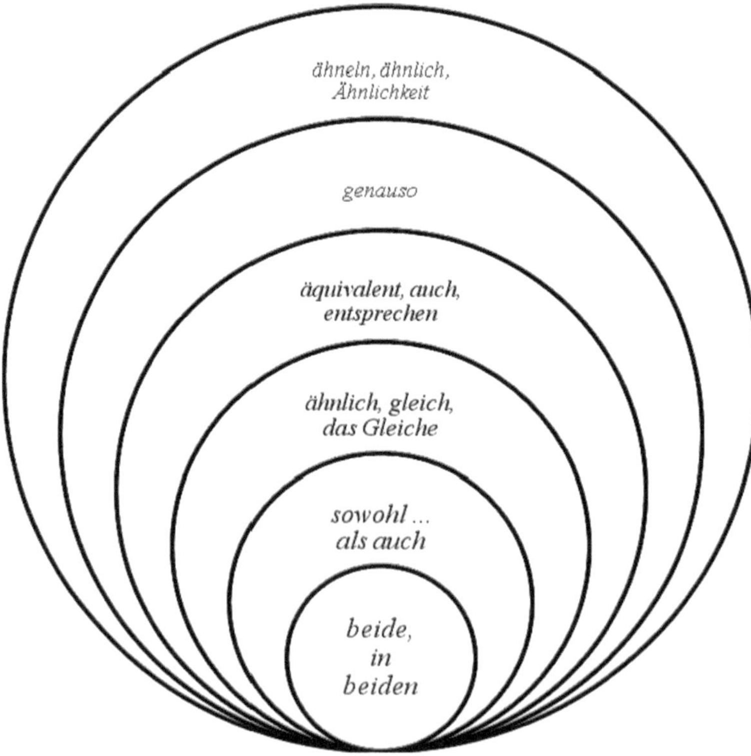

6 Zusammenfassung und Ausblick

Aus der durchgeführten Analyse geht hervor, dass in deutschen wissenschaftlichen Beiträgen zur kontrastiven Linguistik mehr lexikalische Mittel zum Ausdruck von Unterschiedlichkeit als zum Ausdruck von Ähnlichkeit zur Verfügung stehen. Diese Feststellung weist Parallelen mit Diskussionen um den Begriff der kontrastiven Linguistik auf (vgl. Katinas 2012, 29–32) und bestätigt erneut, dass die kontrastiven Studien mehr Unterschiede als Gemeinsamkeiten zwischen den Vergleichssprachen berücksichtigen. Zweitens ist anzumerken, dass die vorliegenden Untersuchungsergebnisse nur mit Vorbehalt als repräsentativ gelten können, denn das gesamte Feld des Vergleichens kann im Rahmen einer solchen Untersuchung nicht erfasst werden. Die durchgeführte Analyse kann jedoch einige Tendenzen aufzeigen. Davon ausgehend scheinen sich weitere Studien in diesem Bereich zu lohnen. Dazu zählen insbesondere weitere Untersuchungen deutschsprachiger linguistischer Beiträge und digitalisierter Texte zur Feststellung entsprechender Kollokationen, aber auch Untersuchungen zur Verwendungshäufigkeit lexikalischer Mittel zum Ausdruck des Vergleichens sowohl innerhalb der deutschen Sprache als auch in anderen Sprachen. In diesem Zusammenhang lohnt es sich, Listen der lexikalischen Mittel des Vergleichens für Germanistikstudierende oder Deutschlernende zu erstellen und damit Hilfsmittel für die wissenschaftliche Kommunikation bereitzustellen.

Quellenverzeichnis

Askedal, John Ole (1999): Nochmals zur kontrastiven Beschreibung von deutsch *es* und norwegisch *det*. *Deutsch kontrastiv. Typologisch-vergleichende Untersuchungen zur deutschen Grammatik*. Heide Wegener (Hg.). Tübingen: Narr-Verlag. 33–63.

Harras, Gisela (1995): Eine Möglichkeit der kontrastiven Analyse von Kommunikationsverben. *Von der Allgegenwart der Lexikologie als Vorstufe zur zweisprachigen Lexikographie*. Hans-Peder Kromann, Anne Lise Kjaer (Hg.). Tübingen: Niemeyer. 102–114.

Hausmann, Franz Joseph (1995): Von der Unmöglichkeit der kontrastiven Lexikologie. *Von der Allgegenwart der Lexikologie als Vorstufe zur zweisprachigen Lexikographie*. Hans-Peder Kromann, Anne Lise Kjaer (Hg.). Tübingen: Niemeyer. 19–24.

Kjaer, Anne Lise (1995): Vergleich von Unvergleichbarem. Zur kontrastiven Analyse unbestimmter Rechtsbegriffe. *Von der Allgegenwart der Lexikologie als Vorstufe zur zweisprachigen Lexikographie*. Hans-Peder Kromann, Anne Lise Kjaer (Hg.). Tübingen: Niemeyer. 39–57.

Korhonen, Jarmo und Briitta (1995): Phraseologische Äquivalenz und Differenz am Beispiel deutscher, englischer und finnischer Verbidiome. *Von der Allgegenwart der Lexikologie als Vorstufe zur zweisprachigen Lexikographie*. Hans-Peder Kromann, Anne Lise Kjaer (Hg.). Tübingen: Niemeyer. 67–91.

Kromann, Hans-Peder (1995): Von den Möglichkeiten einer kontrastiven Optik und Mikroskopie in der Lexikologie. *Von der Allgegenwart der Lexikologie als Vorstufe zur zweisprachigen Lexikographie*. Hans-Peder Kromann, Anne Lise Kjaer (Hg.). Tübingen: Niemeyer. 114–127.

Lutzeier, Peter Rolf (1995): Es lohnt sich – Kontrastive Lexikologie Deutsch/Englisch im Bereich ‚Einkünfte'. *Von der Allgegenwart der Lexikologie als Vorstufe zur zweisprachigen Lexikographie*. Hans-Peder Kromann, Anne Lise Kjaer (Hg.). Tübingen: Niemeyer. 7–19.

Nord, Christiane (2008): Der Käufer verpflichtet sich... Deklarative Sprechakte im Kulturvergleich. *Sprachenvielfalt im Kontext von Fachkommunikation, Übersetzung und Fremdsprachenunterricht*. Hans Krings, Felix Mayer (Hg.). Berlin: Frank und Timme. 13–23.

Stolz, Thomas (2012): Europäische Besitzungen. Zur gespaltenen Possession im europäischen Sprachvergleich. *Deutsch im Sprachvergleich. Grammatische Kontraste und Konvergenzen*. Lutz Gunkel, Gisela Zifonun (Hg.). Berlin, Boston: de Gruyter. 41–75.

Thome, Gisela (2008): Ein semiotisch erweiterter interlingualer Textvergleich. *Sprachenvielfalt im Kontext von Fachkommunikation, Übersetzung und Fremdsprachenunterricht*. Hans Krings, Felix Mayer (Hg.). Berlin: Frank und Timme. 23–35.

Thomsen, Knud Troels (1995): Zur Gültigkeit lexikologischer Untersuchungen. *Von der Allgegenwart der Lexikologie als Vorstufe zur zweisprachigen Lexikographie*. Hans-Peder Kromann, Anne Lise Kjaer (Hg.). Tübingen: Niemeyer. 91–102.

Werlen, Iwar (1995): Kontrastive Lexikologie: Tagalog-Deutsch. *Von der Allgegenwart der Lexikologie als Vorstufe zur zweisprachigen Lexikographie*. Hans-Peder Kromann, Anne Lise Kjaer (Hg.). Tübingen: Niemeyer. 24–39.

Literaturverzeichnis

Bünting, Karl Dieter (1996): *Einführung in die Linguistik*. Weinheim: Beltz Athenäum.

Busch, Irene (1993): Überlegungen zur semantischen Beschreibung eines lexikalischen Feldes (spanische Verben des Besitz- und Verfügungswechsels/Veränderung der Haben-Relation). *Studien zur Wortfeldtheorie*. Peter Rolf Lutzeier (Hg.). Tübingen: Niemeyer. 55–65.

Dupuy-Engelhardt, Hiltraud (1993): Wortfeldpraxis nach den Prinzipien der Lexematik. *Studien zur Wortfeldtheorie.* Peter Rolf Lutzeier (Hg.). Tübingen: Niemeyer. 23–35.

Gloning, Thomas (2002): Ausprägungen der Wortfeldtheorie. *Lexikologie / Lexicology. Ein internationales Handbuch zur Natur und Struktur von Wörtern und Wortschätzen.* David Alan Cruse, Franz Hundsnurscher, Michael Job, Peter Rolf Lutzeier (Hg.). Berlin, New York: de Gruyter. 728–737.

Katinas, Daumantas (2012): *Zur Position und Methodik der kontrastiven Lexikologie am Beispiel des lexikalischen Feldes „Relief" im Litauischen und im Deutschen.* Marburg: Tectum.

Lutzeier, Peter Rolf (1995): *Lexikologie.* Tübingen: Stauffenburg.

Oswald Panagl

Von Wurzeln, Sprachzweigen und Stammbäumen. Konventionelle Metaphern in der Fachterminologie der Indogermanistik

Abstract The lexical inventory of special languages, apart from some *termini technici* (mostly taken from classical languages) also offers some elements coming from imagery. They later developed into conventional metaphors denoting certain units, qualities or procedures. In the books and articles of Franz Bopp as the pioneer of Comparative Indo-European Linguistics, we encounter numerous attempts to build up an adequate up-to-date terminology. A good example of this mechanism is the use of the word "source", having the connotations of originality, quickness and vigour (cf. Lat. *ad fontes*), which has now become the usual expression for former stages and prototypical relations. Since the verb *fließen* 'flow' is connected and associated with works in progress so far, there still exist some "wesenhafte Bedeutungsbeziehungen" (Walter Porzig) and/or "lexikalische Solidaritäten" (Eugenio Coseriu). However, a mixture of three areas responsible for terminological innovations appears in a description and explanation formulated in a paper of Franz Bopp: "Je weiter die Sprachen von ihrem Ursprunge sich entfernen, desto mehr gewinnt die Liebe zum Wohllaut an Einfluß, weil sie nicht mehr in dem klaren Gefühle der Bedeutung der Sprachelemente einen Damm findet, der ihrem Anstreben sich entgegenstellt, und weil die gleichsam in der Lebensfülle der Sprache wie organisch entsproßten Aeste und Verzweigungen nach und nach absterben, und zu einer todten Masse geworden, abgelöst werden können, ohne daß dieser Verlust von dem noch lebenden Körper gefühlt wird." Consequently, human feeling (*Liebe, Gefühl*), technical artefacts (*Damm*) and some biological aspects (like *organisch, entsproßt, Verzweigungen, lebende Körper*) conspire in constituting important tendencies of language history. This article observes such phenomena in the fields of morphology, lexicology, semantics (onomasiology as well as semasiology), stylistics and their anthropological foundations.

Keywords: metaphor, comparative philology, terminology

Schlüsselwörter: Metapher, Indogermanistik, Fachterminologie

1 Vorspann

1.1 Zu meinem Vortragsthema und schriftlichen Beitrag haben mich zwei persönliche Erlebnisse inspiriert, die wie Anekdoten klingen mögen, aber als wahre Episoden bezeugt sind. In einer sogenannten „Schnupperwoche", die Schülern der obersten Jahrgänge österreichischer Mittelschulen universitäre Kontakte und

Informationen über mögliche Studiengänge vermitteln sollen, hat sich einmal laut Bescheid der Sekretärin des Instituts die Klasse einer Holzfachschule zu einer meiner Vorlesungen telefonisch angemeldet. Zunächst ungläubig und von dieser Mitteilung irritiert, dachte ich über den Titel der betreffenden Lehrveranstaltung nach: Er lautete „Wurzelstruktur und Stammbildung im Indogermanischen". Eine im sprachwissenschaftlichen Fachjargon völlig selbstverständliche konventionelle Metapher war also von der selektiven Aufmerksamkeit der Vertreter einer einschlägigen Disziplin wortwörtlich genommen worden.

1.2 Ich bezeichne weiters die Handzettel zur Unterstützung meiner Vorträge gegen den akademischen Sprachgebrauch weder als *Handout* noch als *Tischvorlage*, sondern sinngemäß und funktionell als *Begleitblatt*. In der Diskussion nach einem Referat fragte mich ein Kollege augenzwinkernd, ob ich demnach etwa mehrere solcher Blätter *Begleitlaub* nennen würde. Diese ironische Anmerkung spielt gleichfalls mit der metaphorischen Verwendung eines Ausdrucks, der sich aus einer ursprünglichen botanischen Lesart über die ähnliche Form zur Bezeichnung eines Instruments der Schreibkultur entwickelt hat.

2 Benennungsbedarf: Onomasiologische Verfahren im Fachwortschatz

2.1 Ich beginne dieses Kapitel mit ein paar schlichten und elementaren Überlegungen. Neue Realitäten im Blickfeld von sprachbegabten Wesen verlangen für ihre praktische Handhabung eine distinktive, eindeutige Terminologie. Das gilt für ein hochentwickeltes Handwerk ebenso wie für zivilisatorischen Wandel oder die Entfaltung einer wissenschaftlichen Fachdisziplin. Der natürliche Sprecher hat in dieser Situation drei idealtypische Varianten zur Verfügung:

a) Er entlehnt ein Wort aus einer fremden Sprache (lexikalisches Verfahren);
b) Er formt nach dem Regelwerk von Ableitung und Zusammensetzung seiner Sprache aus einem vorhandenen Basisvokabular einen neuen Ausdruck (derivationsmorphologische Lösung);
c) Er verwendet ein sinnlich-anschauliches bzw. konkretes Element des vorhandenen Wortvorrats uneigentlich als Sprachbild und definiert entweder dessen sekundäre Bedeutung normativ oder überlässt diese der spontanen Wirkung des neuen Verwendungszusammenhangs (metaphorische Methode).

In der Praxis können diese Muster als Real- und Mischtypen auch kombiniert auftreten: So mag etwa ein Fremdwort in seiner Muttersprache selbst ein originäres Sprachbild darstellen; oder die Bestandteile neologistischer Komposita können ihrerseits entlehnt sein bzw. in elementaren Sachverhalten wurzeln. Ehe ich mich den terminologischen Bezirken der vergleichenden historischen Grammatik im Detail zuwende, möchte ich zwei dichotomische Begriffspaare vorstellen, die für die folgenden Überlegungen wesentlich sind.

2.2 Deskriptive vs. etikettierende Benennungen

Hansjakob Seiler hat in seinen sprachtypologischen Arbeiten (Seiler 1975) zwei onomasiologische Grundtypen unterschieden. Die *deskriptiven* Bezeichnungen folgen dem Prinzip der sprachlichen Transparenz sowie Motivation und lassen sich semantisch aus ihren lexikalischen Bestandteilen und den einschlägigen Bildungsregeln erklären: *Lehnsessel* verkörpert dabei die Variante des Kompositums, während *Träger* (ob als Person oder Mittel verstanden) einen stammhaften Kern mit einem agentivischen bzw. instrumentalen Suffix verknüpft. Die damit kontrastierenden *etikettierenden* Benennungen verwenden dagegen nicht mehr intuitiv, sondern allenfalls nur etymologisch analysierbare Lexeme, sei es ein Fremdwort (*Fauteuil*) oder ein elementares, synchron nicht mehr gliederbares Basisvokabel (*Bett*, *Gabel*, *Bank*). Der Hang des Sprechers zu durchsichtigen Ausdrücken zeigt sich in den Prozessen der Volks- oder Paretymologie, entweder im Umgang mit exotischem Sprachmaterial (*hamaca* > *Hängematte*) oder bei der nachträglichen Aufhellung verdunkelten, da obsolet gewordenen Wortguts (mhd. *sinvluot* „große, ununterbrochene Flut" > *Sintflut* > *Sündflut*) (vgl. Panagl 1982a).

2.3 Metonymie vs. Metaphorik

Die beiden, nicht selten vermengten und geradezu synonymisch verwendeten uneigentlichen Bezeichnungsarten (vgl. Kubczak 1978, Eggs 2001) lassen sich operational und merkmalspezifisch deutlich unterscheiden. Wohl basieren beide auf bildgebenden Prozessen und stellen demnach Partialidentitäten zwischen Personen, Gegenständen oder Sachverhalten dar, doch bewegen sich *metaphorische* Verfahren im Bereich der Intension, des Bedeutungsinhalts also, während metonymische Ersetzungen extensional, d. h. durch den Bedeutungsumfang bzw. die außersprachliche Realität vermittelt sind. Wenn *Sprache* vielfach als *Zunge* kodiert ist (*lingua*, *glõtta*, *jazyk*), so spiegelt dieses Faktum die tatsächliche Beteiligung dieses Organs am Vorgang des Sprechens. Das Bild von der *Sprache der Blumen* ist hingegen metaphorisch begründet, da die Farben, Formen und Gestalten von Blüten und Blättern im übertragenen Sinn als Ausdrucksregister gedeutet werden.

Als Minimalpaar von konkurrierenden Stilfiguren sei das deutsche Nomen *Fuchs* ausgewählt, das in beide Richtungen lexikalische Spuren gesetzt hat. Als Bezeichnung für ein *rotbraunes Pferd* oder einen *listigen Menschen* hat es jeweils eine Eigenschaft aus dem ursprünglichen Merkmalaggregat auf ein anderes Wesen übertragen, ohne dass zwischen ihnen tatsächlich ein engerer sachlicher Konnex bestünde. Als Name für einen aus Fuchsfellen genähten Pelzmantel ist die neue Benennung hingegen realweltlich motiviert und lässt sich als Metonym mit den beiden Relationen *pars pro toto* und *Material für das Produkt* beschreiben.

3 Einzelprobleme

In diesem Abschnitt sollen einige Detailaspekte aus der Forschungsgeschichte der Grammatik herausgegriffen und terminologiekritisch besprochen werden.

3.1 ‚Kasuistik'

Der Terminus *Fall* in linguistischer Lesart übersetzt lateinisch *cāsus*, das seinerseits auf griech. *ptōsis* zurückgeht. Das eigentliche Benennungsmotiv dieser Kategorie der Nominalflexion und seine Verankerung in einem anderen Sachbereich wird aus der binären Unterscheidung *rectus – oblīquus* bzw. *orthḗ – plagíā*. Das Sprunggelenk der Schafe (griech. *astrágalos*) diente auch als Spielwürfel, dessen vier Flächen beim Wurf unterschiedlich „landen" konnten: Der aufrechte Stand wurde als vorbildlich und korrekt der Zitierform, also dem Nominativ eines deklinierbaren Wortes, zugeordnet, während die „schrägen Fälle" die sekundären, abgeleiteten Verwendungsweisen symbolisierten (vgl. Sittig 1931, *passim*). Aus dieser Konfiguration wurde in der Frühzeit der vergleichenden Grammatik (Franz Bopp) sowie der Sprachtypologie (Wilhelm von Humboldt) gleichsam eine Hierarchie im Kasussystem abgeleitet – der Akkusativ kann nämlich bei Passivierung zum Nominativ werden oder in einem *Accusativus cum Infinitivo* das Subjekt markieren! –, das sich auch lautlich niederschlagen mag, wie etwa in einem hellen *s* gegenüber stumpfem *m*.

3.2 Körperliche Merkmale im Dienst der Grammatik

Die Unterscheidung *stark* vs. *schwach* in der nominalen Deklination wie in der Konjugation geht auf Jacob Grimm zurück und ist in letzter Instanz gleichsam bildlich fundiert bzw. auf hypostasierende Vorstellungen der Sprache als belebtes Wesen bezogen. *Starke* Verben wie *sprechen* oder *sehen* stehen mit ihren Präterita *sprach*, *sah* mit bloßem Vokalwechsel quasi auf eigenen Beinen, während ihre *schwachen* Pendants *sagen* (*sagte*) und *schauen* (*schaute*) auf fremde, externe Hilfe in Form von Suffixen angewiesen sind, also gleichsam Krücken benötigen (Grimm 1870, 754–758). Eine ähnliche Vorstellung liegt der nominalen Lesart zugrunde, indem die *starke* Flexion (*dem/den Leser*) autark ist, während die *schwache* Alternative auf den Konsonanten -*n* angewiesen ist (*dem/den Bauern*) (Grimm 1870, 724–745).

3.3 Morphonologische Wortschöpfungen

Der gleichfalls von Jacob Grimm geprägte Terminus *Ablaut* steht im Gegensatz zum konkurrierenden *Umlaut* (Grimm 1870, 7f.) und verweist – mittlerweile sprachlich opak geworden – auf einen grammatikalisch (nicht lautkombinatorisch) bedingten synchronen Vokal*wechsel*, nicht hingegen auf einen diachron wirksamen Laut*wandel*. Die Bezeichnung muss inzwischen als etikettierend (s. o. 2.2), also unmotiviert gelten, denn eine sekundär-deskriptive Deutung kommt vielleicht zu einem Resultat, das ein Student bei einer Klausurprüfung so zu Papier brachte: „Ablaut ist der Teil des Wortes, der nach der Wurzel kommt.“ Die Verwechslung mit *Endung* oder *Suffix* liegt dabei auf der Hand. Bei der Bezeichnung der Grundtypen des quantitativen Ablauts, der Abstufung also, werden lebenswirklich begründete Vorstellungen deutlich: *Voll-*, *Dehn-* und *Schwundstufe* entsprechen Normverhältnissen in der außersprachlichen Realität; das Grundmuster (*voll*) kann gesteigert oder reduziert werden, was sich auch markierungstheoretisch (merkmallos/unmarkiert – merkmalhaft/markiert) umsetzen lässt.

3.4 Transferphänomene

Bei der Übersetzung grammatikalischer Termini, die als Fremdwörter etikettierend (also opak) wirken, kann eine sekundäre Motivation eintreten, die dem originären Fachwort in der Herkunftssprache *in statu nascendi* zu eigen war. *Klisis* und *declinatio* muten nur noch als gemünzte Fachausdrücke an, während *Beugung* bzw. *beugen* die Vorstellung des Hantierens mit einem Gegenstand wiederbelebt. Dasselbe gilt für das starre Vokabel *Dativ*, den die inhaltbezogene deutsche Grammatik eines Leo Weisgerber (1963, 262–294) oder Hans Glinz (1973, 162–169) durch die Wiedergabe als *Zuwendgröße* sehr bewusst mit Partnerbezug assoziierte.

3.5 Natürlichkeitstheorie und semantische Driftphänomene

Bisweilen kehren scheinbar simple, elementare, eher kindgerecht anmutende Ersatzwörter zur Unterstützung eines neuen theoretischen Modells in terminologisch rezenter Aufmachung wieder. *Substantiv*, *Nomen*, allenfalls *Hauptwort* und dementsprechend *Verbum* oder *Zeitwort* lauten die allenthalben üblich gewordenen Fachvokabel für die beiden grundlegenden Wortgattungen. *Dingwort* bzw. *Tunwort* wirken demgegenüber simpel, vorwissenschaftlich, allenfalls für eine erste Annäherung des Schülers an sprachliche Kategorien tauglich. Willi Mayerthaler als prominenter Vertreter der Natürlichkeitstheorie hat diese Ausdrücke für sprachtheoretische Zwecke adoptiert, adaptiert und neu motiviert. In einem Aufsatz „Das hohe Lied des Ding- und Tunwortes" (Mayerthaler 1982) hat er auf der Basis älterer Literatur, aber auch biologischer Modelle (Das *Aktionsding* des Biosemiotikers Jakob von Uexküll) die beiden Grundtypen sprachlichen Verfahrens und praktischen Handelns untersucht und mit Daten des Spracherwerbs sowie der Gestalt- und Wahrnehmungspsychologie als externer Evidenz korreliert. Seine Neubewertung alltagssprachlicher Bezeichnungen lässt sich auch durch Ergebnisse des Sprachwandels unterstützen. So haben sich *Intellektualverben* aus anschaulichen, konkreten Grundbedeutungen zu ihrer abstrakten, subtilen Verwendung entwickelt (*begreifen*, *verstehen*, *erfassen*, *kapieren*, *mitkommen*), während umgekehrt *Verbalabstrakta* (*Nomina actionis*) durch die Wortart Substantiv einen sukzessiven Wandel zu verschiedenen Spielarten des Dingwortes (*Nomen instrumenti, loci, agentis*) durchlaufen. Bemerkenswert ist die Eigenschaft dieser Veränderung als irreversibler Prozess, also als *drift* im Sinne von Edward Sapir (1961, 173–185) und Panagl (1982b, 21–23, 28f.): Man denke an deverbale Ableitungen auf *-ung* im Deutschen: *Schaltung* (Instrument), *Kopfbedeckung* (Gegenstand), *Behausung* (Ort), *Begleitung* (Agens), letzteres durch syntaktische Vermittlung („in Begleitung von …") entstanden.

4 Bildspender und ihre Sinnbezirke

In der historischen Sprachwissenschaft des 19. Jahrhunderts haben sich einige dominante Sachbereiche als Lieferanten für metaphorische Benennungen angeboten, die im Laufe ihres Gebrauchs den Bildcharakter abgestreift haben und zu konventionellen Ausdrücken verflacht sind.

4.1 Baummodell

Die vegetativ-botanische Bilderwelt wird prototypisch durch den *Baum* repräsentiert, der vielleicht durch das Stammbaummodell der genealogischen Sprachverwandtschaft (August Schleicher) fermentativ gestützt wird. Die *Wurzel* als Grundelement benennt zugleich den Ursprung und die kleinste Einheit oder Bezugsformel, aus der die erweiterten Formen hervorgehen. Der *Stamm* wiederum vermittelt bildlich eine stabile Größe, aus deren Knoten durch Flexion und Derivation neue Wortformen *hervorsprießen* bzw. *verzweigen*. Das Basissubstantiv dieses Vorgangs (*Zweig*) wird freilich eher im Verwandtschaftsmodell für *Sprachzweige* als Tochtersprachen denn im Sinne von Ableitungen aus einem etymologischen System verwendet.

4.2 Sprachliche Felder

Auch die areale Dimension hat sich in der sprachwissenschaftlichen Terminologie – sogar in doppelter Hinsicht – niedergeschlagen: so etwa in der *Feldforschung* als probater Methode von Dialektologie und Namenkunde in einer nüchtern-deskriptiven Verwendung. Der Forscher begibt sich auf das freie Feld, sucht Informanten auf und stellt Realproben für die Benennungsmotive von Bergen, Fluren, Städten oder Flüssen an. Anders liegt es im Fall des *sprachlichen Feldes*, besonders des *Wortfelds*, das Gelehrte wie Jost Trier (1931), Leo Weisgerber (1954), Walter Porzig (1934) und Helmut Gipper (1959) ab den dreißiger Jahren des 20. Jahrhunderts als Leitparadigma etabliert haben. Als Reaktion auf die lautbezogenen und formal orientierten Modelle und Forschungsinteressen wurde der Wortschatz in seinen semantischen Perspektiven und Querbezügen zugleich zum Wegweiser und Ziel der Erkenntnis. *Wesenhafte Bedeutungsbeziehungen* nannte Porzig die syntaktischen Tangenten zwischen Verbund Objekt bzw. Subjekt: Man fällt Bäume, aber keine Türme; Pferde wiehern und Hunde bellen, aber trotz möglicher klanglicher Ähnlichkeiten nicht umgekehrt. Die Farbbezeichnung *beige* wiederum ist für Stoffe oder Wolle reserviert und eignet sich trotz möglicherweise übereinstimmenden Merkmalen nicht für die Anwendung auf Blumen. Wortfelder wie Farbbezeichnungen, Verwandtschaftsnamen oder *Verba dicendi* aber sind keine willkürlichen Ansammlungen bedeutungsähnlicher Ausdrücke, sondern lexikalische Systeme mit klaren Linien und „Parzellen" von unterschiedlicher Ausdehnung, zwischen denen allerdings Austausch und wechselseitiger Einfluss, auch „kleiner Grenzverkehr" möglich ist.

4.3 Strömungen

Ein weiteres Reservoir für terminologische Bilderspende bildet das Wasser in verschiedenen Erscheinungsformen: Ich nenne nur die Stichwörter *Quelle*, *Strom*, *Insel*, *stagnieren*, *fließende Rede*, *Treibgut* oder schon als alte phonetische Metapher *(vox) liquida* für *r*, *l* als Laute, die gleichsam widerstandslos dahingleiten.

4.4 Textile Metaphern

Selbst ein scheinbar so technischer und konnotationsfreier Ausdruck wie *entwickeln* ist letztlich eine konventionelle Metapher, wie nicht bloß der etymologische Befund erweist, sondern auch Stellen aus früher Fachprosa belegen, in denen die Verbindung mit Faden auf die Entwirrung eines Knäuels als genuines Sprachbild hinweist. So spricht Wilhelm von Humboldt im Kapitel „Zusammenwirken der Individuen und Nationen" seines Buches „Über die Verschiedenheit des menschlichen Sprachbaues und ihren Einfluß auf die geistige Entwicklung des

Menschengeschlechts“ (Humboldt 1836=1960, 50) folgendermaßen vom Wesen der menschlichen Sprache: „Sie kann aber gegen die Geisteseigentümlichkeit gar nicht als etwas von ihr äußerlich Geschiedenes angesehen werden und läßt sich daher, wenn es auch auf den ersten Anblick anders erscheint, nicht eigentlich lehren, sondern nur im Gemüte wecken, man kann ihr nur den *Faden* hingeben, an dem sie sich von selbst *entwickelt*.“

5 Beispiele aus der Forschungsgeschichte

Der Archeget der Indogermanistik Franz Bopp hat in seinen fünf Berliner Akademieschriften unter dem Titel „Vergleichende Gliederung des Sanskrits und der mit ihm verwandten Sprachen“ (Bopp 1824–31) einige treffliche Beispiele für die Verwendung von (damals wohl noch) vitalen Sprachbildern zur Bezeichnung sprachlicher Erscheinungen und grammatikalischer Sachverhalte geliefert, die in der Folge nach wechselnden Kriterien vorgestellt seien. An mehreren Stellen soll ein wissenschaftlicher Stil aufgezeigt werden, in dem Sprachwandel vorwiegend als dekadenter Prozess beurteilt wird und dessen Kennzeichnung des Lautinventars (damals noch *Buchstaben*!) ästhetischen und „charakterlichen“ Parametern folgt[1].

(1) S. 3: „Je weiter die Sprachen von ihrem Ursprunge sich entfernen, desto mehr gewinnt die Liebe zum Wohllaut an Einfluß, weil sie nicht mehr in dem klaren Gefühle der Bedeutung der Sprachelemente einen Damm findet, der ihrem Anstreben sich entgegenstellt, und weil die gleichsam in der Lebensfülle der Sprache wie organisch entsproßten Aeste und Verzweigungen nach und nach absterben, und zu einer todten Masse geworden, abgelöst werden können, ohne daß dieser Verlust von dem noch lebenden Körper gefühlt wird.“

Die „Liebe zum Wohllaut“ assoziiert in diesem Kontext Luxus oder Verweichlichung. Die „organisch entsproßten Äste und Verzweigungen“ und ihr allmähliches Absterben ergeben ein konsistentes botanisches Bild.

(2) S. 6: „Wenn aber die erwähnte nähere Zusammenstimmung des Lithauischen und des Sanskrits aus einer gemeinschaftlichen Quelle fließt, und sich nicht in beiden Sprachen unabhängig von einander erzeugt hat…“

---

1 Die folgenden Seitenzitate sind an folgender Ausgabe orientiert: Bopp, Franz (1972): *Kleine Schriften zur vergleichenden Sprachwissenschaft. Gesammelte Berliner Akademieabhandlungen 1824–1854*. Leipzig: Zentralantiquariat der Deutschen Demokratischen Republik.

(3) S. 47: „… während im Sanskrit, vom Strome der Analogie herbeigetrieben, dem ursprünglich mit dem Stammvocal endenden Nominativ *sa* ein schließendes *s* […] als Nominativ-Charakter sich beigesellt hat."

(4) S. 119: „Die Endlaute der Wortstämme werden aber im Laufe der Zeit immer mehr von den Endungen als dem Beweglichen, wie festes Land vom Meere fortgerissen und auf die Inseln der Endungen getrieben. Die wissenschaftliche Grammatik, die alle erreichbaren Räume und Zeiten einer Sprachfamilie zu durchmessen hat, muß daher manche Trümmer der Wortstämme auf dem Scheingebiete der Endungen aufsuchen, und die letzteren in die Gränzen ihres rechtmäßigen Eigenthums zurückführen."

Der häufigste Metaphernspender für sprachliche Veränderungsschritte ist das bewegte, fließende Wasser. Die *Quelle*, die seit jeher die Begleitgefühle des Ursprünglichen, Anfänglichen, der raschen Entwicklung und guten Beobachtbarkeit ausgezeichnet hat (vgl. lat. *ad fontes*), ist im heutigen Sprachgebrauch als Metapher völlig konventionell geworden. Beim Gebrauch des Wortes *Quellenverzeichnis* einer historischen oder philologischen Arbeit denkt der Sprechende, Schreibende, Hörende oder Lesende wohl kaum noch in hydrologischen Bahnen. Die Frequenz des Bildes in der wissenschaftlichen Literatur des frühen 19. Jahrhunderts (auch in anderen Disziplinen bzw. in der Sprachwissenschaft auch abseits von Bopp) lässt vermuten, dass die Erstarrung des Bildes zur normierten Spezialbedeutung schon weit fortgeschritten, wegen der konsequenten Verbindung, d. h. der „wesenhaften Bedeutungsbeziehung" (Porzig 1934) oder „lexikalischen Solidarität" (Coseriu 1967), mit dem Verbum *fließen* aber wohl noch nicht ganz abgeschlossen war.

Wo besonders starke Kraft und breite Wirkung bildhaft beschrieben werden sollen, bietet sich das ausdrucksstärkste Vokabel im Wortfeld für fließendes Gewässer, das Lexem *Strom* an (3), das sich wiederum mit einem solidarischen Verbum (*herbeigetrieben*) zum Syntagma verknüpft. Für das Gegenwartsdeutsch hat wohl die eindeutige Lexikalisierung des Wortes in der Fachsprache der Elektrizität eine vergleichbare Belegdichte im sonstigen figurativen Sprachgebrauch verhindert.

Eine mehrteilige, heterogene Sprachfigur finden wir schließlich in (4). Die Endlaute der Wortstämme werden als *festes Land* gesehen, das vom *Meer* (=Endungen) fortgerissen und auf die *Inseln* (die Endungen) getrieben wird. Der maritime Vergleich wechselt im folgenden Satz zum Naturbild einer Waldlandschaft über, deren Besitzverhältnisse gleichsam neu zu regeln sind. Der wissenschaftliche Grammatiker hat als Geometer und/oder Forstwirt die Aufgabe, die *Trümmer* der Wort*stämme* (wie nach einem Windbruch) vom Terrain der Endungen zurückzuholen und damit eine Art von „Flurbereinigung" zu leisten, d. h. die Endungen auf ihren ursprünglichen Besitzstand zu reduzieren.

(5) S. 46f.: „…und wenn der Geist einer Sprache zu irgend einer Periode ihrer Geschichte einen Haß faßt gegen irgend einen Buchstaben als Schlußpfeiler eines Wortes, so

verdrängt er ihn überall, wo er ihn vorfindet, so daß auch nicht ein einziger übrig bleibt, welcher der Vermuthung Raum ließe, daß noch andere seines Gleichen da gewesen. Auf diese Weise hat im Griechischen ein Lautgesetz gegen das *t* gewüthet, und es überall ausgerottet, wo es als Endbuchstabe stand, so wichtig und ausgedehnt auch seine grammatische Rolle muß gewesen seyn…"

(6) S. 124: „Es kommt dabei nicht darauf an, daß das Eigenschaftswort selber schon ein Pronomen an seinem Endpunkt trage, die ganze Masse wird als todt behandelt, das Wort wird zu einem anderen Berufe wiedergeboren, und sozusagen dem alten Kopfe ein neuer aufgesetzt."

Erneut zeichnet sich eine sprachliche Beschreibung durch ihre homogene Setzung der Verbformen aus, die nur auf belebte Wesen beziehbar sind. Die Entstehung der Adjektivabstrakta (ai. *bahutā*, got. *diupiþa*) wird von Bopp als Abfolge von Tod und Wiedergeburt beschrieben, wobei als chirurgische Zutat dem wiedererstandenen Individuum noch ein weiterer Kopf aufgesetzt wird.

An einigen Stellen in der neu geprägten wissenschaftlichen Prosa dieses Indogermanisten begegnen figurative Sequenzen, die sich am besten als Bildmontagen klassifizieren lassen.

(7) S. 106: „Das Lateinische hat sich in seinen Wörtern wie *genitric-s* anders geholfen, indem es das aus der Ursprache an dem Endpunkt bewahrte *i* hinter den Zaun eines zugesetzten *c* gestellt, und dieses *c* gleichsam zum Fuße gemacht hat, worauf das Wort geht und steht."

In diesem Beispiel ist ein landschaftliches Bild (*Zaun*) mit der Metapher des menschlichen Körperbaus verschränkt: Der hinzugefügte Stammkonsonant *c* wird als künstliches, gleichsam aufgepfropftes Organ gesehen (*Fuß*), durch das die erweiterte Bildung standfest wird und sich fortbewegen kann.

(8) S. 117: „Wir betrachten zunächst die aus bloßen Vocalen bestehenden Wurzeln *a, i, u*. Der dünne Körper derselben läßt bei den Verbal-Wurzeln, die sie zu Wörtern machen, in das Leben einführen und mit Persönlichkeit bekleiden, die uralte Zusammensetzung am leichtesten übersehen. Man mag vorziehen jene Laute gleichsam als die Füße anzusehen, die einer Wurzel beigegeben oder angewachsen sind, damit sie sich in der Declination darauf bewegen könne; man mag sie auch als geistige Emanation der Wurzeln ansehen, die, man braucht nicht zu bestimmen wie, aus dem Schoße der Wurzeln hervorgetreten, und nur einen Schein von Individualität haben, an sich aber Eins mit der Wurzel oder nur ihre hervorgebrachte Blüthe oder Frucht seien."

Neuerlich werden zwei Sinnbezirke zu einer Großmetapher verbunden: Auf die Anatomie und Biologie des (menschlichen) Leibes bezieht sich im ersten Teil die Wortkette *dünner Körper, in das Leben einführen, Persönlichkeit, Füße*. Der Terminus *Wurzel* führt in der Folge gleichsam auf die botanische Schiene. Was aus dem

Schoße der Wurzeln hervortritt, wird konsequent und in sinnvoller Reihenfolge als *Blüte* und *Frucht* verbildlicht.

Eine Gemengelage dreier Bildwelten (menschliches Empfinden: *Liebe, Gefühl;* Gewässerregulierung: *Damm*; Baum: *organisch, entsproßt*; *Äste, Verzweigungen, absterben, tote Masse, lebender Körper)* weist das unter (5) behandelte Beispiel auf, in dem das Ringen um eine adäquate Fachsprache in einer jungen Sparte der Wissenschaft besonders deutlich wird.

(5) S. 46f.: „…und wenn der Geist einer Sprache zu irgend einer Periode ihrer Geschichte einen Haß faßt gegen irgend einen Buchstaben als Schlußpfeiler eines Wortes, so verdrängt er ihn überall, wo er ihn vorfindet, so daß auch nicht ein einziger übrig bleibt, welcher der Vermuthung Raum ließe, daß noch andere seines Gleichen da gewesen. Auf diese Weise hat im Griechischen ein Lautgesetz gegen das *t* gewüthet, und es überall ausgerottet, wo es als Endbuchstabe stand, so wichtig und ausgedehnt auch seine grammatische Rolle muß gewesen seyn…"

6 Frühwissenschaftliche Sprachbilder: ein archetypisches Exempel

Als Beispiel für bildhaften Jargon, der den erwartbaren Stil einer Fachsprache verlässt oder – besser gesagt – präludiert, gleichsam seltsame Blüten treibt und sich den Ausdrucksregistern dichterischer Diktion annähert, sei ein Passus aus der Einleitung von K. J. Windischmann („Vorerinnerungen"!) zu jenem Werk zitiert, mit dem die Indogermanistik als selbständige Disziplin theoretisch und methodisch begründet wurde (Bopp 1816, XIf.).

Persische Natur und Denkart, mithin auch persische Sprache nach dem ganzen Zusammenhang ihrer Bildungsgeschichte macht hier vielleicht die *natürliche* Vermittlung; eine zwischen *Wurzel* und *Frucht* schwebende, schlankstämmige Mitte, voll Leben und Kraft, Keim- und Blättersprossend, stralend im Glanze der Blüthen. Im Hintergrunde dieser natürlichen Vermittlung bei der sich selbst überlassenen Entwicklungsgeschichte des Menschengeschlechtes und als in ihr mit vorzüglicher Lebhaftigkeit und Bestimmtheit ausgedrücktes Bedürfniß nach Sicherstellung und Bekräftigung durch einen unverwüstlichen Geist des Lebens dürfte sich im *semitischen* Sprachstamme und insbesondere im *Hebräischen* eine Vermittlung höheren Ursprungs finden, mithin auch von tiefer ein- und durchgreifender Macht in Bezug auf die ganze Entwicklungs- und Erziehungsgeschichte unseres Geschlechts, welche dann in der *hellenischen* Sprache, diesem harmoniereichen System des menschlichen Λογος — ein wohlbereites Organ ihrer Verkündigung an die Völker und in der römischen das kräftige Werkzeug ihrer Ausbreitung über die Erde erwählet hat.

Literaturverzeichnis

Bopp, Franz (1816): *Über das Conjugationssystem der Sanskritsprache in Vergleichung mit jenem der griechischen, lateinischen, germanischen und persischen Sprache*. Frankfurt am Main.

Bopp, Franz (1972): *Kleine Schriften zur vergleichenden Sprachwissenschaft. Gesammelte Berliner Akademieabhandlungen 1824–1854*. Leipzig: Zentralantiquariat der Deutschen Demokratischen Republik.

Coseriu, Eugenio (1967): Lexikalische Solidaritäten. *Poetica* 1(3), 293–303.

Eggs, Ekkehard (2001): Metonymie. *Historisches Wörterbuch der Rhetorik V.* Gert Ueding (Hg.). Tübingen: Niemeyer. 1196–1223.

Gipper, Helmut (1959): *Sessel oder Stuhl?* Ein Beitrag zur Bestimmung von Wortinhalten im Bereich der Sachkultur. *Wortfeldforschung. Zur Geschichte und Theorie des sprachlichen Feldes.* Lothar Schmidt (Hg.). Darmstadt: Wissenschaftliche Buchgesellschaft (1973). 371–398.

Glinz, Hans (1973): *Die innere Form des Deutschen: eine neue deutsche Grammatik.* Bern u. a.: Francke.

Grimm, Jacob (1870): *Deutsche Grammatik. Erster Theil. Zweite Ausgabe. Neuer vermehrter Abdruck besorgt durch Wilhelm Scherer.* Berlin: Dümmlersche Verlagsbuchhandlung.

Humboldt, Wilhelm von (1836=1960): *Über die Verschiedenheit des menschlichen Sprachbaues und ihren Einfluß auf die geistige Entwicklung des Menschengeschlechts.* Faks.-Dr. nach Dümmlers Original-Ausg. von 1836, ausgegeben anläßlich des 125. Todestages von Wilhelm von Humboldt am 8. April 1960. Bonn u. a.: Dümmler.

Kubczak, Hartmut (1978): *Die Metapher. Beiträge zur Interpretation und semantischen Struktur der Metapher auf der Basis einer referentialen Bedeutungsdefinition.* Heidelberg: Winter.

Mayerthaler, Willi (1982): Das hohe Lied des Ding- und Tunwortes bzw. Endstation Aktionsding. Eine Wortartstudie im Rahmen der Natürlichkeitstheorie. *Papiere zur Linguistik* 27(2), 25–61.

Panagl, Oswald (1982a): Aspekte der Volksetymologie. *Vorträge und kleinere Schriften 30.* Innsbruck: Institut für Sprachwissenschaft.

Panagl, Oswald (1982b): *Historisch-vergleichende Sprachwissenschaft – ein Anachronismus?* Salzburg, München: Pustet. (Salzburger Universitätsreden 73).

Porzig, Walter (1934): Wesenhafte Bedeutungsbeziehungen. *Wortfeldforschung. Zur Geschichte und Theorie des sprachlichen Feldes.* Lothar Schmidt (Hg.). Darmstadt: Wissenschaftliche Buchgesellschaft (1973). 78–103.

Sapir, Edward (1921): *Language: an introduction to the study of speech.* New York, NY: Harcourt, Brace.

Sapir, Edward (1961): *Die Sprache: eine Einführung in das Wesen der Sprache.* [Aus d. Engl. übertr. u. für d. dt. Leser bearb. von Conrad P. Homberger]. München: Hueber.

Seiler, Hansjakob (1975): Die Prinzipien der deskriptiven und etikettierenden Benennung. *Linguistic Workshop III.* Hansjakob Seiler (Hg.). München: Fink. 2–57.

Sittig, Ernst (1931): *Das Alter der Anordnung unserer Kasus und der Ursprung ihrer Bezeichnung als „Fälle“.* Stuttgart: Kohlhammer.

Trier, Jost (1931): Über Wort- und Begriffsfelder. *Wortfeldforschung. Zur Geschichte und Theorie des sprachlichen Feldes.* Lothar Schmidt (Hg.). Darmstadt: Wissenschaftliche Buchgesellschaft (1973). 1–38.

Uexküll, Jakob Johann von (1973): *Theoretische Biologie.* Frankfurt: Suhrkamp. Nachdruck der Ausgabe: Berlin: Springer (1928).

Weisgerber, Leo (1954): Die Sprachfelder in der geistigen Erschließung der Welt. *Wortfeldforschung. Zur Geschichte und Theorie des sprachlichen Feldes.* Lothar Schmidt (Hg.). Darmstadt: Wissenschaftliche Buchgesellschaft (1973). 318–335.

Weisgerber, Leo (1963): *Die vier Stufen in der Erforschung der Sprachen.* Düsseldorf: Schwann.

Skaistė Volungevičienė

Zum Gebrauch von Konstruktionen in wissenschaftlichen Beiträgen von (nicht-)deutschen Muttersprachlern

Abstract The choice of lexical expression, be it in one's mother tongue or a foreign language, is determined by our mental lexicon which, apart from single words, contains a range of multi-word fixed expressions. Linguists agree that fixed expressions are very good indicators of language proficiency: a broad range of actively used fixed expressions is typically a sign of a highly proficient language user. When communicating in one's native language, a language user largely relies on intuition and automatized processing; the use of a foreign language, however, involves the retrieval of consciously learned and internalized material. The current study deals with issues related to the use of fixed expressions by native and non-native language users. The data for this contrastive study has been collected from a corpus of research articles in German on linguistics, consisting of 20 articles written by native and 20 articles written by non-native authors. The articles were published in Lithuania and abroad. The aim of the study is to contrast constructions used by native and non-native authors in terms of frequency and other features and verify the hypothesis that texts written in one's native language contain a higher proportion of fixed expressions.

The study is based on the theory of construction grammar, which defines fixed expressions as multi-word units recurring frequently in the naturally produced language and having a fixed form and meaning. Moreover, such units are difficult to ascribe to the traditional lexical, morphological or syntactical categories, while in the process of language acquisition they are usually learned as single units.

Keywords: Academic language, research articles, (non-)native users, constructions

Schlüsselwörter: Wissenschaftssprache, wissenschaftliche Beiträge, (Nicht-)Muttersprachler, Konstruktionen

1 Einleitendes

Das fortschreitende Verschwinden der deutschen Sprache aus dem Bereich der Wissenschaft wird schon seit längerer Zeit diskutiert und es wird dabei ein Versuch unternommen, bildungspolitische und wissenschaftspolitische Konsequenzen zu ziehen. Zu diesem Thema sind in jüngster Zeit mehrere Publikationen erschienen. Seinen Beitrag über das Deutsche als Wissenschaftssprache für das 21. Jahrhundert beginnt Ehlich mit der Feststellung, Deutsch als Wissenschaftssprache gelte derzeit nach verschiedenen Darstellungen als obsolet und stellt fest, dass besonders die Naturwissenschaftler und Mediziner den Übergang zum Englischen propagieren (Ehlich 2000).

Schaut man sich die litauische wissenschaftliche Landschaft genau an, so stimmt man aber der erwähnten Feststellung zu, der internationale Standard ist nur durch die Verwendung des Englischen zu erreichen, weil man in den führenden Wissenschaften, wie z. B. Gentechnologie, Laserphysik, Medizin u. Ä., kaum noch in einer anderen Sprache publiziert. Sogar der eigenen Muttersprache bleibt da die Rolle einer Stieftochter. An dieser Feststellung ist auch das Vorhaben gescheitert, Konstruktionen in wissenschaftlichen Beiträgen zu nicht-linguistischen Themen zu untersuchen. Denn in Litauen wird wenig in deutscher Sprache publiziert und die Erstellung eines deutschen wissenschaftssprachlichen Korpus litauischer Autoren aus verschiedenen Bereichen fällt einem nicht leicht. Dieser Untersuchung liegen deswegen wissenschaftliche Beiträge zu unterschiedlichen linguistischen Themen zugrunde.

Das Augenmerk dieses Beitrags ist auf den Gebrauch unterschiedlicher Konstruktionen in wissenschaftlichen Beiträgen sowohl von Muttersprachlern als auch von Nichtmuttersprachlern gerichtet, weil Konstruktionen oder, anders gesagt, mehr oder weniger feste Wortverbindungen zweifelsohne zum Sprachinventar gehören, welches zum Äußern unserer Gedanken benötigt wird. Linguisten (Hausmann 1984, Reder 2006, Knatz 2007 u. a.) sind sich darüber einig, dass Konstruktionen die besten Indikatoren unserer Sprachkenntnisse sind: Je mehr feste Wortverbindungen wir aktiv gebrauchen, desto besser beherrschen wir eine Sprache. Während Muttersprachler verschiedene Konstruktionen eher intuitiv verwenden, müssen Nichtmuttersprachler diese ganz gezielt lernen. Aus diesen Feststellungen lässt sich die Hypothese ableiten, dass in wissenschaftlichen Texten von Muttersprachlern mehr Konstruktionen vorkommen als in Texten von Nichtmuttersprachlern. Bei der durchgeführten korpusbasierten Untersuchung wurde deswegen ein Versuch unternommen, diese Hypothese zu überprüfen.

2 Zum Konstruktionsbegriff

Im Vergleich zu den Untersuchungen anderer Länder sind die Forschungen auf dem Gebiet der Wortverbindungen in Litauen nicht so zahlreich, da das Interesse an Konstruktionen als Forschungsobjekt und an der Korpuslinguistik in Litauen erst seit der zweiten Hälfte des 20. Jahrhunderts besteht. Bei den interkulturellen Untersuchungen der Wissenschaftstexte werden von den litauischen Forschern meist englischsprachige Texte mit den Texten aus anderen Sprachen verglichen.

Der Grund dafür liegt vielleicht darin, dass englische Publikationen, wie schon in der Einleitung erwähnt, in renommierten Fachzeitschriften im internationalen Bereich hohe Anerkennung finden und für die akademische Karriere eine wichtige Rolle spielen. Außerdem sind die Publikationen auf Englisch meist leichter zugänglich.

Wie Haß und Žeimantienė bemerken, „fielen immer schon Phänomene auf, die sich weder rein lexikalisch-wortbildungsbezogen, noch rein morphologisch und syntaktisch und auch nicht allein phraseologisch erfassen lassen" (Haß, Žeimantienė 2011, 4). Bei der Suche nach dem passenden Begriff für den Gegenstand dieser Untersuchung wurde die Entscheidung getroffen, den Terminus der *Konstruktion* zu verwenden, weil es sich dabei um typische Formulierungsmuster der Muttersprachler bzw. Nichtmuttersprachler handelt. Der Begriff *Konstruktion* existiert in der linguistischen Tradition schon lange, aber erst im relativ neuen Ansatz der Konstruktionsgrammatik hat er „ein ganz besonderes semantisches und syntaktisches Profil" bekommen (Haß, Žeimantienė 2011, 4). In Anlehnung an die Konstruktionsgrammatik (nach Fischer, Stefanowitsch 2007) werden Konstruktionen in diesem Beitrag als Form-Bedeutungspaare verstanden. Ihre Formseite kann durch alle Ebenen des Sprachsystems bestimmt sein und die Bedeutungsseite wird unter Einbeziehung semantischer und pragmatischer Eigenschaften untersucht. Die Vertreter der Konstruktionsgrammatik sind sich einig, dass „die Bedeutungsseite von Konstruktionen sehr weit gefasst werden sollte, so dass sie nicht nur das mit einschließt, was traditionellerweise unter Semantik oder Satzbedeutung verstanden wird [...], sondern auch einen großen Teil dessen, was als Pragmatik oder als Sprecherbedeutung bezeichnet wird" (Fischer, Stefanowitsch 2007, 9).

Für die vorliegende Analyse wurden deswegen in Anlehnung an die oben genannte Position solche Wortketten ermittelt, die von Nichtmuttersprachlern als Ganzes gelernt werden, Ausdrücke in einem Lexik-Grammatik-Kontinuum abdecken und sich statistisch ermitteln lassen, weil sie als „grundlegende Einheiten der sprachlichen Organisation" gelten (Stefanowitsch, Gries 2003, 211). Da die untersuchten Konstruktionen sowohl ihre Form, als auch die Bedeutung als Ganzes haben, d. h. komplex sind, werden sie in diesem Beitrag im Sinne der Konstruktionsgrammatik als *komplexe Konstruktionen* bezeichnet.

3 Zum Korpus

Laut Steyer sind „die Methoden, mit denen Wortverbindungen erfasst und beschrieben werden, [...] so vielfältig wie der Beschreibungsgegenstand selbst" (Steyer 2004, 92).

Die Grundlage der vorliegenden Untersuchung bildet ein Vergleichskorpus wissenschaftlicher Beiträge, das aus 40 sowohl in Litauen, als auch im Ausland auf Deutsch publizierten Aufsätzen zu unterschiedlichen linguistischen Themen (je 20 Texte von Muttersprachlern und Nichtmuttersprachlern) besteht. Die wissenschaftlichen Aufsätze wurden deswegen als Untersuchungsquelle gewählt, weil „ein immer größerer Teil der wissenschaftlichen Literatur [...] aus Zeitschriftenartikeln" [besteht] (Graefen, Thielmann 2007, 67). Bei dieser Untersuchung wurde angenommen, dass die Autoren des Deutschen ausreichend mächtig sind. Bei der Zusammenstellung des Korpus wurde die Tatsache nicht beachtet, dass manche Zeitschriften darauf bestehen, dass Autoren, deren Muttersprache nicht Deutsch ist, ihren Beitrag von einem Muttersprachler auf die sprachliche Korrektheit hin überprüfen lassen sollten. Eine solche Entscheidung wird dadurch begründet, dass sich ein Muttersprachler beim Korrigieren fremder Texte normalerweise keine größeren Eingriffe erlaubt, sondern lediglich Vorschläge macht, die vom Autor letztendlich übernommen oder abgelehnt werden können.

Die Auswahl der wissenschaftlichen Beiträge wurde stichprobenartig durchgeführt, nur bei den Texten der muttersprachlichen Autoren wurde zusätzlich anhand ihres im Internet zugänglichen Lebenslaufs überprüft, ob das Deutsche wirklich die Muttersprache des Autors ist. Die ausgewählten Beiträge stammen aus dem Zeitraum 2007–2014 und sind vorzugsweise in Litauen herausgegebenen wissenschaftlichen Zeitschriften entnommen (dies gilt für die Publikationen sowohl der muttersprachlichen als auch der nichtmuttersprachlichen Autoren). Da deutsche Wissenschaftler ihre Untersuchungen nicht so oft in den litauischen Zeitschriften vorstellen, umfasst das Muttersprachlerkorpus auch in Deutschland publizierte Aufsätze. Das Teilkorpus der Muttersprachler hat einen Umfang von 67.936 Tokens (Textwörtern) und 12.571 Types (Wortformen), das Teilkorpus der Nichtmuttersprachler umfasst 64.964 Tokens und 11.361 Types.

Die zwei Teilkorpora des zusammengestellten Vergleichskorpus wurden im ersten Analyseschritt mit dem frei zugänglichen Programm *AntConc*[1] analysiert. Dabei habe ich mich der *N-Grams*-Suchfunktion bedient, die unter dem Reiter *Clusters* zu finden ist. Für die vorliegende Untersuchung wurde die Größe der N-Grame[2] von 3 bis 5 eingestellt und als minimale Häufigkeit der N-Grame 3 festgelegt. Da die Texte der Muttersprachler und der Nichtmuttersprachler

---

1 *AntConc* steht den Nutzern auf dem Homepage des Entwicklers Laurence Anthony unter http://www.laurenceanthony.net/software.html zur Verfügung.

2 *N-Grame* sind Zeichenfolgen, im Fall dieser Untersuchung, Wortketten, welche sich im Text wiederholen.

separat analysiert wurden, bekommt man als Ergebnis der durchgeführten Analyse zwei Listen mit häufig im Korpus vorkommenden Wortketten, die in einem zweiten Analyseschritt manuell bearbeitet wurden. Nach der manuellen Bearbeitung sind je 50 Konstruktionen geblieben, die im Weiteren näher untersucht und beschrieben werden.

4 Zum Gebrauch bestimmter Konstruktionen

Aus der kurzen Skizzierung des theoretischen Rahmens wird deutlich, dass das Interesse der vorliegenden Analyse einem breiten Spektrum von Wortketten gilt, die sowohl als feste lexikalische Wortgruppen gelten und als echte Kollokationen bezeichnet werden können, z. B.: *im vorliegenden Beitrag, in Bezug auf* oder *in der Regel*, als auch als syntaktische Satzmuster vorkommen, z. B.: *konnte festgestellt werden, dass…, es ist zu betonen, dass…* oder *zusammenfassend lässt sich sagen, dass….* In diesem Beitrag werden zuerst die Gemeinsamkeiten der Konstruktionsverwendung in den Texten beider Autorengruppen besprochen und anschließend die Unterschiede kontrastiv vorgestellt.

4.1 Von beiden Autorengruppen verwendete Konstruktionen

Der weitere Analyseschritt der zusammengestellten Konstruktionslisten sollte zur Feststellung der Gemeinsamkeiten von Konstruktionsverwendung dienen. Nach der kontrastiven Analyse der beiden Konstruktionslisten konnte festgestellt werden, dass etwa ein Drittel der extrahierten Wortverbindungen (insgesamt 16 Konstruktionen, s. Abb. 1) in den Texten beider Autorengruppen vorkommen, zwei Drittel (je 34 Konstruktionen in jeder Liste) dagegen nur für Texte von Muttersprachlern oder von Nichtmuttersprachlern typisch sind.

Wie in Abbildung 1 ersichtlich, kommen manche Konstruktionen in den Texten der Muttersprachler deutlich häufiger vor, z. B.: *in (diesem/ dem) Zusammenhang, in Anlehnung an, in der Regel* oder *davon ausgehen/ auszugehen, dass….* Andere sind für die Texte der Nichtmuttersprachler typisch, z. B.: *zum Ausdruck bringen (gebracht), in Bezug auf* oder *haben/ hat gezeigt, dass….* Zur dritten Gruppe gehören solche Konstruktionen, die in gleicher Anzahl in Texten beider Autorengruppen zu finden sind, z. B.: *wie z. B., in (vorliegendem/diesem) Beitrag wird, im Vergleich zu* oder *im Hinblick auf.*

Abb. 1: Konstruktionsvorkommen in den Texten beider Teilkorpora

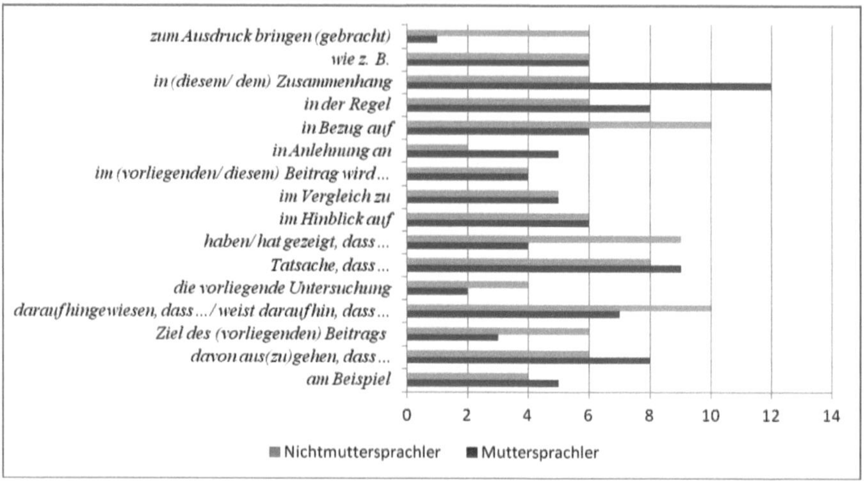

Den größeren Teil, nämlich 69% (11 Konstruktionen), der Konstruktionen dieser Gruppe bilden komplexe spezifische Konstruktionen, die als substantivische (z. B.: *die vorliegende Untersuchung, Ziel des (vorliegenden) Beitrags*) oder präpositionale (z. B.: *in der Regel, in Anlehnung an*) Wortgruppen realisiert sind. Als spezifisch werden sie deswegen bezeichnet, weil sie mit einer spezifischen Semantik oder Pragmatik verbunden sind. Die zweite Gruppe bilden komplexe schematische Konstruktionen. Sie gelten als schematisch, weil sie Leerstellen enthalten, die nach dem Kontext besetzt werden können. Als komplexe schematische Konstruktionen können 31% der ermittelten Wortketten (5 Konstruktionen) klassifiziert werden, z. B., *weist darauf hin, dass ..., Tatsache, dass ....*

Beim Verfassen der Texte in einer Fremdsprache bedient man sich als Nichtmuttersprachler in der Regel ein- oder zweisprachiger Wörterbücher oder aber auch unterschiedlicher Ratgeber, abhängig davon, mit welchem Text man sich befasst. Da die meisten komplexen spezifischen Konstruktionen lexikalisiert sind und von den Autoren beider Gruppen viel häufiger gebraucht werden, ist bei der durchgeführten Analyse von Interesse gewesen, welche der aus dem zusammengestellten Korpus extrahierten Konstruktionen in Wörterbüchern zu finden sind und welche anderen Quellen entnommen sein könnten. Wird davon ausgegangen, dass der Verfasser der untersuchten Beiträge ein ziemlich hohes sprachliches Niveau hat und ein einsprachiges Wörterbuch verwendet, so nimmt man an, dass er solche Nachschlagewerke wie *Das deutsche Universalwörterbuch* von Duden[3] konsultiert. Die online Version von Duden bietet dem Benutzer die Möglichkeit, Wendungen, Redensarten und Sprichwörter zu finden. Aber es wird schnell klar, dass man auf diese Weise nur lexikalische Wortketten, d. h. die Wendungen (nach Duden), ermitteln kann. Es wurden die aus dem Korpus ermittelten Konstruktionen in der online Version von Duden überprüft und dabei wurde festgestellt, dass Wortverbindungen dieser Art wie *in der Regel*, *in Bezug auf* oder *in diesem Zusammenhang* meistens unter ihrer Basiskomponente, d. h. unter dem Substantiv, angeführt werden. Dem Duden-Nutzer wird aber auch die Funktion der typischen Wortverbindungen zur Verfügung gestellt, die aus den vorhandenen Korpora computergeneriert sind und in Form von Wortwolken den Kontext zeigen, in dem das Stichwort in Texten (Sätzen) typischerweise vorkommt. Die Wortwolken sind nach Wortarten gruppiert und über die Reiter „Adjektive", „Verben" und „Substantive" zugänglich. Diese Funktion hat sich aber bei der Suche nach den für die Wissenschaftssprache typischen Formulierungsmustern als nicht hilfreich erwiesen, weil man über den Reiter „Adjektive" nur attributiv gebrauchte Adjektive ermittelt. Unter den Verben werden nur solche angegeben, mit deren Verbindung z. B. das eingegebene Substantiv die Funktion des reinen Akkusativobjekts erfüllt, aber keine typischen Präpositionalgruppen.

Diese Feststellungen bestätigen die Hypothese, dass der Wissenschaftler, der seine Gedanken in einer Fremdsprache formuliert, eher nach einem anderen Hilfsmittel greift als nach einem traditionellen ein- oder zweisprachigen Wörterbuch. Im Fall der Erarbeitung wissenschaftlicher Beiträge sind es vermutlich Ratgeber, die Formulierungshilfen zum Thema wissenschaftlichen Schreibens bieten. Meistens sind solche Listen in den für Nichtmuttersprachler bestimmten Leitfäden zu finden, während in den Ratgebern für Muttersprachler vor allem methodische, inhaltliche und formale Aspekte behandelt werden. Da in dieser Untersuchung Texte litauischer Autoren analysiert werden, sollen an dieser Stelle zwei an litauischen Universitäten erstellte Leitfäden genannt werden, nämlich die Arbeitshefte von Šileikaitė-Kaishauri (2009) und von Breckle (2012). Obwohl beide für Germanistikstudierende konzipiert sind, kann ich als junge Wissenschaftlerin bestätigen, dass man sie auch nach dem Studium bei Äußerungsproblemen zurate zieht. Je vertrauter man mit der Wissenschaftssprache wird, d. h. je mehr man in einer Sprache liest und publiziert, desto umfangreicher wird das mentale Lexikon, in dem verschiedene Formulierungsmuster gespeichert werden.

3 Das Wörterbuch Duden online ist unter http://www.duden.de/woerterbuch zugänglich.

Im nächsten Schritt der Analyse der extrahierten Formulierungsmuster, die in der Abbildung 1 zusammengefasst sind, wurde die Funktion *Concordance Plot* von *AntConc* verwendet, die eine grafische Darstellung der Treffer (*hits*) auf der Zeitachse bietet und insbesondere für die Bestimmung der Position von Treffern innerhalb eines Textes und für den quantitativen Vergleich mit anderen Texten nützlich ist. Der senkrechte Strich markiert den Ort des Vorkommens der Konstruktion.

Die kontrastive Analyse hat ergeben, dass die Position der analysierten Konstruktionen sehr unterschiedlich sein kann. Eine deutlichere Tendenz konnte nur bei *am Beispiel* festgestellt werden (vgl. Abb. 2 und 3). In den Abbildungen 2 und 3 ist die grafische Darstellung der Verwendung der Konstruktion *am Beispiel* im Korpus der muttersprachlichen (s. Abb. 2) und der nichtmuttersprachlichen (s. Abb. 3) Autoren zu sehen. Die Muttersprachler verwenden die Konstruktion *am Beispiel* entweder im einleitenden oder im abschließenden Teil ihrer Beiträge, die Nichtmuttersprachler dagegen in den meisten Fällen am Anfang oder gegen Ende des Mittelteils.

Abb. 2: Grafische Darstellung der Verwendung der Konstruktion am Beispiel *in den Texten der Muttersprachler*

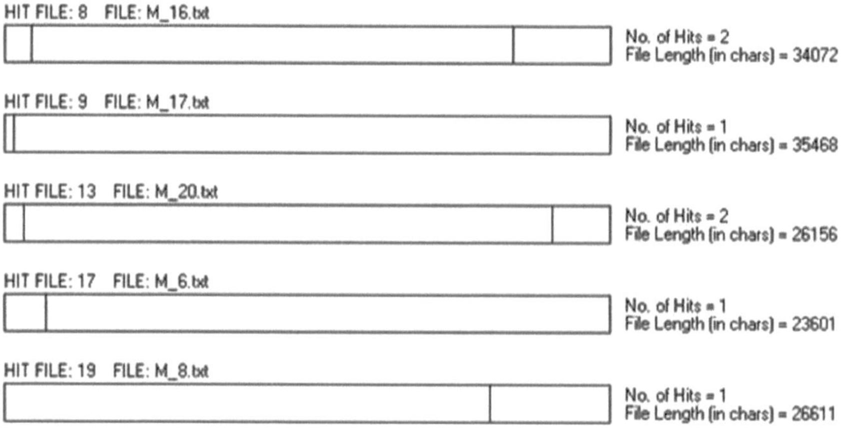

Abb. 3: Grafische Darstellung der Verwendung der Konstruktion am Beispiel *in den Texten der Nichtmuttersprachler*

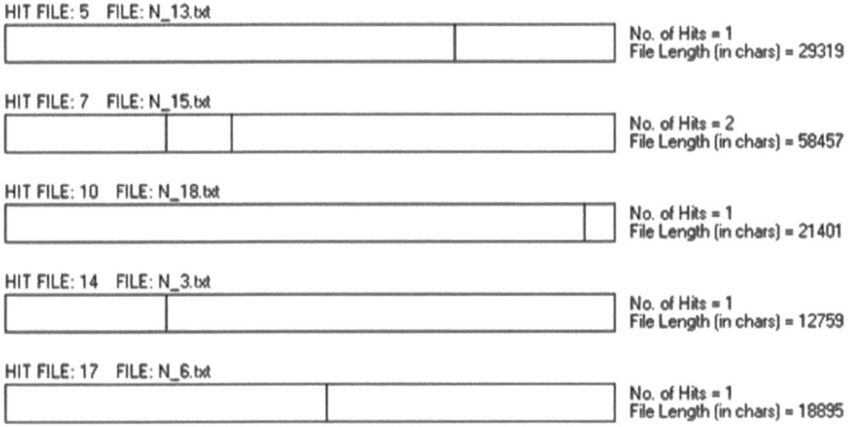

Die anderen analysierten Formulierungsmuster verteilen sich in den untersuchten Texten ziemlich gleichmäßig, was meiner Meinung nach davon zeugt, dass es sich dabei um keine textteilspezifischen, sondern eher um allgemein wissenschaftstextspezifische Konstruktionen handelt.

4.2 Für die Texte der Muttersprachler bzw. der Nichtmuttersprachler typische Konstruktionen

Wie schon angedeutet, verwenden die Muttersprachler und die Nichtmuttersprachler in ihren wissenschaftlichen Beiträgen unterschiedliche Konstruktionen, 34 Konstruktionen (68%) in den extrahierten Listen stimmen nicht überein.

Der Vergleich der Konstruktionen, die in den Texten von nur einer Autorengruppe vorkamen, hat ergeben, dass die extrahierten Wortketten in ihrer Struktur und auch in ihrem Wesen ähnlich sind, d. h. man kann darunter dieselben Gruppen komplexer schematischer und komplexer spezifischer Konstruktionen unterscheiden und die Gruppe der spezifischen Muster jeweils weiter in substantivische, verbale und präpositionale Konstruktionen unterteilen. Der prozentuale Anteil dieser Gruppen ist ähnlich (s. Abb. 4), ein größerer Unterschied besteht nur in der Verwendung der komplexen schematischen Konstruktionen, wie z. B. *zusammenfassend lässt sich sagen, dass…*, *fällt auf, dass…*, *Gleiches gilt für* oder *zu verstehen, dass…*, die etwa 32% (11 Konstruktionen) in den Texten der Muttersprachler und knapp 41% (14 Konstruktionen) in denen der Nichtmuttersprachler ausmachen, und der verbalen spezifischen Konstruktionen, wie z. B. *ergibt sich auch*, *bezieht sich auf*, *gelten als*, die jeweils rund 18% (6 Konstruktionen) und nur fast 6% (2 Konstruktionen) ausmachen. Die präpositionalen Konstruktionen und die substantivischen Konstruktionen werden von den beiden Autorengruppen fast genauso häufig verwendet.

Abb. 4: Konstruktionen in den Texten der Muttersprachler bzw. der Nichtmuttersprachler

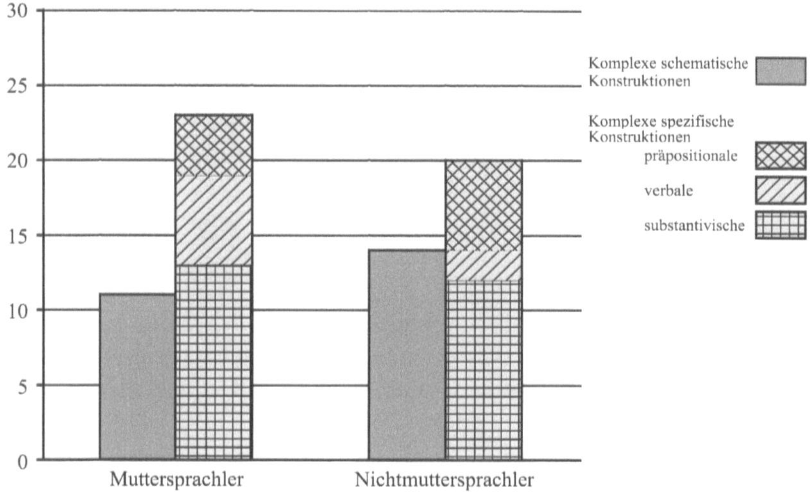

Nach der Analyse der vorliegenden 68 Konstruktionen (je 34 aus jeder Liste) mithilfe der Funktion *Concordance Plot* von *AntConc* ist die Verwendung von je drei Konstruktionen aus jeder Liste aufgefallen, nämlich aus dem Korpus der Nichtmuttersprachler *bei der Behandlung*, *der vorliegende Beitrag* und *deutlich, dass…* und aus dem Korpus der Muttersprachler *im Folgenden soll*, *zu beobachten, dass…* und *zu betrachten ist*. Mit *der vorliegende Beitrag* und *im Folgenden soll* beginnen die meisten Autoren ihre Beiträge, *deutlich, dass* und *zu beobachten, dass…* kommen eher am Ende des Hauptteils oder am Anfang des Abschlussteils vor und die Konstruktion *zu betrachten ist* kann als für den Hauptteil der Beiträge typisch gelten. Bei der Analyse der grafischen Darstellung der Treffer von *bei der Behandlung* ist aufgefallen, dass manche Konstruktionen von einzelnen Autoren besonders bevorzugt werden. So wurde die genannte Konstruktion *bei der Behandlung* in einem wissenschaftlichen Beitrag ganze zehn Mal verwendet (sechs Mal im kurzen abschließenden Teil), obwohl die anderen Muster meistens nur ein- oder zweimal im Text zu finden sind.

5 Fazit

Bei der durchgeführten Untersuchung wurde der Versuch unternommen, die Hypothese zu überprüfen, ob in den wissenschaftlichen Beiträgen von Muttersprachlern mehr Konstruktionen vorkommen als in wissenschaftlichen Beiträgen von Nichtmuttersprachlern. Im Hinblick auf die ersten Ergebnisse der Untersuchung konnte diese Annahme nicht bestätigt werden, da aus beiden Teilkorpora die gleiche Zahl an Konstruktionen extrahiert werden konnte. Nach der kontrastiven Analyse der verwendeten Formulierungsmuster wurde aber festgestellt, dass komplexe spezifische Konstruktionen in den wissenschaftlichen Beiträgen beider Autorengruppen einen relativ großen Anteil aller verwendeten Formulierungsmuster bilden. In den Texten der Muttersprachler haben sie aber einen größeren Anteil (rund 70%) als in den Beiträgen der Nichtmuttersprachler (knapp 60%). Diese Feststellung könnte meiner Meinung nach die Annahme bestätigen, dass das Sprachwissen der nichtmuttersprachlichen Autoren im Bereich der untersuchten wissenschaftlichen Konstruktionen doch unter dem Niveau der Muttersprachler liegt, obwohl sie über sehr gute Sprachkenntnisse verfügen.

Die formale Analyse der Konstruktionen hat ergeben, dass komplexe schematische Konstruktionen häufiger in den Texten der Nichtmuttersprachler vorkommen (28% zu 38% aller analysierten Belege). Diese Feststellung zeugt m. E. wiederum davon, dass die Muttersprachler wegen höherem Sprachniveau freier beim Formulieren ihrer Gedanken sind und in ihren Texten weniger fertige Muster gebrauchen. Wenn doch, dann können die verwendeten Muster als wissenschaftssprachspezifisch bezeichnet werden.

Aus der Analyse der grafischen Darstellungen der extrahierten Formulierungsmuster, die anhand der Funktion *Concordance Plot* erstellt wurden, lässt sich schlussfolgern, dass es unter den analysierten Konstruktionen kaum solche Muster gibt, die für einen bestimmten Teil eines wissenschaftlichen Beitrags typisch sind, denn sie verteilen sich in der Regel über den gesamten Text. Anhand dieser Feststellung ziehe ich die Schlussfolgerung, dass die untersuchten Muster als allgemein wissenschaftstextspezifisch und nicht als textteilspezifisch bezeichnet werden können.

Quellenverzeichnis

M_1 Drößiger, Hans-Harry (2007): Zum Problem der terminologisch-konzeptuellen Äquivalenz zwischen zwei Sprach- und Kulturgemeinschaften: die sogenannten „Differenzen" zwischen den Sachen. *Kalbotyra* 57(3), 82–92.

M_2 Drößiger, Hans-Harry (2008): Zum Anteil der Wortfamilie zu Liebe bei der Konzeptualisierung von „Liebe" in deutschsprachiger Liebeslyrik. *Kalbotyra* 59(3), 66–76.

M_3 Feyrer, Cornelia (2008): *Wasser* als Raum in Literatur und Kultur: Wasserkonzepte im interkulturellen Vergleich. *Kalbotyra* 59(3), 77–87.

M_4 Geyer, Klaus (2008): „Zitate" in Schlagzeilen: eine medienlinguistische Untersuchung am Beispiel zweier deutscher Regionalzeitungen. *Kalbotyra* 59(3), 88–97.

M_5 Kiesendahl, Jana (2008): Die Bitte um einen Termin. Eine rollensignalisierende Anliegensformulierung in universitären E-Mails und Sprechstundengesprächen. *Kalbotyra* 59(3), 154–163.

M_6 Pöckl, Wolfgang (2008): Internationalismen und Kleinsprachen. *Kalbotyra* 59(3), 242–252.

M_7 Schiewe, Jürgen (2009): Satz – Text – Diskurs. Überlegungen zum Status und zu den Aufgaben der Textlinguistik. *Kalbotyra* 60(3), 94–103.

M_8 Breckle, Margit (2012): Zur Signalisierung der appellativen Textfunktion in einer Kundenzeitschrift der Apothekenbranche. *Kalbotyra* 64(3), 7–25.

M_9 Farhidnia, Arash (2012): Vergleich statt Übersetzung: Das bilinguale distinktive Synonymenwörterbuch als Ergänzung zum traditionellen zweisprachigen Wörterbuch. *Kalbotyra* 64(3), 26–44.

M_10 Hennecke, Angelika (2009): Zum Transfer kulturspezifischer Textbedeutungen. Theoretische und methodische Überlegungen aus einer semiotischen Perspektive. *Linguistik online* 37/1.

M_11 Möhring, Jupp (2011): Kollokationen im Lernerwörterbuch – Anspruch und Wirklichkeit. *Linguistik online* 47/3.

M_12 Pichler, Claudia (2008): Die Bedeutung von Infinitiv und Konjunktiv als Modi der Nicht-Mitteilung (unter besonderer Berücksichtigung des Italienischen). *Linguistik online* 33/1.

M_13 Putz, Magdalena (2007): Indikatoren für Verstehen, Missverstehen und Nichtverstehen. *Linguistik online* 32/3.

M_14 Quasthoff, Uwe (2009): Korpusbasierte Wörterbucharbeit mit den Daten des Projekts Deutscher Wortschatz. *Linguistik online* 39/3.

M_15 Heidbreder, Michael (2008): Germanistik an der Universität Vilnius. Wissenschaftsgeschichte eines Faches bis 1941. *Kalbotyra* 59(3), 109–118.

M_16 Thielmann, Winfried (2012): Zur Einzelsprachenspezifik wissenschaftlichen Sprachausbaus im gnoseologischen Funktionsbereich von Sprache. *Linguistik online* 52/2.

M_17 Schümann, Michael (2010): Der russische Partikel-Konjunktiv und der deutsche *würde*-Konjunktiv im Vergleich. *Linguistik online* 44/4.

M_18 Lühr, Rosemarie (2010): Partikeln in indogermanischen Sprachen. *Linguistik online* 44/4.

M_19 Hennig, Mathilde, Isabel Buchwald-Wargenau (2010): Ausdrucksarten – ein neuer Zugang zur Wortschatzvermittlung im DaF-Unterricht? *Linguistik online* 41/1.

M_20 Elsen, Hilke (2009): Prototypeneffekte im Grenzbereich von Phonologie und Morphologie. *Linguistik online* 40/4.

N_1 Baužienė, Rūta (2007): Deutsch als Fremdsprache im Rahmen schulischer Mehrsprachigkeit in Litauen. *Kalbų studijos* 10, 68–74.

N_2 Kohrs, Jurgita (2007): Äquivalenz oder ethische Zensur? Zur Übersetzung deutscher jugendsprachlicher Wendungen ins Litauische. *Kalbotyra* 57(3), 140–148.

N_3 Masiulionytė, Virginija (2007): ELSTER als Symbol im deutschen und im litauischen phraseologischen Weltmodell: eine kontrastive Untersuchung. *Kalbotyra* 57(3), 169–176.

N_4 Stankevičienė, Sigita, Jūratė Maksvytytė (2007): Zur Kontextualität des Eigennamens LITAUEN in der deutschen Tagespresse. *Kalbų studijos* 11, 43–50.

N_5 Plaušinaitytė, Lina (2008): Nichtlexikographische Quellen des Wörterbuchs von Jacob Brodowski. *Kalbotyra* 59(3), 231–241.

N_6 Droessiger, Gražina (2009): Zu Übersetzungsmöglichkeiten des Modalverbs müssen in epistemischer Lesart ins Litauische. *Kalbotyra* 60(3), 14–25.

N_7 Masiulionytė, Virginija, Diana Šileikaitė-Kaishauri (2009): Geschlechtsspezifisch markierte Idiome im Deutschen und Litauischen: Alles rund um die Ehe. *Moderne Sprachen* 53/2, 207–227.

N_8 Babušytė, Diana (2010): Das lexikalische Erbe der Sprachen Europas. *Kalba ir kontekstai* 3/2, 181–188.

N_9 Girdenienė, Skaidra (2010): Zum Ausdruck der äußeren Ursache durch Präpositionalphrasen im Deutschen und Litauischen. *Kalbotyra* 62(3), 41–57.

N_10 Kontutytė, Eglė (2010): Deutsche und litauische Klappentexte aus textlinguistischer Perspektive. *Kalbotyra* 62(3), 75–94.

N_11 Satkauskaitė, Danguolė (2010): Zur Fertigkeit des Hörverstehens im DaF-Unterricht und bei der Vermittlung der Dolmetschkompetenzen. *Kalbų studijos* 17, 105–111.

N_12 Paurienė, Giedrė (2011): Rollenspiel als Ausgangspunkt für interkulturelles Lernen im Fachbereich Berufsdeutsch. *Kalbų studijos* 18, 90–96.

N_13 Lapinskas, Saulius, Irena Stanulevič (2012): Ein phraseologisches Lernerwörterbuch? Warum denn nicht! *Kalbotyra* 64(3), 60–77.

N_14 Burov, Aleksej, Diana Ickovič (2012): Hoffnung als Bestandteil der eschatologischen Botschaft im althochdeutschen Muspilli. *Triangulum: Germanistisches Jahrbuch 2013 für Estland, Lettland und Litauen*, 73–85.

N_15 Eidukevičienė, Rūta, Sidona Žvaliauskienė (2013): Die Behandlung von arbeitsbezogenen Problemen in deutsch-litauischen Geschäftstelefonaten. *Kalbotyra* 65, 7–34.

N_16 Šmidtaitė, Loreta (2013): Zur Übersetzung von deutschen Adjektivkomposita ins Litauische. *Kalbų studijos* 23, 62–69.

N_17 Račienė, Ernesta (2013): Zu sprachlichen Ausdruckmitteln der Intensivierung von Eigenschaften im deutsch-litauischen Vergleich. *Santalka: Filologija, Edukologija* 21(2), 123–134.

N_18 Žeimantienė, Vaiva (2013): Sprach- und diskursspezifische Konstruktionen dargestellt anhand von typischen deutschen und litauischen Formulierungsmustern aus den KoGloss-Korpora. *Stockholmer Germanistische Forschungen* 78, 273–286.

N_19 Burov, Aleksej (2014): Zur Semantik der durativen und der iterativen Temporaladverbien unter besonderer Berücksichtigung des zeitphilosophischen Konzepts von John McTaggart. *Kalba ir kontekstai* VI(1), 231–238.

N_20 Šileikaitė-Kaishauri, Diana, Violeta Katinienė (2014): Abiturprüfung Deutsch 2013 in Estland, Lettland und Litauen im Vergleich. *Kalba ir kontekstai* VI(1), 272–288.

Literaturverzeichnis

Breckle, Margit (2012): *Wissenschaftliches Schreiben und sprachwissenschaftliche Arbeitstechniken*. Vilnius: Edukologija.

Ehlich, Konrad (2000): Deutsch als Wissenschaftssprache für das 21. Jahrhundert. *German as a Foreign Language.* Zugang: http://www.gfl-journal.de/1-2000/ehlich.html (Stand: 10.3.2015).

Fischer, Kerstin, Anatol Stefanowitsch (Hg.) (2007): *Konstruktionsgrammatik. Von der Anwendung zur Theorie.* Tübingen: Stauffenburg.

Graefen, Gabriele, Winfried Thielmann (2007): Der wissenschaftliche Artikel. *Reden und Schreiben in der Wissenschaft.* Peter Auer, Harald Baßler (Hg.). Frankfurt, Main: Campus.

Haß, Ulrike, Vaiva Žeimantienė (2011): *Kollaborative Konstruktionsglossare im Fachfremdsprachenlernen Deutsch, Estnisch, Lettisch, Litauisch.* Artikel zum Vortrag auf dem Linguistischen Kolloquium in Essen, 07.06.2011. Verfügbar unter: https://www.uni-due.de/imperia/md/content/koglosseu/vortrag_kogloss_2011-06-07.pdf (Stand: 1.2.2015).

Hausmann, Franz Joseph (1984): Wortschatzlernen ist Kollokationslernen. Zum Lehren und Lernen französischer Wortverbindungen. *Praxis des neusprachlichen Unterrichts* 31, 395–406.

Knatz, Sabine (2007): *Kollokationen im Übersetzungsprozess – Strategien zur Findung und Akzeptanzprüfung mit besonderer Berücksichtigung von Onlinezeitungsarchiven.* Trier: WVT.

Reder, Anna (2006): *Kollokationen in der Wortschatzarbeit.* Wien: Praesens Verlag.

Stefanowitsch, Anatol, Stefan Th. Gries (2003): Collostructions: investigating the interaction between words and constructions. *International Journal of Corpus Linguistics* 8(2), 209–243.

Steyer, Kathrin (2004): Kookurrenz. Korpusmethodik, linguistisches Modell, lexikografische Perspektiven. *Wortverbindungen – mehr oder weniger fest.* Jahrbuch des Instituts für Deutsche Sprache 2003. Berlin, New York: de Gruyter.

Šileikaitė-Kaishauri, Diana (2009): *Wie schreibe ich meine Abschlussarbeit? Ein Leitfaden für die Germanistikstudierende.* Vilnius: Vilniaus universiteto leidykla.

Deutsche Wissenschaftssprache im Studium

Margit Breckle

Die studentische Opponierung als Form mündlicher Wissenschaftskommunikation aus Studierenden- und Lehrkraft-Perspektive

Abstract Especially in Finland, student opponent seminars are common for discussing student assignments, e. g. bachelor theses. However, the teacher faces a number of didactic challenges. This article focuses on student opponent seminars as a form of oral scientific communication, and presents an action research that takes into account both the student and teacher perspective. The action research deals with the following questions: (i) How is the student opponent seminar perceived as a form of oral scientific communication by both students and the teacher? (ii) How could student opponent seminars be further developed and improved? The methods used for the action research are: (i) questionnaire (students), (ii) self-observation (teacher) and (iii) triangulation of methods for comparison. The results of the action research can be summarized as follows: The students clearly mention more advantages/opportunities than disadvantages/challenges. Their answers are more positive towards student opponent seminars than expected, also concerning their own learning outcome. The students find student opponent seminars very laborious and time consuming, but also useful and well-balanced with respect to time and learning. Based on the results of the action research, student opponent seminars will be further developed and improved by agreeing earlier on their schedule and by allowing the students to revise their bachelor thesis after the student opponent seminars.

Keywords: student opponent seminar, oral scientific communication, action research, German as a foreign language, Finland, bachelor thesis, German philology

Schlüsselwörter: Studentische Opponierung, mündliche Wissenschaftskommunikation, Aktionsforschung, Deutsch als Fremdsprache, Finnland, Bachelorarbeit, Germanistik

1 Einleitendes

Im vorliegenden Beitrag geht es um die studentische Opponierung als Form mündlicher Wissenschaftskommunikation aus Studierenden- und Lehrkraft-Perspektive. Die studentische Opponierung, die in Abschnitt 3 noch genauer präsentiert wird, stellt an Universitäten vor allem in Finnland, aber auch in Schweden ein verbreitetes Verfahren zur Besprechung von Abschlussarbeiten, z. B. Bachelorarbeiten, dar. Dabei steht die Lehrkraft vor einigen methodisch-didaktischen Herausforderungen, was z. B. die Aktivierung der Studierenden betrifft. Somit bietet sich die studentische Opponierung im Rahmen der Aktionsforschung als interessantes Untersuchungsobjekt an, zumal es bisher keine Forschungsarbeiten zu diesem Thema gibt.

Der vorliegende Beitrag gliedert sich wie folgt: Abschnitt 2 beschäftigt sich mit Aktionsforschung, bevor in Abschnitt 3 die studentische Opponierung als Form mündlicher Wissenschaftskommunikation vorgestellt wird. Abschnitt 4 behandelt die im Rahmen der Aktionsforschung durchgeführte Untersuchung, während die Ergebnisse der Untersuchung in Abschnitt 5 dargestellt werden. Das Fazit der Untersuchung wird in Abschnitt 6 präsentiert.

2 Aktionsforschung

Bei der Aktionsforschung handelt es sich laut Elliott (1981, 1, zit. n. Altrichter, Posch 2007, 13) um die *„systematische Untersuchung beruflicher Situationen, die von Lehrerinnen und Lehrern selbst durchgeführt wird, in der Absicht, diese zu verbessern*" (H. i. O.). Dabei werden in systematischer Weise Daten in der eigenen Praxis gesammelt und analysiert mit dem Ziel, Erkenntnisse für die zukünftige Praxis zu gewinnen (vgl. Wallace 1998, 4). Die Aktionsforschung zeichnet sich also dadurch aus, dass sie (i) durch Praktiker/innen, d. h. Lehrkräfte, durchgeführt wird, von denen die Initiative der Untersuchung ausgeht, und dass sie (ii) nach dem Motto *aus der Praxis – in der Praxis – für die Praxis* an Fragen der Unterrichtspraxis ansetzt (vgl. Boeckmann 2009). Als mögliche Forschungsmethoden nennt Warneke (2005, 10–15) u. a. (i) Selbstbeobachtung im Unterricht, (ii) Evaluation durch die Lernenden (z. B. mittels Befragung) sowie (iii) Triangulation der Methoden.

3 Studentische Opponierung

Im vorliegenden Abschnitt soll die studentische Opponierung am Beispiel des Studiengangs Deutsche Sprache und Kultur an der Universität Vaasa/Finnland beschrieben werden, wo die studentische Opponierung der Bachelorarbeit im Rahmen des Bachelorseminars stattfindet (vgl. Deutsche Sprache und Literatur 2012). Im Bachelorseminar wird i. d. R. jeweils ein Rahmenthema (z. B. Textlinguistik) angeboten, jedoch können die Studierenden entsprechend ihren Interessen natürlich auch andere Themen wählen. So schrieben von den acht Studierenden des sprachwissenschaftlichen Bachelorseminars im Frühjahrssemester 2014, deren Antworten in die vorliegende Aktionsforschung einfließen, fünf ihre Bachelorarbeit im Bereich Textlinguistik, zwei im Bereich Deutsch als Fremdsprache und eine im Bereich Rhetorik.

Bei der etwa einstündigen Opponierung wird die fertige Bachelorarbeit opponiert, was wie folgt abläuft: Zu Beginn stellt der/die Autor/in der Bachelorarbeit dieselbige in einem etwa zehnminütigen Vortrag vor. Im Anschluss daran hat der/die studentische Opponent/in die Aufgabe, die Arbeit zu beurteilen, wobei vor allem inhaltliche und formale Aspekte im Vordergrund stehen, während sprachliche Probleme und Fehler lediglich am Ende kurz angesprochen werden. Die Vorbereitung der Opponierung der Bachelorarbeiten erfolgt dabei anhand von Leitfragen, die sich auf folgende Aspekte der Arbeit beziehen: (i) Allgemeines, (ii) Einleitung, (iii) Theoretischer Teil, (iv) Analyse, (v) Zusammenfassender Teil, (vi) Präsentation, (vii) Literaturverzeichnis und Anhang sowie (viii) Sprache. Nach dem Vortrag des/der Opponent/in hat der/die Autor/in die Gelegenheit für Nachfragen, Erklärungen und Richtigstellungen in Bezug auf die angesprochenen Probleme, bevor die übrigen Seminarteilnehmer/innen die Möglichkeit haben, zur Bachelorarbeit Fragen zu stellen und Kommentare zu geben. Die Opponierung wird durch Kommentare und eine Einschätzung der Arbeit durch die Lehrkraft abgerundet. Die gesamte Opponierung findet auf Deutsch statt.

4 Untersuchung

4.1 Fragestellungen und Methoden

Der Aktionsforschung liegen die folgenden Fragestellungen zugrunde:

1. Wie wird die studentische Opponierung als Form mündlicher Wissenschaftskommunikation von den Beteiligten wahrgenommen?
2. Wie könnte die studentische Opponierung in der Praxis weiterentwickelt und verbessert werden?

Dabei sollte sowohl die Studierenden- als auch die Lehrkraft-Perspektive eruiert werden. Die Ergebnisse, die in Abschnitt 5 vorgestellt werden, basieren auf den Antworten von acht Studierenden des sprachwissenschaftlichen Bachelorseminars im Frühjahrssemester 2014 sowie der Lehrkraft. Als Methoden kamen die Befragung der Lernenden mittels Fragebogen und die Selbstbeobachtung der Lehrkraft (Notizen) zum Einsatz, wobei die Ergebnisse im Sinne einer Triangulation der Methoden gegenübergestellt und miteinander verglichen werden.

4.2 Fragebogen

Der Fragebogen für die Studierenden wurde auf Basis der Vor-Erfahrungen der Lehrkraft entwickelt und umfasste folgende Aspekte:

- Vor- und Nachteile bzw. Möglichkeiten und Herausforderungen hinsichtlich der Opponierung und der damit verbundenen Rollen der Studierenden als (i) Autor/in, (ii) Opponent/in und (iii) Seminarteilnehmer/in;

- Rolle der Opponierung im Lernprozess der Studierenden;
- Verhältnis von Zeit und Lernen;
- Vorschläge zur Weiterentwicklung der Opponierungen.

Entsprechend den Empfehlungen für die Ausgestaltung von Fragebögen in der Fachliteratur (vgl. z. B. Albert, Koster 2002, 24–45; Porst 2008, 51–68; Mayer 2009, 90–96) wurden unterschiedliche Fragetypen in den Fragebogen aufgenommen. So wurden Fragen verwendet, bei der die Antwortalternativen der Items durch die fünfstufige Likert-Skala vorgegeben sind. Diese Antwortalternativen erfassen i. d. R. den Grad der Zustimmung bzw. Ablehnung der Befragten; die bei diesem Fragetyp überwiegend verwendeten Antwortalternativen lauten *sehr viel – viel – teils teils – eher wenig – gar nichts*. Ergänzt wurden die Fragen mit fünfstufiger Likert-Skala durch offene Fragen, um den Befragten die Möglichkeit zu geben, Begründungen für die von ihnen gewählte Antwortalternative zu geben. Darüber hinaus wurden auch weitere offene Fragen in den Fragebogen aufgenommen, bei denen die Befragten angeben konnten, was sie konkret in den einzelnen Phasen der Opponierung gelernt haben.

4.3 Hypothesen der Lehrkraft

Die Hypothesen der Lehrkraft bezüglich der Studierenden-Perspektive im Vorfeld der Untersuchung waren die Folgenden: Es wurde angenommen, dass die Studierenden die Opponierung der Bachelorarbeiten zwar für sinnvoll erachten, dass sie aber zugleich die Rolle der Opponierung im eigenen Lernprozess teils als wichtig, teils als unwichtig ansehen. Was das Lernen betrifft, war die Hypothese, dass die Studierenden meinen, dass sie bei der Opponierung der eigenen Bachelorarbeit viel, als Opponent/in teils teils und als Seminarteilnehmer/in eher wenig lernen – dass also die Rolle als Seminarteilnehmer/in z. T. als „Zeit absitzen" wahrgenommen wird. Bezüglich der Gewichtung von Zeit und Lernen wurde vermutet, dass die Studierenden meinen, bei der Opponierung viel Zeit investiert, aber wenig gelernt zu haben.

5 Ergebnisse

Im vorliegenden Abschnitt werden die Ergebnisse der Aktionsforschung vorgestellt, wobei zunächst darauf eingegangen wird, ob die Opponierung für sinnvoll gehalten wird (Abschnitt 5.1), und die Rolle der Opponierung im Lernprozess der Studierenden eruiert wird (Abschnitt 5.2), bevor die Vorteile/Möglichkeiten und Nachteile/Herausforderungen der Opponierung betrachtet werden (Abschnitt 5.3). Schließlich werden die Ergebnisse hinsichtlich der Gewichtung von Zeit und Lernen bei der Opponierung (Abschnitt 5.4) sowie Vorschläge zur Weiterentwicklung der Opponierung (Abschnitt 5.5) dargestellt.

5.1 Opponierung sinnvoll?

Die Befragung der Studierenden zeigt, dass die Opponierung der Bachelorarbeiten von den Studierenden für sinnvoll erachtet wird:

Tabelle 1: Opponierung sinnvoll?

Ja	Nein
7,5	0,5

Wie Tabelle 1 zeigt, betrachten sieben der acht Studierenden die Opponierung als sinnvoll, während eine Person geteilter Meinung ist. Die Gründe, die dabei von den Studierenden angegeben werden, sind die folgenden (Antworten mit zwei und mehr Nennungen): Positiv gesehen wird, dass die Studierenden bei der Opponierung Feedback bekommen, was ihnen die Möglichkeit gibt, aus ihren Fehlern zu lernen und sich weiterzuentwickeln (5). Auch die Tatsache, dass bei der Opponierung die Bachelorarbeit aus anderer Perspektive betrachtet wird, wird als vorteilhaft angesehen, denn dadurch können Aspekte, die bisher nicht bedacht worden waren, zur Sprache gebracht werden (3). Darüber hinaus wird hier positives Feedback genannt (2). Andererseits wird angemerkt, dass zwei Opponierungen statt einer wünschenswert wären (2) bzw. dass eine inhaltliche Korrektur nach der Opponierung sinnvoll wäre (2).

Auch aus Lehrkraft-Perspektive erscheint die Opponierung der Bachelorarbeiten sinnvoll. Dabei ist das gemeinsame Lernen der Studierenden in ihren unterschiedlichen Rollen bei der Opponierung hervorzuheben, d. h. mit- und voneinander zu lernen, aber es erscheint auch wichtig, dass die Studierenden lernen/üben, – positives und negatives – Feedback zu geben und zu bekommen. Und schließlich bieten die Opponierungen auch aus Lehrkraft-Perspektive die Möglichkeit, andere Perspektiven bei den Bachelorarbeiten zur Sprache zu bringen und zu diskutieren.

5.2 Rolle der Opponierung im Lernprozess der Studierenden

Interessant war zudem herauszufinden, wie die Studierenden die Rolle der Opponierung für ihren eigenen Lernprozess wahrnehmen (siehe Tabelle 2). Es zeigt sich, dass der überwiegende Teil der Studierenden die Opponierung als wichtig für das eigene Lernen empfindet:

Tabelle 2: Rolle der Opponierung im Lernprozess der Studierenden

sehr wichtig	wichtig	teils teils	eher nicht wichtig	gar nicht wichtig
0	6	2	0	0

Dass die Opponierung für wichtig im eigenen Lernprozess gehalten wird, wird dabei von den Studierenden wie folgt begründet (Antworten mit zwei und mehr Nennungen): Man hat viel gelernt (2), die Opponierung bietet die Möglichkeit, aus den eigenen Fehlern zu lernen und sie in Zukunft zu vermeiden (2), und man kann sich in den Bachelorarbeiten der anderen Studierenden für die Zukunft abschauen, was funktioniert und was nicht (2). Andererseits wurde die Opponierung für den eigenen Lernprozess teils als wichtig, teils als unwichtig empfunden mit der Begründung, dass man die Bachelorarbeit nach der Opponierung inhaltlich nicht mehr korrigieren durfte (1).

Aus Sicht der Lehrkraft wird die Opponierung ebenfalls als wichtig für den Lernprozess der Studierenden eingeschätzt. Dabei ist zu den oben von den Studierenden genannten Punkten zu ergänzen, dass das Lernen mit- und voneinander für alle Phasen der Opponierung betont werden sollte, d. h. nicht nur bei der Opponierung der eigenen Bachelorarbeit, sondern auch als Opponent/in bzw. Seminarteilnehmer/in.

5.3 Vorteile/Möglichkeiten und Nachteile/Herausforderungen der Opponierung

Im Folgenden soll auf die Vorteile/Möglichkeiten und Nachteile/Herausforderungen eingegangen werden, die die verschiedenen Phasen der Opponierung aus Studierenden- und Lehrkraft-Sicht mit sich bringen. Dabei ist allgemein festzustellen, dass die Studierenden in ihren Antworten deutlich häufiger auf Vorteile/Möglichkeiten eingehen, als dass sie Nachteile/Herausforderungen ansprechen.

5.3.1 Rolle als Autor/in

In Bezug auf die Besprechung der eigenen Bachelorarbeit werden folgende Vorteile/Möglichkeiten genannt (Antworten mit zwei und mehr Nennungen): Alle der antwortenden Studierenden sehen es als Vorteil/Möglichkeit an, dass man eine andere Perspektive auf die eigene Arbeit erhält und gute Verbesserungsvorschläge bekommt (8). Laut den Studierenden bietet die Opponierung zudem die Möglichkeit, Entscheidungen und Ergebnisse besser zu begründen (3), sich Formalia und Layout bewusst zu werden (3) und die wichtigsten Punkte der eigenen Bachelorarbeit zusammenzufassen (2). Weitere Punkte, die als Vorteil/Möglichkeit genannt wurden, waren, dass man das Halten von Vorträgen übt (2), dass man die Schreibanweisungen besser beachten lernt (2) und dass positive Kommentare motivieren (2). Als Nachteile/Herausforderungen aus Studierenden-Perspektive wurde angesehen, wenn bei der eigenen Bachelorarbeit wenige Kommentare kommen (1). Zudem gab eine Person an, bei den Einzelkonsultationen mehr als bei der Besprechung der eigenen Bachelorarbeit gelernt zu haben (1).

Aus Lehrkraft-Sicht bestehen die Vorteile/Möglichkeiten bei der Präsentation der eigenen Bachelorarbeit durch die Studierenden im Rahmen der Opponierung vor allem darin, dass die Studierenden die wichtigsten Punkte ihrer Arbeit inklusive Ergebnissen zusammenfassen und dass das Halten von Vorträgen geübt wird. Darüber hinaus ist jedoch festzuhalten, dass, wenn die Bachelorarbeit sehr gut ist, es wenig Kommentare durch die anderen Seminarteilnehmer/innen gibt.

Wenn die Studierenden einschätzen sollen, wie viel sie bei der Opponierung ihrer eigenen Bachelorarbeit gelernt haben, so sagt der Großteil aus, „viel" gelernt zu haben:

Tabelle 3: Lernen bei der Opponierung der eigenen Bachelorarbeit

sehr viel	viel	teils teils	eher wenig	gar nichts
1	5	2	0	0

5.3.2 Rolle als Opponent/in

In Bezug auf die Rolle als Opponent/in sehen die Studierenden insbesondere in Bezug auf folgende Aspekte Vorteile/Möglichkeiten (Antworten mit zwei und mehr Nennungen): Die Studierenden meinen, dass man kritisch denken lernt/übt (3) und dass man lernt, positive und negative Kritik zu geben (3). Außerdem sei es interessant, eine andere Arbeit zu lesen (2) und die eigene Sichtweise mit der der anderen vergleichen zu können (2). Als Nachteil/Herausforderung in Bezug auf die Rolle als Opponent/in wurde von einer Person genannt, dass sie nur sehr wenig kommentieren konnte, da die Arbeit sehr gelungen war (1).

Aus Lehrkraft-Perspektive bietet die Rolle als Opponent/in den Studierenden die Möglichkeit, eine andere Perspektive auf die Bachelorarbeit zu geben, die Arbeit zu hinterfragen sowie ggf. Verbesserungsvorschläge zu machen. Außerdem können die Studierenden nicht nur lernen, positives und negatives Feedback zu geben, sondern sie lernen ggf. auch inhaltlich/thematisch Neues. Darüber hinaus ist jedoch festzustellen, dass bei sehr ausführlicher Opponierung durch den/die Opponenten/in anschließend von den Seminarteilnehmer/innen nur noch wenige Kommentare gegeben werden.

Bei der Einschätzung, wie viel die Studierenden bei der Opponierung der Bachelorarbeit als Opponent/in gelernt haben, ergibt sich folgendes Bild:

Tabelle 4: Lernen bei der Opponierung der Bachelorarbeit als Opponent/in

sehr viel	viel	teils teils	eher wenig	gar nichts
0	4	4	0	0

Die Zahl der Studierenden, die „viel“ und die „teils teils“ angeben, hält sich mit jeweils vier die Waage; es zeigt sich zudem, dass die Studierenden meinen, weniger als bei der Opponierung der eigenen Bachelorarbeit gelernt zu haben.

5.3.3 *Rolle als Seminarteilnehmer/in*

In Bezug auf die Rolle der Studierenden als Seminarteilnehmer/in lassen sich aus Sicht der Studierenden folgende Vorteile/Möglichkeiten und Nachteile/Herausforderungen anführen: Als Vorteile/Möglichkeiten (Antworten mit zwei und mehr Nennungen) wird genannt, dass man inhaltlich mit unterschiedlichen Themen in Berührung kommt und somit Neues lernt (4), dass es eine andere Perspektive auf die Arbeit und gute Verbesserungsvorschläge geben kann (3) und dass es allgemein interessant ist, andere Arbeiten zu lesen (2). Auch für die Rolle als Seminarteilnehmer/in wird von Studierenden-Seite lediglich ein nachteiliger Aspekt angesprochen, nämlich dass die Opponierung als Seminarteilnehmer/in durch ähnliche Themen langweilig ist, da sich Begriffe und Termini in den Arbeiten derselben Teildisziplin (z. B. Textlinguistik) wiederholen (1).

Aus Lehrkraft-Perspektive stellt sich die Rolle der Studierenden als Seminarteilnehmer/in ähnlich wie die als Opponent/in dar, jedoch deutlich passiver. Zudem ist – trotz der Vorgabe, pro Bachelorarbeit zwei bis drei Fragen bzw. Kommentare vorzubereiten – eine sehr unterschiedliche Aktivität der Teilnehmenden zu beobachten. Anzumerken ist, dass desto mehr inhaltlich/thematisch Neues gelernt wird, je unterschiedlicher die Themen im Vergleich zum eigenen sind. Allerdings fällt es den Studierenden dann auch umso schwerer, die Bachelorarbeiten in der Rolle als Seminarteilnehmer/in zu kommentieren.

Was das Lernen als Seminarteilnehmer/in bei der Opponierung betrifft, ergibt die Befragung der Studierenden folgendes Bild:

Tabelle 5: Lernen bei der Opponierung als Seminarteilnehmer/in

sehr viel	viel	teils teils	eher wenig	gar nichts
0	1	7	0	0

Wie die Tabelle 5 zeigt, sind die Studierenden mehrheitlich der Auffassung, dass sie teils viel, teils wenig gelernt haben – und somit weniger als in den Rollen als Opponent/in bzw. bei der Opponierung der eigenen Arbeit.

5.4 Gewichtung von Zeit und Lernen

In der Aktionsforschung wurde auch die Gewichtung von Zeit und Lernen aus studentischer Sicht eruiert. Die Antworten der Studierenden sind in Tabelle 6 dargestellt:

Tabelle 6: Gewichtung von Zeit und Lernen

zu viel Zeit und zu wenig gelernt	**viel Zeit und wenig gelernt**	**Zeit und lernen ausgeglichen**	**wenig Zeit und viel gelernt**
0	1	7	0

Hier sind die befragten Studierenden mehrheitlich der Auffassung, dass Zeit und Lernen ausgeglichen sind. Dies wird in Textantworten beispielsweise wie folgt erläutert: Ich habe viel Zeit gebraucht, aber auch viel gelernt (3). Andere Antworten verdeutlichen, dass der Zeitplan sehr gelungen war (1) und dass eine Stunde für jede Opponierung gut ist (1), aber auch, dass das Opponieren sehr arbeits- und zeitaufwändig ist (1).

Aus Lehrkraft-Perspektive lässt sich bestätigen, dass die Opponierungen sowohl für die Studierenden als auch für die Lehrkraft sehr arbeits- und zeitaufwändig sind.

5.5 Vorschläge zur Weiterentwicklung der Opponierung

Im vorliegenden Abschnitt geht es um Vorschläge zur Weiterentwicklung der Opponierung, die in der studentischen Befragung geäußert wurden. Hier ist vor allem der Wunsch der Studierenden zu nennen, dass man die Bachelorarbeit nach der Opponierung noch inhaltlich korrigieren dürfen sollte bzw. dass man ggf. zwei Opponierungen haben sollte (5). Weiterhin wird genannt, dass der Zeitplan für die Opponierungen früher entschieden werden sollte (2) und dass für den Vortrag der eigenen Bachelorarbeit mehr Zeit eingeräumt werden sollte (1). Diese beiden letzten Punkte lassen sich recht einfach umsetzen, während sich dies beim erstgenannten etwas schwieriger gestalten dürfte.

Aus Lehrkraft-Sicht erscheint die Integration der inhaltlichen Korrektur ebenfalls sehr sinnvoll, allerdings unter Beachtung des Zeitrahmens und eines tragbaren Arbeits- sowie Kommentier- und Korrekturaufwands für Studierende und Lehrkraft. Die Beachtung des Zeitrahmens ist insofern unerlässlich, als das

Bachelorseminar im Studiengang Deutsche Sprache und Kultur an der Universität Vaasa im Januar (KW 2 oder 3) beginnt und mit der Opponierung der Bachelorarbeiten spätestens Mitte Mai abgeschlossen sein muss, damit die Studierenden die sich an die Bachelorarbeit anschließende Reifeprüfung in der Muttersprache noch im Mai ablegen können, um Mitte Juni ihr Bachelorexamen erhalten zu können.

6 Fazit

Das Fazit der Untersuchung im Rahmen der Aktionsforschung lässt sich wie folgt zusammenfassen: Die studentischen Antworten fallen positiver aus als erwartet, auch bezüglich des Lernens. Von den Studierenden werden deutlich mehr Vorteile/Möglichkeiten als Nachteile/Herausforderungen genannt. Sie empfinden die Opponierungen zwar als sehr arbeits- und zeitaufwändig, aber dennoch als sinnvoll und bezüglich der Gewichtung von Zeit und Lernen ausgeglichen. Was die Weiterentwicklung des Bachelorseminars auf Basis der Aktionsforschung betrifft, wird der Zeitplan der Opponierung zukünftig früher festgelegt, und es wird auch eine inhaltliche Korrektur nach der Opponierung ermöglicht. Dabei wird die Bachelorarbeit bereits Anfang April abgegeben und in der zweiten Aprilhälfte opponiert; im Anschluss daran besteht die Möglichkeit der inhaltlichen und sprachlichen Überarbeitung, bevor die finale Version der Arbeit Mitte Mai eingereicht wird. Der Zeitrahmen und der tragbare Arbeits- sowie Kommentier- und Korrekturaufwand für Studierende und Lehrkraft werden dabei im Blick behalten.

Literaturverzeichnis

Albert, Ruth, Cor J. Koster (2002): *Empirie in Linguistik und Sprachlehrforschung. Ein methodologisches Arbeitsbuch*. Tübingen: Narr.

Altrichter, Herbert, Peter Posch (2007): *Lehrerinnen und Lehrer erforschen ihren Unterricht. Unterrichtsentwicklung und Unterrichtsevaluation durch Aktionsforschung*. 4. überarb. u. erw. Aufl. Bad Heilbrunn: Klinkhardt.

Boeckmann, Klaus-Börge (2009): *Forschendes Lehren als Instrument der Qualitätsentwicklung – Wie Lehrende den eigenen Unterricht erforschen und dabei weiterentwickeln können*. Zugang: http://homepage.univie.ac.at/klaus-boerge.boeckmann/dt/IDT09neuklein.pdf (Stand: 07.04.2015).

Deutsche Sprache und Literatur (2012): *Einführung in die Techniken wissenschaftlichen Arbeitens*. Vaasa: Universität Vaasa.

Elliott, John (1981): *Action Research. A Framework for Self-Evaluation in Schools. Working paper no. 1 of Schools Council Programme Teacher-Pupil-Interaction and the Quality of Learning*. London: Schools Council.

Mayer, Horst Otto (2009): *Interview und schriftliche Befragung. Entwicklung, Durchführung und Auswertung*. 5. überarb. Aufl. München, Wien: Oldenbourg.

Porst, Rolf (2008): *Fragebogen. Ein Arbeitsbuch*. Wiesbaden: Verlag für Sozialwissenschaften.

Wallace, Michael J. (1998): *Action Research for Language Teachers*. Cambridge: CUP.

Warneke, Dagmara (2005): Gebrauchsanweisung für die Aktionsforschung. Schritte zu bewussterem Unterrichten. *daf-Werkstatt. Halbjahreszeitschrift des Zentrums für die Didaktik der deutschen Sprache an der Universität Siena-Arezzo* 3, 3–19.

Antje Heine

„Aber die müssen doch so eine Prüfung machen" – zu sprachlichen Anforderungen und Voraussetzungen internationaler Studierender in den Ingenieurwissenschaften

Abstract International students in Germany are obligated to complete one of the accredited tests of German as a foreign language (e. g. DSH, TestDaF) before enrolling. However, a large portion of them do not have sufficient German language skills to do so. This article discusses several reasons as to why students are not being taught in the most effective manner, by focusing on sentence transformation exercises that play an essential role in preparatory academic language courses. The analysis of passive and passive-alternative structures, as well as causal relations in technical articles in automotive engineering, will demonstrate that the aforementioned exercises are not genuinely helpful in comprehending academic language.

Keywords: DSH, causal relations, passive, passive-alternative constructions, TestDaF, sentence transformation exercises

Schlüsselwörter: DSH, kausale Relationen, Passiv, Passiversatzformen, TestDaF, Transformationsübungen

1 Sprachliche Voraussetzungen für ein Hochschulstudium in Deutschland

Um in Deutschland ein Vollstudium aufnehmen zu können, müssen BewerberInnen, die keine deutsche Hochschulzugangsberechtigung vorweisen können, einen Nachweis über ausreichende deutsche Sprachkenntnisse erbringen. Ein solcher Nachweis kann auf der Grundlage unterschiedlicher Prüfungen und Zeugnisse erfolgen, von denen die wichtigsten die *Deutsche Sprachprüfung für den Hochschulzugang* (DSH, mindestens Stufe 2), der *Test Deutsch als Fremdsprache* (TestDaF, mindestens Niveau 4 (TDN 4)), der *Prüfungsteil Deutsch* der Feststellungsprüfung, das an den deutschen Auslandsschulen zu erwerbende *Deutsche Sprachdiplom der Kultusministerkonferenz* (DSD, mindestens Stufe zwei) und das *Zertifikat C2* des Goethe-Instituts sind. Für ein Studium in den Ingenieurwissenschaften genügt in der Regel die DSH 2, der TDN 4, die DSD II oder eines der beiden anderen genannten Zertifikate.

Auch wenn diese Prüfungen grundsätzlich nicht direkt miteinander vergleichbar sind und genaue Niveau-Zuweisungen (entsprechend dem GER) nicht in jedem Falle möglich sind, so lässt sich verallgemeinernd sagen, dass mit einem der oben genannten Zertifikate in der Regel Kenntnisse nachgewiesen werden, die mindestens dem Niveau B2 entsprechen und an der Grenze zu C1 liegen bzw. in das Niveau C1 „hineinreichen".[1] Da in den genannten Prüfungen die verschiedenen Fertigkeiten voneinander getrennt bewertet werden, können in den einzelnen Teilprüfungen auch unterschiedliche Niveaustufen nachgewiesen worden sein. Infolgedessen sollten für ein Hochschulstudium in Deutschland zugelassene internationale Studierende vollumfänglich über die Fähigkeiten verfügen, die für das Niveau B2 beschrieben sind, in Ansätzen auch über die der Stufe C1.

Tabelle 1: Ausgewählte Deskriptoren des GER

	B2	C1
Hörverstehen	„Kann **längeren Redebeiträgen und Vorträgen** aus dem **eigenen Fach- oder Interessengebiet** auch mit komplexer Argumentation **folgen**, wenn das Thema einigermaßen vertraut ist und der Rede- und Gesprächsverlauf durch explizite Signale gekennzeichnet ist."	„Kann **längere Redebeiträge** und **Vorträge** über **nicht vertraute, abstrakte** und **komplexe Themen verstehen**, auch wenn gelegentlich Unsicherheiten, besonders bei fremdem Akzent, auftreten." „Kann **Vorlesungen, Reden und Berichte im Rahmen des Studiums** [...] **verstehen**, auch wenn sie inhaltlich und sprachlich komplex sind."
Leseverstehen	„Verfügt über einen **großen Lesewortschatz**, hat aber möglicherweise **Schwierigkeiten mit seltener gebrauchten Wendungen**."	„Kann **lange, komplexe Texte im Detail verstehen**, auch wenn diese nicht dem eigenen Spezialgebiet angehören, sofern schwierige Passagen mehrmals gelesen werden können."

In Tabelle 1 finden sich einige Ausschnitte aus den Deskriptoren (FaDaF 2012, 46 und 64, Hervorheb. A. H.), bezogen auf die rezeptiven Fertigkeiten Hörverstehen und Leseverstehen, da die Studierenden mit diesen vom ersten Tag ihres Studiums an konfrontiert sind. Beim Hörverstehen unterscheiden sich beide Niveaustufen

1 Eine Ausnahme bildet das Zertifikat C2 des Goethe-Instituts, durch das mit C2 das höchstmögliche Niveau nachgewiesen wird.

vor allem in Bezug auf die Vertrautheit mit dem Gegenstand bzw. dahingehend, wie gut Informationen über fremde Fachgebiete verstanden werden. Auch beim Leseverstehen bedeutet das Erreichen der vollständigen Niveaustufe C1, dass Texte auch aus einem anderen als dem eigenen „Spezialgebiet" verstanden werden können. Der Unterschied zu B2 besteht zudem in der Notwendigkeit, für die „seltener gebrauchten Wendungen" Nachschlagewerke hinzuziehen zu müssen.

Alles in allem kann konstatiert werden, dass es bereits mit Erreichen der vollen Stufe B2 möglich sein müsste, in einer Fremdsprache zu studieren, insbesondere, wenn bereits im Heimatland mit dem Studium begonnen oder bereits ein komplettes Studium absolviert wurde. Man sollte also davon ausgehen können, dass beispielsweise alle an deutschen Hochschulen zugelassenen internationalen Masterstudenten über ausreichende Sprachkenntnisse verfügen, da sie hierfür erstens eines der anerkannten Zertifikate vorweisen müssen und demzufolge mindestens das Niveau B2 vollständig erreicht haben und zweitens Vorkenntnisse aus dem jeweiligen Fachbereich mitbringen, die die Rezeption von Texten sowohl gesprochener als auch geschriebener Sprache entsprechend erleichtern. Jedoch sieht die Realität – wie das den Titel des Aufsatzes einleitende Zitat verdeutlicht – in vielen Fällen anders aus; Lehrende in den ingenieurwissenschaftlichen Fächern äußern häufig Unverständnis darüber, dass das Deutsch der Studierenden „so schlecht ist", obwohl sie doch zugelassen worden sind und demzufolge vorab entsprechende Deutschkurse besucht haben. Häufig sind die produktiven, aber auch die rezeptiven Fertigkeiten so schlecht ausgebildet, dass selbst die Alltagskommunikation (z. B., wenn Absprachen getroffen werden müssen) erheblich gestört ist und dass nicht selten Prüfungsfragen – sowohl schriftliche als auch mündliche – nicht verstanden werden, demzufolge auch nicht (korrekt) beantwortet werden können.

Die Ursachen für diese erschwerte oder gar gestörte Kommunikation sind sicherlich vielfältig; zu nennen wäre einerseits die oftmals fehlende Integration der internationalen Studierenden, das mangelnde Verständnis der Lehrenden für die Probleme der internationalen Studierenden, die ja nicht nur sprachlicher Natur sind, aber auch – und darum soll es im Folgenden gehen – die unzureichende Vorbereitung der Studierenden auf den Universitätsalltag. Auch hier wären wiederum verschiedene Ursachen zu beleuchten, ich möchte mich jedoch auf einige sprachliche Aspekte beschränken, die im Zusammenhang mit den Sprachkursen und den damit verbundenen Prüfungen stehen. Ich werde mich dabei vor allem auf die DSH und den TestDaF konzentrieren, da dies die beiden in Deutschland selbst überwiegend angebotenen Prüfungen sind.

2 Kursinhalte

Die DSH wie auch der TestDaF bestehen aus vier Teilprüfungen (Tabelle 2).

Tabelle 2: Teilprüfungen der DSH und des TestDaF

DSH	TestDaF
Hörverstehen	Hörverstehen
Leseverstehen und Wissenschaftssprachliche Strukturen	Leseverstehen
Textproduktion	Schriftlicher Ausdruck
Mündliche Prüfung	Mündlicher Ausdruck

Auffällig ist, dass bei der DSH mit dem Leseverstehen auch wissenschaftssprachliche Strukturen abgeprüft werden (sollen), weshalb diese Teilprüfung hier von besonderem Interesse ist. Im DSH-Handbuch (FaDaF 2012, 67) heißt es hierzu:

> Die Aufgabenstellung im Bereich Wissenschaftssprachliche Strukturen beinhaltet das Erkennen, Verstehen und Anwenden wissenschaftssprachlich relevanter Strukturen. Diese Aufgabenstellung soll die Besonderheiten des zugrunde gelegten Textes zum Gegenstand haben […] und kann u. a. Ergänzungen, Fragen zum Verstehen komplexer Strukturen sowie verschiedene Arten von Umformungen (Paraphrasierung, Transformation) beinhalten.

Als typische Strukturen werden unter anderem „Aktiv/Passiv/Passiversatz" sowie „Nominalisierungen/Verbalisierungen (Präpositionalphrasen, Nebensätze)" angegeben, auf die im Folgenden der Fokus gelegt werden soll. Beim TestDaF gibt es keinen Teil, der sich explizit „wissenschaftssprachlichen" Strukturen widmet; hier wird vielmehr davon ausgegangen, dass zur Beantwortung der Fragen zum Hör- und Leseverstehen derartige Strukturen (zumindest passiv) beherrscht werden müssen, denn Bestandteil des Leseverstehens ist u. a. ein „Artikel aus einer Fachzeitschrift", Teil des Hörverstehens ein „Vortrag oder Experten-Interview" (TestDaF_Prüfungsteile 2015).

Die oben genannten Umformungen stellen also ein wichtiges Element in studienvorbereitenden Deutschkursen dar, weil offensichtlich davon ausgegangen wird, dass sie einen wesentlichen Beitrag beim Aufbau wissenschaftssprachlicher Kompetenz leisten können. So findet man in unterschiedlichen Übungsmaterialien zur DSH und zum TestDaF zum Beispiel die folgenden Aufgabenstellungen:

> *Transformieren Sie die folgenden Sätze, ohne ihren Sinn zu verändern.* (Rocco 2006, 21)
> *Formen Sie das unterstrichene Substantiv in ein Verb um und vervollständigen Sie die Sätze.* (Glienicke, Katthagen 2004, 18)

Formen Sie die Sätze ins Passiv um. (Lodewick 2010, 68)
Formen Sie die Partizip-Attribute in einen Relativsatz um und umgekehrt. (Lodewick 2010, 72)[2]

Ein konkretes Beispiel sieht dann wie folgt aus:

(1) *Es ist schwierig, biologische von Umweltfaktoren zu trennen, da Männer und Frauen wegen ihrer unterschiedlichen Lebensstile schlecht zu vergleichen sind.* (Lodewick 2010, 70)

Hierzu wird noch der Hinweis gegeben, dass im Nebensatz zwei Gründe genannt werden: „da schlecht zu vergleichen" sowie „wegen ihrer Lebensstile (Verb ergänzen!)". Der korrekt umgeformte Satz müsste dann lauten[3]:

(1') *Es ist schwierig, biologische von Umweltfaktoren zu trennen, denn Männer und Frauen sind schlecht zu vergleichen, weil sie unterschiedliche Lebensstile haben.*

Abgesehen davon, dass der Satz (1') für die meisten Muttersprachler sicherlich nicht gerade authentisch klingt, ist die Frage zu stellen, inwiefern derartige Umformungen zum Verständnis wissenschaftssprachlicher Strukturen beizutragen vermögen. Genau diese beiden Probleme beschreibt auch Koeppel (2013, 53f.):

> [Es] finden sich nicht nur in älteren, sondern auch in aktuellen Lehrwerken Übungen, in deren Rahmen die Lerner Sätze produzieren müssen, die sie niemals hören, geschweige denn benötigen werden. [...]
>
> Allzu oft sind Übungen allein als Manipulation formaler Sprachelemente durchführbar, so wenn ein Lerner einen nicht voll verstandenen Aktivsatz gleichwohl korrekt in sein passivisches Äquivalent transformiert [...]. Es ist unschwer vorherzusagen, dass das Üben dann nicht lernwirksam, d. h. zu implizitem Wissen wird, denn rein formales Manipulieren sprachlicher Symbole ist nicht das Funktionsprinzip unseres angeborenen Sprachlernvermögens, das primär darauf eingestellt ist, Form-Inhalts-Beziehungen herauszufinden und in der Kompetenz zu verankern.

Genau diese Form-Inhaltsbeziehung wird bei derartigen Übungen sehr häufig vernachlässigt, zudem wird eine absolute Bedeutungsidentität trotz Transformation suggeriert, die so meines Erachtens oft nicht vorhanden ist. Dies ist auch recht gut an den folgenden Beispielen aus einem TestDaF-Übungsmaterial zu erkennen:

---

2 Auch wenn im Rahmen dieses Aufsatzes nicht weiter darauf eingegangen wird, so soll an dieser Stelle darauf hingewiesen werden, dass allein diese Instruktionen deutlich machen, welch große Rolle hier das explizite Wissen bis hin zur Beherrschung linguistischer Termini spielt.

3 Die unterstrichenen Satzteile sind bereits vorgegeben.

(2.1) *Die Leute forderten: ‚Man muss Kabe*[4] *sofort einsperren!'*
(2.2) *Die Zeitungen schrieben: ‚Kabe muss sofort …'*
(2.3) *Im Polizeibericht stand: ‚Kabe ist sofort …'* (Glienicke, Katthagen 2004, 55)

Diese Übung kann als positives Beispiel hervorgehoben werden, da hier zumindest indirekt verdeutlicht wird, dass die einzelnen Strukturen mit einer je eigenen Bedeutung (im weiteren Sinne) verbunden sind.

Dennoch muss die Herangehensweise, gerade im Falle des Aktivs und Passivs, grundsätzlich hinterfragt werden. Es ist nämlich nicht primär entscheidend, dass ein Passivsatz auf einen Aktivsatz zurückführbar ist, sondern viel wichtiger ist die Tatsache, dass ein Passivsatz (oder eine andere Struktur der Agensdezentrierung) einen Vorgang betont, während der Aktivsatz eine Handlung wiedergibt – und genau dies sind die Bedeutungen der beiden Strukturen. Vielversprechend scheint hierbei eine konstruktionsgrammatische Perspektive:

> Der traditionelle Weg, sich dieser Konstruktion zu nähern, ist die syntaktische Transformation. Der Passivsatz wird als eine Abwandlung (Transformation) des Aktivsatzes interpretiert.
>
> Man beschreitet einen konstruktionsgrammatischen Weg, wenn man bei Konstruktionsmustern von Passivsätzen ansetzt […] Diese Passivkonstruktionen ordnen sich als Mesokonstruktionen in die Makrokonstruktionen des persönlichen bzw. unpersönlichen Vorgangssatzes ein […]. (Welke 2013, 25)

Gegen Transformationsübungen spricht also zunächst eine mögliche Änderung der Bedeutung im Falle einer Änderung der Struktur, oder anders gesagt: eine Interdependenz von Form und Funktion. Hinzu kommt aber noch ein weiterer, nicht unwesentlicher Punkt: Je nach Varietät und Textsorte überwiegt die eine oder andere Ausdrucksvariante. So wird beispielsweise in der Textsorte Ordnungen die Struktur *sein* + *zu* + Infinitiv oder im Falle der Nennung des Agens die Struktur *haben* + *zu* + Infinitiv überwiegen; niemand würde wohl auf die Idee kommen, einen Text dieser Textsorte im DaF-Unterricht derart umformen zu lassen, dass Aktiv- und Passivsätze mit Modalverben gebildet werden. Sollte es auch in den einschlägigen Textsorten aus der Domäne der Ingenieurwissenschaften derartige Präferenzen geben, hätte dies einen nicht unerheblichen Einfluss (oder sollte zumindest einen solchen haben) auf die Inhalte von studienvorbereitenden und studienbegleitenden Sprachkursen.

An dieser Stelle wird zunächst vermutet, dass in ingenieurwissenschaftlichen Aufsätzen

---

4 *Kabe* ist der Familienname eines Mannes, um den es in einem vorhergehenden Text geht.

I. zum Ausdruck von Kausalität überwiegend nominale Angaben verwendet werden und
II. so genannte Passiversatzformen eher selten verwendet werden.

Ergänzend zu II. wird ferner vermutet, dass

III. die Verwendung sowohl von Personalpronomen der 1. Person wie auch des Indefinitpronomens *man* vermieden wird.

Zur Überprüfung dieser Hypothesen wurde eine Korpusstudie durchgeführt, die im Folgenden vorgestellt wird.

3 Korpusstudie

Das für diese Studie verwendete Korpus verfügt über die folgenden Eigenschaften:

Textsorte:	Wissenschaftlicher Artikel
Erscheinungszeitraum:	1998–2014
Fachgebiet:	Fahrzeugtechnik[5]
Umfang:	223 Artikel[6]
	ca. 600.000 Token
Format:	Pdf-Dokument

Eine Korpusrecherche auf Basis eines Pdf-Dokumentes ist zwar erheblich aufwändiger als die Recherche in einem „richtigen" Korpus, dennoch lassen sich auch auf diese Weise verwertbare Ergebnisse erzielen.[7]

3.1 Kausale Relationen

Zunächst wurden kausale Verhältnisse untersucht, wobei sämtliche Belege mit den fünf Konnektoren *aufgrund*, *wegen*, *weil*, *da* und *denn* ausgewertet wurden. Deren jeweilige absolute Anzahl gibt Abb. 1 wieder.

5 Die Artikel stammen aus den Fachzeitschriften *Automobiltechnische Zeitschrift* (ATZ) und *Motortechnische Zeitschrift* (MTZ) des Springer-Verlags.

6 Die Artikel werden in der Regel von mehreren Personen geschrieben, so dass die Autorenvielfalt im verwendeten Korpus als sehr hoch einzuschätzen ist.

7 Der Aufbau eines Korpus mit einer entsprechenden Dokumentation, Annotationen und Implementierung von Recherchetools ist in Vorbereitung.

Abb. 1: Kausale Konnektoren im Vergleich

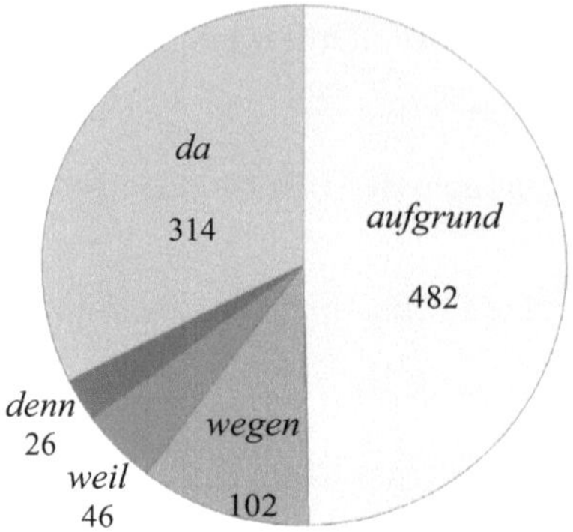

Abb. 2: Passiversatzformen im Vergleich

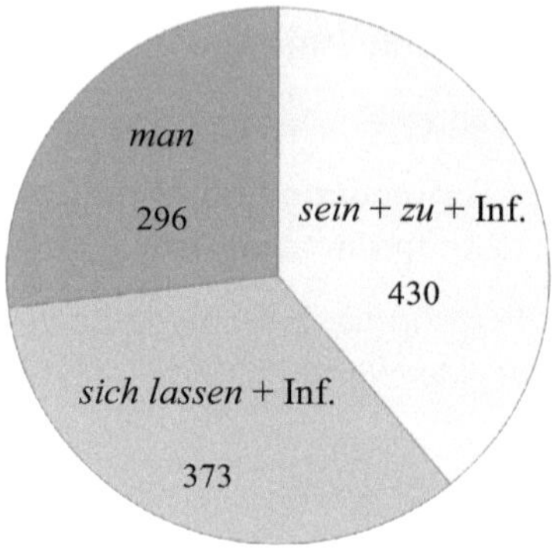

Hervorzuheben sind dabei folgende Erkenntnisse:

- Die Präposition *aufgrund* wird in 50% aller Belege mit kausalen Relationen verwendet.
- Die Subjunktion (bzw. subordinierende Konjunktion) *da* findet sich in 32% der Belege.
- Beide Konnektoren zusammen bilden mehr als vier Fünftel aller kausalen Strukturen.
- Das Verhältnis nominaler Angaben zu verbalen Angabesätzen beträgt 3:2, so dass die obige Vermutung I als korrekt bezeichnet werden kann.

Interessant ist nun auch die Frage, inwiefern die authentischen Belege dazu geeignet sind, Transformationsübungen durchzuführen, wie wir sie oben beispielsweise in (1) gesehen haben. Hierzu ist es zunächst einmal nötig, dass die Präpositionalangaben mit *aufgrund* und *wegen* ein deverbales oder deadjektivisches Nomen enthalten, das in das entsprechende Verb oder Adjektiv + Kopula überführt werden kann. Die Auswertung von 100 Belegen mit der Präposition *aufgrund* brachte dabei Folgendes zutage:

- 31 Belege enthielten ein deverbales oder deadjektivisches Nomen. 11 von ihnen stellen jedoch nicht auflösbare Komposita und/oder Termini dar (vgl. (3) und (4)).
- Nur ein Fünftel aller Belege wäre somit überhaupt – unabhängig von jeglicher Form-Bedeutungs-Beziehung – in einen Satz mit einer verbalen kausalen Struktur transformierbar (vgl. (5) und (5') sowie (5'')).

(3) *Erst bei höheren Drehzahlen (>3000/min) verlieren die Pendelmassen aufgrund von Reibung an Wirkung.* (ATZ 07-08/2009, 550)

(3') **Erst bei höheren Drehzahlen (>3000/min) verlieren die Pendelmassen an Wirkung, da es reibt.*

(4) *Durch die verdrehweiche Lagerung und eine leichte Verdrehung beim Hochlauf aufgrund der Massenträgheit entsteht in Querrichtung ebenfalls eine leichte Anregung.* (ATZ 11/2012, 912)

(4') **Durch die verdrehweiche Lagerung und eine leichte Verdrehung beim Hochlau, entsteht in Querrichtung ebenfalls eine leichte Anregung, da die Masse träge ist.*

(5) *Bei den ‚Big Three' hat Ford aufgrund seiner Zusammenarbeit mit Toyota bis in das Jahr 2007 die beste Marktposition.* (ATZ 4/2005, 334)

(5') *Bei den ‚Big Three' hat Ford die beste Marktposition, da Ford mit Toyota bis in das Jahr 2007 zusammenarbeitet.*

oder

(5'') *Bei den ‚Big Three' hat Ford bis 2007 die beste Marktposition, da Ford mit Toyota zusammenarbeitet.*

3.2 Passiversatzformen

Zur Überprüfung der Vermutungen II und III wurde nach den in den DaF-Kursen am häufigsten thematisierten so genannten Passiversatzformen gesucht: *sich lassen* + Infinitiv und *sein* + *zu* + Infinitiv, zudem wurde die Anzahl der Belege mit Personalpronomen der ersten Person sowie mit dem Indefinitpronomen *man* ermittelt. Die Gesamtzahl der dadurch gefundenen Belege beträgt ca. 1100[8]; die konkreten absoluten Zahlen zeigt Abb. 2. Als wesentliche Ergebnisse lassen sich festhalten:

- Die Personalpronomen *ich* und *wir* werden im untersuchten Korpus nicht verwendet.
- Mit 296 Belegen ist die Anzahl mit dem Indefinitpronomen *man* unerwartet hoch.
- Die Passiversatzformen *sein* + *zu* + Infinitiv sowie *sich lassen* + Infinitiv sind relativ häufig.

Aufgrund der beiden letztgenannten Ergebnisse kann festgestellt werden, dass die oben geäußerte Vermutung, Passiversatzformen würden in ingenieurwissenschaftlichen Texten nicht oder nur wenig verwendet, nicht bestätigt werden konnte.

8 Für die Struktur *sein* + *zu* + Infinitiv musste die Gesamtzahl basierend auf einem Viertel des Korpus extrapoliert werden, da sich die Suche aufgrund des Dateiformates sehr zeitaufwändig gestaltete; daher handelt es sich bei den Angaben zu dieser Struktur um einen Näherungswert.

Abgesehen von dieser Erkenntnis soll an dieser Stelle auch noch einmal der Gedanke der Form-Bedeutungs-Beziehung aufgegriffen werden, wofür die Struktur *sein* + *zu* + Infinitiv eingehender untersucht wird. Grundsätzlich bedeutet der Ausdruck *etwas ist zu x-en* ‚etwas muss ge-x-t werden' oder ‚etwas kann ge-x-t werden'. Dabei ist nicht selten zumindest für den Rezipienten eine klare Unterscheidung zwischen den beiden Modalverben nicht möglich, und es ist nicht auszuschließen, dass auch die Textproduzenten sich zum Teil gar nicht auf eine der beiden Lesarten festlegen wollen, worin ein klarer Vorteil der Struktur *sein* + *zu* + Infinitiv im Vergleich zum Passiv mit Modalverb zu sehen ist (vgl. (6)).

(6) *Es besteht weltweit Übereinstimmung, dass das Individual-Verkehrsmittel Automobil mit dem Fahrer am Lenkrad seine große Bedeutung zumindest beibehalten wird, womit auf lange Sicht kein grundsätzlicher Paradigmenwechsel beim Kraftfahrzeug zu erwarten ist.* (ATZ 01/2006, 56)

Die Frage, ob kein Paradigmenwechsel erwartet werden kann oder erwartet werden muss, spiegelt letztlich die Einstellung des Produzenten selbst zum Sachverhalt wider; gerade hier ist sicherlich eine bewusste Offenhaltung nicht auszuschließen.

Bemerkenswert ist weiterhin, dass eine Vielzahl von Verben in genau dieser Struktur sehr häufig zu finden ist. Insgesamt wurden 74 Belege näher analysiert, in denen insgesamt 42 verschiedene Verben auftreten. 29 von ihnen sind nur in jeweils einem Beleg verwendet worden, während die übrigen 13 Verben in insgesamt 45 Belegen vorkommen (vgl. Abb. 3). Besonders auffällig sind die drei Verben *berücksichtigen*, *erkennen* und *erwarten*, die je sechs Mal auftreten und somit ein Viertel der 74 untersuchten Belege ausmachen.

Abb. 3: Anzahl unterschiedlicher Verben in der Struktur sein + zu + Inf.

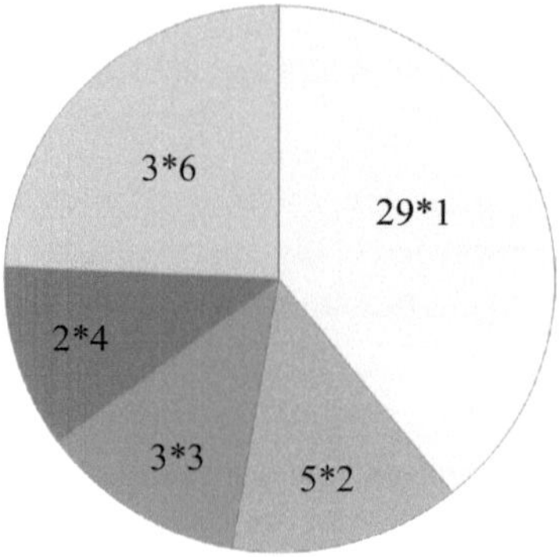

Abb. 4: Verbfrequenzen in der analysierten Sprechhandlung

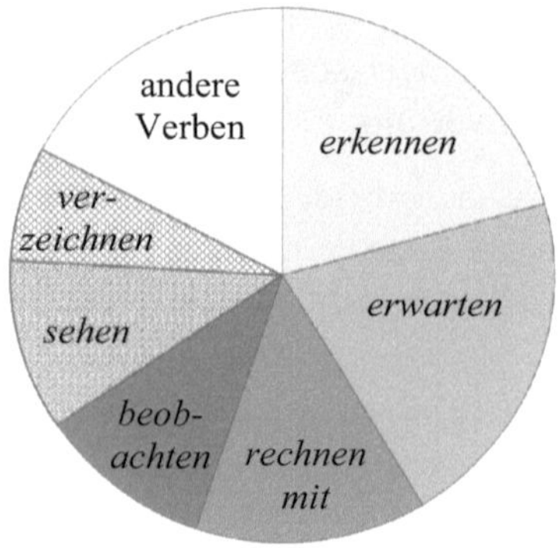

Betrachtet man ferner die Sprechhandlungen, denen die Belege mit der Struktur *sein* + *zu* + Infinitiv zugeordnet werden können, so lassen sich sechs wesentliche Gruppen bilden[9]:

- Beobachtungen, Ergebnisse, Schlussfolgerungen mitteilen
- Bedingungen, Ursachen, Einschränkungen nennen
- Ziele, Absichten, Notwendigkeiten ausdrücken
- mathematisch-physikalische Tätigkeiten benennen
- auf ein Thema verweisen
- auf eine Abbildung o. Ä. verweisen.

Bei genauerer Betrachtung der größten dieser sechs Gruppen zeigt sich, dass in den 29 Belegen elf unterschiedliche Verben verwendet werden, von denen fünf nur ein Mal vorkommen[10], während die anderen sechs Verben zwei bis sechs Mal auftreten (vgl. Abb. 4).

Aus der Analyse kann somit geschlussfolgert werden, dass zur Versprachlichung von Beobachtungen, Ergebnissen oder Schlussfolgerungen in ingenieurwissenschaftlichen Texten sehr häufig die Verben *erkennen*, *erwarten* und *rechnen* (in der Bedeutung *mit etwas rechnen*) in Verbindung mit der Struktur *sein* + *zu* + Infinitiv verwendet werden. Dies ist deshalb von Bedeutung, weil davon ausgegangen werden kann, „dass die hohe Gebrauchshäufigkeit eines sprachlichen Musters dazu führt, dass dieses Muster mental als Einheit repräsentiert und in der Sprachverarbeitung nicht mehr aus seinen Einzelteilen zusammengesetzt (Produktion) bzw. in diese zerlegt (Rezeption) wird" (Stefanowitsch 2009, 568f.). In Bezug auf die hier analysierte Sprechhandlung lassen sich konkret die folgenden musterhaften Ausdrücke ableiten:

X *ist zu erkennen.* / *Es ist zu erkennen* + Nebensatz
X *ist zu erwarten.* / seltener: *Es ist zu erwarten* + Nebensatz
Mit X *ist zu rechnen.*

Interessanterweise scheint die Struktur mit einem Nebensatz in der Funktion des Subjektes nur beim Verb *erkennen* ebenso gebräuchlich wie die Ergänzung durch ein nominales Subjekt; demgegenüber enthält nur knapp jeder fünfte Beleg mit dem Verb *erwarten* einen Subjektsatz, und für das Verb *rechnen* finden sich im

9 Dabei entspricht die Reihenfolge der Auflistung der absteigenden Zahl zugeordneter Belege – für die erstgenannte Sprechhandlung finden sich im Korpus 29 Belege, für die zuletzt aufgeführte lediglich vier.

10 Dabei handelt es sich um die Verben *beurteilen*, *bewerten*, *einschätzen*, *feststellen* und *verstehen*.

Korpus ausschließlich Belege mit einer Nominalgruppe, was möglicherweise an der etwas „schwerfälligeren" verbalen Struktur mit dem obligatorischen Präpositionaladverb *damit* liegt.

Allein mit diesen drei bzw. fünf Ausdrücken wären reichlich 50% der Belege abgedeckt. Anders gesagt: DaF-Lerner, denen die Form-Bedeutungs-Beziehung für diese Ausdrücke bekannt ist, werden keine Probleme haben, die entsprechenden Textstellen zu verstehen. Noch dazu aber haben sie für den Fall der Textproduktion Muster, auf die sie für die Versprachlichung von Beobachtungen, Ergebnissen oder Schlussfolgerungen zurückgreifen können, die wiederum zum einen authentisch und zum anderen für diese Äußerungsabsicht nicht nur passend, sondern sogar usualisiert sind.

Um noch bessere, vor allem quantitativ belastbare Ergebnisse zu erzielen, genügt es jedoch nicht, ausgehend von einer Struktur die verwendeten Verben zu betrachten oder sich ein Verb herauszugreifen und zu ermitteln, in welchen Strukturen es verwendet wird; vielmehr ist es für die Ermittlung usualisierter Ausdrücke nötig, sich quasi von beiden Seiten aus zu nähern und somit einerseits sämtliche Strukturen zu ermitteln, in denen die (häufigsten) Vollverben auftreten, andererseits aber auch alle Verben zu erfassen, die in den fraglichen Strukturen auftreten (z. B. denen der Agensdezentrierung). Besonders interessant wäre dabei auch festzustellen, wie häufig in ingenieurwissenschaftlichen Texten die sogenannten Passiversatzformen im Vergleich zum Passiv selbst verwendet werden.[11] Das Ergebnis ließe sich dann in etwa wie in Abb. 5 darstellen.

11 Stefanowitsch (2009) hat bereits eine ähnliche Untersuchung anhand eines ausgewogenen Korpus der geschriebenen Sprache (Umfang: eine Million Tokens) durchgeführt und dabei einen Zusammenhang zwischen dem Satzmuster [*sein* + *zu* + Infinitiv] und den Verben, die an der Position des Infinitivs stehen können, festgestellt; zudem hat er einen Vergleich mit dem Modalverb *müssen* + Infinitiv vorgenommen.

Abb. 5: Frequenzverhältnisse zur Ermittlung von Mustern

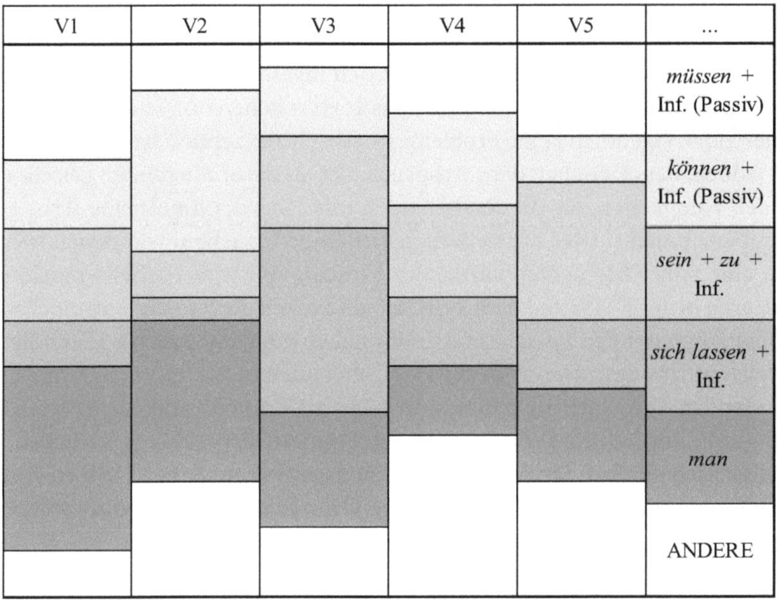

Wichtig ist, dass hierfür relative Frequenzen (und nicht etwa absolute Frequenzen) zum Einsatz kommen. Dann nämlich zeigen die sich ergebenden Flächen,

a) welche Struktur für jedes einzelne Verb präferiert wird (für V1 wäre dies z. B. *man*, für V5 *sein* + *zu* + Infinitiv) und
b) welche Verben in den einzelnen Strukturen überdurchschnittlich häufig auftreten (z. B. V3 bei *sich lassen* + Infinitiv).

Da für eine solche Analyse ein Korpus benötigt wird, das den Anforderungen an eine moderne Korpusrecherche gerecht wird, können die zuletzt angestellten Überlegungen hier lediglich als Ausblick dienen. Dennoch sollten die bereits gewonnenen greifbaren Ergebnisse deutlich auf das Potential musterhafter Ausdrücke verweisen.

4 Fazit

Den Ausgangspunkt dieses Aufsatzes bildete die Feststellung, dass internationale Studierende insbesondere der Ingenieurwissenschaften recht häufig über unzureichende Sprachkenntnisse verfügen – unzureichend in dem Sinne, dass die Kenntnisse nicht ausreichen, um ein ingenieurwissenschaftliches Studium in

Deutschland (zunächst einmal) rein sprachlich zu bewältigen. Dies ist erstaunlich angesichts der Tatsache, dass für ein Studium Deutschkenntnisse nachgewiesen werden müssen, die in der Regel dem Niveau B2 in vollem Umfang und anteilig sogar C1 entsprechen (sollten). Gerade in den Ingenieurwissenschaften, in denen viele Formeln oder grafische Elemente das Textverstehen unterstützen, sollten die Studierenden eigentlich keine Probleme mit der Textrezeption haben. Die Realität zeigt jedoch, dass zwischen dem Anspruch, der an die Studierenden gestellt wird, und den Fähigkeiten, die die Studierenden mitbringen, oftmals eine recht große Diskrepanz besteht. Dies hat sicherlich vielfältige Ursachen, von denen hier vor allem eine näher beleuchtet wurde: der Umgang mit wissenschaftssprachlichen Strukturen in der DSH (und dem TestDaF) und damit auch in den entsprechenden studienvorbereitenden Sprachkursen. Wir haben gesehen, dass vor allem die sehr zahlreich in Übungsmaterialien zur DSH, aber auch in Mittelstufengrammatiken zu findenden Transformationsübungen nicht zielführend sind; sie besitzen kein (oder zumindest wenig) Potential, um den Studierenden dabei zu verhelfen, sich mit wissenschaftlichen Strukturen und dem damit verbundenen Denken vertraut zu machen. Hierfür wurden verschiedene Gründe angeführt und mithilfe einer Korpusstudie belegt:

- Transformationen sind zum Teil „unnatürlich", denn die erzeugten Sätze wirken nicht muttersprachlich. Bei vielen authentischen Belegen ist eine Transformation aus strukturellen Gründen schlichtweg nicht möglich.
- Mit Transformationen wird eine gewisse Willkürlichkeit suggeriert; dabei wird zu wenig auf die Auswirkungen der einzelnen Strukturen auch auf die Bedeutung eingegangen.
- Grundsätzlich wird die Form-Bedeutungs-Beziehung zu wenig thematisiert. Die Übungen gehen nicht von der Frage aus, welche pragmatische Funktion ein bestimmter Satz hat. Stattdessen werden die einzelnen Mitspieler im Satz geradezu beliebig verschoben und somit neue Sätze generiert, die nicht unbedingt über dieselbe Bedeutung verfügen wie der Ausgangssatz.

Gleichzeitig zeigt diese eher kleine Korpusanalyse sehr deutlich zum einen das Potential der Arbeit mit Korpora, zum anderen aber auch die Notwendigkeit, authentische Texte hinzuzuziehen, auch wenn – oder gerade weil – diese inhaltlich und sprachlich von der eigenen Wissenschaft weit entfernt liegen. Dass gerade Studierende der Ingenieurwissenschaften sprachliche Probleme haben, ist bekannt (vgl. z. B. Heublein 2006). Als Ursache sollte man aber nicht nur deren überwiegend geringe Affinität zu(r) Sprache(n) anführen, sondern es muss wohl auch konstatiert werden, dass die studienvorbereitenden Deutschkurse stärker auf die Bedürfnisse geisteswissenschaftlicher Fächer zugeschnitten sind.

Auch wenn Zertifikate, die die sprachliche Studierbarkeit bescheinigen, weiterhin fächerunabhängig bleiben (und auch bleiben müssen), sollten sprachliche Anforderungen aller Fächergruppen Eingang in derartige Kurse und letztlich auch in die einschlägigen Prüfungen finden. Hierbei wäre auch wichtig, dass die derzeit noch starke Form-Zentriertheit abgelöst wird durch die Frage nach Form-Bedeutungs-Beziehungen und dass den zukünftigen Studierenden ein sprachliches Ausdrucksvermögen mit auf den Weg gegeben wird, das es ihnen einerseits ermöglicht, durch Analogiebildungen auch bislang unbekannte Ausdrücke zu verstehen, und andererseits kommunikative Grundbedürfnisse im Rahmen des Studiums zu bewältigen. Dies kann mithilfe musterhafter Strukturen gelingen, die aber – ehe sie in den Kursen vermittelt werden können – zunächst einmal von Linguisten ermittelt und beschrieben werden müssen. Hierzu zählen beispielsweise Überlegungen wie: Wie verteilen sich die einzelnen grundsätzlich im Deutschen zur Verfügung stehenden Strukturen

- innerhalb verschiedener Textsorten
- im Hinblick auf bestimmte Sprechhandlungen
- hinsichtlich bestimmter Verben
- in unterschiedlichen Fächern/Fachbereichen?

Aber auch: Welche Präsentations- und Übungsformen führen zu einer besseren Ausprägung rezeptiver und produktiver wissenschaftssprachlicher Fertigkeiten?

Eine Überarbeitung mancher Themen, insbesondere aber ein Umdenken bei der Herangehensweise an wissenschaftssprachliche Strukturen sind nötig, um internationale Studienbewerber mit dem sprachlichen Rüstzeug auszustatten, das ihnen ein Studium an einer deutschen Hochschule ermöglicht und das auch seitens der Dozenten erwartet wird. Somit würde eine adäquatere sprachliche Vorbereitung nicht nur die Chance auf einen erfolgreichen Studienabschluss internationaler Studierender erhöhen, sondern sie würde ganz sicher auch zu einer positiveren Einstellung gegenüber Studierenden aus anderen Ländern beitragen, wenn in ihnen nicht mehr nur der derzeit unzweifelhaft vorhandene höhere Arbeitsaufwand gesehen würde. Erst wenn dieser Zustand erreicht ist, können wir von einer erfolgreichen Internationalisierung deutscher Hochschulen sprechen.

Literaturverzeichnis

FaDaF 2012: *DSH-Handbuch.*

Glienicke, Stefan, Klaus-Markus Katthagen (2004): *TestDaF. Oberstufenkurs mit Prüfungsvorbereitung.* Ismaning: Hueber.

Heublein, Ulrich (2006): *Schwundfördernde Faktoren im Ausländerstudium*. Vortrag bei der Tagung zum Programm zur Förderung der Internationalisierung an den deutschen Hochschulen, Bonn, 25. September 2006. Zugang: https://www.daad.de/imperia/md/content/hochschulen/profis/veranstaltungen/bilanztagung2006/pras_heublein.pdf (Stand: 31.07.2015).

Koeppel, Rolf (2013): *Deutsch als Fremdsprache – Spracherwerblich reflektierte Unterrichtspraxis*. Baltmannsweiler: Schneider Verlag Hohengehren.

Lodewick, Klaus (2010): *DSH- und Studienvorbereitung 2020. DSH & Studienvorbereitung. Deutsch als Fremdsprache für Studentinnen und Studenten. Text- und Übungsbuch*. Göttingen: Fabouda.

Rocco, Goranka (2006): *DSH-Prüfungstraining: Leseverstehen, Grammatik, Sprechen*. Meckenheim: Liebaug-Dartmann.

Stefanowitsch, Anatol (2009): Bedeutung und Gebrauch in der Konstruktionsgrammatik. Wie kompositionell sind modale Infinitive im Deutschen? *Zeitschrift für Germanistische Linguistik* 37/3, 565–592.

TestDaF_Prüfungsteile (2015): Zugang: https://www.testdaf.de/fuer-teilnehmende/informationen-zum-testdaf/#c1264 (Stand: 31.07.2015).

Welke, Klaus (2013): Konstruktionsgrammatik (KxG) und Deutsch als Fremdsprache (DaF). *Deutsch als Fremdsprache* 1/50, 19–27.

Diana Šileikaitė-Kaishauri

Wissenschaftssprache lehren und lernen: Erfahrungen aus dem Fach Germanistik an der Universität Vilnius

Abstract This research paper deals from the didactic point of view with a model of academic writing implemented in the German Philology study programme at Vilnius University. Its purpose is to outline problems identified during the functional content analysis of the macrostructure of student research proposals for the final theses and to offer possible solutions. First, the paper briefly introduces the current state of research in academic writing skills as an important learning outcome in higher education. Second, after outlining important trends, Pohl's (2007) model of analysing a paper's introduction is discussed, as it serves as a basis for the research presented in this paper. The third step includes a description of the text corpus analysed. These texts are student research proposals (exposés) written for the methodical workshop focussing on research in progress. The corpus contains 74 texts (24 860 words in total) dated from 2009/2010 to 2013/2014. The requirements for the BA theses in German Philology at Vilnius University are also presented. The discussion of the results focuses on problems identified during the analysis of text macrostructure. For each problem, a solution is suggested. The paper is concluded by prospects involving possible tasks for further research.

Keywords: academic discourse, academic writing, didactics of academic writing, student research proposals, exposé, introduction to the final thesis, Vilnius University

Schlüsselwörter: Wissenschaftssprache, Schreibdidaktik, studentisches Forschungsvorhaben, Exposé, Einleitung der Abschlussarbeit, Universität Vilnius

1 Zur Erforschung der Wissenschaftssprache und deren Didaktik

In dem vorliegenden Beitrag werden das Modell des wissenschaftlichen Schreibens im Germanistikstudium an der Universität Vilnius (VU) aus didaktischer Sicht präsentiert und die Ergebnisse einer Untersuchung von studentischen Texten nach dem Modell der inhaltlich-funktionalen Analyse von Pohl (2007) vorgestellt. Als Inspiration dafür dienten zwei Artikel (Graefen 2009, Reuter, Reuter 2012), in denen der Bedarf und die Möglichkeiten einer Didaktik der (fremden) Wissenschaftssprache problematisiert werden. Graefen hebt die „wissenschaftliche Schreibkompetenz als Lehrziel" hervor und illustriert diese mit Beispielen aus

Materialien zum wissenschaftlichen Schreiben an der LMU München (Graefen 2009, 115–125). Sie betont, dass das Erlernen der Wissenschaftssprache von der wissenschaftlichen Arbeit nicht getrennt werden darf und erst dann sinnvoll ist, wenn man sich an der wissenschaftlichen Arbeit und Kommunikation beteiligt (Graefen 2009, 108). Im anderen Artikel wird der wissenschaftsbasierte Kurs „Deutsch in Alltag und Studium" der Universität Tampere präsentiert, in dessen Rahmen sich Studierende auf ein Austauschstudium vorbereiten (Reuter, Reuter 2012, 39–63). Reuter und Reuter weisen auf den engen Zusammenhang der Didaktik der Wissenschaftssprache mit dem gesprächs- und textlinguistischen Wissen hin (Reuter, Reuter 2012, 63).

In der einschlägigen Forschung lässt sich in den letzten Jahrzehnten ein verstärktes Interesse an der Wissenschaftssprache, der wissenschaftlichen Schreibkompetenz und deren Didaktik erkennen. Das Interesse der Forschenden gilt der alltäglichen Wissenschaftssprache (AWS) im Sinne von Ehlich (1993; 1999) und bestimmten Textsorten, z. B. dem wissenschaftlichen Artikel (Graefen 1997, Graefen, Thielmann 2007), dessen Einleitung (Szurawitzki 2011; 2013) oder dem Abstract (Busch-Lauer 2012). Darüber hinaus werden Modelle der wissenschaftlichen Schreibkompetenz ausgearbeitet, z. B. Transposition/Imitation, Transformation und kontextuelle Passung von Steinhoff (2007) oder das gegenstands-, diskurs- und argumentationsbezogene Schreiben von Pohl (2007; 2010). Dabei stehen nicht nur von Lehrenden verfasste Texte, sondern immer häufiger auch Schreibprodukte der (nichtmuttersprachlichen) Studierenden im Zentrum der Aufmerksamkeit. Ehlich sieht z. B. die studentische Seminararbeit als eine Parallele zum wissenschaftlichen Artikel (Ehlich 2003, 20). Neben den schon erwähnten Arbeiten von Pohl (2007; 2010) und Steinhoff (2007) sind v. a. die Untersuchungen von Graefen (2002) und Szurawitzki (2012) sowie die kontrastiven Studien von Kaiser (2002) und Schäfer (2010) zu nennen.

Parallel dazu werden Lehrwerke entwickelt, und zwar sowohl solche, die zur allgemeinen Forschungskompetenz hinführen wie das Buch von Balzert *et al.* (2008), als auch solche, die zur Entwicklung der wissenschaftlichen Schreibkompetenz beitragen sollen. Von den letzteren wären in erster Linie das Lehrwerk „Wissenschaftssprache Deutsch: lesen – verstehen – schreiben" von Graefen und Moll (2011) und das Praxisbuch „Wissenschaftlich Schreiben" von Oertner, St. John und Thelen (2014) zu nennen. Ähnliche Lehrwerke entstehen auch an litauischen Hochschulen: an der Universität Šiauliai (Būdvytytė-Gudienė, Šapalienė, Toleikienė 2008), der Universität Vilnius (Šileikaitė-Kaishauri 2009) und der Bildungswissenschaftlichen Universität Litauens (Breckle 2012).

Vor diesem Hintergrund erscheint es zweckmäßig, Schreibprodukte litauischer Studierender unter die Lupe zu nehmen, um Probleme der Textproduktion zu identifizieren und didaktische Vorschläge zur Erhöhung der Qualität von studentischen Texten zu formulieren.

2 Ziel, Gegenstand und Methodik der Untersuchung

Für die Untersuchung wurde die Textsorte „studentisches Forschungsvorhaben" gewählt. Darunter versteht sich das Exposé der Bachelorarbeit, das die Germanistikstudierenden der VU im 7. Semester für das methodische Seminar zur Abschlussarbeit verfassen. Die Makrostruktur des Exposés wurde einer inhaltlich-funktionalen Analyse unterzogen. Als methodische Grundlage diente dabei das Modell wissenschaftlichen Einleitens von Pohl (2007), das der Forscher u. a. zur Analyse von Einleitungen studentischer Seminararbeiten anwendet. Obwohl Pohls Modell manchmal kritisiert wird (vgl. Gruber 2009, 234–235), ist es flexibler als das CARS-Modell von Swales (1990, 141) und eignet sich für die Analyse studentischer Exposés.

Pohl unterscheidet drei Bezugsdimensionen wissenschaftlichen Einleitens mit jeweils fünf Realisierungsoptionen und fasst sie zu einer Matrix zusammen (s. Tabelle 1). Die Dimensionen umfassen den Gegenstandsbezug (das Was), den Diskursbezug (das Warum) und den Argumentationsbezug (das Wie) der Arbeit sowie entsprechen folgenden Fragen: D1. Was ist das Thema/der Gegenstand? D2. Wie verhält sich der Beitrag zum bestehenden Wissensstand? D3. Wie wird das Thema/der Gegenstand behandelt? (Pohl 2007, 246–252).

Tabelle 1: Die Realisierungsoptionen der Bezugsdimensionen (Pohl 2007, 252)

	Dimension 1	**Dimension 2**	**Dimension 3**
a. Orientierung	Thema	Referenz/Zitat	Vorhaben
b. Konkretisierung	Beispiel	Forschungsfeld	Eingrenzung
c. Differenzierung	Erläuterung	Disziplinäre Einordnung	Abschnitte des Hauptteils
d. Motivierung	Evaluierung	Relevanz	Begründung des Hauptteils
e. Operationalisierung	Fragestellung	Zielsetzung	Methoden

Die Realisierungsoptionen (a) bis (e) werden nach Komplexität unterschieden (Pohl 2007, 249–252) und weisen Parallelen zu Blooms Lernzieltaxonomie (Bloom 1984, 201–202), die sich von Wissen, Verstehen und Anwenden über Analyse und Synthese bis zur Auswertung erstreckt, auf. Bei D1 besteht die einfachste Realisierung in der direkten Nennung des Themas/Gegenstandes (a). Wird der Gegenstand mit Beispielen veranschaulicht (b) oder näher bestimmt (c), liegen komplexere Optionen vor. Bei der Evaluierung (d) soll auf die besondere Wichtigkeit und die Aktualität des Themas/Gegenstands hingewiesen werden. Die komplexeste Option besteht in der Fragestellung (e), die sich aus der Logik/Struktur des Gegenstands ergibt (Pohl 2007, 249). Bei D2 kann die einfachste Option durch Referenz auf wissenschaftliche Literatur/ein Zitat (a) realisiert werden. Komplexer sind die Verortung des Gegenstandes in einem Forschungsfeld/Forschungszusammenhang (b) und dessen Anbindung an den Diskurs der jeweiligen/einer anderen Disziplin (c). Von der Relevanz (d) ist dann zu sprechen, wenn die Wichtigkeit des Themas nicht im Gegenstand an sich besteht, wie es bei der Evaluation in D1 der Fall ist, sondern als dessen zentrale Stellung im Diskurs oder als eine diskursive Lücke aufgefasst wird. Demzufolge soll sich bei D2 die Zielsetzung (e) nicht aus der Logik des Forschungsgegenstandes an sich, sondern aus der des Forschungsdiskurses ergeben (Pohl 2007, 250). D3 wird als Argumentation im weitesten Sinne verstanden und fängt mit der Ankündigung/Benennung des Vorhabens (a) an. Auf der nächsten Stufe (b) liegt eine explizite Eingrenzung der Untersuchung vor. Noch komplexer sind die Angabe der Abschnitte (c) und die Begründung der Struktur des Hauptteils (d). Die höchste Stufe (e) umfasst Angaben zur wissenschaftlichen Methodik einschl. Belegmaterial u. Ä. (Pohl 2007, 251).

Pohls Untersuchung hat gezeigt, dass bei Anfängern im wissenschaftlichen Schreiben meistens der Gegenstandsbezug überwiegt, während die Fähigkeiten, den Gegenstand in den wissenschaftlichen Diskurs einzubetten und sich damit argumentativ auseinanderzusetzen sowie spezielle Methoden anzuwenden, erst später im Studium entwickelt werden können (Pohl 2007, 524; Pohl 2010, 100). Vom wissenschaftlichen Schreiben im wahren Sinne des Wortes ist dann zu sprechen, „wenn jene drei Dimensionen […] in einem Text aufeinander bezogen und miteinander vermittelt werden" (Pohl 2010, 101).

Das Ziel des vorliegenden Beitrags besteht darin, ausgewählte Probleme, die sich bei der inhaltlich-funktionalen Analyse der Makrostruktur studentischer Exposés feststellen lassen, zu skizzieren und mögliche Lösungsvorschläge einzubringen. Dabei werden folgende Fragen beantwortet: Welche Bezugsdimensionen und Realisierungsoptionen sind in den Exposés belegt? Was ist daran verbesserungsbedürftig? Wie kann die Qualität der Exposés verbessert werden?

Das Belegkorpus umfasst 74 Texte (insg. 24860 Wörter), die von Germanistikstudierenden der VU von 2009/2010 bis 2013/2014 verfasst wurden. Die meisten Texte haben einen Umfang von 201–400 Wörtern: 29 Texte sind 201–300 Wörter lang, 23 Texte weisen eine Länge von 301–400 Wörtern auf. Weitere Angaben zum Korpus sind aus Abb. 1 ersichtlich.

Abb. 1: Die Zahl und der Umfang der Texte in Wörtern

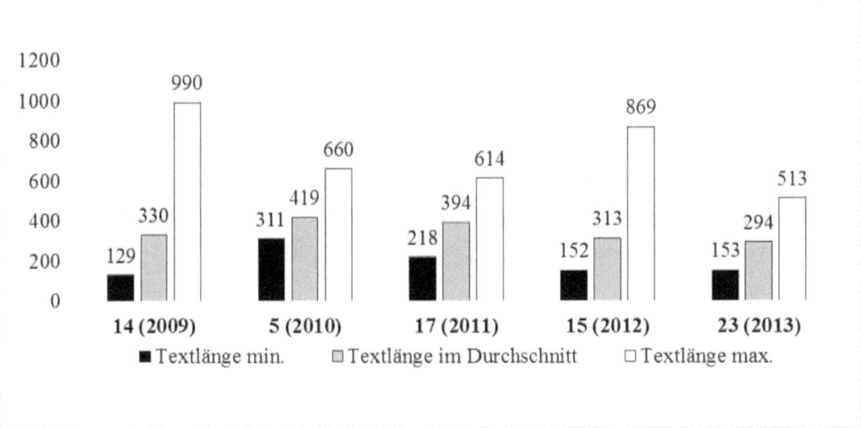

3 Zur Aktualität der Untersuchung: die Rahmenbedingungen

Bevor die Ergebnisse präsentiert werden können, sind die Rahmenbedingungen zu verdeutlichen, unter denen die Texte entstanden sind. Die Entwicklung der wissenschaftlichen Fach- und Schreibkompetenz erfolgt im Germanistikstudium an der VU graduell: Im 4. und im 6. Semester verfassen die Studierenden im Rahmen eines thematischen Seminars (z. B. Funktional-semantische Felder des Deutschen, Wortbildung des Deutschen, Reiseliteratur) unter der Betreuung von Dozenten zwei Seminararbeiten (jeweils 5 LP[1]). Parallel schreiben sie kleinere Hausarbeiten in anderen Fächern. Die Bachelorarbeit im Umfang von 63000–72000 Druckzeichen inkl. Leerzeichen wird im vierten Studienjahr geschrieben. Die Anforderungen an die Arbeit und die Bewertungskriterien sind auf der Internetseite des Lehrstuhls für Deutsche Philologie veröffentlicht (VFK 2014).

Im 7. Semester ist ein Seminar zur Bachelorarbeit (1 SWS, 5 LP) vorgesehen. Im Seminar werden die Studierenden bei der Planung ihrer Untersuchung, Recherche und Ausarbeitung des Forschungsvorhabens methodisch unterstützt. Neben der Arbeit mit dem Lehrwerk (Šileikaitė-Kaishauri 2009) können sie Erfahrungen austauschen, von Problemen berichten, auf die sie gestoßen sind, Fragen stellen und gemeinsam nach Antworten suchen. Im Herbstsemester müssen die Studierenden ihr Forschungsvorhaben ausarbeiten. Außerdem müssen sie die erste Fassung des

1 1 LP = 1 ECTS, d. h. 25–30 Arbeitsstunden der/des Studierenden.

theoretischen Teils ihrer Arbeit schreiben und das Belegkorpus erstellen, das als Grundlage für die geplante Untersuchung dienen wird.

Das Exposé ist ca. eine A4-Seite lang. Zunächst werden Beispiele von Forschungsvorhaben ausgewertet und im Plenum besprochen. Danach schreiben die Studierenden ihr Exposé unter Berücksichtigung folgender Fragen:

1. Was untersuche ich? (Forschungsobjekt, Forschungsproblem)
2. Warum untersuche ich das? (Aktualität des Themas, das Neue)
3. Was ist mein Ziel? (Forschungsziel, Aufgaben = vorläufige Gliederung)
4. Wie gehe ich vor? (Belegkorpus, Quellen, Methoden)

Die Fragen entsprechen, wenn auch anders formuliert, grundsätzlich denen, die Pohl bei der Behandlung der Dimensionen wissenschaftlichen Einleitens nennt (Pohl 2007, 246).

In der nächsten Sitzung geben die Studierenden einander Rückmeldung und überarbeiten anschließend ihre Texte. Darauf, dass eine kollegiale Rückmeldung nicht nur für den Verfasser, sondern auch für den studentischen Gutachter nützlich ist, weil auch der Letztere durch diese Erfahrung lernen und seine eigene Arbeit verbessern kann, weist im Bericht über die Erfahrungen aus Finnland Breckle (2014, 9–10) hin. Die überarbeitete Fassung wird der seminarleitenden Lehrkraft vorgelegt, sodass die Studierenden nochmals Rückmeldung bekommen, bevor sie ihre Exposés an die die Bachelorarbeiten betreuenden Lehrkräfte abgeben.

Im 8. Semester (15 LP) werten die Studierenden die Ergebnisse der Untersuchung aus und schreiben die endgültige Fassung der Arbeit. Im Juni findet eine öffentliche Präsentation der Arbeit (Disputation) statt.

Warum das Exposé aus dem 7. Semester so relevant ist, lässt sich in Anlehnung an Eco folgendermaßen begründen: Die Einleitung muss so geschrieben werden, „dass der Leser sich mit ihr begnügt, alles versteht und den Rest der Arbeit nicht mehr liest“ (Eco 2003, 145). Das Exposé dient eben als eine vorläufige Einleitung, die die Grundlage für die ganze Abschlussarbeit darstellt. Darüber hinaus kann die erste Fassung der Einleitung die häufigsten Probleme der wissenschaftlichen Fach- und Schreibkompetenz der Studierenden widerspiegeln. Die gewonnenen Ergebnisse können somit zur Verbesserung der Didaktik der Wissenschaftssprache führen.

4 Forschungsergebnisse: Trends, Probleme und mögliche Lösungen

Die inhaltlich-funktionale Analyse der Makrostruktur der studentischen Texte hat gezeigt, dass die Bezugsdimensionen D1 und D3 ziemlich stark belegt sind, während D2 schwächer vertreten ist. Nach dem Eintragen der einzelnen Ergebnisse in die Tabelle von Pohl entsteht folgendes Bild (s. Tabelle 2; die Zahlen in der Tabelle zeigen, in wie vielen Texten die betreffende Option belegt ist). Betrachtet man nicht die Realisierungsoptionen im Einzelnen, sondern deren Kombinationen innerhalb einer Dimension, so lässt sich bemerken, dass jede Dimension eine Vielfalt von Realisierungsmodellen aufweist (s. Tabelle 3).

Tabelle 2: Bezugsdimensionen im Belegkorpus

Dimensionen / Optionen	D1. Gegenstandsbezug		D2. Diskursbezug		D3. Argumentationsbezug	
a. Orientierung	Thema	74	Referenz/Zitat	48	Vorhaben	73
b. Konkretisierung	Beispiel	2	Forschungsfeld	8	Eingrenzung	8
c. Differenzierung	Erläuterung	22	Disziplinäre Einordnung	0	Abschnitte des Hauptteils	69
d. Motivierung	Evaluierung	71	Relevanz	13	Begründung des Hauptteils	4
e. Operationalisierung	Fragestellung	74	Zielsetzung	14	Methoden	53
Keine der Optionen	**nicht belegt**	**0**	**nicht belegt**	**26**	**nicht belegt**	**1**

Tabelle 3: Realisierungsmodelle der Bezugsdimensionen im Belegkorpus

D1	Belegstärke	D2	Belegstärke	D3	Belegstärke
a+d+e	51	a	30	a+c+e	42
a+c+d+e	19	a+d+e	10	a+c	18
a+c+e	3	a+b	4	a+b+c+e	5
a+b+c+d+e	1	a+b+d+e	3	a+c+d+e	4
a+b+d+e	1	a+b+e	1	a+b+e	2
Insgesamt	**74**	**Insgesamt**	**48**	a	1
				a+b	1
				Insgesamt	**73**

Das häufigste Realisierungsmodell der Dimension D1 ist mit 69% a+d+e (s. Tabelle 3). In 26% der Texte kommt die Option c hinzu: a+c+d+e. Für D2 steht in 41% der Texte nur a, das Modell a+d+e hat die Häufigkeit von 14%. In 35% der Texte bleibt die Dimension D2 überhaupt aus. Das am stärksten belegte Modell von D3 ist a+c+e (42%), an zweiter Stelle rangiert a+c mit 18%.

Um konkrete Schreibprobleme erfassen zu können, soll im Weiteren die Realisierung jeder Dimension im Einzelnen besprochen werden.

4.1 Gegenstandsbezug (D1)

Auf den ersten Blick scheint D1 gut realisiert zu sein. In allen Texten (100%) sind das Thema/der Gegenstand der Untersuchung (a) und die Fragestellung, die sich aus dem Gegenstand ergibt (e), klar zu sehen. Darüber hinaus ist in 71 Texten (96%) auch die gegenstandsbezogene Evaluierung (d) zu finden: Es wird auf die Aktualität und Wichtigkeit der Untersuchung verwiesen, z. B.:

(1) 2011_07. *Das litauische partizipiale System im Vergleich mit Deutschen ist sehr kompliziert und groß. Das* ***Problem*** *besteht darin, dass das Halbpartizip im Litauischen eine besondere Konstruktion, welche in der deutsche Sprache nicht gibt, hat.* ***Deshalb ist es sehr wichtig*** *die gleiche Bedeutung, wie die Bedeutung im Litauischen ist, in der deutschen Sprache zu finden.*[2]

Leider ist die Evaluierung (d) nicht immer wissenschaftlich und beschränkt sich zuweilen auf allgemeines Interesse oder persönliche Gründe (Beleg 2). Manchmal ist sie auch wenig/nicht ganz themenrelevant.

(2) 2009_02. *Das Thema hat* ***mein Interesse*** *geweckt, weil jede Sprache unterschiedliche Phraseologismen besitzt und sie andere Bedeutungen haben können,* ***deswegen halte ich es für interessant*** *diesen Bereich zu erschließen.*

Um diesem Problem vorzubeugen, könnte nach der Lektüre von Eco (2003, 39–59) und Balzert *et al.* (2008, 10–40) eine Diskussion über den Begriff „wissenschaftlich" und die Kriterien der Wissenschaftlichkeit geführt werden. Hilfreich kann auch die Analyse mehrerer Textbeispiele und die Auswertung der Begründung für die Themenwahl sein, mehr dazu s. in der oben genannten Studienliteratur (Eco 2003, 140–149; Graefen, Moll 2011, 33–40; Oertner, St. John, Thelen 2014, 25–29; Šileikaitė-Kaishauri 2009, 41–61). Auch wären eine intensivere Beratung durch die betreuende Lehrkraft schon bei der Arbeit an der vorläufigen Fassung des Exposés und aktivere Auseinandersetzung mit der einschlägigen Literatur ratsam, denn in solchen Fällen ist meistens auch die Dimension D2 nicht (genug) belegt.

Ein weiteres Problem betrifft die Fragestellung. Trotz der starken Belegung lassen sich hier folgende Schwächen finden: reproduktiver Charakter (Beleg 3), Fragen am (linguistischen) Gegenstand vorbei (Beleg 4), zu weit/abstrakt (Belege 3, 5) oder auch zu detailliert/Aufzählung aller Aufgaben (Beleg 6):

(3) 2009_01. *Das Ziel der Arbeit ist* ***alles was in Litauen zu finden ist*** *über G. Hauptmann und sein Schaffen* ***herauszufinden*** *und in meiner Arbeit* ***vorzulegen****.*

---

2 Hier und weiter ist die Sprache der Belege nicht korrigiert worden, es sind authentische Zitate aus studentischen Arbeiten mit eventuellen Fehlern oder Ungenauigkeiten im Ausdruck.

(4) 2009_05. *Das Ziel der Arbeit ist* ***die Nicknamen der beiden Basketballforen*** *zu analysieren und zu vergleichen. Analysiert wird, ob es die* ***Abhängigkeit*** *der Wahl* ***des Nicknamen vom Alter und Geschlechts*** *der Mitglieder der Foren gibt.*

(5) 2013_02. *Das Forschungsziel der Arbeit besteht darin,* ***Übersetzungsarbeit von literarischem Übersetzen*** *zu analysieren und die* ***Sonderstellung der Märchenübersetzungen in ganzen Übersetzungswissenschaft*** *zu bestimmen und zu erklären.*

(6) 2012_01. *Das Ziel dieser Arbeit besteht darin, die* ***häufigsten Kollokationen*** *aus gesammeltem Korpus* ***auszuwählen****, sie zu* ***vergleichen*** *und zu* ***beschreiben****.*

Als Lösung bieten sich Aufgaben zum Clustering/Mindmapping (Forschungsaufgaben notieren, sortieren, gruppieren, Oberbegriffe finden) in Anlehnung an Wolfrum (2010, 41–43 und 111–112). Weiterhin sind Übungen zur Taxonomie von Bloom und die Abgrenzung des Forschungsobjektes zu empfehlen (Šileikaitė-Kaishauri 2009, 46–51). Hilfreich wären auch die Analyse der ersten Zielformulierung und deren Überarbeitung in der Gruppe.

4.2 Diskursbezug (D2)

Die Belegstärke der Literaturreferenz (a) beträgt 65%. Diese ist aber oft sehr kurz (1–2 Verfasser/Forschungsarbeiten), nicht konkret oder oberflächlich, z. B.:

(7) 2012_01. *Dieses Thema ist aktuell, weil* ***das Interesse für Kollokationen als Forschungsobjekt*** *in Litauen am Ende des 20. Jahrhunderts entstanden ist und es* ***noch zu wenig Untersuchungen*** *in diesem Bereich gibt.*

Die diskursbedingte Relevanz (d) und die diskursbedingte Zielsetzung (e) sind nur in einem von fünf bzw. sechs Texten zu finden. Trotzdem gibt es auch gut gelungene Beispiele:

(8) 2012_06. *Lehrpfade sind eine interdisziplinäre Erscheinung.* […] *Als Forschungsgegenstand befinden sie sich also an der Schnittstelle mehrerer Wissenschaften* […] *und deshalb lassen sie sich schwer definieren und zuordnen. Aus linguistischer Sicht gehört die Lehrpfadbeschreibung zu einer touristischen Textsorte, die einer* ***Untersuchung bedarf (Bopst 2010, 64)****. Aus diesem Grund ist das Thema sehr* ***forschungswert, weil sie einen neuen Aspekt*** *in die deutsche und litauische Textsortenforschung einbringen kann. Die Aktualität des Themas zeichnet sich dadurch, dass die Kulturalität von Textsorten, d. h. ihre kulturspezifische Prägung* ***eine der neuesten Richtungen der Textsortenforschung ist (Fix 2008, 18)****.*

Das ***Forschungsproblem*** *dieser Arbeit ist die Frage, welche kultur- und sprachspezifische Merkmale die Lehrpfadbeschreibung als Textsorte im Deutschen und im Litauischen aufweist.*

Das Ziel der vorliegenden Arbeit *ist die Merkmale der Textsorte Lehrpfadbeschreibung festzustellen und ihre kulturspezifischen Besonderheiten im Deutschen und im Litauischen zu bestimmen.*

Das Problem, dass in 35% der Texte die Dimension D2 überhaupt nicht belegt ist, d. h. nicht angegeben wird, wie sich der Beitrag zum bestehenden Wissensstand verhält, ist wohl dadurch zu erklären, dass die Studierenden mit der Literaturrecherche zu spät anfangen. Deswegen wäre es sinnvoll, parallel zur Arbeit am Exposé noch eine Aufgabe zu stellen, und zwar eine annotierte Bibliographie mit den wichtigsten Arbeiten zum Thema zu erstellen oder Aufgaben zur Analyse/Überarbeitung von Beispielen (Breckle 2012) zu machen.

4.3 Argumentationsbezug (D3)

Die Ankündigung des Vorhabens (a) fehlt in einem Text, in allen anderen ist sie (gewöhnlich in Verbindung mit weiteren Optionen) zu finden. In 72% der Exposés gibt es Angaben zu den Belegen, Quellen und Methoden (e). In 93% der Texte werden die Abschnitte des Hauptteils (oft als Aufgaben) genannt (c), aber nur in 5% der Exposés wird die Struktur der Arbeit begründet (d) (s. Beleg 9). Nur in 11% der Texte ist eine explizite Eingrenzung (b) zu finden (s. Beleg 10).

(9) 2011_05. *Es lassen sich **vier Zeiträume** der litauischen Rezeption Hoffmanns unterschieden* [...]. ***Aufgrund dieser Zeiträume** wird die ganze Arbeit in **vier Hauptkapitel** strukturiert. **In jedem Kapitel** werden im Grunde genommen **dieselben Aspekte*** [...] *der Rezeption Hoffmans erläutert, **wenn aber** einige in einem oder anderem Zeitraum **aktueller** als die anderen erscheinen, **so** schenke ich ihnen **mehr Aufmerksamkeit**.*

(10) 2011_08. *Der Forschungsgegenstand **muss abgegrenzt** werden. In der vorliegenden Arbeit werden **nur** deutsche und litauische **Wirtschaftstexten** im Ko[Gloss]-Korpus untersucht.*

Problematisch ist bei D3, dass die Methoden oft nur formal erwähnt werden (s. Beleg 11) und die Aufgaben unterhalb der Ebene der Analyse, d. h. beim Definieren, Beschreiben, Gruppieren usw. liegen, sodass von der Analyse und Synthese sowie der kritischen Auswertung der Befunde nicht gesprochen werden kann (s. Beleg 12).

(11) 2012_15. *In der Arbeit werden **beschreibende** und **analytische Methode** angewandt.*

(12) 2011_17. *Aus dieser Zielsetzung ergeben sich folgende Forschungsaufgaben:*
*a) Die Bezeichnung der Aufforderung zu **definieren** und den Forschungsstand vorzustellen.*
*b) Das Feld der Aufforderung zu **beschreiben***
*c) Die Ausdrücke der Aufforderung in den Texten Martin Luthers zu **finden***
*d) Die Belege aus grammatischer Sicht zu **gruppieren**.*

Als Lösung wären die erwähnten Übungen zur Blooms Taxonomie (Šileikaitė-Kaishauri 2009, 46–51), kollektive Überarbeitung nicht gelungener Texte und Lektüre sowie Übungen zu Methoden (Breckle 2012) zu empfehlen.

5 Ausblick

Es war nicht möglich, in diesem Beitrag alle Befunde zu präsentieren, deswegen wurden nur die häufigsten Probleme besprochen. In erster Linie ist im Bereich des Diskursbezugs D2 noch viel Arbeit zu leisten, weil dieser Bezug in studentischen Texten am schwächsten vertreten ist. Es sollte auch eine bessere Qualität der Realisierung des Gegenstandsbezugs D1 angestrebt werden. Was den Argumentationsbezug D3 angeht, muss an der Begründung der wissenschaftlichen Methodik und der Eingrenzung der eigenen Untersuchung gearbeitet werden.

Die gewonnenen Erkenntnisse sind lediglich Zwischenergebnisse, die weiterer Erforschung bedürfen. Eine der nächsten Aufgaben könnte die Untersuchung der sprachlichen Gestaltung der Texte sein. Pohl sieht u. a. einen direkten Bezug zwischen den Dimensionen und den Stadien der AWS-Verwendung: Zunächst erscheinen die sprachlichen Mittel der AWS nur rudimentär („ein x"), später treten sie zwar vermehrt, aber noch isoliert auf („die These eines x"), schließlich werden sie durch andere argumentationsrelevante Ausdrücke konzeptualisiert („der Beweis für die These eines x") (Pohl 2010, 109). Es wäre deswegen interessant, die sprachlichen Mittel des wissenschaftlichen Formulierens in Anlehnung an Graefen und Moll (2011) und Pohl (2010) zu analysieren, z. B.:

***etwas zum Thema machen* = D1.a.**
Das ***Thema*** *der (vorliegenden)/meiner/dieser Arbeit* ***lautet****...* (36 Fälle)
(Der) ***Gegenstand*** *der Untersuchung/dieser Bachelorarbeit* ***sind****...* (13 Fälle)
Die (vorliegende) Arbeit ***befasst sich*** *mit...* (10 Fälle)

Zu den weiteren Aufgaben gehören auch eine Untersuchung der endgültigen Fassungen der Einleitungen nach demselben Analysemodell und der Vergleich mit den vorläufigen Exposés. Dadurch kann ein Inventar von authentischen Beispielen zum Einsatz im Seminar gewonnen werden. Interessant wäre außerdem ein Vergleich der Texte litauischer Studierender mit denen deutscher Studierender. Eine solche Untersuchung könnte zeigen, ob beide Gruppen beim Verfassen ihrer Abschlussarbeiten auf ähnliche oder doch unterschiedliche Probleme stoßen.

Literaturverzeichnis

Balzert, Helmut, Christian Schäfer, Marion Schröder, Uwe Kern, Roman Bendisch, Klaus Zeppenfeld (2008): *Wissenschaftliches Arbeiten: Wissenschaft, Quellen, Artefakte, Organisation, Präsentation.* Witten: W3L Verlag.

Bloom, Benjamin Samuel (Hg.) (1984): *Taxonomy of Educational Objectives.* Handbook I: Cognitive Domain. New York: Longman.

Breckle, Margit (2012): *Wissenschaftliches Schreiben und Sprachwissenschaftliche Arbeitstechniken*. Vilnius: Edukologija.

Breckle, Margit (2014): Beurteilung studentischer Arbeiten durch Studierende – möglich und sinnvoll? *Miteinander* 2(49), 8–10. Zugang: http://www.vdl.lt (Stand: 27.03.2015).

Būdvytytė-Gudienė, Aina, Jadzė Šapalienė, Reda Toleikienė (2008): *Wissenschaftssprache Deutsch für Studenten. Theorie, Textbeispiele und Textarbeit*. Šiauliai: ŠU leidykla.

Busch-Lauer, Ines (2012): Abstracts – eine facettenreiche Textsorte der Wissenschaft. *Linguistik online* 52, 2. Zugang: http://www.linguistik-online.de (Stand: 27.03.2015).

Eco, Umberto (2003): *Wie man eine wissenschaftliche Abschlußarbeit schreibt*. Heidelberg: C. F. Müller.

Ehlich, Konrad (1993): Deutsch als fremde Wissenschaftssprache. *Jahrbuch Deutsch als Fremdsprache* 19, 13–42.

Ehlich, Konrad (1999): Alltägliche Wissenschaftssprache. *Info DaF* 26, 1, 3–24.

Ehlich, Konrad (2003): Universitäre Textarten, universitäre Struktur. *Wissenschaftlich schreiben – lehren und lernen*. Konrad Ehlich, Angelika Steets (Hg.). Berlin: de Gruyter. 13–28.

Graefen, Gabriele (1997): *Der Wissenschaftliche Artikel – Textart und Textorganisation*. Frankfurt a. M. u. a.: Peter Lang.

Graefen, Gabriele (2002): Probleme mit der Alltäglichen Wissenschaftssprache in Hausarbeiten ausländischer StudentInnen. *Lernen in der zweiten Sprache*. Jochen Rehbein, Sabine Riedel (Hg.). Münster: Waxmann.

Graefen, Gabriele (2009): Die Didaktik des wissenschaftlichen Schreibens: Möglichkeiten der Umsetzung. *gfl-journal* 2-3, 106–127. Zugang: http://www.gfl-journal.de (Stand: 27.03.2015).

Graefen, Gabriele, Melanie Moll (2011): *Wissenschaftssprache Deutsch: lesen – verstehen – schreiben. Ein Lehr- und Arbeitsbuch*. Frankfurt a. M. u. a.: Peter Lang.

Graefen, Gabriele, Winfried Thielmann (2007): Der wissenschaftliche Artikel. *Reden und Schreiben in der Wissenschaft*. Peter Auer, Harald Baßler (Hg.). Frankfurt a. M.: Campus. 67–97.

Gruber, Helmut (2009): Rezension zu: Thorsten Pohl. 2007. Studien zur Ontogenese wissenschaftlichen Schreibens (Reihe Germanistische Linguistik 271). Tübingen: Max Niemeyer. *Zeitschrift für Rezensionen zur germanistischen Sprachwissenschaft* 2, 231–242.

Kaiser, Dorothee (2002): *Wege zum wissenschaftlichen Schreiben. Eine kontrastive Untersuchung zu studentischen Texten aus Venezuela und Deutschland.* Tübingen: Stauffenburg.

Oertner, Monika, Ilona St. John, Gabriele Thelen (2014): *Wissenschaftlich Schreiben. Ein Praxisbuch für Schreibtrainer und Studierende.* Paderborn: Wilhelm Fink.

Pohl, Thorsten (2007): *Studien zur Ontogenese wissenschaftlichen Schreibens.* Tübingen: Max Niemeyer.

Pohl, Thorsten (2010): Das epistemische Relief wissenschaftlicher Texte – systematisch und ontogenetisch. *Textformen als Lernformen.* Thorsten Pohl, Thorsten Steinhoff (Hg.). Duisburg: Gilles & Francke. 97–116.

Reuter, Brigitte, Ewald Reuter (2012): Finnische Austauschstudierende an deutschsprachigen Universitäten. Chancen und Probleme der sprachlich-kommunikativen Studienvor- und -nachbereitung im Entsendeland. *gfl-journal* 2-3, 32–74. Zugang: http://www.gfl-journal.de (Stand: 27.03.2015).

Schäfer, Daniela (2010): *Kontrastive Analyse der Fachtextsorte ‚Studentische Seminararbeit' aus Spanien und Deutschland.* Hamburg: Dr. Kovač.

Szurawitzki, Michael (2011): *Der thematische Einstieg. Eine diachrone und kontrastive Studie auf der Basis deutscher und finnischer linguistischer Zeitschriftenartikel.* Frankfurt a. M. u. a.: Lang.

Szurawitzki, Michael (2012): Evaluierende *Conclusions* – Untersuchung germanistischer studentischer Hausarbeiten zur linguistischen Wissenschaftssprache. *Hochschulischer Fremdsprachenunterricht. Anforderungen – Ausrichtung – Spezifik.* Thomas Tinnefeld *et al.* (Hg.). Saarbrücken: htw saar. 347–358.

Szurawitzki, Michael (2013): Einleitungen wissenschaftlicher Zeitschriftenartikel aus der DaF-Perspektive: Welche Vorgehensweise ist angemessen? Vorüberlegungen zur Erforschung. *Internationale Deutschlehrertagung (IDT) Bozen 2013. Beiträge der Sektion G 6 (Wissenschaftssprache).* Gabriele Graefen, Melanie Moll (Hg.). Zugang: http://www.wissenschaftssprache.de (Stand: 27.03.2015).

Šileikaitė-Kaishauri, Diana (2009): *Wie schreibe ich meine Abschlussarbeit? Ein Leitfaden für Germanistikstudierende.* Vilnius: VU leidykla.

Steinhoff, Torsten (2007): *Wissenschaftliche Textkompetenz. Sprachgebrauch und Schreibentwicklung in wissenschaftlichen Texten von Studenten und Experten.* Tübingen: Max Niemeyer.

Swales, John (1990): *Genre Analysis: English in Academic and Research Settings.* Cambridge: Cambridge University Press.

VFK (2014): *Reikalavimai vokiečių filologijos krypties studentų baigiamiesiems darbams (Anforderungen an die studentischen Abschlussarbeiten im Fach Deutsche*

Philologie). Zugang: http://www.flf.vu.lt/struktura/katedros/vokieciu-filologijos-katedra#baigiamieji-darbai (Stand: 27.03.2015).

Wolfrum, Jutta (2010): *Kreativ schreiben. Gezielte Schreibförderung für jugendliche und erwachsene Deutschlernende (DaF/DaZ)*. Ismaning: Hueber.

Autorinnen und Autoren

Siiri Aluoja, MA, Doktorandin am Institut für Kulturwissenschaften und Künste der Universität Tartu (Estland)
Forschungsschwerpunkte: Fachsprache der Medizin, Kontrastive Linguistik
siiri.aluoja@ut.ee

Dr. Margit Breckle, Universitätslektorin am Institut für Deutsche Sprache und Literatur der Universität Vaasa (Finnland)
Forschungsschwerpunkte: Wirtschaftskommunikation, Medien- und Textlinguistik, Korpusbasierte Analyse von Lernertexten, Sprachlernmotivation mit Schwerpunkt Deutsch, Unterrichtsforschung DaF
margit.breckle@uva.fi

Dr. Aleksej Burov, Dozent am Lehrstuhl für Deutsche Philologie der Universität Vilnius (Litauen)
Forschungsschwerpunkte: Mediävistik, Sprachgeschichte, Mittelalterliche Literatur
aleksej.burov@flf.vu.lt

Dr. Agnese Dubova, Dozentin am Lehrstuhl für Germanistik der Hochschule Ventspils (Lettland)
Forschungsschwerpunkte: Angewandte Linguistik, Kontrastive Linguistik
agnesed@venta.lv

Dr. Eva Gredel, Akademische Mitarbeiterin am Lehrstuhl Germanistische Linguistik der Universität Mannheim (Deutschland)
Forschungsschwerpunkte: Diskurslinguistik, Soziolinguistik, Semantik, Medienlinguistik, Korpuslinguistik
eva.gredel@phil.uni-mannheim.de

Prof. Dr. Ulrike Haß, Professorin für Linguistik der deutschen Sprache an der Universität Duisburg-Essen (Deutschland)
Forschungsschwerpunkte: Lexikologie und Wortschatzforschung, Lexikografie, Korpuslinguistik und Semantik, Sprachliche Konstitution von Wissen
ulrike.hass@uni-due.de

Prof. Dr. Antje Heine, Juniorprofessorin für Deutsch als Fremdsprache und Lehrstuhlinhaberin an der Ernst-Moritz-Arndt Universität Greifswald (Deutschland)

Forschungsschwerpunkte: Wissenschaftssprache, Konstruktionsgrammatik, Phraseologie, Lexikografie, Korpuslinguistik
antje.heine@uni-greifswald.de

Dr. Daumantas Katinas, Dozent am Lehrstuhl für Deutsche Philologie der Universität Vilnius (Litauen)
Forschungsschwerpunkte: Kontrastive Lexikologie, Lexikographie, Soziolinguistik
daumantas.katinas@flf.vu.lt

Dr. Eglė Kontutytė, Dozentin am Lehrstuhl für Deutsche Philologie der Universität Vilnius (Litauen)
Forschungsschwerpunkte: Fachsprachenforschung, Textlinguistik, Kontrastive Textsortenforschung
egle.kontutyte@flf.vu.lt

Dr. Dzintra Lele-Rozentāle, Leiterin des Lehrstuhls für Germanistik an der Hochschule Ventspils (Lettland)
Forschungsschwerpunkte: Historische Soziolinguistik des Deutschen, Kontaktlinguistik, Kanzleisprachenforschung, Kontrastive Linguistik, Übersetzungswissenschaft
dzintral@venta.lv

Dr. Terje Loogus, Dozentin am College für Fremdsprachen und Kulturen der Universität Tartu (Estland)
Forschungsschwerpunkte: Übersetzungstheorie, Kultur und Translation, Interkulturalität und Translationsprozess
terje.loogus@ut.ee

Dr. Virginija Masiulionytė, Dozentin am Lehrstuhl für Deutsche Philologie der Universität Vilnius (Litauen)
Forschungsschwerpunkte: Semantik, Phraseologie, Semiotik, Grammatik der deutschen Sprache
virginija.masiulionyte@flf.vu.lt

Dr. Cordula Meißner, wissenschaftliche Mitarbeiterin am Herder-Institut der Universität Leipzig (Deutschland)
Forschungsschwerpunkte: Wissenschaftssprache, Korpuslinguistik, Lexikologie und Lexikografie
cordula.meissner@uni-leipzig.de

em. o. Univ.-Prof. Dr. Oswald Panagl, Universität Salzburg (Österreich)
Forschungsschwerpunkte: Mykenologie, Etymologie, Bedeutungswandel, Historische Wortbildung, Historische Grammatik der indogermanischen Sprachen (bes.

Griechisch, Lateinisch, Germanische Sprachen, Sanskrit, Baltische Sprachen), Historische Syntax und Stilistik, Sprache und Musik, Musikdramaturgie, Opernschaffen von Wolfgang A. Mozart, Richard Wagner, Richard Strauss, Librettoforschung
oswald.panagl@sbg.ac.at

Dr. Lina Plaušinaitytė, Dozentin am Lehrstuhl für Deutsche Philologie der Universität Vilnius (Litauen)
Forschungsschwerpunkte: Historische Lexikografie, Moderne Lexikografie, Geschichte der Sprachwissenschaft, Phonetik der deutschen Sprache, Sprachgeschichte
lina.plausinaityte@flf.vu.lt

Univ.-Prof. Mag. Dr. Wolfgang Pöckl, Professor am Institut für Translationswissenschaft der Universität Innsbruck (Österreich)
Forschungsschwerpunkte: Literarische Übersetzung, Übersetzungsgeschichte und Rezeptionsforschung, Linguistik und Translationswissenschaft
wolfgang.poeckl@uibk.ac.at

Egita Proveja, MA, Dozentin am Lehrstuhl für Germanistik der Hochschule Ventspils (Lettland)
Forschungsschwerpunkte: Kontrastive Linguistik, Sprachtypologie, Textlinguistik, Translationswissenschaft
egita.proveja@venta.lv

Prof. Dr. Jürgen Schiewe, Professor für Germanistische Sprachwissenschaft an der Ernst-Moritz-Arndt Universität Greifswald (Deutschland)
Forschungsschwerpunkte: Geschichte der Sprachkritik, Linguistische Sprachkritik, Geschichte der Fach- und Wissenschaftssprachen, Sprache in Institutionen, Sprache und Öffentlichkeit, Linguistik des Sprachwitzes, Kontrastive Diskurslinguistik
jschiewe@uni-greifswald.de

Dr. Diana Šileikaitė-Kaishauri, Dozentin am Lehrstuhl für Deutsche Philologie der Universität Vilnius (Litauen)
Forschungsschwerpunkte: Phraseologie, Wissenschaftliches Schreiben, Fremdsprachendidaktik
diana.sileikaite@flf.vu.lt

Dr. Skaistė Volungevičienė, Dozentin am Lehrstuhl für Deutsche Philologie der Universität Vilnius (Litauen)
Forschungsschwerpunkte: Übersetzungswissenschaft, Korpuslinguistik, Feste Wortverbindungen
skaiste.zabarauskaite@flf.vu.lt

Dr. Franziska Wallner, wissenschaftliche Mitarbeiterin am Herder-Institut der Universität Leipzig (Deutschland)
Forschungsschwerpunkte: Korpuslinguistik, Deutsch als (fremde) Wissenschaftssprache, Formelhafte Sprache, (Lerner)Lexikographie, Grammatik und Grammatikvermittlung, Korpusgestütze Fremdsprachenvermittlung
f.wallner@rz.uni-leipzig.de

Dr. Vaiva Žeimantienė, Dozentin am Lehrstuhl für Deutsche Philologie der Universität Vilnius (Litauen)
Forschungsschwerpunkte: Kontrastive Grammatik, Deutsch-litauischer Sprachvergleich, Syntax der deutschen Sprache
vaiva.zeimantiene@flf.vu.lt

DUISBURGER ARBEITEN ZUR SPRACH- UND KULTURWISSENSCHAFT
DUISBURG PAPERS ON RESEARCH IN LANGUAGE AND CULTURE

Herausgegeben von
Ulrich Ammon, René Dirven und Martin Pütz

Band 1 René Dirven / Yvan Putseys (Eds.): A User's Grammar of English: Word, Sentence, Text, Interaction - Part A. The Structure of Words and Phrases. 1989.

Band 2 René Dirven / Richard A. Geiger (Eds.): A User's Grammar of English: Word, Sentence, Text, Interaction - Part B. The Structure of Sentences. 1989.

Band 3 René Dirven / Wolfgang Zydatiß / Willis J. Edmondson (Eds.): A User's Grammar of English: Word, Sentence, Text, Interaction - Parts C & D. The Structure of Texts / The Structure of Interaction. 1989.

Band 4 René Dirven: (Ed.): A User's Grammar of English: Word, Sentence, Text, Interaction - Compact Edition. 1989.

Band 5 Martin Pütz / René Dirven (Eds.): Wheels within Wheels. Papers of the Duisburg Symposium on Pidgin and Creole Languages. 1989.

Band 6 Ulrich Schmitz / Rüdiger Schütz / Andreas Kunz (Eds.): Linguistic Approaches to Artificial Intelligence. 1990.

Band 7 Friedrich Lenz: Organisationsprinzipien in mündlicher Fachkommunikation. 1989.

Band 8 Luc Van Doorslaer (Hrsg.): Niederländische Literatur im Spiegel niederländischer Kultur. Aufsätze zur Gastprofessur von Prof. Dr. Marcel Janssens (Universität Löwen) in Duisburg, Sommersemester 1988. 1990.

Band 9 Frank Lüschow / Marita Pabst-Weinschenk (Hrsg.): Mündliche Kommunikation als kooperativer Prozeß. Sprechwissenschaftliche Arbeitsfelder. Festschrift für Elmar Bartsch. 1991.

Band 10 Susanne Niemeier: Ein Fall im Medienvergleich: Film- und Fernsehversion von "A Streetcar Named Desire". Beitrag zur Annäherung an eine Mediensemiotik. 1990.

Band 11 Paul Kent Andersen: A new look at the passive. 1991.

Band 12 Richard Kremer: The efficiency of English language teaching in smaller countries: Denmark. Basic English language teaching in Denmark and its wider context. 1991.

Band 13 Frank Lüschow: Sprache und Kommunikation in der technischen Arbeit. 1992.

Band 14 Günter Kellermann / Michael D. Morrissey (Eds.): Diachrony within Synchrony: Language History and Cognition. Papers from the International Symposium at the University of Duisburg 26-28 March 1990. 1992.

Band 15 Wim Waumans (Hrsg.): Mit fremden Augen. Niederländisch: eine Sprache, verschiedene Kulturgemeinschaften. 1993.

Band 16 Eberhard Klein: Konditionalität in didaktischen und pädagogischen Grammatiken des Englischen. Prinzipien zur Erstellung von Lehr- und Lerngrammatiken. 1993.

Band 17 Xiaoan Zhu: "Wenn sich das Gras bewegt, dann muß auch der Wind blasen!" Studien zur Metapher in der deutschen politischen Pressesprache – unter besonderer Berücksichtigung der China-Berichterstattung. 1993.

Band 18 Fritz Ponelis: The Development of Afrikaans. 1993.

Band 19 Martin Pütz: Sprachökologie und Sprachwechsel. Die deutsch-australische Sprechgemeinschaft in Canberra. 1994.

Band 20 Heiner Pürschel (Ed.); Co-Editors: Elmar Bartsch, Peter Franklin, Ulrich Schmitz, Sonja Vandermeeren: Intercultural Communication. Proceedings of the 17th International L.A.U.D. Symposium. Duisburg, 23-27 March 1992. 1994.

Band 21 Dominiek Sandra: Morphology in the reader's mental lexicon. 1994.

Band 22 René Dirven: Metaphor and Nation. Metaphors Afrikaners live by. 1994.

Band 23 Ralph Bisschops: Die Metapher als Wertsetzung. Novalis, Ezechiel, Beckett. 1994.

Band 24 René Dirven / Johan Vanparys (Eds.): Current Approaches to the Lexicon. A Selection of Papers Presented at the 18th LAUD Symposium, Duisburg, March 1993. 1995.

Band 25 Michael Schloßmacher: Die Amtssprachen in den Organen der Europäischen Gemeinschaft. Status und Funktion. 1996. 2., durchges. Aufl. 1997.

Band 26 Johan Vanparys: Categories and Complements of Illocutionary Verbs in a Cognitive Perspective. 1996.

Band 27 Hideaki Takahashi: Die richtige Aussprache des Deutschen in Deutschland, Österreich und der Schweiz nach Maßgabe der kodifizierten Normen. 1996.

Band 28 Angela Heidemann: The visualization of foreign language vocabulary in CALL. 1996.

Band 29 Kazuma Matoba: Referenzperspektive in Sprechakten. Ihre Funktion und Entwicklung in der deutschen und japanischen Sprache. 1997.

Band 30 Olaf Jäkel: Metaphern in abstrakten Diskurs-Domänen. Eine kognitiv-linguistische Untersuchung anhand der Bereiche Geistestätigkeit, Wirtschaft und Wissenschaft. 1997.

Band 31 Birgit Smieja / Meike Tasch (Eds.): Human Contact through Language and Linguistics. 1997.

Band 32 Martin Pütz (Ed.): The Cultural Context in Foreign Language Teaching. 1997.

Band 33 Andrea Gerbig: Lexical and Grammatical Variation in a Corpus. A Computer-Assisted Study of Discourse on the Environment. 1997.

Band 34 Helga Bister-Broosen: Sprachkontakte und Sprachattitüden Jugendlicher im Elsaß und in Baden. Vergleichende soziolinguistische Untersuchungen in Colmar (Frankreich) und in Freiburg und Müllheim (Deutschland). 1998.

Band 35 Helga Bister-Broosen (Hrsg.): Niederländisch am Niederrhein. 1998.

Band 36 Alicja Sakaguchi: Interlinguistik. Gegenstand, Ziele, Aufgaben, Methoden. 1998.

Band 37 Benjamin Biebuyck / René Dirven / John Ries (Eds.): Faith and Fiction. Interdisciplinary Studies on the Interplay between Metaphor and Religion. A Selection of Papers from the 25th LAUD-Symposium of the Gerhard Mercator University of Duisburg on 'Metaphor and Religion'. 1998.

Band 38 Ulrich Ammon (Hrsg.): Sprachförderung. Schlüssel auswärtiger Kulturpolitik. 2000.

Band 39 El Hadj Ibrahima Diop: Das Selbstverständnis von Germanistikstudium und Deutschunterricht im frankophonen Afrika. Vom kolonialen Unterrichtsfach zu eigenständigen Deutschlandstudien und zum praxisbezogenen Lernen. 2000.

Band 40 Herman M. Batibo / Birgit Smieja (Eds.): Botswana: The Future of the Minority Languages. 2000.

Band 41 Harald Haarmann: Die Kleinsprachen der Welt – Existenzbedrohung und Überlebenschancen. Eine umfassende Dokumentation. 2001.

Band 42 Dirk Scholten: Sprachverbreitungspolitik des nationalsozialistischen Deutschlands. 2000.

Band 43 Riana Roos Paola: Pro-active Language Teacher Education in a Multicultural Society. 2001.

Band 44 Angelika Daniel: Lernerwortschatz und Wortschatzlernen im bilingualen Unterricht. 2001.

Band 45 Edel O'Halloran: Ist Mode englisch? Französische und englische Einflüsse auf die deutsche Mode- und Gemeinsprache im 20. Jahrhundert. 2001.

Band 46 Maya Khemlani David (Ed.): Methodological and Analytical Issues in Language Maintenance and Language Shift Studies. 2002.

Band 47 Martin Praxenthaler: Die Sprachverbreitungspolitik der DDR. Die deutsche Sprache als Mittel sozialistischer auswärtiger Kulturpolitik. 2002.

Band 48 Ulrich Ammon / Grant McConnell: English as an Academic Language in Europe. A Survey of its Use in Teaching. 2002.

Band 49 Birgit Smieja: Language Pluralism in Botswana - Hope or Hurdle? A sociolinguistic survey on language use and language attitudes in Botswana with special reference to the status and use of English. 2003.

Band 50 Carlos Inchaurralde / Celia Florén (Eds.): Interaction and Cognition in Linguistics. 2003.

Band 51 Andreas Ross: Europäische Einheit in babylonischer Vielfalt. Die Reform des Sprachenregimes der Europäischen Union im Spannungsfeld von Demokratie und Effizienz. 2003.

Band 52 Michael Anton Böhm: Deutsch in Afrika. Die Stellung der deutschen Sprache in Afrika vor dem Hintergrund der bildungs- und sprachpolitischen Gegebenheiten sowie der deutschen Auswärtigen Kulturpolitik. 2003.

Band 53 Martin Pütz / JoAnne Neff-van Aertselear / Teun A. van Dijk: Communicating Ideologies. Multidisciplinary Perspectives on Language, Discourse, and Social Practice. 2004.

Band 54 Yuko Sugita: Gesprächserwartungen. Eine kontrastive Studie über die Gesprächsführung in deutschen und japanischen Telefonaten. 2004.

Band 55 Eithne B. Carlin: A Grammar of Trio. A Cariban Language of Suriname. 2004.

Band 56 Maya Khemlani David (Ed.): Teaching of English in Second and Foreign Language Settings. Focus on Malaysia. 2004.

Band 57 Rita Brdar-Szabó / Elisabeth Knipf-Komlósi (Hrsg.): Lexikalische Semantik, Phraseologie und Lexikographie. Abgründe und Brücken. Festgabe für Regina Hessky. 2004.

Band 58 Claudia Kunschak: Language Variation in Foreign Language Teaching. On the Road to Communicative Competence. 2004.

Band 59 Allan Turner: Translating Tolkien. Philological Elements in *The Lord of the Rings*. 2005.

Band 60 Markus Motz (Hrsg.): Englisch oder Deutsch in Internationalen Studiengängen? 2005.

Band 61 Birte Kellermeier-Rehbein: Areale Wortbildungsvarianten des Standarddeutschen. Beiuntersuchung zum *Variantenwörterbuch des Deutschen*. 2005.

Band 62 Maya Khemlani David / Hafriza Burhanudeen / Ain Nadzimah Abdullah (Eds.): The Power of Language and the Media. 2006.

Band 63 Vít Dovalil: Sprachnormenwandel im geschriebenen Deutsch an der Schwelle zum 21. Jahrhundert. Die Entwicklung in ausgesuchten Bereichen der Grammatik. 2006.

Band 64 Sara Hägi: Nationale Varietäten im Unterricht Deutsch als Fremdsprache. 2006.

Band 65 Albert Weideman / Birgit Smieja (eds.): Empowerment through Language and Education. Cases and Case Studies from North America, Europe, Africa and Japan. 2006.

Band 66 Iraide Ibarretxe-Antuñano / Carlos Inchaurralde / Jesús-M. Sánchez-García (eds.): Language, Mind, and the Lexicon. 2007.

Band 67 Roswitha Reinbothe: Deutsch als internationale Wissenschaftssprache und der Boykott nach dem Ersten Weltkrieg. 2006.

Band 68 Fredericka van der Lubbe: Martin Aedler and the *High Dutch Minerva*. The First German Grammar for the English. 2007.

Band 69 Frank Polzenhagen: Cultural Conceptualisations in West African English. A Cognitive-Linguistic Approach. 2007.

Band 70 Augustin Simo Bobda (ed.): Explorations into Language Use in Africa. 2008.

Band 71 Johannes Eckerth / Sabine Siekmann (eds.): Task-Based Language Learning and Teaching. Theoretical, Methodological, and Pedagogical Perspectives. 2008.

Band 72 Laura Sicola: *No, they won't 'just sound like each other'*. NNS-NNS Negotiated Interaction and Attention to Phonological Form on Targeted L2 Pronunciation Tasks. 2009.

Band 73 Gerhard Stickel (ed.): National and European Language Policies. Contributions to the Annual Conference 2007 of EFNIL in Riga. 2009.

Band 74 Daniel Klaaß: Untersuchungen zu ausgewählten Aspekten des Konsonantismus bei österreichischen Nachrichtensprechern. 2009.

Band 75 Javier Herrero Ruiz: Understanding Tropes. At the Crossroads between Pragmatics and Cognition. 2009.

Band 76 Javier Valenzuela / Ana Rojo / Cristina Soriano (eds.): Trends in Cognitive Linguistics. Theoretical and Applied Models. 2009.

Band 77 Maya Khemlani David / James McLellan / Shameem Rafik-Galea / Ain Nadzimah Abdullah (eds.): Code Switching in Malaysia. 2009.

Band 78 Gerhard Stickel (ed.): Language Use in Business and Commerce in Europe. Contributions to the Annual Conference 2008 of EFNIL in Lisbon. 2010.

Band 79 Geert Brône: Bedeutungskonstitution in verbalem Humor. Ein kognitiv-linguistischer und diskurssemantischer Ansatz. 2010.

Band 80 Olga Martynova: Sprachwahl in der deutsch-russischen Unternehmenskommunikation. 2010.

Band 81 Gerhard Stickel (ed.): National, Regional and Minority Languages in Europe. Contributions to the Annual Conference 2009 of EFNIL in Dublin. 2011.

Band 82 Harald Haarmann: Writing as Technology and Cultural Ecology. Explorations of the Human Mind at the Dawn of History. 2011.

Band 83 Beate Höhmann: Sprachplanung und Spracherhalt innerhalb einer pommerischen Sprachgemeinschaft. Eine soziolinguistische Studie in Espírito Santo / Brasilien. 2011.

Band 84 Gabriele Schmidt: Motives for Studying German in Australia. Re-examining the Profile and Motivation of German Studies Students in Australian Universities. 2011.

Band 85 Michael Szurawitzki: Der thematische Einstieg. Eine diachrone und kontrastive Studie auf der Basis deutscher und finnischer linguistischer Zeitschriftenartikel. 2011.

Band 86 Azirah Hashim / Maya Khemlani David / James McLellan: Text, Discourse and Society. Functional and Pragmatic Approaches to Language in Use. 2011.

Band 87 Gerhard Stickel / Tamás Váradi (eds.): Language, Languages and New Technologies. ICT in the Service of Languages. Contributions to the Annual Conference 2010 of EFNIL in Thessaloniki. 2011.

Band 88 Monika Reif: Making Progress Simpler? Applying Cognitive Grammar to Tense-Aspect Teaching. 2012.

Band 89 Jan Kruse: Das Barcelona-Prinzip. Die Dreisprachigkeit aller Europäer als sprachenpolitisches Ziel der EU. 2012.

Band 90 Maria-Antonia Kontostathi: Die Arbeit mit dem Europäischen Sprachenportfolio als Möglichkeit zum selbständigen Erarbeiten fremdsprachlicher Kompetenzen. 2012.

Band 91 Yu Chen: Verbessern chinesische Studierende ihre Sprechfertigkeit im Deutschen während des Fachstudiums in Deutschland? Eine empirische Untersuchung unter Berücksichtigung sozialer Aspekte. 2012.

Band 92 Jakob Haselhuber: Mehrsprachigkeit in der Europäischen Union. Eine Analyse der EU-Sprachenpolitik, mit besonderem Fokus auf Deutschland. Vollständige Dokumentation und Perspektiven für die Zukunft. 2012.

Band 93 Hans Wagener: Untergräbt Deutschland selbst die internationale Stellung der deutschen Sprache? Eine Folge der Förderung von Englisch im Bildungsbereich. 2012.

Band 94 G. Stickel / M. Carrier (eds.) · Language Education in Creating a Multilingual Europe. Contributions to the Annual Conference 2011 of EFNIL in London. 2012.

Band 95 Jun He: Die Auswirkungen der englischsprachigen Hochschullehre in Deutschland auf das Deutschlernen in China. 2013.

Band 96 Monika Reif / Justyna A. Robinson / Martin Pütz (eds.): Variation in Language and Language Use. Linguistic, Socio-Cultural and Cognitive Perspectives. 2013.

Band 97 Carla Figueira: Languages at War. External Language Spread Policies in Lusophone Africa. Mozambique and Guinea-Bissau at the Turn of the 21st Century. 2013.

Band 98 Siew Imm Tan: Malaysian English. Language Contact and Change. 2013.

Band 99 Gerhard Stickel / Tamás Váradi (eds.): Lexical Challenges in a Multilingual Europe. Contributions to the Annual Conference 2012 of EFNIL in Budapest. 2013.

Band 100 Liudmila Li: Die Problematik der sprachlichen Integration von ImmigrantInnen. Unter Berücksichtigung des staatlich geforderten Sprachniveaus B1 (GER). Verbesserungsvorschläge auf Grundlage der empirischen Untersuchung in Berlin-Moabit. 2014.

Band 101 Xiaoyan Xia: Categorization and L2 Vocabulary Learning. A Cognitive Linguistic Perspective. 2014.

Band 102 Gerhard Stickel (ed.): Translation and Interpretation in Europe. Contributions to the Annual Conference 2013 of EFNIL in Vilnius. 2014.

Band 103 Maciej Mackiewicz: Interkulturelle Motivation im Fremdsprachenunterricht. Eine komparative Studie zu Deutsch als Fremdsprache in Polen und den USA. 2014.

Band 104 Silke Gester / Erika Kegyes (Hrsg.): Quo vadis, DaF? II. Betrachtungen zu Deutsch als Fremdsprache in den Ländern der Visegrád-Gruppe. 2015.

Band 105 Miroslava Majtanova: Die Rolle der deutschen Sprache für die Gruppenidentität von Deutschen im Ausland. Am Beispiel des Vereinslebens in Kuala Lumpur. 2015.

Band 106 Julia Wesian: Danksagungen in Dissertationen. Zur Genese einer Textsorte. 2015.

Band 107 Hector Kamdem Fonkoua: A Dictionary of Camfranglais. 2015.

Band 108 Frauke Priegnitz: Zwischen englischsprachigem Studium und landessprachigem Umfeld. Internationale Absolventen deutscher und dänischer Hochschulen. 2015.

Band 109 Gerhard Stickel / Cecilia Robustelli (eds.): Language Use in University Teaching and Research. Contributions to the Annual Conference 2014 of EFNIL in Florence. 2015.

Band 110 Wenting Sheng: Sprachförderungspolitik Deutschlands, Großbritanniens und Chinas im Vergleich. 2015.

Band 111 Eglė Kontutytė/Vaiva Žeimantienė (Hrsg.): Sprache in der Wissenschaft. Germanistische Einblicke. 2016.

www.peterlang.com

www.ingramcontent.com/pod-product-compliance
Ingram Content Group UK Ltd.
Pitfield, Milton Keynes, MK11 3LW, UK
UKHW041826290926
8980IPUK00002B/83

9 783631 661871